Prüfungsfragen zur Elektronik

Peter Baumann

Prüfungsfragen zur Elektronik

Bachelor Ausbildung

3., erweiterte Auflage

Peter Baumann
Hochschule Bremen
Bremen, Deutschland

ISBN 978-3-658-37823-3   ISBN 978-3-658-37824-0 (eBook)
https://doi.org/10.1007/978-3-658-37824-0

Die Deutsche Nationalbibliothek verzeichnet diese Publikation in der Deutschen Nationalbibliografie; detaillierte bibliografische Daten sind im Internet über http://dnb.d-nb.de abrufbar.

Springer Vieweg
© Springer Fachmedien Wiesbaden GmbH, ein Teil von Springer Nature 2013, 2019, 2022
Das Werk einschließlich aller seiner Teile ist urheberrechtlich geschützt. Jede Verwertung, die nicht ausdrücklich vom Urheberrechtsgesetz zugelassen ist, bedarf der vorherigen Zustimmung des Verlags. Das gilt insbesondere für Vervielfältigungen, Bearbeitungen, Übersetzungen, Mikroverfilmungen und die Einspeicherung und Verarbeitung in elektronischen Systemen.
Die Wiedergabe von allgemein beschreibenden Bezeichnungen, Marken, Unternehmensnamen etc. in diesem Werk bedeutet nicht, dass diese frei durch jedermann benutzt werden dürfen. Die Berechtigung zur Benutzung unterliegt, auch ohne gesonderten Hinweis hierzu, den Regeln des Markenrechts. Die Rechte des jeweiligen Zeicheninhabers sind zu beachten.
Der Verlag, die Autoren und die Herausgeber gehen davon aus, dass die Angaben und Informationen in diesem Werk zum Zeitpunkt der Veröffentlichung vollständig und korrekt sind. Weder der Verlag noch die Autoren oder die Herausgeber übernehmen, ausdrücklich oder implizit, Gewähr für den Inhalt des Werkes, etwaige Fehler oder Äußerungen. Der Verlag bleibt im Hinblick auf geografische Zuordnungen und Gebietsbezeichnungen in veröffentlichten Karten und Institutionsadressen neutral.

Planung/Lektorat: Reinhard Dapper
Springer Vieweg ist ein Imprint der eingetragenen Gesellschaft Springer Fachmedien Wiesbaden GmbH und ist ein Teil von Springer Nature.
Die Anschrift der Gesellschaft ist: Abraham-Lincoln-Str. 46, 65189 Wiesbaden, Germany

Vorwort zur 3. Auflage

Die in diesem Lehrbuch gestellten Prüfungsfragen sind als Unterstützung des Selbststudiums gedacht. Behandelt werden elektronische Bauelemente wie Dioden, Thyristoren, bipolare Transistoren, Feldeffekttransistoren und Operationsverstärker. Besondere Bedeutung haben die Sensoren erlangt, die in dieser Auflage um die Abschnitte „Pyroelektrische Sensoren" und „Piezoelektrische Schallgeber" ergänzt wurden. Die pyroelektrischen Sensoren und deren Anwendung in Schaltungen werden für den sprungförmigen Strahlungsfluss als auch für eine sinusförmige Modulation dieser Größe analysiert. Bei den piezoelektrischen Schallgebern stehen vereinfachte Ersatzschaltungen für selbstanregende Summer im Vordergrund. An den piezoelektrischen Kraftaufnehmern wird der Ladungsabbau analysiert. Die PSPICE-Modelle der Bauelemente und Sensoren bilden die Voraussetzung für die anschauliche Ausführung von Schaltungssimulationen.

Für die Förderung und Unterstützung zur Realisierung der 3. Auflage danke ich Herrn Cheflektor Dipl.-Ing. Reinhard Dapper und Frau Andrea Broßler.

Mein Dank gilt ferner Herrn M. Ed. Matthias Wessel für die Aufbereitung des Manuskripts nach den Vorgaben des Verlages.

Bremen, Deutschland Peter Baumann
März 2022

Inhaltsverzeichnis

1 Dioden 1
   1.1 Dotierung und pn-Übergang 1
   1.2 Schaltdiode 8
   1.3 Gleichrichterdiode 28
   1.4 Z-Diode 30
   1.5 Kapazitätsdiode 36
   1.6 Schottky-Diode 40
   1.7 Fotodiode 42
   Literatur 48

2 Thyristor 49
   2.1 Prinzipielle Wirkungsweise 49
   2.2 Phasenanschnittsteuerung 53
   Literatur 57

3 Bipolartransistor 59
   3.1 Wirkungsweise 59
   3.2 Kleinsignalverstärker 64
   3.3 Darlington-Verstärker 69
   3.4 Konstantstromquellen 73
   3.5 Differenzverstärker 79
   3.6 Oszillatorschaltung 87
   3.7 Schaltstufe 90
   Literatur 97

4 Optokoppler 99
   4.1 Wirkungsweise 99
   4.2 Impulsübertragung 102
   4.3 NF-Signalübertragung 105
   4.4 Gabelkoppler 107
   Literatur 108

5 Sperrschicht-Feldeffekttransistor ... 111
- 5.1 Wirkungsweise ... 111
- 5.2 Spannungsteiler ... 117
- 5.3 Konstantstromquelle ... 118
- 5.4 Kleinsignalverstärker ... 121
- 5.5 Chopper-Betrieb ... 124
- 5.6 Analogschalter ... 126
- Literatur ... 127

6 MOS-Feldeffekttransistoren ... 129
- 6.1 Wirkungsweise ... 129
- 6.2 Kleinsignalverstärker ... 135
- 6.3 Konstantstromquelle ... 136
- 6.4 Inverter ... 138
- 6.5 Blinkschaltung ... 141
- 6.6 CMOS-Inverter ... 142
- 6.7 CMOS-Multiplexer ... 155
- Literatur ... 157

7 Operationsverstärker ... 159
- 7.1 Aufbau und SPICE-Modelle ... 159
- 7.2 Grundschaltungen ... 169
- 7.3 Komparator-Schaltungen ... 177
- 7.4 Strom-Spannungs-Umformer ... 183
- 7.5 Spannungs-Strom-Umformer ... 185
- 7.6 Abtast-Halte-Schaltung ... 188
- 7.7 Astabiler Multivibrator ... 191
- 7.8 Schmitt-Trigger ... 192
- 7.9 RC-Phasenschieber-Oszillator ... 196
- 7.10 Addierverstärker ... 199
- 7.11 Integrator ... 201
- 7.12 Logarithmierer ... 203
- Literatur ... 205

8 Prüfungsklausur Elektronik ... 207

9 Sensoren ... 215
- 9.1 Temperatursensoren ... 215
- 9.2 Feuchtesensoren ... 225
- 9.3 Optische Sensoren ... 232
- 9.4 Folien-Kraftsensor ... 238
- 9.5 Ultraschallwandler ... 242

9.6	Akustische Oberflächenwellen-Bauelemente	247
9.7	Pyroelektrische Sensoren	256
9.8	Piezoelektrische Schallgeber	275
	Literatur	288

Stichwortverzeichnis 291

Dioden 1

Zusammenfassung

Dieses Kapitel wird mit Fragen zur Dotierung von Halbleitern sowie zum pn-Halbleiter-Übergang eingeleitet. In den Antworten werden Werte technologischer Parameter genannt. Weitere Fragen betreffen statische und dynamische Eigenschaften der Diode in der Anwendung als Gleichrichter. Angesprochen werden ferner die Anwendung der Z-Diode als Begrenzer, der Kapazitätsdiode zur Schwingkreisabstimmung und der Fotodiode als Belichtungsmesser. Die Antworten schließen Analyseergebnisse von PSPICE mit ein. Dazu werden die Kennlinienanalyse, die Transienten-Analyse und die Frequenzbereichsanalyse eingesetzt.

1.1 Dotierung und pn-Übergang

Frage 1.1
In welchem Verhältnis steht die Elektronendichte n zur Löcherdichte p bei eigenleitendem Halbleitermaterial?

Antwort
Beim Aufbrechen einer Doppelbindung zwischen benachbarten Atomen in reinem Silizium entstehen eben so viele quasifreie Elektronen wie Löcher. Es gilt das Massenwirkungsgesetz für die Eigenleitung gemäß Gl. 1.1. Dabei ist n_i die material- und temperaturabhängige Eigenleitungsdichte (Intrinsicdichte).

$$p_0 = n_0 = n_i \tag{1.1}$$

Der Index 0 steht für thermodynamisches Gleichgewicht.

Abb. 1.1 Struktur einer pin-Planardiode

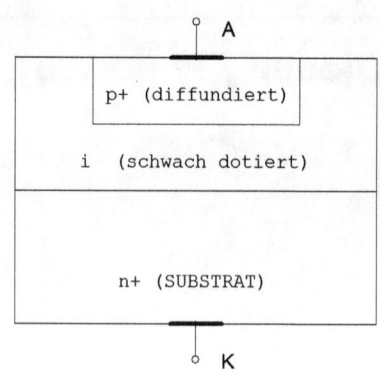

Frage 1.2
In welcher Größenordnung liegen die Störstellenkonzentrationen der Halbleitergebiete bei der pin-Diode bzw. beim integrierten npn-Transistor?

Antwort
Bei der Silizium-pin-Diode wird die mittlere Intrinsicschicht i durch ein schwach dotiertes n-Gebiet angenähert. Im Gegensatz dazu werden die p- und n-Schichten hoch dotiert. Eine Skizze zum Aufbau der pin-Diode zeigt Abb. 1.1. Typische mittlere Dotierungswerte der pin-Diode zeigt die Tab. 1.1.

Frage 1.3
Welche technologischen Parameter bestimmen die Eindringtiefen bei der Diffusion?

Antwort
Bei der Zweistufendiffusion [9] werden die Eindringtiefen über eine Vorbelegung und anschließende Tiefendiffusion mit der Diffusionszeit und der Temperatur (beispielsweise 1 Stunde und 1000 °C) eingestellt. Um für den npn-Transistor einen hohen Emitter-Wirkungsgrad zu erzielen, muss die Oberflächenkonzentration des Emitters bedeutend höher als die der Basis sein. Die schwach dotierte n-Epitaxieschicht sichert in Verbindung mit der erforderlichen Schichtdicke die Sperrspannungsfestigkeit des Basis-Kollektor-Überganges und das hoch dotierte niederohmig begrabene Gebiet (nbG) sorgt für einen kleinen Kollektorbahnwiderstand. Die Schichtenfolge des integrierten Transistors ist in Abb. 1.2 dargestellt. Typische Dotierungsangaben für die genannten Transistorgebiete enthält Tab. 1.1.

Frage 1.4
Wie hängt die Halbleiterbeweglichkeit von der Temperatur bzw. von der Dotierung ab?

1.1 Dotierung und pn-Übergang

Tab. 1.1 Typische mittlere Dotierungen der pin-Diode und des integrierten npn-Transistors

Daten der pin-Diode nach [15]		Daten des integrierten npn-Transistors nach [11]	
Konzentration	Halbleitergebiet	Konzentration	Halbleitergebiet
$N_A = 1 \cdot 10^{17}$ cm^{-3}	Anode	$N_E = 10^{19}$ cm^{-3}	Emitter
$N_D = 1 \cdot 10^{13}$ cm^{-3}	i-Schicht	$N_B = 2 \cdot 10^{17}$ cm^{-3}	Basis
$N_D = 1 \cdot 10^{17}$ cm^{-3}	Substrat	$N_C = 2 \cdot 10^{15}$ cm^{-3}	n-Epitaxie
–	–	$N_G = 5 \cdot 10^{18}$ cm^{-3}	begrabenes Gebiet
–	–	$N_S = 1 \cdot 10^{16}$ cm^{-3}	p-Substrat

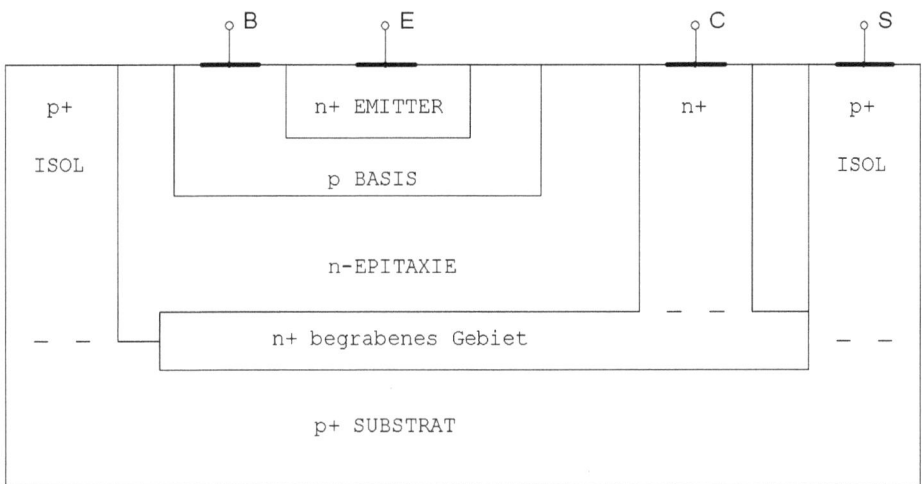

Abb. 1.2 Struktur eines integrierten npn-Transistors

Antwort

Steigende Temperaturen bewirken, dass die Gitteratome schwingen, so dass die Ladungsträger durch Stöße abgelenkt werden [14]. Die Abnahme der Beweglichkeit μ in Silizium bei steigender Temperatur wird nach [5] näherungsweise mit Gl. 1.2 beschrieben

$$\mu(T) = \mu_0 \cdot \left(\frac{T}{T_0}\right)^{-m} \quad (1.2)$$

dabei ist μ_0 die bei der Bezugstemperatur $T_0 = 300$ K geltende Beweglichkeit. Im Exponenten ist der Wert $m = 1{,}5$ den Elektronen und $m = 2{,}3$ den Löchern zuzuordnen. Bei einer höheren *Störstellendichte* führen insbesondere die ionisierten Fremdatome wie auch Gitterstörungen zu Ladungsträgerstößen, die ebenfalls die Beweglichkeit herabsetzen, siehe [14].

Abb. 1.3 Darstellung zum n-Silizium-Gebiet

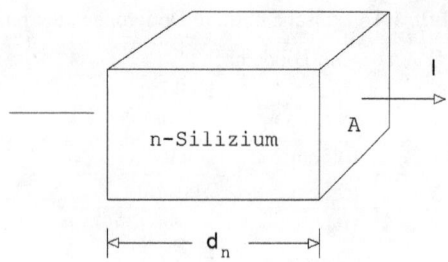

Frage 1.5
Gegeben sind ein stark und ein schwach dotiertes n-Silizium-Gebiet gleicher Abmessung. Wie wirkt sich diese ungleiche Dotierung aus auf:

- die elektrische Leitfähigkeit?
- die Dichte der Minoritätsträgerkonzentration?
- die Höhe des Bahnwiderstandes?

Antwort
Zur Veranschaulichung dient die Skizze nach Abb. 1.3. Dabei werden die Dicke des n-Gebietes mit d_n und die stromdurchflossene Fläche mit A bezeichnet.

Das stärker dotierte n-Gebiet hat

- nach Gl. 1.3 mit $N_D \approx n_{0n}$ die höhere Leitfähigkeit κ_n

$$\kappa_n = e \cdot n_{0n} \cdot \mu_n \tag{1.3}$$

- mit dem Massenwirkungsgesetz für die Störstellenleitung nach Gl. 1.4 die niedrigere Minoritätsdichte p_{0n}

$$p_{0n} = \frac{n_i^2}{n_{0n}} \tag{1.4}$$

- sowie nach Gl. 1.5 den kleineren Bahnwiderstand R_{Bn}

$$R_{Bn} = \frac{d_n}{\kappa_n \cdot A} \tag{1.5}$$

1.1 Dotierung und pn-Übergang

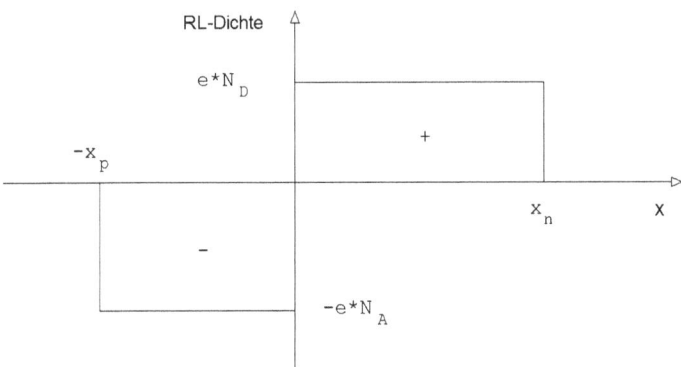

Abb. 1.4 Darstellung zur Sperrschichtausdehnung

Frage 1.6
In welcher Weise dehnt sich die Sperrschicht eines abrupten, unsymmetrischen p⁺n-Übergangs in die Bahngebiete aus?

Antwort
In den Sperrschichtanteilen links und rechts der Trennlinie für $x = 0$ gemäß Abb. 1.4 ist die Raumladung ρ gleich groß [7]. Gemäß der Neutralitätsbedingung nach Gl. 1.6 dehnt sich die Sperrschicht für diesen p⁺n-Übergang stärker in das schwach dotierte n-Gebiet als in das hoch dotierte p⁺-Gebiet aus.

$$x_p \cdot N_A = x_n \cdot N_D \tag{1.6}$$

Frage 1.7
Wie wirkt sich bei gleichen Dotierungen die Verwendung von Galliumarsenid anstelle von Silizium auf die Höhe der Diffusionsspannung U_D aus?

Antwort
Die Diffusionsspannung nach Gl. 1.7 entspricht der Potentialbarriere des stromlosen pn-Überganges.

$$U_D = U_T \cdot \frac{N_A \cdot N_D}{n_i^2} \tag{1.7}$$

Bei gleicher Dotierung und Temperatur ist U_D für GaAs höher als bei Si, weil die Eigenleitungsdichte n_i von GaAs niedriger ist.

Bei der Temperatur $T = 300$ K gelten die Werte nach [12].

$$n_i = 1{,}3 \cdot 10^6 \text{ cm}^{-3} \text{ für GaAs} \quad \text{und} \quad n_i = 1{,}5 \cdot 10^{10} \text{ cm}^{-3} \text{ für Si.}$$

Beispiel 1.1

Für eine Akzeptordichte $N_A = 10^{17}$ cm^{-3} und eine Donatordichte $N_D = 10^{15}$ cm^{-3} erhält man nach Gl. 1.7 die Werte $U_D = 1{,}18$ V bei GaAs und $U_D = 0{,}69$ V bei Si. ◄

Frage 1.8
Wie wirkt sich eine am abrupten pn-Übergang angelegte Durchlassspannung U aus bezüglich:

- der Potentialdifferenz über der Sperrschicht?
- der Ausdehnung der Sperrschicht?
- des Stromes über den pn-Übergang?

Antwort
Die Potentialdifferenz wird mit $U_j = U_D - U$ abgebaut. Damit werden die elektrische Feldstärke E über der Sperrschicht und somit deren Raumladung ρ verringert. Die abnehmende Raumladung bewirkt, dass sich das Gebiet verkleinert, in welchem sie sich ausbildet. Bei Durchlasspolung nimmt daher die Sperrschichtdicke d_j ab. Die beim stromlosen pn-Übergang zum Stillstand gekommene Diffusion der Ladungsträger setzt mit angelegter Durchlassspannung erneut ein. Die Minoritätsträgerdichten n_{0n} bzw. p_{0n} werden an den Sperrschichträndern exponentiell auf die Randkonzentrationen n_{Rp} bzw. p_{Rn} angehoben, siehe die Boltzmann-Gleichungen (1.8) und (1.9) und die prinzipielle Darstellung nach Abb. 1.5. An der Sperrschichtgrenze $x = x_n$ ist

$$n_{Rn} = n_{0n} \cdot \left[\exp\left(\frac{U}{U_T}\right) - 1 \right] \tag{1.8}$$

und an der Grenze $x = x_n$ gilt

$$n_{Rn} = n_{0n} \cdot \left[\exp\left(\frac{U}{U_T}\right) - 1 \right]. \tag{1.9}$$

Die elektrische Leitfähigkeit steigt an und durch das Halbleiterventil fließt ein Durchlassstrom I, der bis zu mittleren Ladungsträgerinjektionen exponentiell mit U zunimmt.

Frage 1.9
Wie kommt eine Diffusionskapazität zustande?

1.1 Dotierung und pn-Übergang

Abb. 1.5 Konzentrationsverläufe an den pn-Übergängen für $U = 0$ V und $U > 0$ V

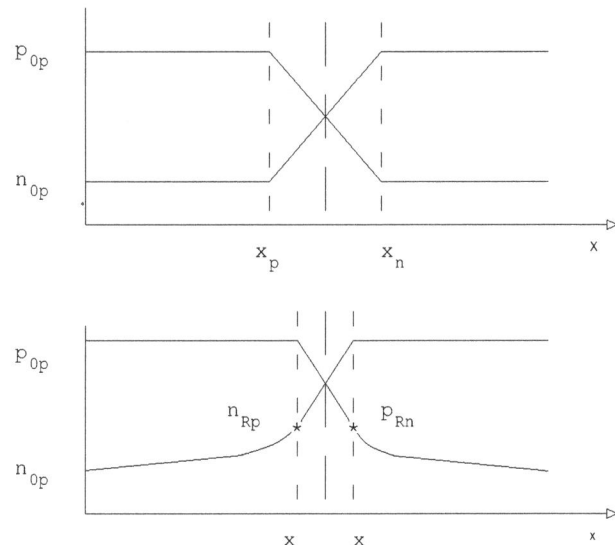

Antwort
Wird an den pn-Übergang eine Durchlassspannung U angelegt, dann werden die Konzentrationen der Minoritätsladungsträger an den *Sperrschichträndern* gegenüber den Gleichgewichtskonzentrationen gemäß Gl. 1.8 und 1.9 kräftig erhöht, womit eine Ladungsspeicherung erfolgt. Mit der Änderung von U um dU ändert sich die Diffusionsladung Q um dQ. Die Diffusionskapazität $C_d = dQ/dU$ ist nach Gl. 1.10 mit der Transitzeit T_T der Minoritätsladungsträger verknüpft.

$$C_d = T_T \cdot \frac{I_F}{N \cdot U_T} \qquad (1.10)$$

In der Diffusionskapazität kommt die Trägheit der Minoritätsladungsträger beim Umbau von Ladungen zum Ausdruck. Bei der Silizium-Schaltdiode liegt die Transitzeit im Nano-Sekunden-Bereich.

Frage 1.10
In welcher Weise hängt die Sperrschichtkapazität von der Sperrspannung ab?

Antwort
Beim sperrgepolten pn-Übergang wird die Diffusionsspannung U_D um die Höhe der anliegenden Sperrspannung U_R erhöht. Im Falle des abrupten pn-Überganges gilt für die Sperrschichtdicke d_j die Proportionalität nach Gl. 1.11.

$$d_j \sim (U_D + U_R)^{1/2} \qquad (1.11)$$

Die Sperrschichtkapazität C_j verringert sich somit bei zunehmender Sperrspannung U_R gemäß den Gl. 1.11 und 1.12.

$$C_j = \frac{\varepsilon_0 \cdot \varepsilon_r \cdot A}{d_j} \tag{1.12}$$

1.2 Schaltdiode

Frage 1.11
Wie verlaufen die Durchlass- und die Sperrkennlinie einer Silizium-Diode bei zwei unterschiedlichen Temperaturen?

Antwort
Die Durchlasskennlinie wird mit Gl. 1.13 beschrieben.

$$I_F = I_S \cdot \left[\exp\left(\frac{U}{N \cdot U_T}\right) - 1 \right] \tag{1.13}$$

Der durch den *Sättigungsstrom* I_S bewirkte Stromanstieg bei wachsender Temperatur überwiegt den entgegengesetzten Einfluss der *Temperaturspannung* U_T. Damit ergibt sich ein negativer Temperaturkoeffizient der Durchlassspannung nach Gl. 1.14 mit $TK_{UF} \approx -1{,}6$ mV/K.

$$TK_{UF} = \frac{1}{U_F} \cdot \frac{dU_F}{dT} \tag{1.14}$$

Während U die Spannung über der Sperrschicht ist, wird mit der äußeren Spannung U_F auch der Einfluss des Serienwiderstandes R_S über die Gl. 1.15 erfasst.

$$U_F = U + I_F \cdot R_S \tag{1.15}$$

Im Modell der Diode nach Abb. 1.6 sind die Bahnwiderstände des p- und n-Gebietes zum Serienwiderstand R_S zusammengefasst.

Im Einzelnen gilt, dass der Sättigungsstrom proportional zu den Minoritätsträgerkonzentrationen verläuft. Diese sind über das Massenwirkungsgesetz für die Störstellenlei-

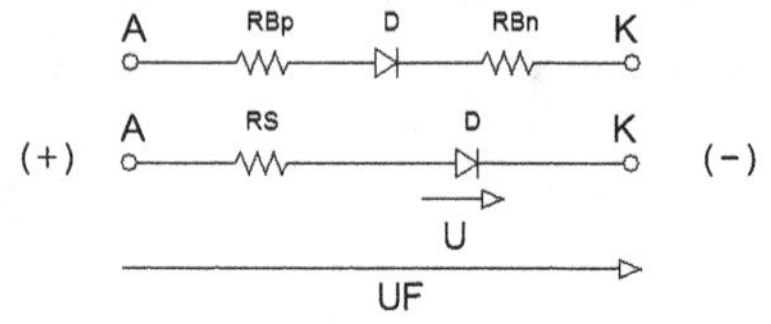

Abb. 1.6 Statisches Großsignalmodell der Diode

1.2 Schaltdiode

tung mit dem Quadrat der Eigenleitungsdichte n_i verknüpft. Für die Löcherdichte im n-Gebiet gilt die Gl. 1.16 mit

$$p_{0n} = \frac{n_i^2}{n_{0n}} \qquad (1.16)$$

und die Elektronendichte im p-Gebiet wird mit Gl. 1.17 beschrieben.

$$n_{0p} = \frac{n_i^2}{p_{0p}} \qquad (1.17)$$

Das Quadrat der Eigenleitungsdichte steigt nach Gl. 1.18 mit der Temperatur stark an. Diese Eigenschaft wird somit auf den Sättigungsstrom übertragen.

$$n_i^2 = n_{i0} \cdot \left(\frac{T}{T_0}\right)^3 \cdot \exp\left(\frac{E_g \cdot (T-T_0)}{k \cdot T \cdot T_0}\right) \qquad (1.18)$$

Dabei sind

- $n_{i0} = 1{,}5 \cdot 10^{10}$ cm^{-3} bei $T = 300$ K für Silizium
- $k = 1{,}3806226 \cdot 10^{-23}$ J/K (Boltzmann-Konstante)
- $e = 1{,}602 \cdot 10^{-19}$ As

Die Temperaturspannung nach Gl. 1.19 erreicht $U_T = 25{,}864$ mV bei 27 °C bzw. $T = 300{,}15$ K.

$$U_T = \frac{k \cdot T}{e} \qquad (1.19)$$

Der Sperrstrom I_R wächst ebenfalls mit steigender Temperatur an. In der Näherung nach Gl. 1.20 wird der wesentliche Beitrag zu I_R vom Rekombinations-Generationsprozess in der Sperrschicht erbracht. Dabei ist der Sperrsättigungsstrom I_{SR} proportional zur Eigenleitungsdichte n_i.

$$I_R \approx I_S + I_{SR} \cdot \left(1 + \frac{U_R}{V_J}\right)^M \qquad (1.20)$$

Hierfür ist V_J die Diffusionsspannung mit beispielsweise $V_J = 0{,}7$ V und M der Exponent, der gleichermaßen mit $M = 1/2$ auch die Spannungsabhängigkeit der Sperrschichtkapazität C_j beschreibt. Zur Veranschaulichung werden die Durchlass- und die Sperrkennlinie der Schaltdiode für die Temperaturen von −50 °C und +50 °C mit den Schaltungen nach Abb. 1.7 analysiert.

Abb. 1.7 Schaltungen zur Analyse der Durchlass- und Sperrkennlinie

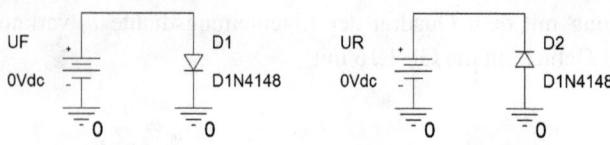

Analyse
- PSpice, Edit Simulation Profil
- Simulation Settings – Abb. 1.7: Analysis
- Analysis type: DC Sweep
- Options: Primary Sweep
- Sweep variable: Voltage Source
- Name: UF
- Sweep type: Linear
- Start value: 0.0 V
- End value: 1 V
- Increment: 1 mV
- Options: Temperature Sweep
- Repeat the simulation to each of the temperatures: −50 50 °C
- Übernehmen, OK
- Pspice, run
- Aviailable Sections: All
- OK.
- Diagramm bearbeiten:
- Plot, Axis Settings
- XAxis, User Defined: 0.5 V to 1.0 V
- Scale: linear
- YAxis, User Defined: 1 uA to 300 mA
- Scale: Log
- OK.

Analyse
- PSpice, Edit Simulation Profil
- Simulation Settings – Abb. 1.7: Analysis
- Analysis type: DC Sweep
- Options: Primary Sweep
- Sweep variable: Voltage Source
- Name: UR
- Sweep type: Linear
- Start value: 0 V
- End value: 5 V
- Increment: 1 mV

1.2 Schaltdiode

- Options: Temperatur Sweep
- Repeat the simulation to each of the temperatures: −50 50 °C
- Übernehmen, OK
- Pspice, run
- Aviailable Sections: All
- OK.
- Diagramm bearbeiten:
- Plot, Axis Settings
- XAxis, User Defined: 0 V to 5.0 V
- Scale: linear
- YAxis, User Defined: 1 pA to 10 nA
- Scale: Log
- OK.

Mit dem Simulationsergebnis nach Abb. 1.8 wird der Anstieg des *Durchlassstromes* für die höhere Temperatur bestätigt. Die Abb. 1.9 zeigt, dass auch der *Sperrstrom* mit der höheren Temperatur zunimmt.

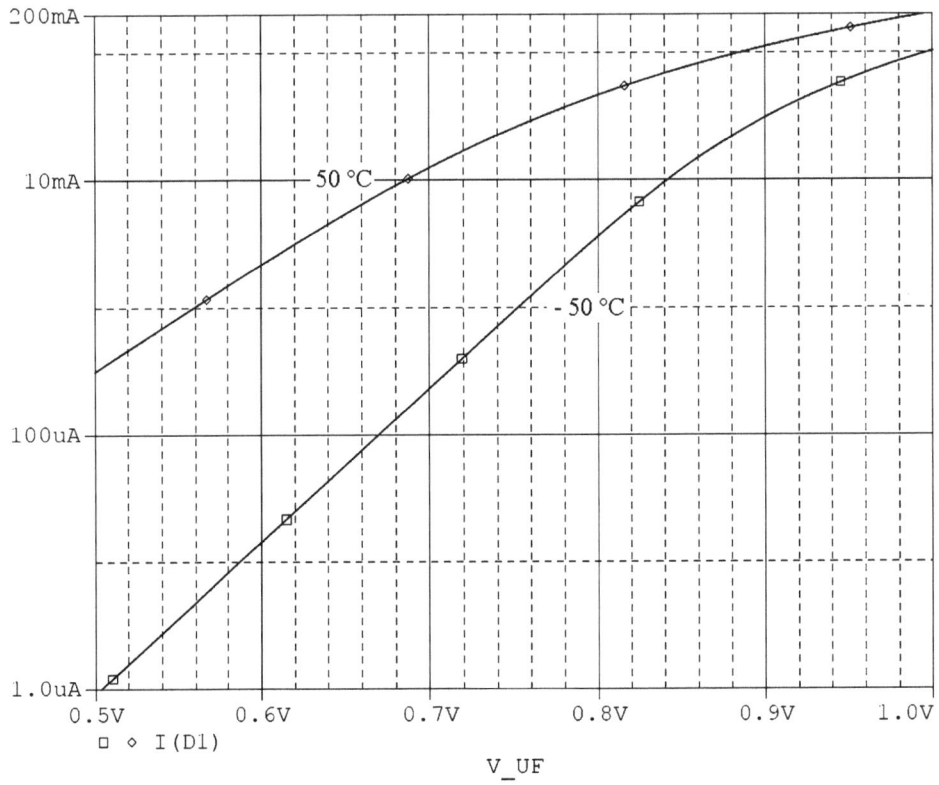

Abb. 1.8 Durchlasskennlinien der Diode D1N4148 bei Temperaturen von −50 °C und 50 °C

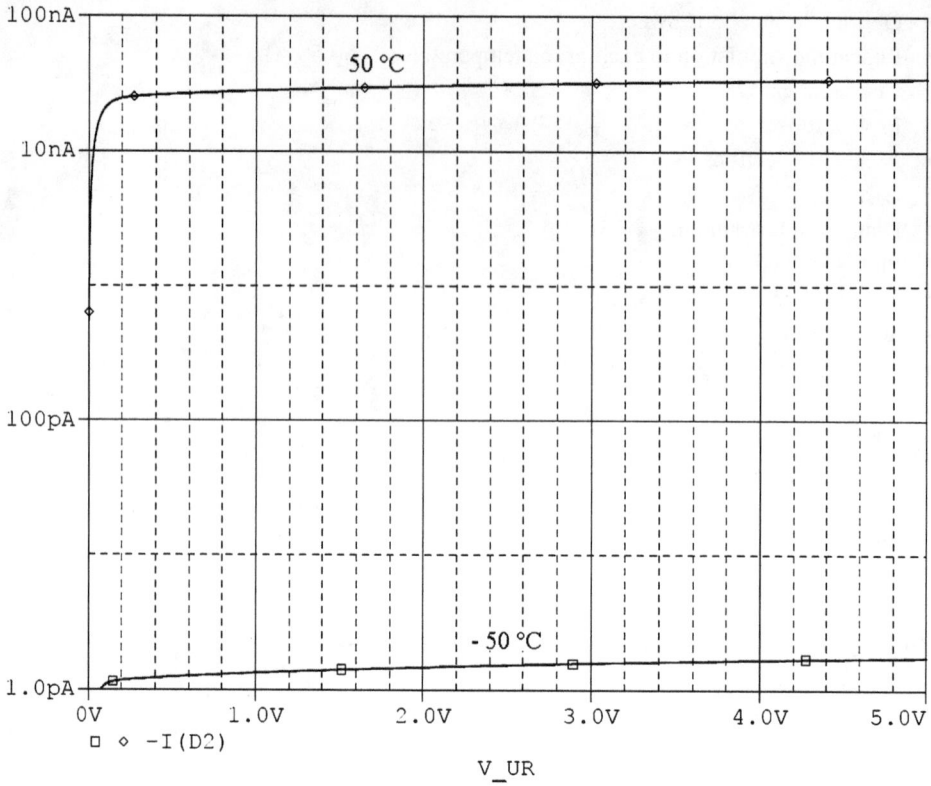

Abb. 1.9 Sperrkennlinien der Diode D1N4148 bei Temperaturen von −50 °C und 50 °C

Frage 1.12
Wie beeinflussen die Bahnwiderstände die Durchlasskennlinie der Diode?

Antwort
Bei zunehmender Durchlassspannung verursachen die Bahnwiderstände eine Abflachung des exponentiellen Stromanstiegs. Die Summe der Bahnwiderstände entspricht gemäß Abb. 1.6 dem Serienwiderstand R_S. In der Schaltung nach Abb. 1.10 wird die vollständig modellierte Diode D1N4148 mit einer Diode D1N4148_R verglichen, für die über Edit, PSpice Model der Wert $R_S = 0$ anstelle von $R_S = 0{,}5664\ \Omega$ eingegeben wurde.

Analyse
- PSpice, Edit Simulation Profil
- Simulation Settings – Abb. 1.10: Analysis
- Analysis type: DC Sweep
- Options: Primary Sweep

1.2 Schaltdiode

Abb. 1.10 Schaltung zum Einfluss der Bahnwiderstände

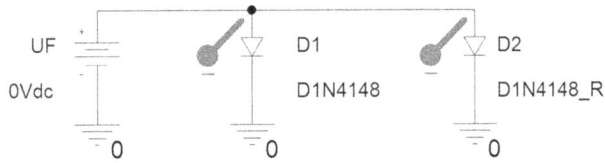

- Sweep variable: Voltage Source
- Name: UF
- Sweep type: Linear
- Start value: 0 V
- End value: 1 V
- Increment: 1 mV
- Options: Temperatur Sweep
- Repeat the simulation to each of the temperatures: −50 50 °C
- Übernehmen, OK.
- Pspice, run
- Aviailable Sections: All
- OK
- Diagramm bearbeiten:
- Plot, Axis Settings
- Y Axis User defined: 400 mV to 1 V
- Scale: Linear
- OK
- Plot, Axis Settings
- Y Axis, User defined: 0.1 mA to 1 A
- Scale: Log
- X Axis, User defined: 400 mV to 1 V
- Scale: Linear
- OK.

Die Abb. 1.11 zeigt, dass der Durchlassstrom bei Einbezug von R_S merklich weniger mit zunehmender Durchlassspannung ansteigt.

Frage 1.13
Wie wirken sich unterschiedliche Werte des Emissionskoeffizienten N auf die Durchlasskennlinie der Schaltdiode aus?

Antwort
Die Gl. 1.13 lässt erkennen, dass die Durchlasskennlinie umso steiler verläuft, je kleiner der Wert von N ist. Der Emissionskoeffizient berücksichtigt die Rekombinations-Generations-Vorgänge in der Sperrschicht [7]. Bei Metall-Halbleiterdioden wie beim Typ

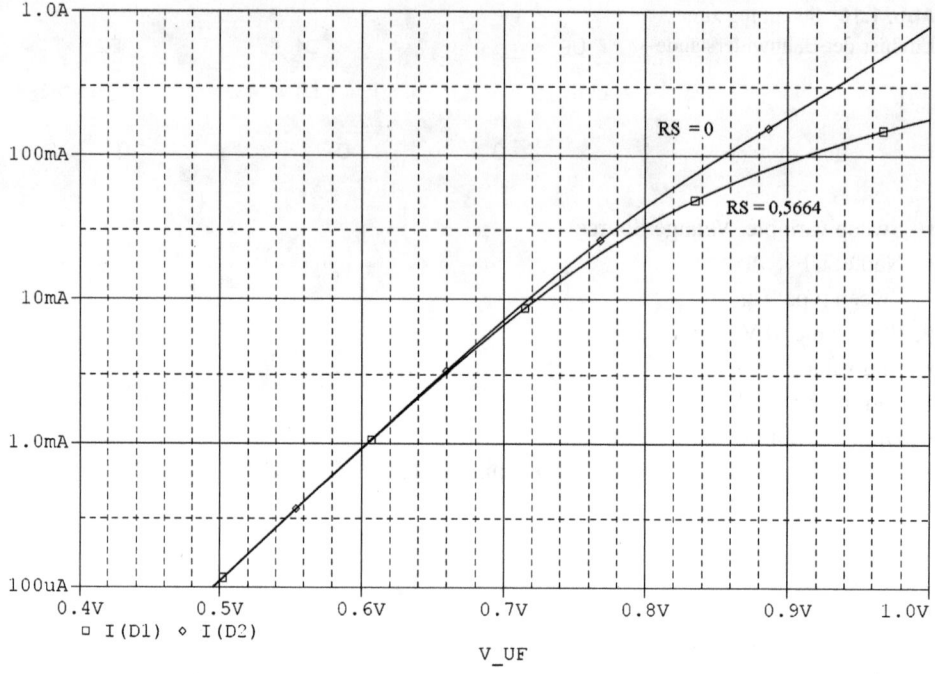

Abb. 1.11 Einfluss des Serienwiderstandes auf die Durchlasskennlinie

Abb. 1.12 Analyseschaltung zur Auswirkung unterschiedlicher Emissionskoeffizienten

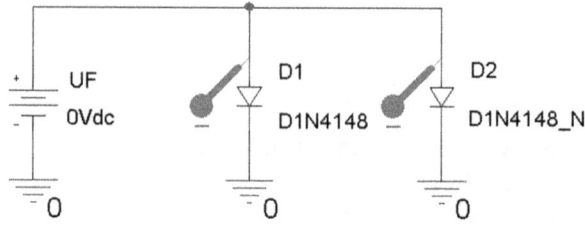

MBD101 ist idealerweise $N = 1$, während Silizium-pn-Dioden Werte von $N = 1$ bis 2 annehmen. Bei der Schaltdiode 1N4148 ist $N = 1{,}836$. In der Schaltung nach Abb. 1.12 wird der Diode D1N4148 eine Diode D1N4148_N gegenübergestellt, die den Wert $N = 1$ hat. Es wird nachfolgend analysiert, wie sich diese Abweichung auf die Durchlasskennlinie auswirkt.

Analyse
- PSpice, Edit Simulation Profil
- Simulation Settings – Abb. 1.12: Analysis
- Analysis type: DC Sweep
- Options: Primary Sweep

1.2 Schaltdiode

- Sweep variable: Voltage Source
- Name: UF
- Sweep type: Linear
- Start value: 0.22 V
- End value: 0.6 V
- Increment: 1 mV
- Übernehmen, OK
- Pspice, run
- Diagramm einstellen mit:
- Plot, Axis Settings
- Y Axis, Data Range
- User Defined 1 pA to 200 mA
- Scale, Log
- X Axis, Data Range
- User Defined 250 mV to 600 mV
- Scale, Linear
- OK.

In Abb. 1.13 werden die unterschiedlichen Neigungen der Durchlasskennlinien beider Dioden sichtbar.

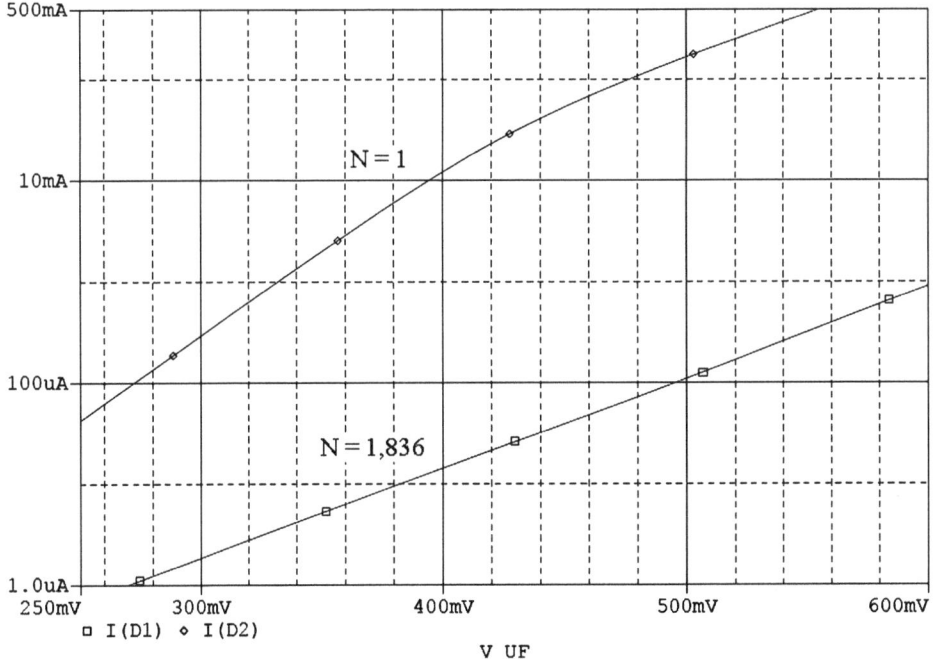

Abb. 1.13 Vergleich der Durchlasskennlinien für unterschiedliche Emissionskoeffizienten

Frage 1.14
Zur Abhängigkeit der Sperrschichtkapazität C_j von der Diodenspannung U ist zu klären:

- Wie verläuft C_j als Funktion von U?
- Welcher Wert der Kennlinie $C_j = f(U)$ entspricht dem Modellparameter C_{J0}?

Antwort
Mit Gl. 1.21 wird die Spannungsabhängigkeit der Sperrschichtkapazität C_j bei der Verwendung von SPICE-Parametern berechnet.

$$C_j = \frac{C_{J0}}{\left(1 - \dfrac{U}{V_J}\right)^M} \tag{1.21}$$

Dabei ist U die Durchlassspannung und $U_R = -U$ die Sperrspannung. Der Exponent wird mit M bezeichnet und V_J entspricht der Diffusionsspannung U_D. Die Sperrschichtkapazität steigt mit wachsender Spannung U parabelförmig an und geht nach Gl. 1.21 bei $U = V_J$ gegen unendlich. Um diese Polstelle zu vermeiden, ist im Programm ein Koeffizient F_C (beispielsweise mit $F_C = 0{,}5$) vorgesehen, siehe Gl. 1.22. Bei $U > F_C \cdot V_J$ gilt nach [13]:

$$C_j = \frac{C_{J0}}{(1 - F_C)^{1+M}} \cdot \left[1 - F_C \cdot (1 + M) + M \cdot \frac{U}{V_J}\right]. \tag{1.22}$$

Mit wachsender Sperrspannung $U_R = -U$ sinkt C_j parabelförmig ab. Der Parameter C_{J0} entspricht der Kapazität C_j für $U = 0$. Die Darstellung der Kapazitätskennlinie mit SPICE erfolgt nach [3] über die Umstellung der Gl. 1.21 zur Gl. 1.23.

$$U = VJ \cdot \left[1 - \left(\frac{C_{J0}}{C_j}\right)^{\frac{1}{M}}\right] \tag{1.23}$$

Diese Gleichung wird in geschweifte Klammern gesetzt und als Wert bei der Gleichspannungsquelle U anstelle des Standardwertes 0 Vdc in die Schaltung von Abb. 1.14 eingetragen. Aus der Spezialbibliothek *special* wird die Eingabemöglichkeit für *PARAMETERS* aufgerufen. Es werden dort die Kennwerte gemäß Gl. 1.22 für die Diode D1N4148 eingetragen.

Analyse
- PSpice, Edit Simulation Profil
- Simulation Settings – Abb. 1.14: Analysis
- Analysis type: DC Sweep

1.2 Schaltdiode

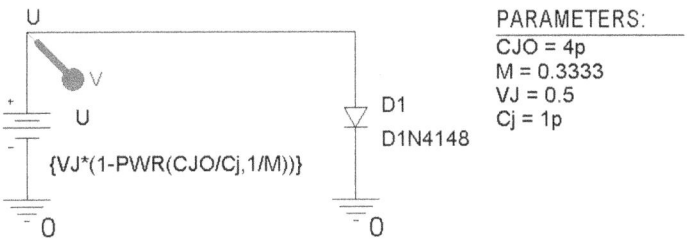

Abb. 1.14 Schaltung zur Analyse der Spannungsabhängigkeit der Sperrschichtkapazität

- Options: Primary Sweep
- Sweep variable: Global parameter
- Parameter name: Cj
- Sweep type: Linear
- Start value: 2.5 p
- End value: 50 p
- Increment: 0.1 p
- Übernehmen, OK
- Pspice, run
- Diagramm bearbeiten:
- Diagramm $U = f(Cj)$ wird über:
- Plot, Axis Settings
- Axis Variable: V(U)
- OK.
- Weiter mit:
- Trace, Add Trace
- Trace Expression: Cj
- OK

In $Cj = f(U)$ umgewandelt, siehe Abb. 1.15.

Frage 1.15
Wie verläuft die Kennlinie der Diffusionskapazität in Abhängigkeit vom Durchlassstrom bzw. von der Durchlassspannung?

Antwort
Die Diffusionskapazität C_d steigt bis zu mittleren Injektionen von Ladungsträgern linear mit dem *Durchlassstrom* an. Nach Gl. 1.10 ist $C_d = I_F \cdot T_T/(N \cdot U_T)$. Mit wachsender *Durchlassspannung* U wird C_d exponentiell erhöht, siehe Gl. 1.13. In der Schaltung von Abb. 1.16 wird ein Strom I_F in die Diode eingespeist. Der Wert dieses Stromes ist der mit $I_F = C_d \cdot N \cdot U_T/T_T$ aus Gl. 1.10 umgestellte Ausdruck.

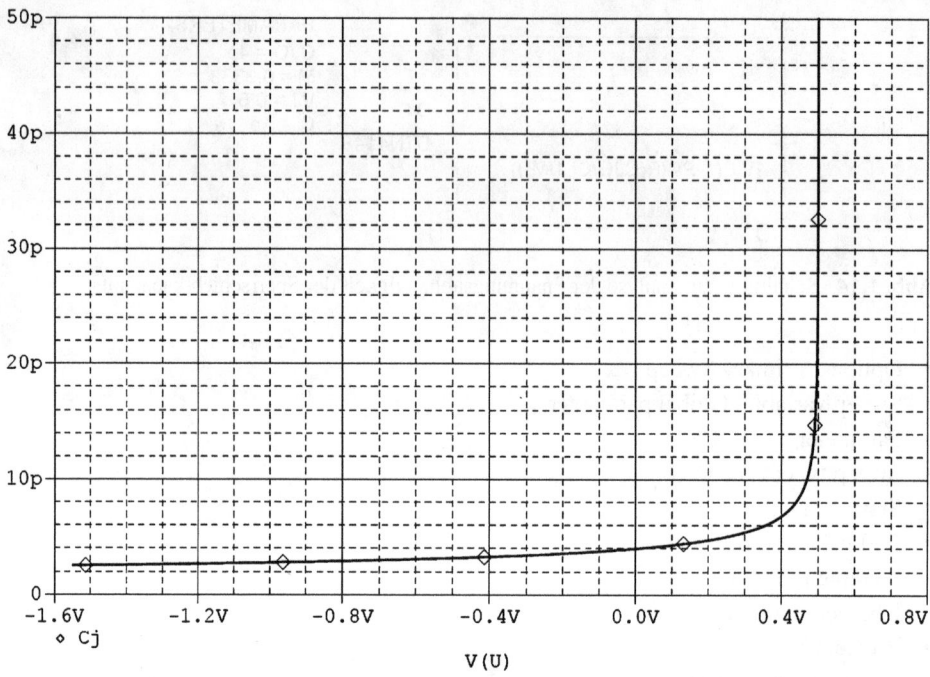

Abb. 1.15 Spannungsabhängigkeit der Sperrschichtkapazität für die Diode D1N4148

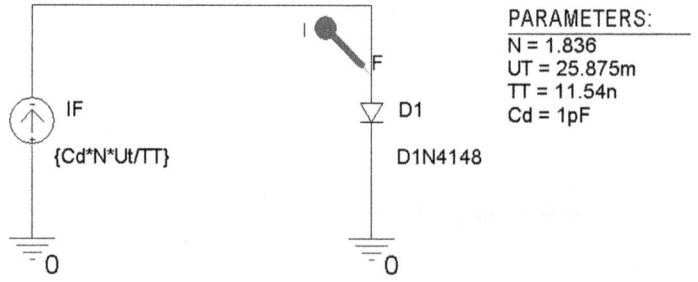

Abb. 1.16 Schaltung zur Analyse der Arbeitspunktabhängigkeit der Diffusionskapazität

Analyse
- PSpice, Edit Simulation Profil
- Simulation Settings – Abb. 1.14: Analysis
- Analysis type: DC Sweep
- Options: Primary Sweep
- Sweep variable: Global parameter
- Parameter name: Cd

1.2 Schaltdiode

- Sweep type: Linear
- Start value: 0 pF
- End value: 50 nF
- Increment: 1 pF
- Übernehmen, OK
- Pspice, run
- Diagramm bearbeiten:
- Diagramm $I_F = f(C_d)$ wird über:
- Plot, Axis Settings
- Axis Variable: I(IF)
- OK.
- Weiter mit:
- Trace, Add Trace: Cd, OK
- Trace Expression: $C_d = f(I_F)$
- umgewandelt
- siehe Abb. 1.17
- Die Umwandlung der Abszisse vom Strom auf die Spannung führt über:
- Plot, Axis Settings
- Axis Variable: V(F)

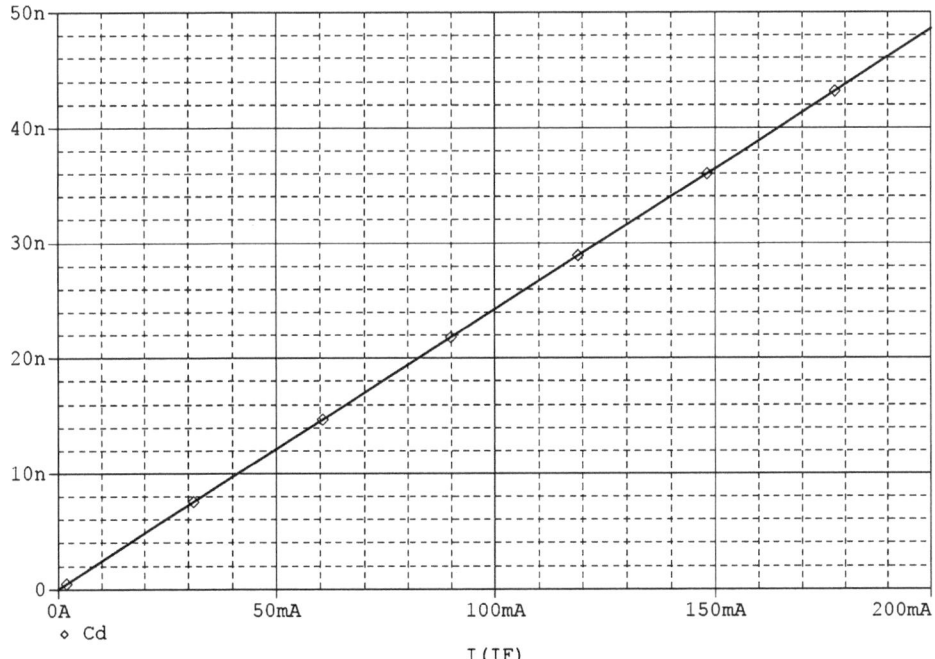

Abb. 1.17 Diffusionskapazität in Nano-Farad als Funktion des Durchlassstromes für die Diode D1N4148

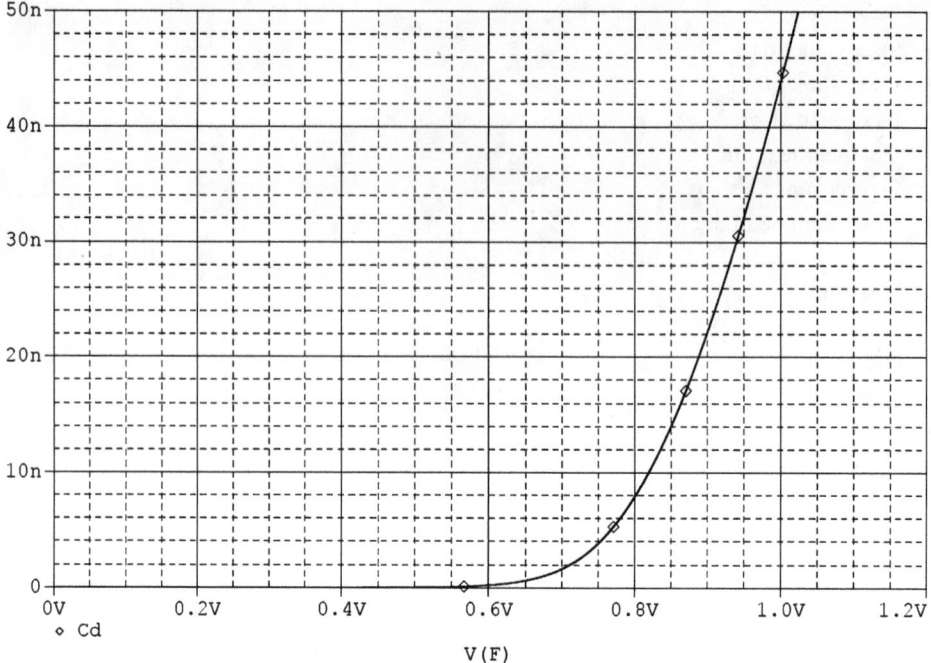

Abb. 1.18 Diffusionskapazität in Nano-Farad als Funktion der Durchlassspannung für die Diode D1N4148

- OK.
- Trace, Add Trace: Cd
- OK

zur Abb. 1.18.

Frage 1.16
Zum Großsignalmodell der Diode nach Abb. 1.19 ist einzuschätzen:

- Welche der beiden Kapazitäten ist bei der *sperrgepolten* Diode wirksam?
- Welche Kapazität ist in der *Durchlassrichtung* die bestimmende Größe?
- Wie gelangt man zum *Kleinsignalmodell* der Diode?

Antwort
Wird die Diode in Sperrrichtung gepolt, dann ist die Sperrschichtkapazität C_j nach Gl. 1.21 wirksam, während die Diffusionskapazität C_d in dieser Betriebsweise nicht auftritt. Bei Polung in Durchlassrichtung überwiegt dagegen der Einfluss der Diffusionskapazität C_d. Es ist also $C_d > C_j$, siehe hierzu die Gl. 1.10 und 1.22. Zum Kleinsignalmodell der Diode gelangt man, indem man das Dioden-Symbol des Großsignalmodells nach Abb. 1.19 für die Durchlassrichtung durch einen niederohmigen Diffusionswiderstand r_F bzw. für die Sperrrichtung

1.2 Schaltdiode

Abb. 1.19 Dynamisches Großsignalmodell der Diode

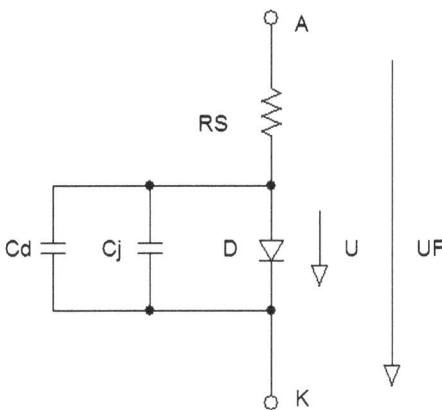

bzw. durch einen hochohmigen Widerstand r_R ersetzt. Der Durchlasswiderstand folgt aus der Differentiation von Gl. 1.13 über $r_F = dU/dI_F$. Das Ergebnis zeigt Gl. 1.24.

$$r_F = N \cdot \frac{U_T}{I_F} \tag{1.24}$$

Der Durchlasswiderstand von Schaltdioden beträgt einige Ohm. Der Sperrwiderstand geht näherungsweise aus der Differentiation von Gl. 1.20 mit $r_R = dU_R/dI_R$ hervor. Man erhält Gl. 1.25.

$$r_R = \frac{V_J}{M \cdot I_{SR} \cdot \left(1 + \dfrac{U_R}{V_J}\right)^{M-1}} \tag{1.25}$$

Der Sperrwiderstand von Schaltdioden liegt in der Größenordnung von Giga-Ohm.

Frage 1.17
Eine Schaltdiode wird von der Durchlass- in die Sperrrichtung umgeschaltet, siehe Abb. 1.20.
  Welche Zeitabhängigkeit stellt sich für den Dioden-Strom ein:

- beim Umschalten mit Impulsen im Nanosekunden-Bereich nach Abb. 1.21?
- beim Umschalten mit Impulsen im Millisekunden-Bereich nach Abb. 1.22?

Antwort
Bei kurzen Schaltimpulsen wirkt sich die Trägheit der Minoritätsladungsträger dahingehend aus, dass über eine Sperrerholungszeit t_{rr} hinweg die in den Bahngebieten gespeicherten Ladungen erst abgebaut werden müssen, bevor der eigentliche Sperrstrom I_R in seinen Werten von Nanoampere erreicht wird. Bei längeren Impulsen sind diese kurzen Schaltzeiten nicht erkennbar.

Abb. 1.20 Schaltungen zum Übergang der Diode von der Durchlass- in die Sperrpolung

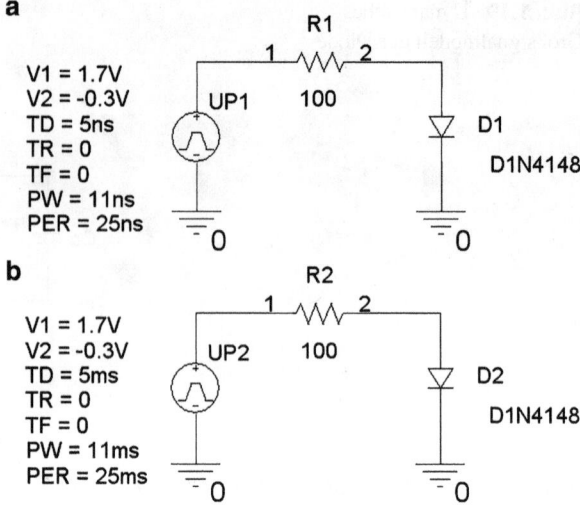

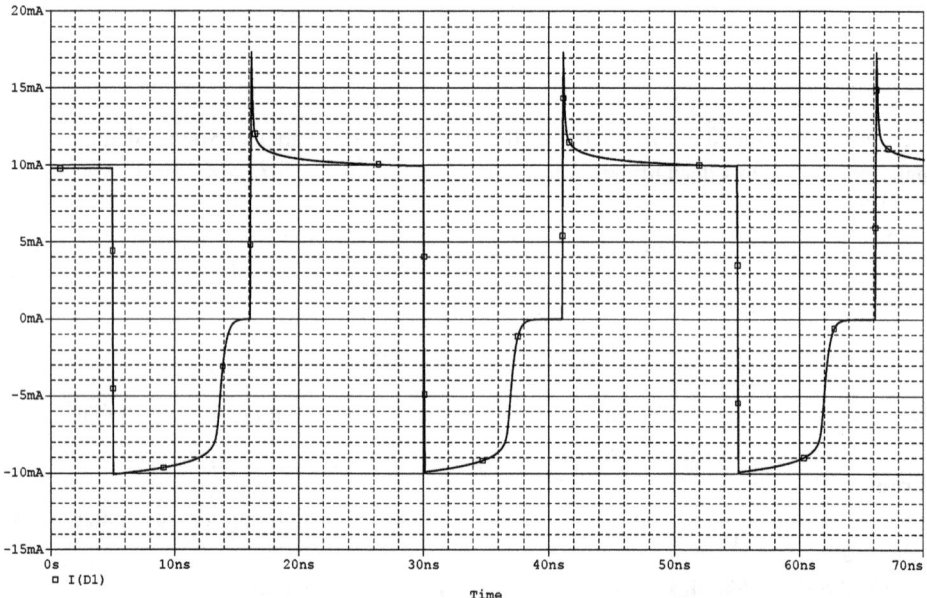

Abb. 1.21 Diodenstrom beim Umschalten mit kurzen Impulsen

Analyse
- PSpice, Edit Simulation Profile
- Simulation Settings – Abb. 1.20: Analysis
- Analysis type: Time Domain (Transient)
- Options: General Settings
- Run to time: 70 ns
- Start saving data after: 0 s
- Transient options

1.2 Schaltdiode

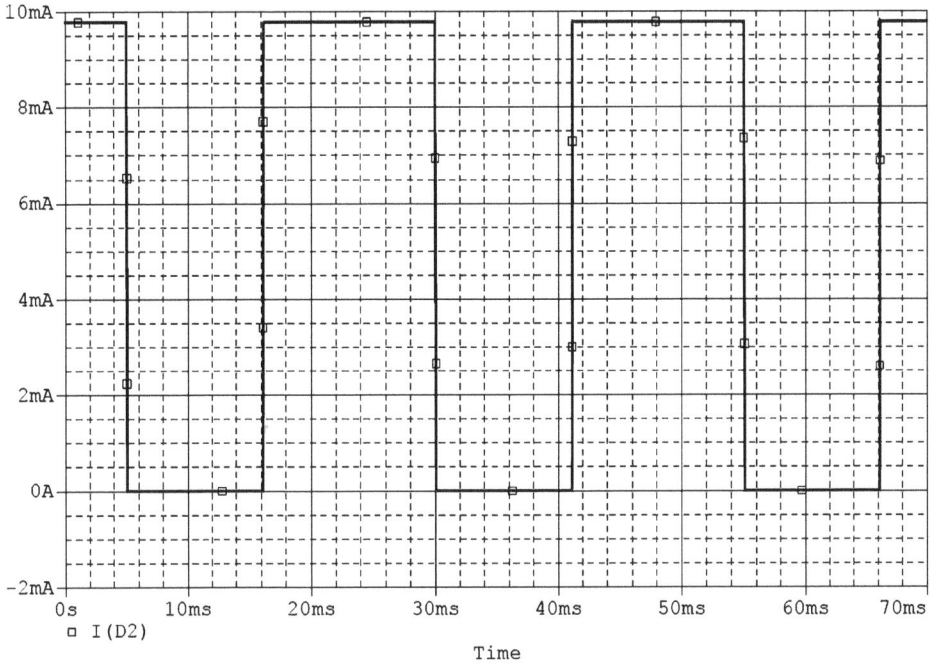

Abb. 1.22 Diodenstrom beim Umschalten mit langen Impulsen

- Maximum step size: 0.1 ns
- Übernehmen, OK
- Pspice, run

Die Analyseergebnisse nach den Abb. 1.21 und 1.22 bestätigen die getroffenen Aussagen.

Frage 1.18
An die Eingänge A und B der Schaltung nach Abb. 1.23 wird ein L-Pegel mit 0 V bzw. ein H-Pegel mit 10 V angelegt.

- Welche Logikfunktion erfüllt das Gatter?
- Welche Verknüpfungen ergeben sich zum Ausgang A?

Antwort
Das Gatter erfüllt die ODER-Funktion. Die logischen Verknüpfungen zeigt die Tab. 1.2.

Frage 1.19
Es ist die Schaltung nach Abb. 1.24 zu betrachten.

- Wie hoch ist der Sinusscheitelwert U_{MS} am Schaltungsknoten M?
- Welchen Verlauf nimmt die Ausgangsspannung U_A an?
- In welcher Weise verändert sich der Verlauf der Ausgangsspannung, wenn die Belastung erhöht wird?

Abb. 1.23 Dioden-Schaltung mit zwei Eingängen

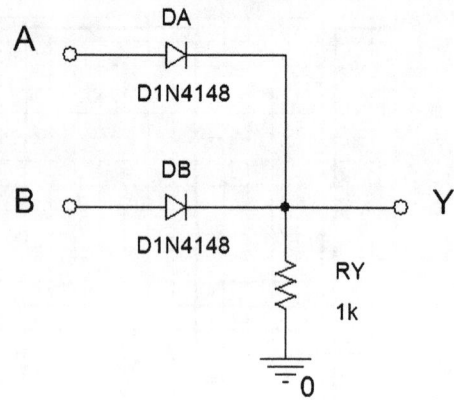

Tab. 1.2 Wahrheitstabelle zur ODER-Schaltung

Spannungen			Logik-Pegel		
U_A	U_B	U_Y	A	B	Y
0 V	0 V	0 V	0	0	0
0 V	10 V	9,4 V	0	1	1
10 V	0 V	9,4 V	1	0	1
10 V	10 V	9,4 V	1	1	1

Antwort

Nach dem Einschwingen stellt sich der positive Sinusspitzenwert am Knoten M nach Gl. 1.26 wie folgt ein:

$$U_{MS} = 2 \cdot V_{AMPL} - U_{F0}(D_1). \tag{1.26}$$

Die Ausgangsspannung folgt mit Gl. 1.27 zu

$$U_A = U_{MS} - U_{F0}(D_2). \tag{1.27}$$

Bei kleinen Sinusspannungen wird eine exakte Spannungsverdopplung wegen der an beiden Dioden auftretenden Spannungsabfälle nicht erreicht.

Analyse
- PSpice, Edit Simulation Profile
- Simulation Settings – Abb. 1.24: Analysis
- Analysis type: Time Domain (Transient)
- Options: General Settings
- Run to time: 200 ms
- Start saving data after: 0 s
- Transient options

1.2 Schaltdiode

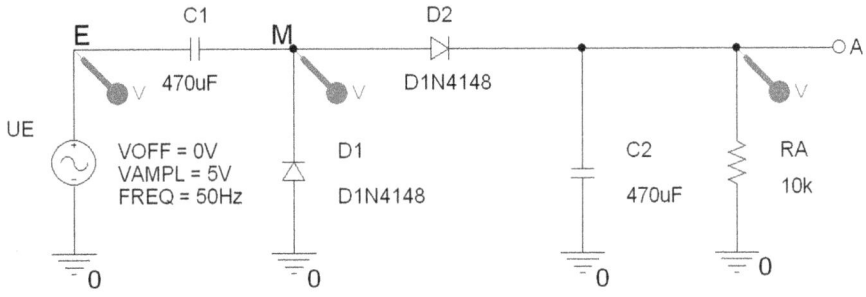

Abb. 1.24 Schaltung für eine näherungsweise Spannungsverdopplung

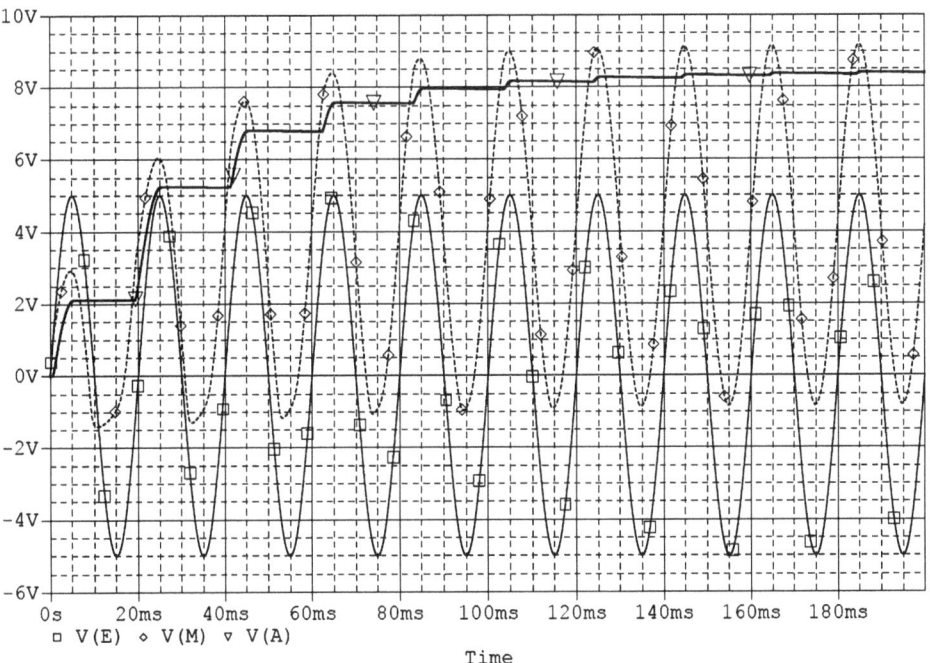

Abb. 1.25 Simulierte Zeitverläufe an den Spannungsknoten E, M und A

- Maximum step size: 10 us
- Übernehmen, OK
- Pspice, run

Das Analyseergebnis nach Abb. 1.25 liefert $U_A \approx 8{,}4$ V. Eine höhere Belastung mit $R_A = 1$ kΩ anstelle von 10 kΩ würde die Welligkeit der Ausgangsspannung erhöhen und ihre Amplitude verringern.

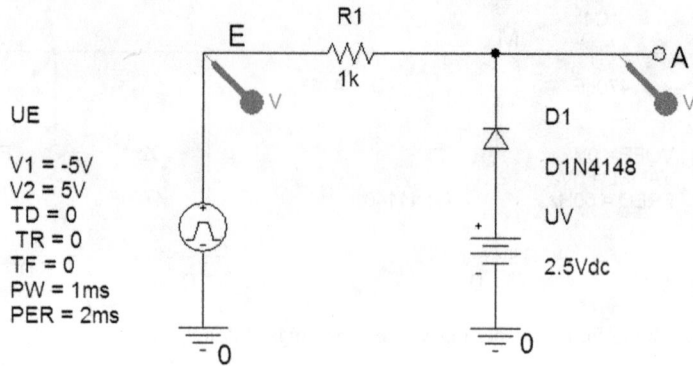

Abb. 1.26 Dioden-Schaltung mit angelegtem Eingangsimpuls

Frage 1.20
Welchen zeitlichen Verlauf nehmen die *Eingangsspannung* und die *Ausgangsspannung* für die Dioden-Schaltung nach Abb. 1.26?

Antwort
Die Eingangsquelle liefert Rechteckimpulse mit der Periodendauer von zwei Millisekunden bei einem Tastverhältnis $v = PW/PER = 1 : 2$ und steilen Flanken. Bei positivem Eingangsimpuls sperrt die Diode und es wird $U_A = V_2 = 5$ V. Bei negativem Eingangsimpuls leitet die Diode. Die Ausgangsspannung erreicht die Höhe der Vorspannung abzüglich der Schleusenspannung U_{F0} der Diode. Man erhält damit $U_A = U_V - U_{F0} \approx 2,5$ V $-$ $0,7$ V $= 1,8$ V.

Analyse
- PSpice, Edit Simulation Profile
- Simulation Settings – Abb. 1.26: Analysis
- Analysis type: Time Domain (Transient)
- Options: General Settings
- Run to time: 4 ms
- Start saving data after: 0 s
- Maximum step size: 10 us
- Transient options
- Maximum step size: 10 us
- Übernehmen, OK
- Pspice, run

Aus der Analyse folgt zunächst der Eingangsimpuls mit Abb. 1.27.
Die vorab getroffene Aussage zur Ausgangsspannung wird mit Abb. 1.28 bestätigt.

1.2 Schaltdiode

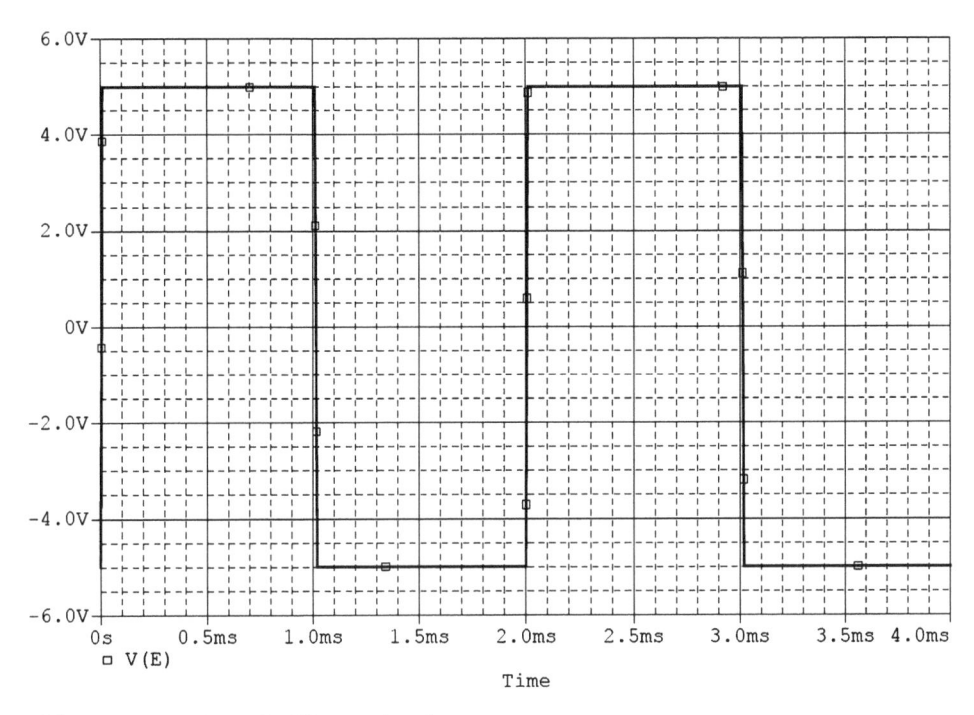

Abb. 1.27 Darstellung des Eingangsimpulses

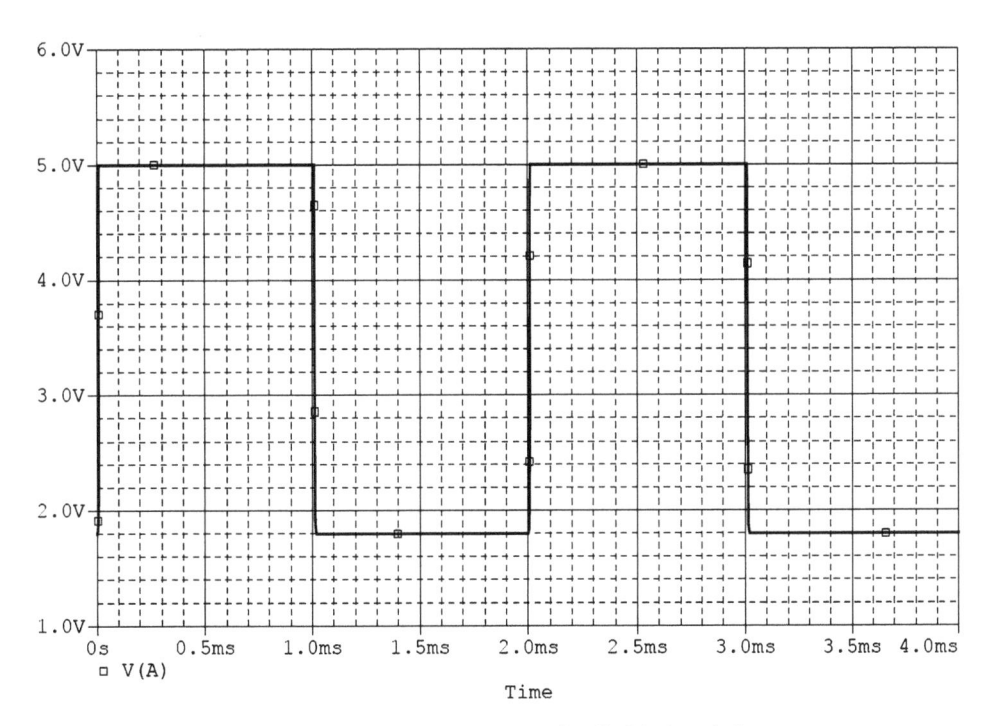

Abb. 1.28 Simulierter Verlauf der Ausgangsspannung für die Diodenschaltung

1.3 Gleichrichterdiode

Frage 1.21
Warum ist eine Silizium-Gleichrichterdiode kein ideales Halbleiterventil?

Antwort
Ein ideales Verhalten liegt nicht vor weil:

- erst oberhalb der Schleusenspannung ein nutzbarer Durchlassstrom erzielt wird
- der Durchlassstrom zu begrenzen ist
- aus thermischen Gründen eine bestimmte Verlustleistung nicht überschritten werden darf
- auf Grund des Lawineneffektes ein Grenzwert zur Sperrspannung einzuhalten ist
- wegen der Dioden-Kapazitäten Schaltverzögerungen auftreten.

Frage 1.22
Eine *Gleichrichterdiode* ist mit einer *Schaltdiode* bezüglich der nachfolgenden SPICE-Modellparameter zu vergleichen: I_S, I_{SR}, R_S, BV, C_{JO}, T_T und R_S. Welches Bauelement weist die höheren Parameterwerte auf?

Antwort
Die Gleichrichterdiode hat höhere Werte bei den folgenden Modellparametern:

- Sättigungsstrom I_S und Sperrsättigungsstrom I_{SR},
- Durchbruchspannung BV,
- Nullspannungs-Sperrschichtkapazität C_{JO} und Transitzeit T_T.

Bei der Schaltdiode ist jedoch der Serienwiderstand R_S höher als bei der Gleichrichterdiode.

Frage 1.23
Zu betrachten ist die Gleichrichterschaltung mit Mittelanzapfung nach Abb. 1.29.

- Wie hoch ist der Wert der Sinusspitzenspannung über der Induktivität L_2?
- Welche Sperrspannung liegt über der jeweiligen Diode?
- Wie ist der zeitliche Verlauf der Ausgangsspannung U_A?
- Wie verläuft U_A, wenn parallel zu R_A eine große Lastkapazität C_A gelegt wird?

Antwort
Mit dem Übersetzungsverhältnis $ü$ nach Gl. 1.28

$$ü = \left(\frac{L_1}{L_2}\right)^{\frac{1}{2}} \tag{1.28}$$

erhält man den Wert $ü = 21{,}6676$.

1.3 Gleichrichterdiode

Abb. 1.29 Zweiweggleichrichter mit Mittelanzapfung

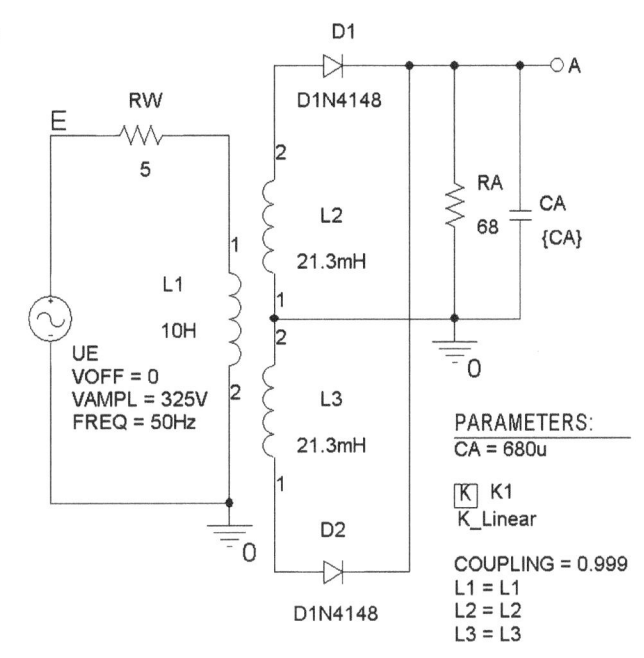

Der Sinusscheitelwert erreicht $U_{L2} = U_1/\ddot{u} = 325\,\text{V}/21{,}6676 = 15\,\text{V}$. Über den Dioden liegt jeweils eine Sperrspannung, die im unbelasteten Zustand dem doppelten Wert der Spitzenspannung U_{L1} bzw. U_{L2} entspricht, also $U_R = 2 \cdot 15\,\text{V} = 30\,\text{V}$. Für die Ausgangsspannung werden beide Halbwellen gleichgerichtet. Bei kleinen anliegenden Sinus-Spannungen ist der Spannungsabfall an den Dioden mit $U_A = U_E - U_{F0}$ zu berücksichtigen. Mit der Lastkapazität C_A wird eine Glättung der pulsierenden Gleichspannung erreicht.

Analyse
- PSpice, Edit Simulation Profile
- Simulation Settings – Abb. 1.29: Analysis
- Analysis type: Time Domain (Transient)
- Options: General Settings
- Run to time: 40 ms
- Start saving data after: 0 s
- Maximum step size: 10 us
- Transient options
- Maximum step size: 10 us
- Options: Parametric Sweep
- Sweep variable
- Global Parameter, Parameter Name: CA
- Sweep type: Value list: 1 p 680 u
- Übernehmen, OK
- Pspice, run

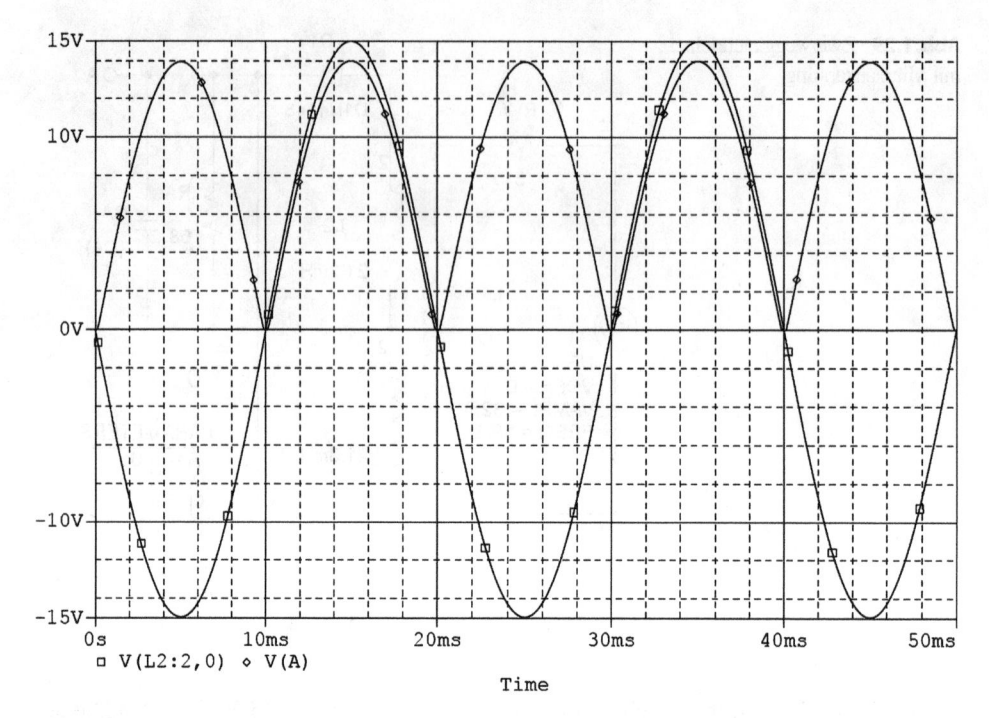

Abb. 1.30 Spannung über der Sekundärspule L2 und Ausgangsspannung bei ohmscher Belastung

Dabei gilt $C_A = 1$ pF als ein verschwindend kleiner Wert. Das Analyseergebnis für die ohmsche Belastung ist in Abb. 1.30 dargestellt.

Die zuvor gemachten Aussagen zum Einfluss des Lastkondensators auf die Ausgangsspannung werden mit den Graphen nach Abb. 1.31 bestätigt.

1.4 Z-Diode

Frage 1.24
Worauf beruht die spannungsstabilisierende Wirkung der Z-Diode?

Antwort
Auf Grund relativ hoher Dotierungen der Bahngebiete tritt der Durchbruch der in Sperrrichtung betriebenen Diode bereits bei einigen Volt ein. Trotz großer Schwankungsbreiten ΔI_Z des Z-Stromes I_Z bleibt die Änderung ΔU_Z der Spannung U_Z gering. Die Spannungsstabilisierung ist umso besser, je kleiner der differentielle Z-Widerstand r_Z nach Gl. 1.29 ist.

$$r_Z = \frac{dU_Z}{dI_Z} \approx \frac{\Delta U_Z}{\Delta I_Z} \tag{1.29}$$

Der Z-Widerstand liegt in der Größenordnung von einigen Ohm.

1.4 Z-Diode

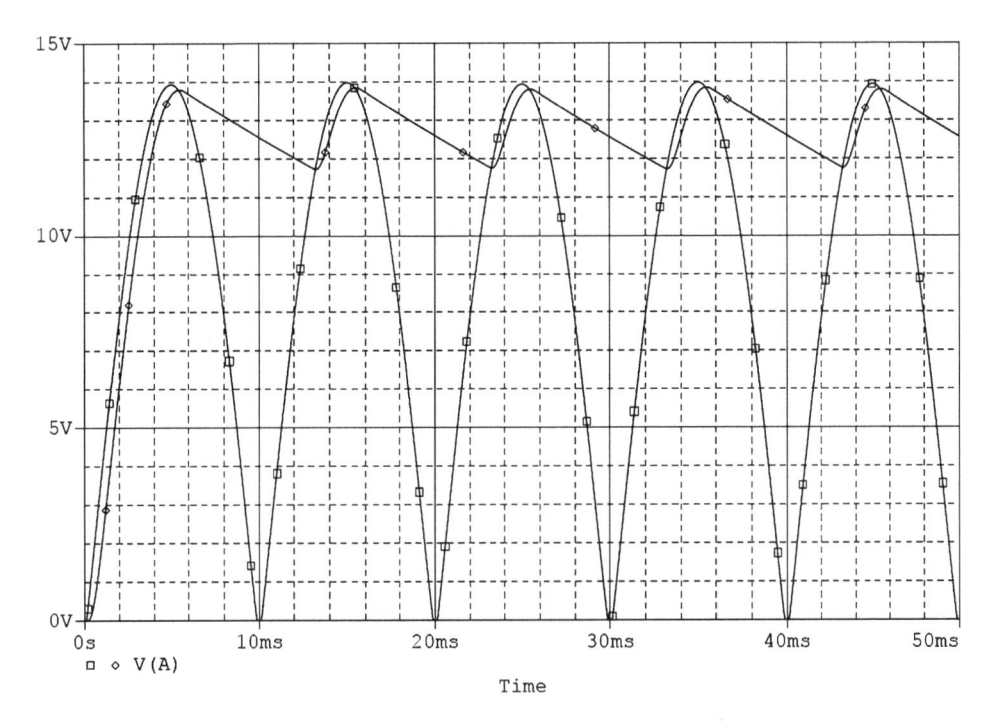

Abb. 1.31 Ausgangsspannung bei ohmscher und zusätzlicher kapazitiver Belastung

Frage 1.25
Mit welchen Hauptkenngrößen werden Z-Dioden im Datenblatt charakterisiert?

Antwort
Das Datenblatt enthält als wichtige Parameter:

- Z-Spannung U_Z und Temperaturkoeffizient von U_Z
- maximale Verlustleistung P_Z
- differentieller Z-Widerstand r_Z

Beispiel 1.2

Die Tab. 1.3 enthält für ausgewählte Zener- bzw. Z-Dioden konkrete Werte für die obigen Kenngrößen.

Der Temperaturkoeffizient zur Z-Spannung nach Gl. 1.30

$$TK_{UZ} = \frac{1}{U_Z} \cdot \frac{dU_Z}{dT} \tag{1.30}$$

Tab. 1.3 Datenblattangaben für ZPY-Typen nach [8]

Typ aus der Reihe ZPY	U_Z in V bei I_{ZT}	r_Z in Ω bei I_{ZT}; 1 kHz	TK_{UZ} in 10^{-4}/K bei I_{ZT}	I_{ZT} in mA Teststrom
ZPY 3.9	3,7 bis 4,1	4 (< 7)	−7 bis +2	100
ZPY 4.7	4,4 bis 5,0	4 (< 7)	−7 bis +4	100
ZPY 15	13,8 bis 15,8	4 (< 9)	+5 bis +10	50

ist positiv für Z-Dioden, bei denen der Durchbruch mit $U_Z > 5$ V vorrangig auf dem *Lawineneffekt* beruht. Dieser Effekt tritt auf, wenn die in der Sperrschicht bereits vorhandenen Elektronen infolge der hohen elektrischen Feldstärke mit Gitteratomen zusammenstoßen und die auf diese Weise erzeugten Ladungsträger ihrerseits lawinenartig weitere Ladungsträger frei setzen. Die hohe Anzahl an Ladungsträgern erfährt auf ihrem Weg Zusammenstöße, so dass ihre Beweglichkeit μ abnimmt. Um den Spannungsdurchbruch zu erzielen, ist somit eine höhere Sperrspannung anzulegen. Das bedeutet, dass der Temperaturkoeffizient der Z-Spannung positiv wird. Bei besonders stark dotierten Dioden wird die Sperrschichtdicke extrem schmal, so dass die sehr hohe Feldstärke ausreicht, um Elektronen *direkt* aus dem Atomgitterverband herauszulösen. Bei diesen auf dem inneren *Feldemissionseffekt* beruhenden ZENER-Dioden genügen bei höheren Temperaturen somit kleinere Sperrspannungen, um den Durchbruch herbeizuführen. Der Temperaturkoeffizient der Zener-Diode ist also negativ. Bei Dioden mit $U_Z \approx 5$ V geht der Temperaturkoeffizient gegen null, weil bei dieser Spannungshöhe die beiden Durchbrucheffekte fließend ineinander übergehen und sich kompensieren. ◄

Frage 1.26
Welche SPICE-Modellparameter bestimmen maßgeblich die Eigenschaften der Z-Diode?

Antwort
Der Durchbruch von Z-Dioden wird mit den folgenden Modellparametern erfasst:

- Durchbruchspannung (Breakdown Voltage) *BV*
- Strom zur Durchbruchspannung I_{BV}
- Faktor zur Durchbruchspannung N_{BV}

Beispiel 1.3

Für die Z-Diode D1N750 werden die folgenden Modellparameter angegeben [6]:

$$BV = 4{,}7, \quad I_{BV} = 20{,}245, \quad N_{BV} = 1{,}6989.$$

Bei $N_{BV} = 1$ erfolgt der Übergang von der Sperrkennlinie in die Z-Kennlinie mit einem scharfen Knick, während beispielsweise mit $N_{BV} = 10$ ein sanfter, bogenförmiger Übergang nachgebildet wird. ◄

1.4 Z-Diode

Frage 1.27
Welcher Zusammenhang besteht zwischen den Z-Strömen I_{Zmax} und I_{Zmin} sowie der maximalen Verlustleistung P_Z der Z-Diode?

Antwort
Der maximale Z-Strom wird über die Gl. 1.31 bestimmt.

$$I_{Zmax} = \frac{P_Z}{U_Z} \qquad (1.31)$$

Für den minimalen Z-Strom gilt $I_{Zmin} \approx 0{,}05 \cdot I_{Zmax}$. Bei I_{Zmin} ist der Übergang von der Sperrkennlinie in die Durchbruchkennlinie gerade vollzogen. Die Schaltung nach Abb. 1.32 dient zur Darstellung der Z-Kennlinie und der Verlustleistungshyperbel für $P_Z = 1$ W.

Analyse
- PSpice, Edit Simulation Profil
- Simulation Settings – Abb. 1.32: Analysis
- Analysis type: DC Sweep
- Options: Primary Sweep
- Sweep variable: Voltage Source
- Name: UR
- Sweep type: Linear
- Start value: 0 V
- End value: 6 V
- Increment: 1 mV
- Übernehmen, OK
- Pspice, run
- Diagramm bearbeiten:
- Trace, Add Trace
- Trace Expressions I(D1)
- OK
- Plot, Axis Settings
- X Axis, Data Range
- User Defined 6 V to 0 V
- Y Axis, Data Range
- User Defined: −300 mA to 0 A
- Scale, Linear
- OK.

Abb. 1.32 Schaltung zur Simulation der Z-Kennlinie

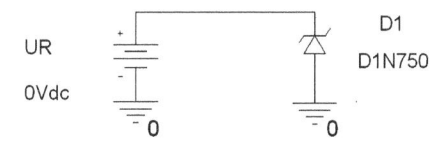

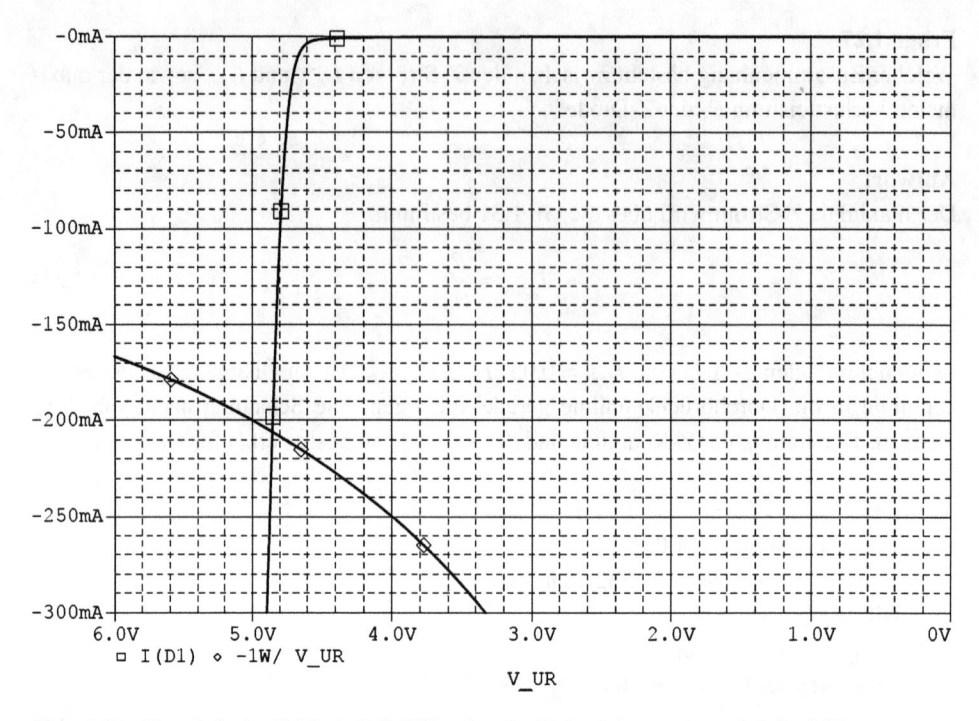

Abb. 1.33 Kennlinie der Z-Diode D1N750 nebst der Verlustleistungshyperbel für 1 W

Abb. 1.34 Schaltung zur Spannungsstabilisierung mittels Z-Diode

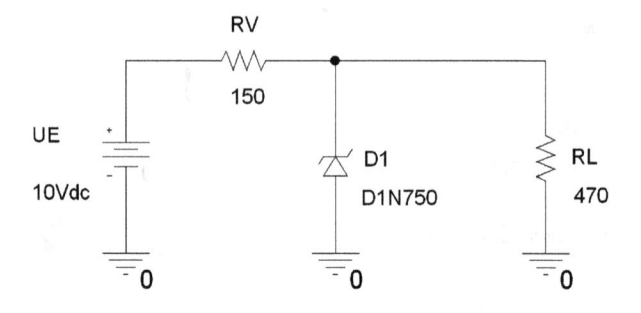

Das Analyseergebnis nach Abb. 1.33 zeigt die simulierte Z-Kennlinie. Aus dem Schnittpunkt dieser Kennlinie mit der Verlustleistungshyperbel folgt über die Auswertung mit dem Cursor der Wert $-I(D) = I_{Z\text{max}} = -206{,}76$ mA.

Frage 1.28
Wie hoch wird der Z-Strom I_Z in der Schaltung nach Abb. 1.34, bei der die Z-Diode den Wert $U_Z = 4{,}7$ V aufweist?

Antwort
Nach Gl. 1.32 ist der Z-Strom

$$I_Z = I_{RV} - I_{RL}. \tag{1.32}$$

1.4 Z-Diode

Abb. 1.35 Begrenzer-Schaltung mit Z-Dioden

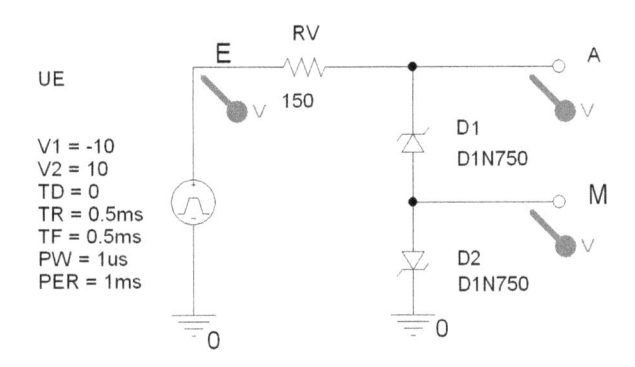

```
UE
V1 = -10
V2 = 10
TD = 0
TR = 0.5ms
TF = 0.5ms
PW = 1us
PER = 1ms
```

RV = 150, D1 = D1N750, D2 = D1N750

Mit dem Strom durch den Vorwiderstand nach Gl. 1.33

$$I_{RV} = \frac{U_E - U_Z}{R_L} \tag{1.33}$$

und dem Strom durch den Lastwiderstand nach Gl. 1.34

$$I_{RL} = \frac{U_Z}{R_L}. \tag{1.34}$$

Man erhält I_{RV} = 35,3 mA sowie I_{RL} = 10 mA und somit I_Z = 25,3 mA.

Frage 1.29
Welchen Verlauf nimmt die Ausgangsspannung in der Begrenzer-Schaltung nach Abb. 1.35?

Hinweis: Die Eingangsquelle für diese Schaltung ist als Dreieckspannung ausgeführt.

Antwort
Für positive Dreieckimpulse ist die Z-Diode D_1 sperrgepolt und die Z-Diode D_2 durchlassgepolt. Sobald die Eingangsspannung U_E so weit angewachsen ist, dass die Höhe der Durchbruchspannung der Diode D_1 erreicht ist, wird die Ausgangsspannung U_A auf diesen Wert zuzüglich der Durchlassspannung der Diode D_2 begrenzt. Es wird also $U_A \approx U_Z + U_{FO} \approx 4{,}7\,\text{V} + 0{,}7\,\text{V} = 5{,}4\,\text{V}$. Liegen dagegen die negativen Dreieckimpulse an, dann wird die Ausgangsspannung auf $U_A = -5{,}4\,\text{V}$ begrenzt.

Analyse
- PSpice, Edit Simulation Profile
- Simulation Settings – Abb. 1.35: Analysis
- Analysis type: Time Domain (Transient)
- Options: General Settings
- Run to time: 3 ms

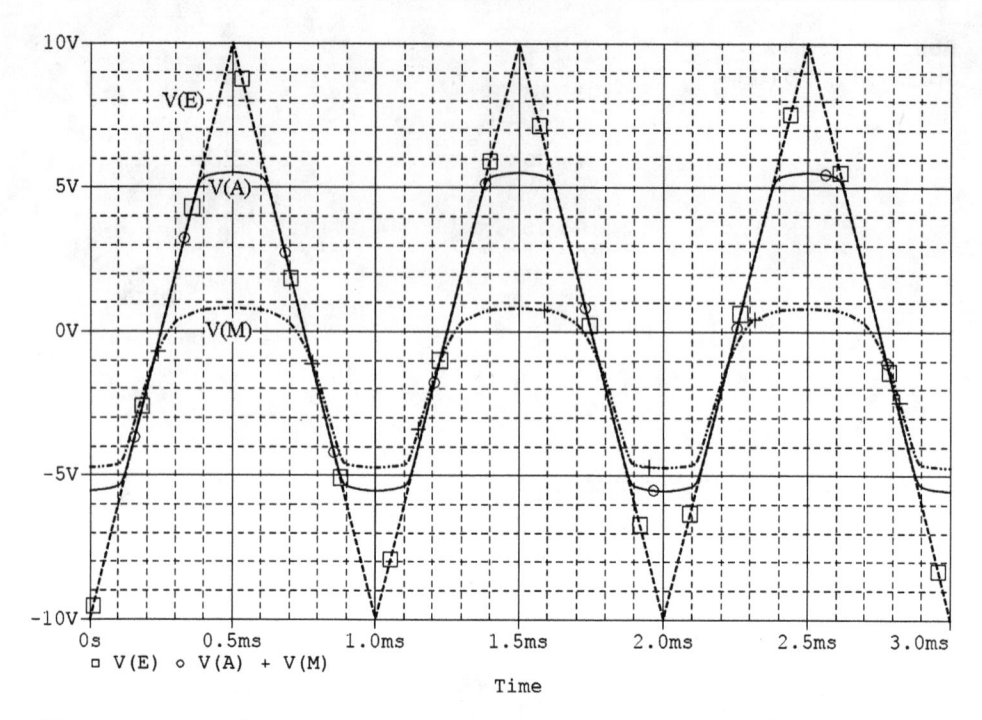

Abb. 1.36 Eingangs-Dreieckspannung nebst Begrenzungen an den Ausgangs-Knoten M und A

- Start saving data after: 0 s
- Maximum step size: 10 us
- Transient options
- Maximum step size: 10 us
- Übernehmen, OK
- Pspice, run

In der Abb. 1.36 wird die am Schaltungsknoten A erzielte Spannungsbegrenzung dargestellt. Am Knoten M werden die positiven Spannungsspitzen auf den Wert der Schleusenspannung der Diode D_2 mit $U_M \approx 0{,}7$ V begrenzt, während die negativen Spannungsspitzen zu $U_M = -U_Z \approx -4{,}7$ V führen, siehe Abb. 1.36.

1.5 Kapazitätsdiode

Frage 1.30
Inwiefern eignet sich die Kapazitätsdiode als ein Bauelement mit hoher Güte zur Schwingkreisabstimmung?

1.5 Kapazitätsdiode

Abb. 1.37 Modell der Kapazitätsdiode

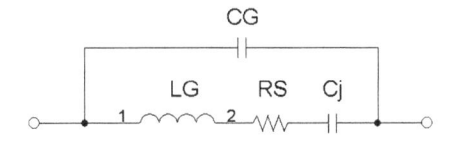

Antwort
Kapazitätsdioden weisen auf Grund eines speziellen Dotierungsprofils eine Kapazitätskennlinie $C_j = f(U_R)$ mit einem steilen Gradienten auf. Sie können daher als spannungsgesteuerter Kondensator zur Nachstimmung von Schwingkreisen verwendet werden. Das Modell der Kapazitätsdiode nach Abb. 1.37 enthält die Reihenschaltung aus Sperrschichtkapazität C_j und Serienwiderstand R_S sowie die bei Frequenzen oberhalb von 300 MHz wirksamen Elemente des Gehäuses in Form der Kapazität C_G und der Induktivität L_G. Für das vereinfachte Modell gilt die frequenzabhängige Güte Q gemäß Gl. 1.35

$$Q = \frac{1}{\omega \cdot C_j \cdot R_S}. \tag{1.35}$$

Beispiel 1.4

Für die Kapazitätsdiode MV2201 mit den Modellparametern $C_{J0} = 14{,}93$ pF und $R_S = 1\,\Omega$ erhält man mit Gl. 1.35 bei $f = 30$ MHz die Güte $Q = 355{,}34$. ◄

Frage 1.31
Für die Schaltung mit einer Kapazitätsdiode nach Abb. 1.38 sind die Fragen zu beantworten:

- Welche Bedeutung hat der Widerstand R_p?
- Wozu dient der Koppelkondensator C_k?
- Aus welchem Grund wird der Widerstand R_R vorgesehen?
- Wie wird die Resonanzfrequenz f_0 berechnet?
- In welcher Weise ändert sich die Resonanzfrequenz, wenn die Spannung U_R erhöht wird?
- Wie hoch wird die Resonanzfrequenz?

Antwort
Mit dem Widerstand R_p werden die Verluste des Parallelschwingkreises berücksichtigt, die vor allem durch die Spule verursacht werden. Der Verlustfaktor $\tan \delta$ des Schwingkreises folgt aus Gl. 1.36 mit [12] zu

$$\tan \delta = \frac{\sqrt{L/C}}{R_p}. \tag{1.36}$$

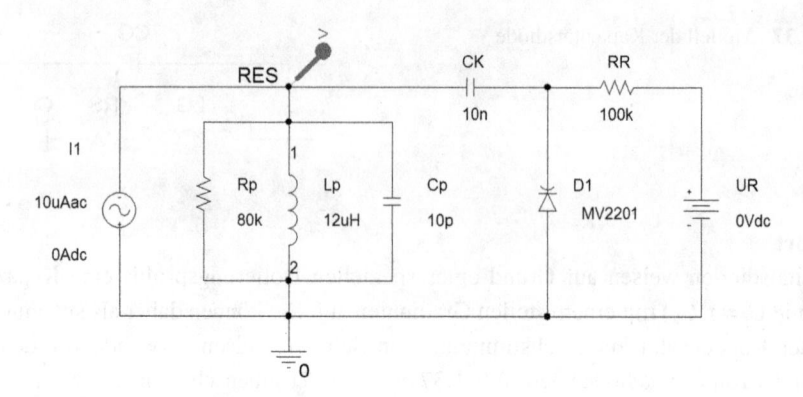

Abb. 1.38 Schwingkreisabstimmung mit Kapazitätsdiode

Der Kondensator C_k dient als Gleichstromsperre. Wegen seines hohen Wertes kann er in der Reihenschaltung mit der Sperrschichtkapazität C_j wechselstrommäßig vernachlässigt werden. Mit dem hochohmigen Widerstand R_R wird verhindert, dass die Spannungsquelle U_R bei einem Defekt der Diode kurzgeschlossen wird. Wird die Sperrspannung erhöht, dann sinkt die Sperrschichtkapazität der Kapazitätsdiode gemäß Gl. 1.21 ab, womit die Resonanzfrequenz ansteigt. Für die gegebene Schaltung ist die wirksame Schwingkreiskapazität C nach Gl. 1.37

$$C = C_p + C_j. \tag{1.37}$$

Mit dieser Kapazität erhält man die Resonanzfrequenz für $L_p = L$ nach Gl. 1.38 zu

$$f_0 = \frac{1}{2 \cdot \pi \cdot \sqrt{L \cdot C}}. \tag{1.38}$$

Beispiel 1.5

Für $U_R = 0$ V sind zu ermitteln:

- Die Sperrschichtkapazität C_j
- Die Gesamtkapazität C
- Der Verlustfaktor $\tan \delta$
- Die Resonanzfrequenz f_0 und die Resonanzspannung U_0

Man erhält als Ergebnis:

$$C_j = C_{J0} = 14{,}93 \text{ pF}, \quad C = 24{,}93 \text{ pF}, \quad \tan \delta = 8{,}67 \cdot 10^{-3} \quad \text{und} \quad f_0 = 9{,}2 \text{ MHz}.$$

Die Resonanzspannung ist $U_0 = I \cdot R$. Dabei gilt für die Parallelschaltung $1/R = 1/R_p + 1/R_R$. Mit $R = 44{,}44$ kΩ wird $U_0 = 10$ μA $44{,}44$ kΩ $= 0{,}44$ V. ◄

1.5 Kapazitätsdiode

Analyse
- PSpice, Edit Simulation Profil
- Simulation Settings – Abb. 1.38: Analysis
- Analysis type: AC Sweep/Noise
- Options: General Settings
- AC Sweep Type, Linear
- Start Frequency: 5 Meg
- End Frequency: 15 Meg
- Total Points: 500
- Options: Parametric Sweep
- Sweep variable, Voltage Source
- Name: UR
- Sweep type, Value List: 0 5 V
- Übernehmen, OK
- Pspice, run

Die Frequenzabhängigkeit der Spannung am Knoten S mit U_R als Parameter für 0 V und 5 V ist in Abb. 1.39 dargestellt.

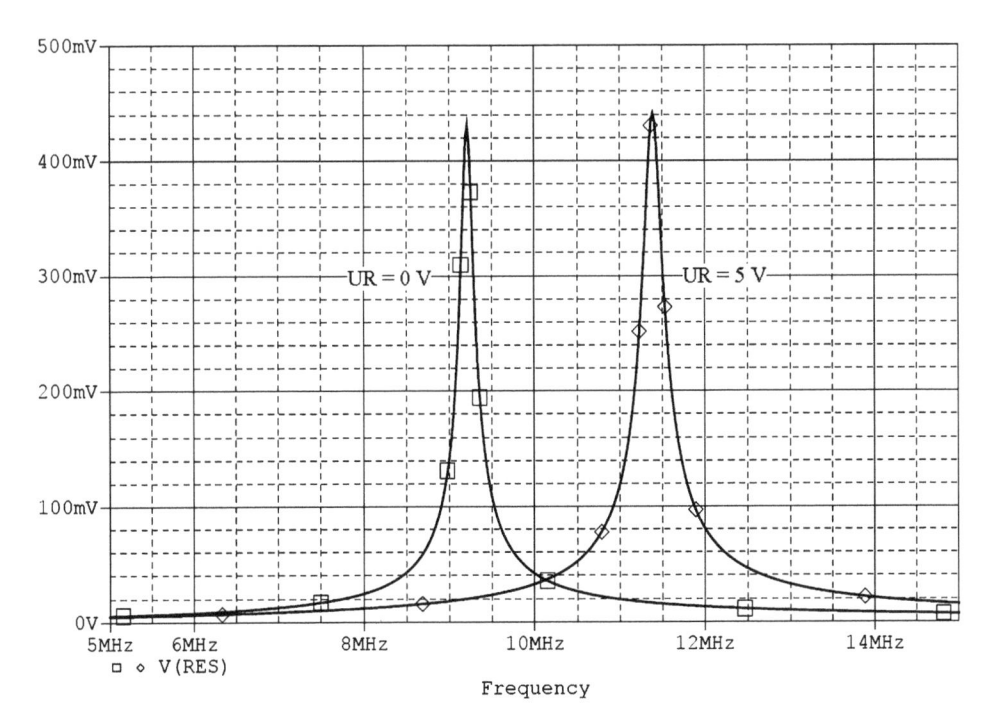

Abb. 1.39 Ergebnis der Schwingkreisabstimmung mit der Sperrspannung als Parameter

1.6 Schottky-Diode

Frage 1.32
Zur Darstellung der Schottky-Diode nach Abb. 1.40 sind folgende Fragen zu beantworten:

- Welche Ladungsträgerart bestimmt den Durchlassstrom?
- Welche Konsequenzen ergeben sich daraus für die Dioden-Kapazitäten?

Antwort
An der Randschicht des Metall-Halbleiter-Übergangs wandern Elektronen des n-Siliziums in das Metall, weil sie eine höhere Austrittsarbeit als die Elektronen des Metalls aufweisen. Die ortsfesten, ionisierten Silizium-Atome bilden eine Verarmungszone mit positiver Raumladung. Für die in Abb. 1.40 dargestellte Metall-Halbleiter-Diode wird der Strom von den Elektronen als den *Majoritätsladungsträgern* bestimmt. Der Stromtransport wird vom Prozess der thermischen Emission getragen. Die Schleusenspannung liegt bei etwa 0,35 V und entspricht damit ungefähr der Hälfte des Wertes einer Si-pn-Diode. Die Strom-Spannungs-Gleichung kann formal wie bei der pn-Diode aufgestellt werden. Nach [1] liegt der Emissionskoeffizient bei den Werten 1,02 <N> 1,2. Im Idealfall ist $N = 1$. Weil der Trägheitseffekt von Minoritätsladungsträgern entfällt, tritt keine Diffusionskapazität C_d und damit auch keine Speicherzeit t_s auf. Schottky-Dioden sind daher mit ihrer kleinen Sperrerholungszeit t_{rr} als schnelle Schaltdioden einsetzbar.

Frage 1.33
Wie unterscheiden sich Silizium-Schottky-Dioden kleiner Leistung von Silizium-pn-Schaltdioden bezüglich folgender SPICE-Modellparameter:

- Emissionskoeffizient N?
- Transitzeit T_T?
- Sperrsättigungsstrom I_{SR}?
- Durchbruchspannung BV?

Antwort
Bei der Schottky-Diode ist $N \approx 1$ und damit niedriger als bei der Si-pn-Schaltdiode. Für die Schottky-Diode wird $T_T \approx 0$, weil $C_d = 0$ ist. Bei der pn-Schaltdiode ist dagegen $T_T \approx$ 10 ns. Der Sperrsättigungsstrom der Schottky-Diode fällt höher aus als bei der pn-

Abb. 1.40 Prinzipielle Darstellung zur Schottky-Diode

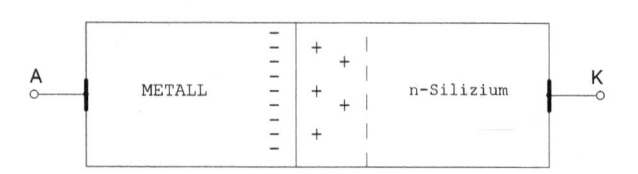

1.6 Schottky-Diode

Schaltdiode. Die Durchbruchspannung von Schottky-Dioden ist kleiner als bei Si-pn-Schaltdioden. In der Tab. 1.4 werden die Modellparameter der beiden Dioden einander gegenübergestellt.

Frage 1.34
In Abb. 1.41 ist eine einfache Ladeschaltung dargestellt. Über die Rücksperrdiode DR lädt der Solargenerator SG den Akkumulator AKKU, an den eine Last angeschlossen werden kann [4]. Inwiefern ist als Rücksperrdiode eine Si-Schottky-Diode geeigneter als eine Si-Diode?

Antwort
Die Rücksperrdiode verhindert, dass sich der Akkumulator über den Solargenerator entlädt, sobald seine Spannung höher als die des Generators ist. Beim Ladevorgang fällt mit U_F = 0,3 bis 0,4 V an der Schottky-Leistungsdiode eine Spannung ab, die nur etwa halb so groß ist wie diejenige der pn-Leistungsdiode. Somit steht mit der Schottky-Diode eine höhere Ladespannung als bei der Verwendung einer Silizium-Leistungsdiode zur Verfügung.

Tab. 1.4 Vergleich der Schottky-Diode MBD101 mit der Schaltdiode D1N4148

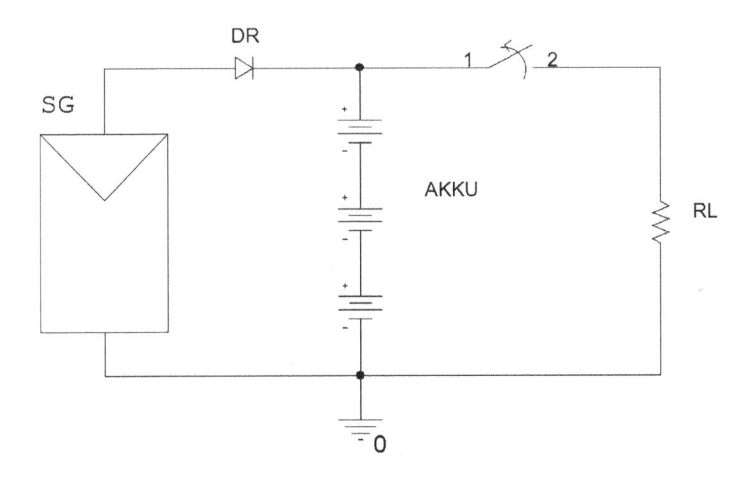

Modellparameter	MBD101	D1N4148
N	1	1,836
T_T in ns	0	11,54
I_{SR} in nA	16,9	1,69
BV in V	5	100

Abb. 1.41 Ladeschaltung mit Rücksperrdiode

1.7 Fotodiode

Frage 1.35
Mit welchen Kenngrößen wird eine Silizium-pin-Fotodiode gemäß Abb. 1.42 charakterisiert?

Antwort
Durch einfallende Licht- oder Infrarotstrahlung werden insbesondere in der hochohmigen Intrinsic-Schicht Loch-Elektron-Paare erzeugt, die durch die Wirkung der elektrischen Feldstärke getrennt werden und den Fotostrom bilden.
Das Datenblatt einer Fotodiode enthält Angaben zu:

- Kurzschlussstrom I_K und Leerlaufspannung U_0,
- Dunkelstrom I_D und Durchbruchspannung U_{BR},
- Sperrschichtkapazität C_j.

Frage 1.36
Die Fotodiode BPW 34 hat mit der lichtempfindlichen Fläche $A = 7\,mm^2$ bei der Beleuchtungsstärke $E_v = 1000$ lx nach [10] folgende Werte:
Kurzschlussstrom $I_K = 80\,\mu A$ und Leerlaufspannung $U_0 = 400$ mV.

- Wie hoch wird der Kurzschlussstrom bei $E_v = 500$ lx?
- Welcher Wert von I_K ergäbe sich bei $A = 14\,mm^2$ für $E_v = 500$ lx?
- Welcher Sättigungsstrom I_S folgt aus der Strom-Spannungs-Gleichung der Diode?

Antwort
Wegen $I_K \sim E_v$ wird $I_K = 40\,\mu A$ bei $E_v = 500$ lx. Mit $I_K \sim A$ wird $I_K = 80\,\mu A$ bei $A = 14\,mm^2$ und $E_v = 500$ lx Der Sättigungsstrom wird mit Gl. 1.39 berechnet.

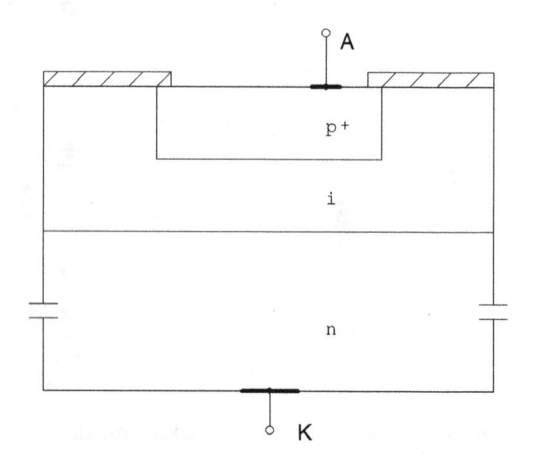

Abb. 1.42 Aufbau einer Silizium-pin-Fotodiode

1.7 Fotodiode

Abb. 1.43 Beschaltung der Fotodiode BPW 34

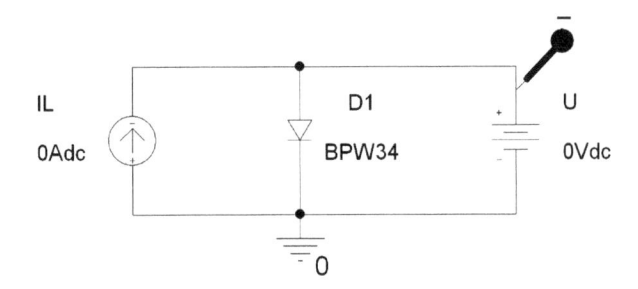

$$I_S = \frac{I_K}{\exp\left(\dfrac{U_0}{U_T}\right)} \qquad (1.39)$$

Für die Diode BPW 34 erhält man nach [2] den Wert I_S = 15,46 pA.

Frage 1.37
Über welche SPICE-Analyse gelangt man mit der Schaltung nach Abb. 1.43 zum Kennlinienfeld $I(U) = f(U)$ mit E_v als Parameter? Vorzusehen sind: $U = -5$ V bis 1 V und E_v = (200, 400, 600, 800 und 1000) lx.

Antwort
Eine Diode Dbreak wurde über Edit, PSpice Model zur Fotodiode BPW 34 mit der folgenden Modellanweisung umgewandelt [2]:

.model BPW34 D (IS = 15.46 p RS = 0.1 ISR = 0.6 n BV = 32 IBV = 100 u).

In der Schaltung nach Abb. 1.42 wird das einfallende Licht durch den in die Diode weisenden Lichtstrom I_L simuliert. Laut Datenblatt beträgt I_K = 80 µA bei E_v = 1000 lx.

Analyse
- PSpice, Edit Simulation Profil
- Simulation Settings – Abb. 1.34: Analysis
- Analysis type: DC Sweep
- Options: Primary Sweep
- Sweep variable: Voltage Source
- Name: U
- Sweep type: Linear
- Start value: −5 V
- End value: 0.5 V
- Increment: 1 mV
- Options: Secondary Sweep

- Sweep variable, Current Source
- Name: IL
- Sweep type, Linear
- Start value: 16 u
- End value: 80 u
- Increment: 16 u
- Übernehmen, OK
- Pspice, run
- Diagramm bearbeiten:
- Trace, Add Trace, I(U), OK.
- Plot, Axis Settings
- Y-Axis, User defined, 0 to 100 u
- Scale: Linear, OK

Das Analyseergebnis nach Abb. 1.44 zeigt für $U_R = -U = 0$ bis 5 V das Kennlinienfeld für den (passiven) *Diodenbetrieb*, für den an die Diode eine Sperrspannung anzulegen ist. Das sich im Bereich von $U = 0$ bis 0,4 V erstreckende Kennlinienfeld entspricht demjenigen, bei dem die Fotodiode im *Elementbetrieb* als aktiver Zweipol (ohne angelegte äußere Spannung) arbeitet.

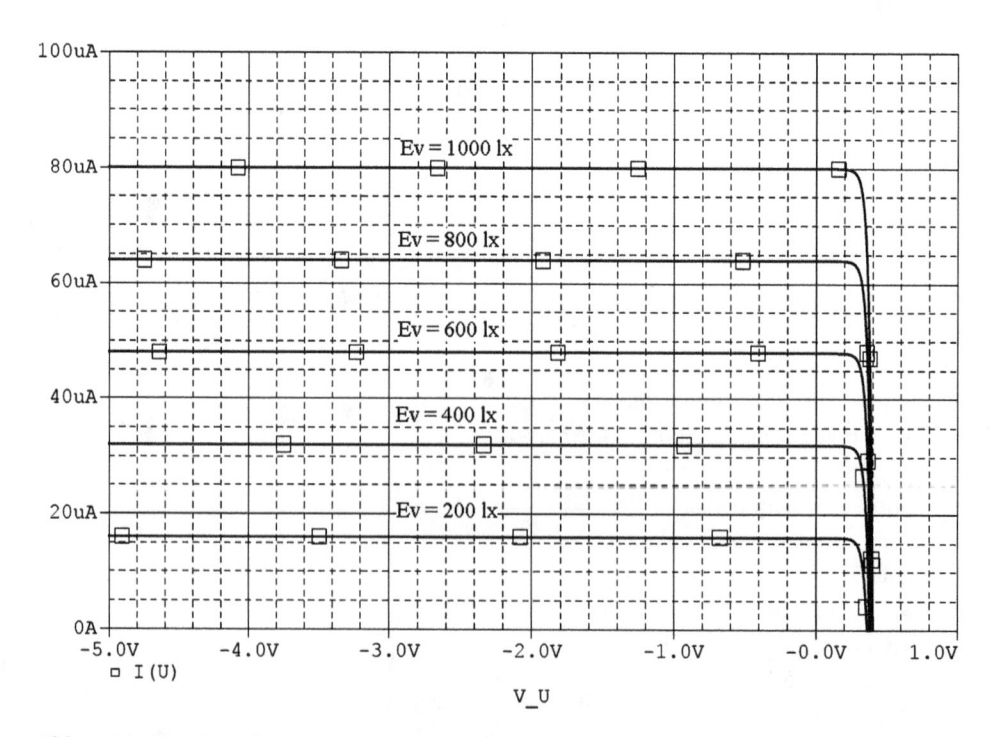

Abb. 1.44 Simulierte Strom-Spannungs-Kennlinien der Fotodiode

Abb. 1.45 Einfacher Belichtungsmesser

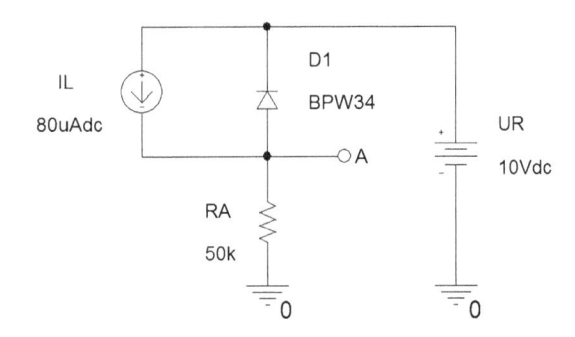

Frage 1.38
Für die Schaltung des Belichtungsmessers nach Abb. 1.45 sind die Fragen zu beantworten:

- Wie hoch wird die Spannung über der Diode bei $I_L = 80$ µA?
- Wie hoch ist die Fotoempfindlichkeit S?

Antwort
Die Fotodiode arbeitet im Dioden-Betrieb mit der Sperrspannung $U_R = 6$ V. Für die Diode BPW 34 entspricht die Beleuchtungsstärke $E_v = 1$ klx der Einströmung $I_L = 80$ µA.

Die Sperrspannung über der Diode folgt aus Gl. 1.40 mit

$$U_{DR} = U_R - I_{RA} \cdot R_A. \tag{1.40}$$

Somit wird $U_{DR} = 10$ V $- 80$ µA $\cdot 50$ kΩ $= 6$ V.

Dieses Ergebnis wird auch sichtbar, wenn die Widerstandsgerade für $R_A = 50$ kΩ in das Kennlinienfeld nach Abb. 1.44 eingetragen wird.

Analyse
- PSpice, Edit Simulation Profil
- Simulation Settings – Abb. 1.45: Analysis
- Analysis type: Bias Point
- Options: General Settings
- Output File Options, include detailed bias point for nonlinear controlled sources and semiconductors
- Übernehmen, OK
- Pspice, run

Man erhält als Bestätigung das Ergebnis: V(A) = 4 V und VD = −6 V.
Die Fotoempfindlichkeit S beträgt im Beispiel $S = I/E_v = 80$ µA/1 klx = 80 nA/lx.

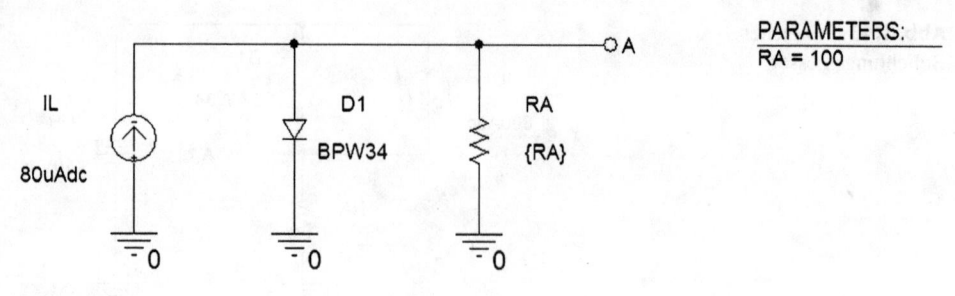

Abb. 1.46 Schaltung zur Fotodiode im Elementbetrieb

Frage 1.39
Für welchen Wert des Ausgangswiderstandes R_A kann man der Schaltung nach Abb. 1.46 die maximale Leistung entnehmen?

Hinweis: bei der Beleuchtungsstärke E_v = 1000 lx beträgt die Leerlaufspannung U_0 = 400 mV und der Kurzschlussstrom I_K = 80 µA.

Antwort
Die maximale Leistungsübertragung erfolgt im Anpassungsfall bei $R_A = R_I = U_0/I_K$.

$$\text{Für } E_v = 1000 \text{ lx ist } R_I = 400 \text{ mV} / 80 \text{ µA} = 5 \text{ k}\Omega.$$

Die Analyse führt zunächst zu einem Diagramm $I(R_A) = f(R_A)$ und wird über Axis Variable in die gewünschte Abhängigkeit $I(R_A) = f(V(A))$ umgewandelt und eingegrenzt.

Analyse
- PSpice, Edit Simulation Profil
- Simulation Settings – Abb. 1.46: Analysis
- Analysis type: DC Sweep
- Options: Primary Sweep
- Sweep variable: Global parameter
- Parameter name: RA
- Sweep type, logarithmic Decade
- Start value: 10 m
- End value: 1 Meg
- Points/Dec: 100
- Übernehmen, OK
- Pspice, run
- Diagramm bearbeiten:
- Trace, Add Trace, I(RA)

1.7 Fotodiode

- Plot, Axis Settings, Axis Variable, V(A)
- Plot, Axis Settings
- Y-Axis, user defined: 0 to 100 uA
- Scale:Linear
- Plot
- X-Axis Settings, user defined: 0 to 0.5 V
- Scale:Linear
- OK.
- Die Kennlinie für $R_A = 5$ kΩ folgt über:
- Trace, Add Trace
- mit der Eingabe: V(A)/5 k
- OK.

Das Analyseergebnis nach Abb. 1.47 zeigt den Schnittpunkt der Strom-Spannungs-Kennlinie mit der Lastgeraden als dem Arbeitspunkt für die maximale Leistung.

Die Leistungskennlinie nach Abb. 1.48 folgt über $V(A) \cdot I(RA)$. Man erhält $P_{max} = 24{,}53$ µW bei $U_A = 331$ mV.

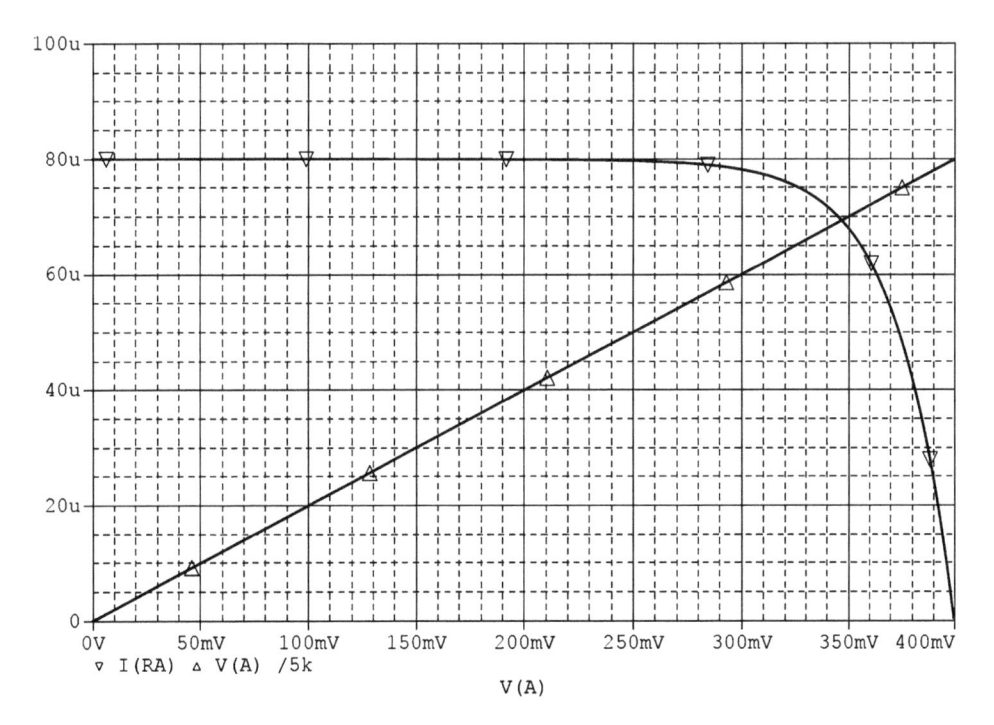

Abb. 1.47 Strom-Spannungs-Kennlinie für $E_v = 1000$ lx nebst Lastkennlinie für $R_A = 5$ kΩ

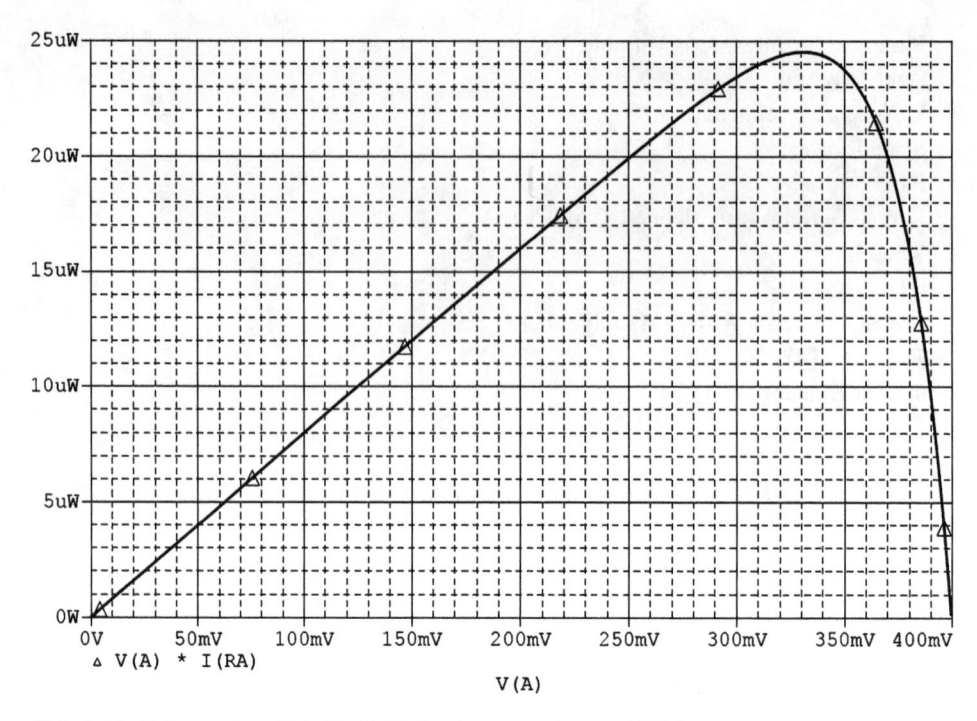

Abb. 1.48 Leistungskennlinie für die Beleuchtungsstärke von 1000 Lux

Literatur

1. Bächtold, W.: Mikrowellentechnik. Vieweg, Wiesbaden (1999)
2. Baumann, P.: Sensorschaltungen. Vieweg + Teubner, Wiesbaden (2010)
3. Baumann, P.: Parameterextraktion bei Halbleiterbauelementen. Springer Vieweg, Wiesbaden (2012)
4. Böhmer, E., Ehrhardt, D., Oberschelp, W.: Elemente der angewandten Elektronik. Vieweg + Teubner, Wiesbaden (2009)
5. Bystron, K., Borgmeyer, J.: Grundlagen der Technischen Elektronik. Hanser, München (1990)
6. CADENCE: OrCad/PSpice, DEMO Version (2000)
7. Cooke, M.: Halbleiter-Bauelemente. Hanser, München (1993)
8. General Semiconductor; Zener Diodes Data Sheet (1998)
9. Gerlach, G., Dötzel, W.: Einführung in die Mikrosystemtechnik. Fachbuchverlag, Leipzig (2006)
10. Härtl, A.: Optoelektronik in der Praxis. Härtl Verlag, Hirschau (1998)
11. Laker, K.R., Sansen, W.M.C.: Design of Analog Integrated Circuits and Systems. Mc Graw Hill, New York (1994)
12. Lindner, H., et al.: Taschenbuch der Elektrotechnik und Elektronik. Fachbuchverlag, Leipzig (1993)
13. Microsim: PSpice A/D Reference Manual. Microsim Corporation, Fairbanks (1996)
14. Müller, R.: Grundlagen der Halbleiterelektronik. Springer, Berlin (1975)
15. Voges, E.: Hochfrequenztechnik. Hüthig, Heidelberg (1991)

Thyristor 2

Zusammenfassung

Anhand der vorgegebenen Struktur und der Beschaltung des Thyristors werden Fragen zur Wirkungsweise und zu Hauptkenngrößen wie Kippspannung, Durchbruchspannung und Steuerstrom gestellt. Die Verifizierung der vorab gegebenen Antworten erfolgt durch Kennlinienanalysen von PSPICE. Mit Transienten-Analysen wird der Unterschied von zwei angebotenen Schaltungen zur Phasenanschnitt-Steuerung verdeutlicht.

2.1 Prinzipielle Wirkungsweise

Frage 2.1
Ausgehend von der Struktur des Thyristors mit der Zonenfolge nach Abb. 2.1 sind die folgenden Fragen zu beantworten:

- Wie entsteht die Blockierkennlinie?
- Welche Rolle spielt der Gatestrom bei der Herausbildung der Durchlasskennlinie?
- Wie kann ein gezündeter Thyristor gelöscht werden?

Antwort
Als Vierschichtbauelement weist der Thyristor drei pn-Übergänge auf und kann über das Gate gesteuert werden. Wird eine elektrische Spannung U_{AK} mit Plus an der Anode A und Minus an der Kathode K angelegt, dann sind die Übergänge p_1^+/n_1 und p_2/n_2^+ leitfähig, während der Übergang n_1/p_2 gesperrt ist. Wird diese Spannung beim Gatestrom $I_G = 0$ erhöht, dann bildet sich zunächst eine *Blockierkennlinie* heraus, die dann, sobald die Nullkippspannung U_{K0} erreicht wird, in die *Durchlasskennlinie* übergeht. Die Nullkippspannung entspricht dabei einer Durchgreifspannung, bei der es zur Berührung der stark

Abb. 2.1 Aufbau des Thyristors

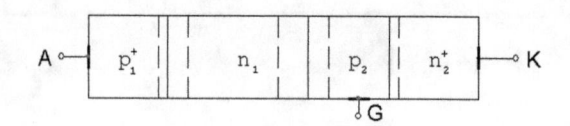

A ─┤ p_1^+ │ n_1 │ p_2 │ n_2^+ ├─ K
                              │
                              G

ausgedehnten Sperrschicht des n_1/p_2-Überganges mit der Sperrschicht des p_1^+/n_1-Überganges kommt. Die auf diese Weise herbeigeführte Überkopfzündung ist unter anderem wegen der thermischen Überlastung zu vermeiden. Mit Gateströmen $I_G > 0$ zündet der Thyristor bereits bei Kippspannungen $U_K < U_{K0}$. Dabei wirkt der Thyristor so, als ob nur der Übergang p_1^+/n_2^+ mit einer breiten Sperrschicht existierte. Ein gezündeter Thyristor kann nicht gelöscht werden, indem der Gate-Strom abgeschaltet wird. Es ist vielmehr die Durchlassspannung so weit zu verringern, bis der Haltestrom I_H unterschritten wird.

Frage 2.2
Mit welchen Kenngrößen wird der Thyristor charakterisiert?

Antwort
Wichtige Thyristorkenngrößen sind:

- Nullkippspannung U_{K0} und Durchbruchspannung U_{BR}
- Maximalstrom I_{Tmax} und Haltestrom I_H
- Durchlassspannung U_F und Gatestrom I_G
- Zündzeit t_{on} und Freiwerdezeit t_{off}

Frage 2.3
Mit welcher Schaltung lassen sich die Kennlinien des Thyristors 2N1595 nach [1] simulieren?

Antwort
In Abb. 2.2 weist der Thyristorstrom I in die Anode hinein und der Gate-Strom I_G wird als Parameter geführt.
Für die Darstellung der Thyristorkennlinien mit dem Gate-Strom $I_G = 0$ ist einzugeben:

Analyse
- PSpice, Edit Simulation Profil
- Simulation Settings – Abb. 2.2: Analysis
- Analysis type: DC Sweep
- Options: Primary Sweep
- Sweep variable: Current Source
- Name: I
- Sweep type: Linear
- Start value: −2 mA

2.1 Prinzipielle Wirkungsweise

Abb. 2.2 Schaltung zur Analyse von Thyristorkennlinien

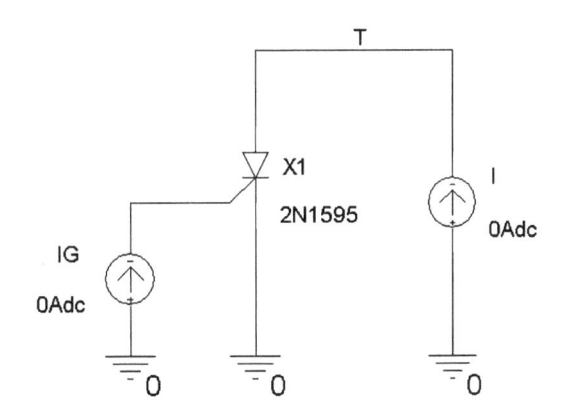

- End value: 15 mA
- Increment: 1 uA
- Übernehmen, OK
- Pspice, run.
- Diagramm bearbeiten:
- Plot, Axis Settings
- Axis variable, V(T)
- OK, OK.
- Trace, Add Trace: I(I)
- OK.

Das Analyseergebnis von Abb. 2.3 zeigt die Nullkippspannung $U_{K0} = 50$ V und den Übergang der Blockier-Kennlinie in die Durchlasskennlinie. Erkennbar ist ferner, dass bei höherer Sperrspannung der Durchbruch einsetzt.

Der Einfluss des Gate-Stromes wird mit der nachfolgenden Analyse erfasst.

Analyse
- PSpice, Edit Simulation Profil
- Simulation Settings – Abb. 2.2: Analysis
- Analysis type: DC Sweep
- Options: Primary Sweep
- Sweep variable: Current Source
- Name: I
- Sweep type: Linear
- Start value: 0 A
- End value: 1 A
- Increment: 10 uA
- Options: Secondary Sweep
- Sweep variable: Current Source
- Name: IG

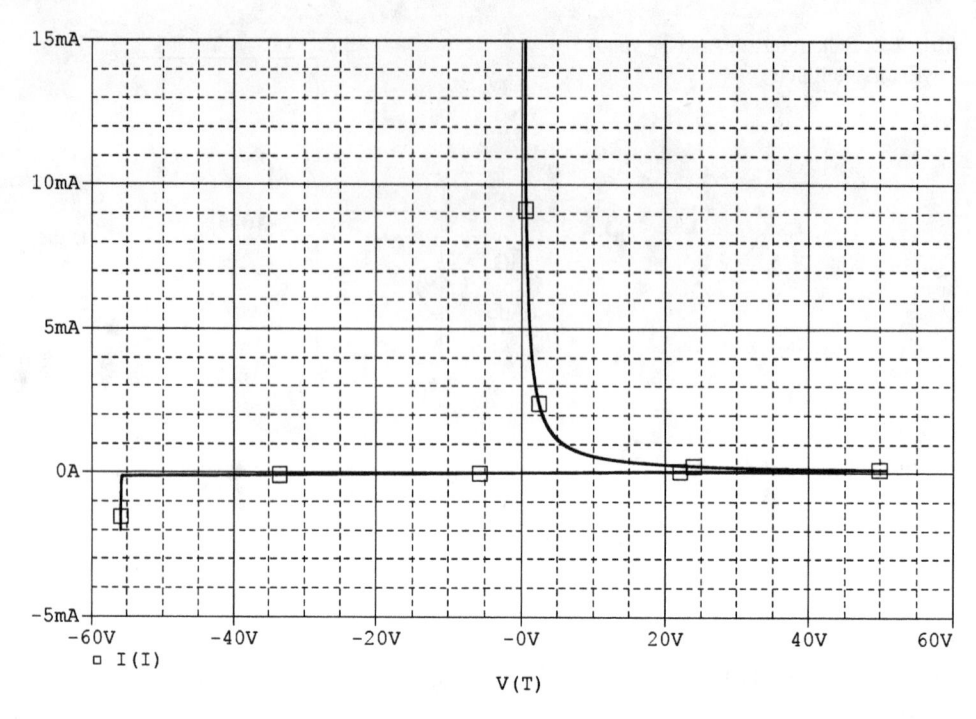

Abb. 2.3 Darstellung der Thyristorkennlinien beim Gate-Strom $I_G = 0$

- Sweep type: Value List 1.7 mA 1.91 mA
- Übernehmen, OK
- Pspice, run
- Diagramm bearbeiten
- Plot, Axis Settings
- Axis variable
- Trace Expression: V(T)
- OK.
- Plot, Axis Settings
- XAxis, Data Range:
- User Defined: 0 V to 50 V
- Scale: Linear
- YAxis, Data Range:
- User Defined: 10 uA to 1 A
- Scale: Log
- OK.
- Trace, Add Traces
- Trace Expression: I(I)
- OK.

2.2 Phasenanschnittsteuerung

Aus der Abb. 2.4 geht hervor, dass sich für höhere Gate-Ströme kleinere Kippspannungen einstellen. Im Vergleich zur Nullkippspannung $U_{K0} = 50$ V bei $I_G = 0$ siehe Abb. 2.3, erhält man die Kippspannungen $U_K = 41{,}5$ V bei $I_G = 1{,}7$ mA und $U_K = 22$ V bei $I_G = 1{,}91$ mA. Schließlich wird der Übergang in die eigentliche Durchlasskennlinie vollzogen. Laut Datenblatt beträgt die Durchlassspannung des Thyristors 2N1595 $U_F = 1{,}1$ V bei dem Durchlassstrom $I_F = 1$ A.

2.2 Phasenanschnittsteuerung

Frage 2.4
Zu betrachten ist die Phasenanschnittsteuerung mit Zündwiderstand nach [2], siehe Abb. 2.4.

- Welche Bedingungen sind zu erfüllen, damit der Thyristor zündet?
- Wozu dient die Diode D_1?
- Wie ist der Zündverzögerungswinkel definiert?
- Wird eine höhere Verbraucherleistung bei dem Zündwiderstand $R_Z = 10$ kΩ oder bei $R_Z = 20$ kΩ umgesetzt?
- Wie hoch ist die Verbraucherleistung bei der negativen Sinushalbwelle?
- Welche typischen Werte erreicht die Durchlassspannung U_F?

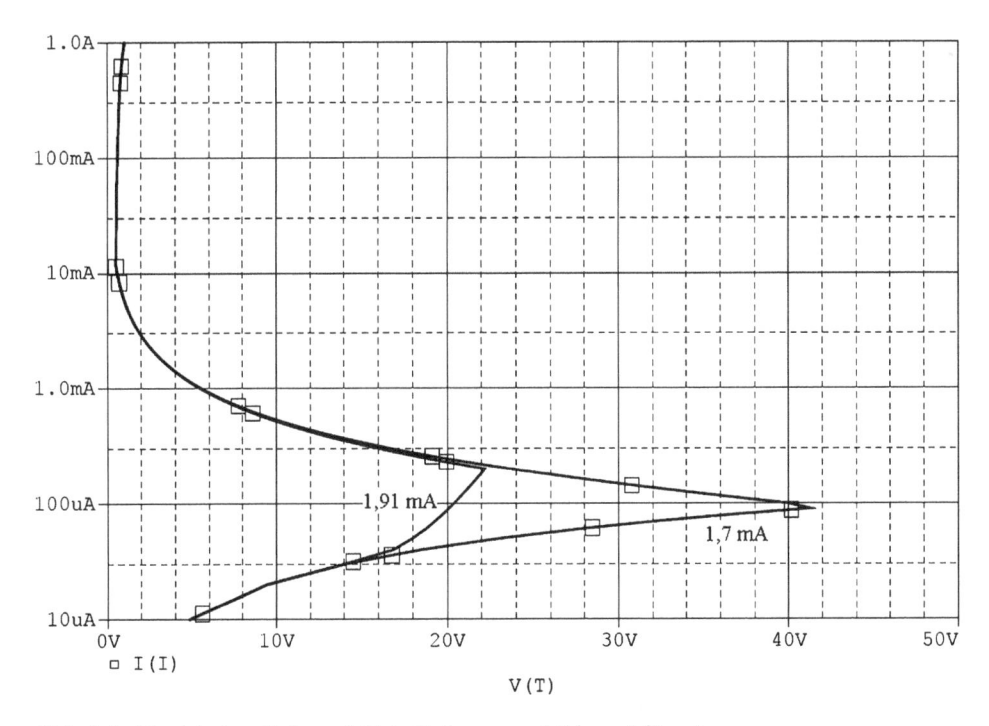

Abb. 2.4 Thyristorkennlinien mit Gate-Strömen von 1,7 bzw. 1,91 mA

Antwort

Der Thyristor zündet, wenn die Spannung der positiven Sinushalbwelle hoch genug angestiegen ist, um im Zusammenwirken mit dem Zündwiderstand R_Z und der Diode D_1 den erforderlichen Gate-Strom zu erzeugen. Die Diode schützt den Gate-Kathode-Übergang bei der negativen Sinushalbwelle. Der Zündwinkel α umfasst den Anteil der positiven Halbwelle vom Beginn der Sinusperiode bis zum Einsetzen der Zündung des Thyristors. Die höhere Verbraucherleistung am Widerstand R_L erscheint bei R_Z = 10 kΩ, weil die Zündung des Thyristors umso früher einsetzt, je kleiner der Zündwiderstand ist. Bei der negativen Sinushalbwelle sperrt der Thyristor. Es fließt nur ein kleiner Sperrstrom somit wird in R_L nahezu keine Leistung umgesetzt. Um die positive und negative Sinushalbwelle zu verarbeiten, ist der Einsatz eines Triacs erforderlich. Die typischen Werte der Durchlassspannung des Thyristors liegen je nach der Höhe des Durchlassstromes bei U_F = 0,7 bis 1,1 V.

Analyse
- PSpice, Edit Simulation Profile
- Simulation Settings – Abb. 2.5: Analysis
- Analysis type: Time Domain (Transient)
- Options: General Settings
- Run to time: 40 ms
- Start saving data after: 0 s
- Maximum step size: 10 us
- Transient options
- Maximum step size: 10 us
- Options: Parametric Sweep
- Sweep variable: Global Parameter
- Parameter name: RZ
- Sweep type: value List 10 k 15 k 20 k
- Übernehmen, OK.
- PSpice run
- Available Sections: ALL
- OK.

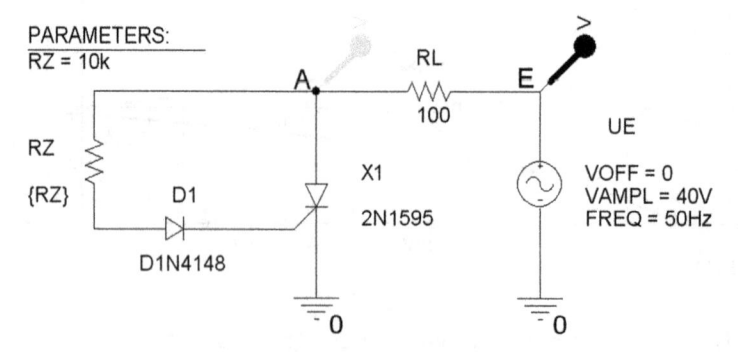

Abb. 2.5 Phasenanschnittsteuerung mit Zündwiderstand

2.2 Phasenanschnittsteuerung

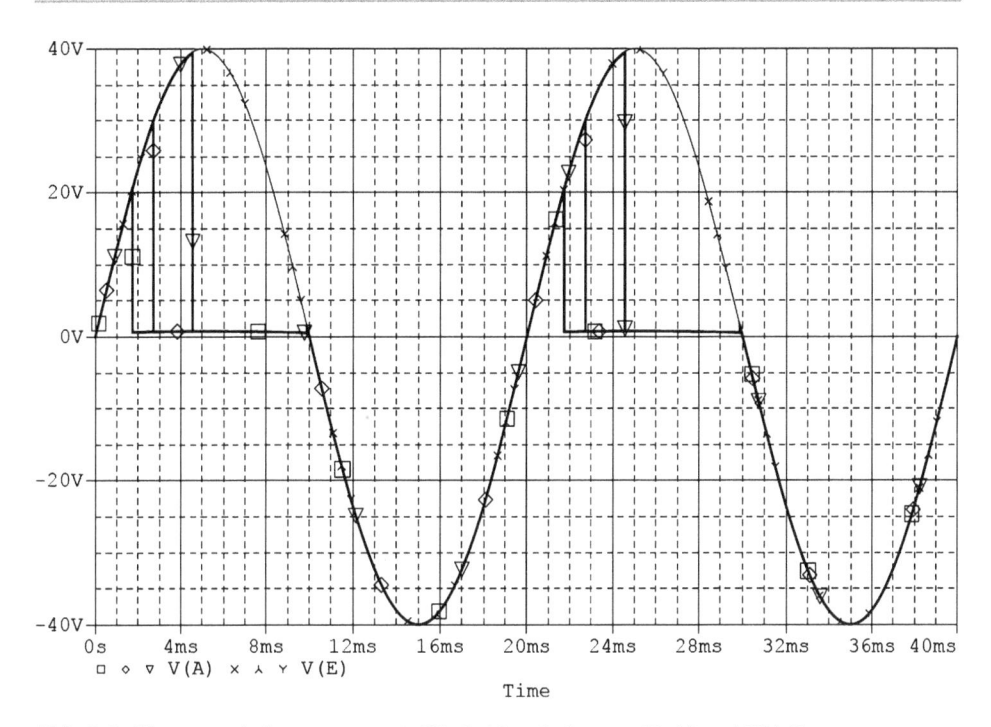

Abb. 2.6 Phasenanschnittsteuerung mit Zündwiderständen von 10, 15 und 20 kΩ

Die Abb. 2.6 zeigt die simulierten Zeitabhängigkeiten der Eingangsspannung und der Durchlassspannung mit dem Zündwiderstand als Parameter. Man entnimmt mittels des Cursors für R_Z = 10 kΩ den Zündwinkel α = 31,16° entsprechend der Zeit t = 1,7309 ms. Die Durchlassspannung erreicht nach der Zündung den Wert U_F = 0,727 V.

In Abb. 2.7 ist die den Lastwiderständen umgesetzte Leistung dargestellt.

Frage 2.5
Welcher Unterschied besteht zwischen den Schaltungen zur Phasenanschnittsteuerung nach Abb. 2.6 und 2.8?

Antwort
In der Schaltung nach Abb. 2.8 lässt sich die Periode der Gate-Stromimpulse abweichend von der Periode der Sinusschwingung so einstellen, dass die Verbraucherleistung mit unterschiedlichen Werten des Zündwinkels α gesteuert wird. In der Schaltung nach Abb. 2.6 erfolgt die Zündung bei vorgegebenem Zündwiderstand dagegen stets bei der gleichen Phasenlage der Sinus-Eingangsspannung.

Analyse
- PSpice, Edit Simulation Profile
- Simulation Settings – Abb. 2.8: Analysis
- Analysis type: Time Domain (Transient)

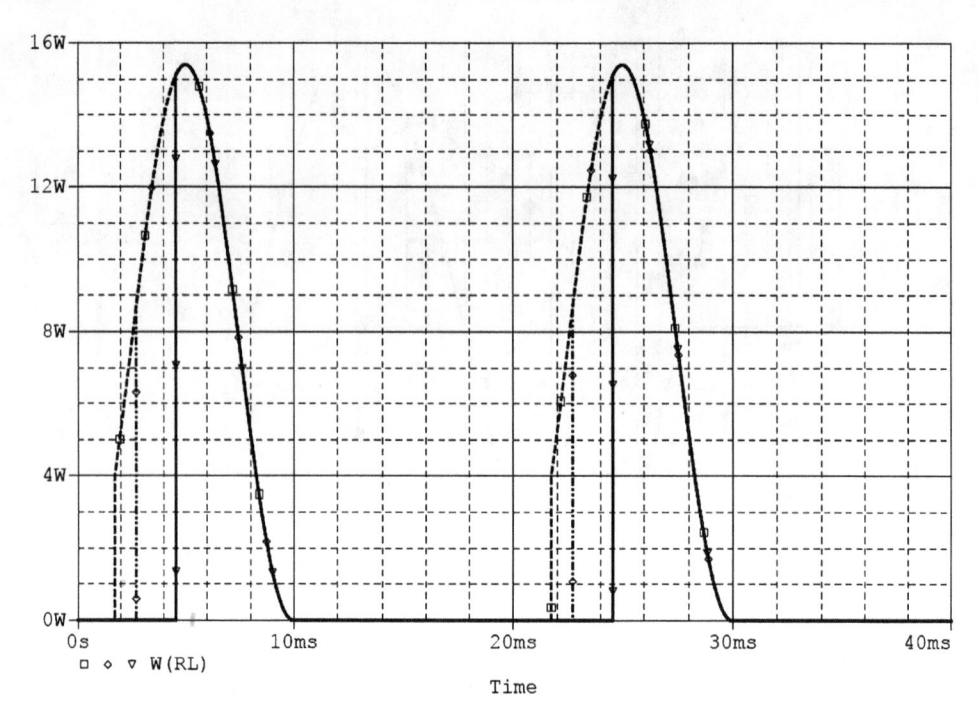

Abb. 2.7 Leistungsumsatz bei der Phasenanschnittsteuerung

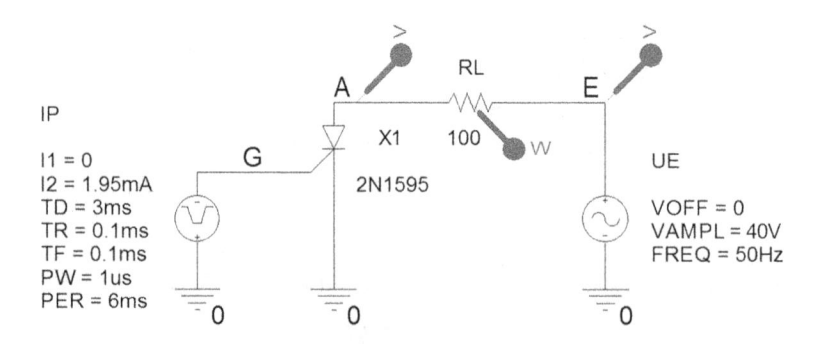

IP
I1 = 0
I2 = 1.95mA
TD = 3ms
TR = 0.1ms
TF = 0.1ms
PW = 1us
PER = 6ms

X1
2N1595

RL
100

UE
VOFF = 0
VAMPL = 40V
FREQ = 50Hz

Abb. 2.8 Phasenanschnittsteuerung mit einer Zündung durch Gate-Strom-Nadelimpulse

- Options: General Settings
- Run to time: 60 ms
- Start saving data after: 0 s
- Maximum step size: 10 us
- Transient options
- Maximum step size: 10 us
- Übernehmen, OK
- Pspice, run
- Diagramm bearbeiten:
- Plot, Add Plot to Windows

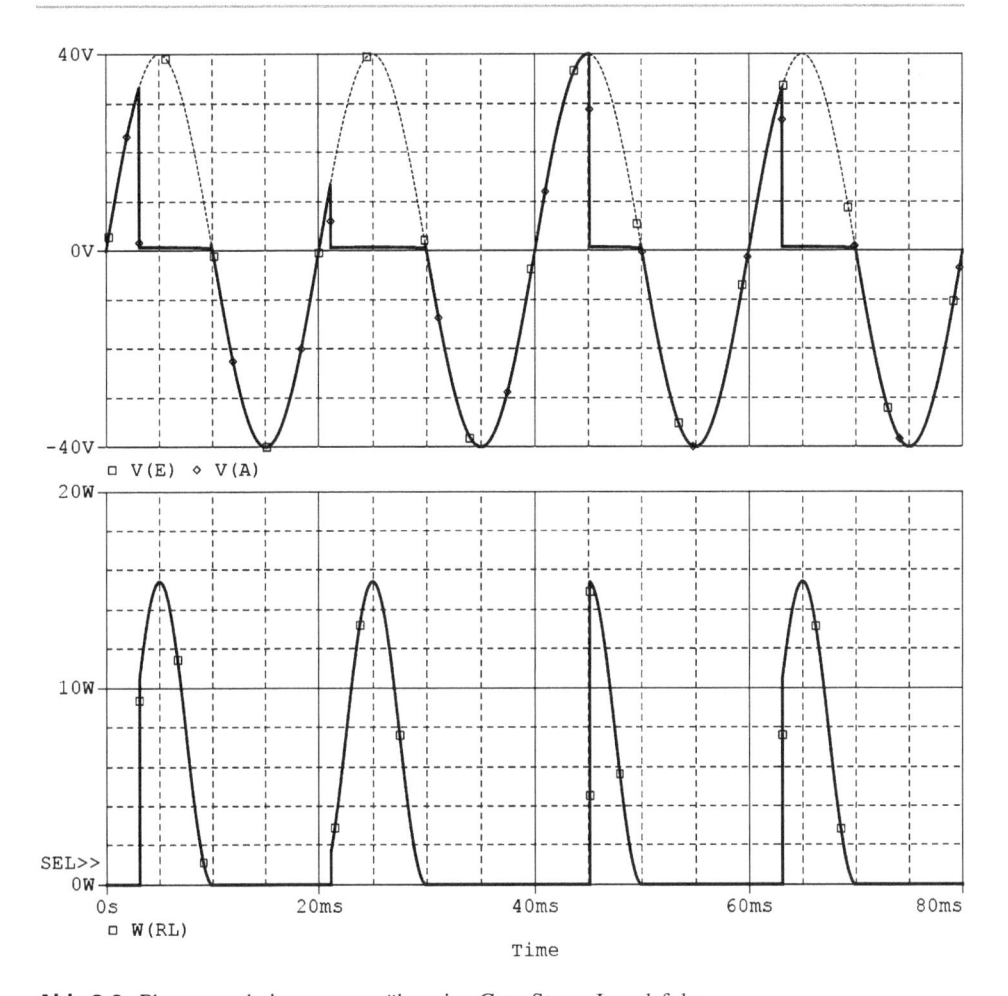

Abb. 2.9 Phasenanschnittsteuerung über eine Gate-Strom-Impulsfolge

- Trace, Add Trace
- Trace Expression: W(RL)
- OK.
- W(RL) aus dem unteren Diagramm löschen: W(RL) anklicken
- Edit Cut.

Im Ergebnis der Analyse erscheint im unteren Diagramm der Abb. 2.9 die sinusförmige Eingangsspannung sowie die Spannung über der Anode. Im oberen Diagramm der Abb. 2.9 ist die sich unterschiedlich ausbildende Verbraucherleistung zu erkennen.

Literatur

1. Motorola: Thyristor 2N1595, Data Sheet. Motorola Semiconductor Products, Phoenix (1990)
2. Beuth, K., Schmusch, W.: Grundschaltungen Elektronik 3. Vogel Buchverlag, Würzburg (1994)

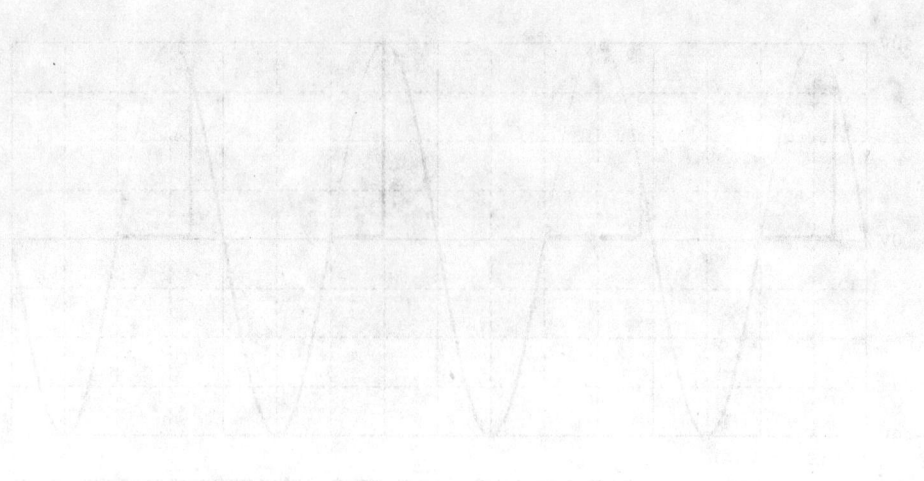

Bipolartransistor 3

Zusammenfassung

Die Fragestellungen zum bipolaren npn-Transistor betreffen zunächst den Aufbau, die Beschaltung und das SPICE-Großsignal-Modell. In den Antworten werden die Werte von Kenngrößen wie Transport-Sättigungsstrom und Stromverstärkung zahlenmäßig angegeben. Weitere Fragen betreffen Grundschaltungen wie Kleinsignalverstärker, Darlington-Stufe, Differenzverstärker, Konstant-Stromquelle, Sinus-Oszillator und Schaltstufe. Die Antworten werden sowohl verbal gegeben als auch umfangreich mit SPICE-Analysen unterstützt.

3.1 Wirkungsweise

Frage 3.1
Die Abb. 3.1 zeigt die Struktur und das Schaltsymbol des npn-Transistors mit der Beschaltung für den Normalbetrieb.

- Welcher Zusammenhang besteht zwischen den drei Transistorspannungen?
- Welcher der drei Transistorströme ist in dieser Betriebsart am größten?
- In welcher Weise hängt der Kollektorstrom von den Spannungen U_{BE} und U_{CE} ab?
- Warum steigen die Ausgangskennlinien mit wachsender Ausgangsspannung an?

Antwort
Die Gl. 3.1 gibt an, wie die Transistorspannungen voneinander abhängen.

$$U_{CE} = U_{BE} + U_{CB} \tag{3.1}$$

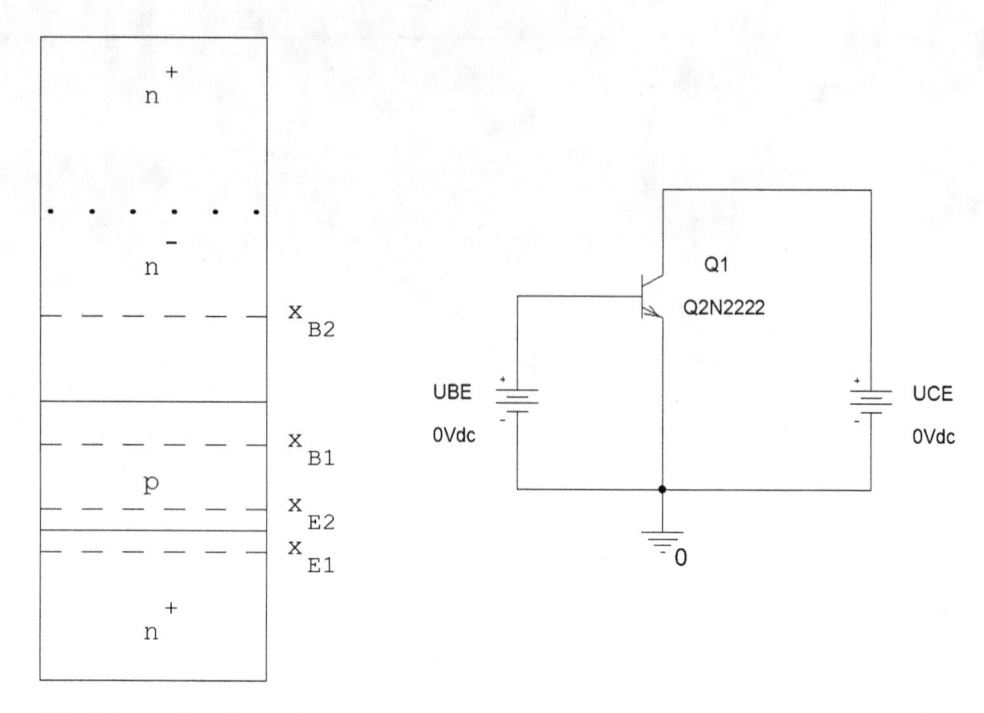

Abb. 3.1 npn-Transistor mit angelegten Spannungen

Im Normalbetrieb wird die Ausgangsspannung U_{CE} aus der Summe von der Durchlassspannung U_{BE} und der Sperrspannung U_{CB} gebildet. Die geringste Sperrung erfolgt mit $U_{CB} = 0$ V. Gemäß der Gl. 3.2 ist der Emitterstrom betragsmäßig der höchste Transistorstrom.

$$I_E = -(I_C + I_B) \tag{3.2}$$

Die Großsignal-Stromverstärkung für Normalbetrieb an der Grenze des Übersteuerungsbereiches mit $U_{CB} = 0$ wird über Gl. 3.3 definiert.

$$B_N = \frac{I_C}{I_B} \tag{3.3}$$

Die Gl. 3.4 zeigt an, dass der Ausgangsstrom I_C wegen der exponentiellen Abhängigkeit vorwiegend von der Eingangsspannung U_{BE} bestimmt wird.

$$I_C = I_S \cdot \left[\exp\left(\frac{U_{BE}}{N_F \cdot U_T}\right) \right] \cdot \left(1 + \frac{U_{CB}}{V_{AF}}\right) \tag{3.4}$$

Der von den Abmessungen und Dotierungen des Transistors bestimmte Sättigungsstrom I_S verknüpft den Kollektorstrom I_C mit der Basis-Emitter-Spannung U_{BE}. Der Emissionskoeffizient kann oftmals mit $N_F = 1$ angesetzt werden. Mit der Early-Spannung V_{AF} wird die Neigung der Ausgangskennlinien erfasst. Die Ausgangskennlinien $I_C = f(U_{CE})$ mit I_B

3.1 Wirkungsweise

als Parameter steigen an, weil die elektrisch wirksame Basisweite mit höher werdenden Sperrspannungen U_{CB} verringert wird. Diese Einengung der Basis wird dadurch bewirkt, dass sich die Sperrschichtgrenze x_{B1} in die Basis hinein ausbreitet, siehe Abb. 3.1. Die damit einhergehende geringere Rekombination führt bei konstantem Basisstrom zu höheren Kollektorströmen und damit zu größeren Stromverstärkungen.

Frage 3.2
Welche technologischen Parameter bestimmen die Höhe des Sättigungsstromes?

Antwort
Der Sättigungstrom I_S des npn-Transistors ist proportional zu den Parametern:

- Emitter-Fläche A_E,
- Minoritäts-Ladungsträgerdichte n_i^2/p_{op},
- Kehrwert der Basisweite gemäß $1/w_B$.

Für die ortsabhängige Basisdotierung $N_B(x)$, mit der Beweglichkeit $\mu_n(x)$ und den Sperrschichtgrenzen nach Abb. 3.1 erhält man den Sättigungsstrom gemäß Gl. 3.5 zu

$$I_S = \frac{e \cdot A_E \cdot n_i^2}{\int_{x_{E2}}^{x_{B1}} \frac{N_{B(x)}}{\mu_{n(x)} \cdot U_T} dx}. \tag{3.5}$$

Verwendet man für die Dotierung und Beweglichkeit die Mittelwerte von [1], dann folgt aus Gl. 3.5 die Gl. 3.6 nach [1] mit

$$I_S = \frac{e \cdot A_E \cdot \mu \cdot U_T \cdot n_i^2}{N_B \cdot w_B}. \tag{3.6}$$

Beispiel 3.1

Mit $N_B = 2 \cdot 10^{17}$ cm^{-3}, $\mu_n = 500$ cm^2/Vs, $w_B = 0{,}8$ µm, $A_E = 500$ µm^2, e = 1,602 · 10^{-19} As, $U_T = 25{,}864$ mV bei 27 °C erhält man $I_S = 1{,}457 \cdot 10^{-16}$ A. Dieser Wert entspricht der Höhe des Sättigungsstromes für einen kleinflächigen integrierten Transistor. Der Spice-Standardwert ist IS = 1E-16. ◂

Frage 3.3
Welche Anforderungen gelten für die Transistor-Basis bezüglich

- der Dotierung?
- der Basisweite?
- der Fläche?

Antwort
Für einen hohen Emitter-Wirkungsgrad nach Gl. 3.7 ist der n-Emitter höher zu dotieren als die p-Basis, um einen möglichst großen durchgängigen Elektronenstrom zu erhalten.

$$\eta = \frac{I_{\text{EN}}}{I_{\text{En}} + I_{\text{Ep}}} \tag{3.7}$$

Die mit dem Diffusionsverfahren erzeugte Basis sorgt mit ihrem Driftfeld dafür, dass die bei $U_{\text{BE}} > 0{,}5$ V eingewanderten Elektronen das Basisgebiet beschleunigt durchqueren. Damit werden hohe Grenzfrequenzen bzw. kurze Schaltzeiten erreichbar. Bei einem npn-Transistor ist die Beweglichkeit der Elektronen in der p-Basis höher als die Beweglichkeit der Löcher in der n-Basis eines pnp-Transistors. Die Weite w_{B} der p-Basis ist kleiner einzustellen als die Diffusionslänge L_{nB} der injizierten Elektronen, beispielsweise ist zu realisieren: $w_{\text{B}} \approx 1$ μm $< L_{\text{nB}} \approx 20$ μm. Die Basis-Kollektor-Fläche A_{C} ist größer auszulegen als die Basis-Emitter-Fläche A_{E}, damit möglichst viele Elektronen den Kollektor erreichen. Für einen kleinflächigen integrierten npn-Transistor sind beispielsweise $A_{\text{E}} \approx 1000$ μm² und $A_{\text{C}} \approx 100 \cdot A_{\text{E}}$.

Frage 3.4
Warum ist die Stromverstärkung des Inversbetriebes $B_{\text{I}} = I_{\text{E}}/I_{\text{B}}$ kleiner als die Stromverstärkung im Normalbetrieb $B_{\text{N}} = I_{\text{C}}/I_{\text{B}}$?

Antwort
Es ist $B_{\text{I}} < B_{\text{N}}$, weil:

- Der Kollektor schwächer dotiert ist als der Emitter, womit der „Kollektor"-Wirkungsgrad kleiner ausfällt als der Emitter-Wirkungsgrad nach Gl. 3.7
- Die aus dem Kollektor entsandten Elektronen in der p-Basis gegen ein Bremsfeld anlaufen
- Die Rekombination in der Basis wegen der viel kleineren einsammelnden Emitter-Fläche höher ist als in der Normalrichtung.

Frage 3.5
In der nachfolgenden Abb. 3.2 ist ein statisches Modell des npn-Transistors nebst einer Beschaltung für den Normalbetrieb angegeben. Für den Diffusionsstrom vorwärts gilt näherungsweise Gl. 3.8 mit

$$I_{\text{be1}} = I_{\text{S}} \cdot \left(e^{U_{\text{BE}}/U_{\text{T}}} - 1 \right) \tag{3.8}$$

und der Diffusionsstrom rückwärts ist nach Gl. 3.9

$$I_{\text{bc1}} = I_{\text{S}} \cdot \left(e^{U_{\text{BC}}/U_{\text{T}}} - 1 \right) \tag{3.9}$$

3.1 Wirkungsweise

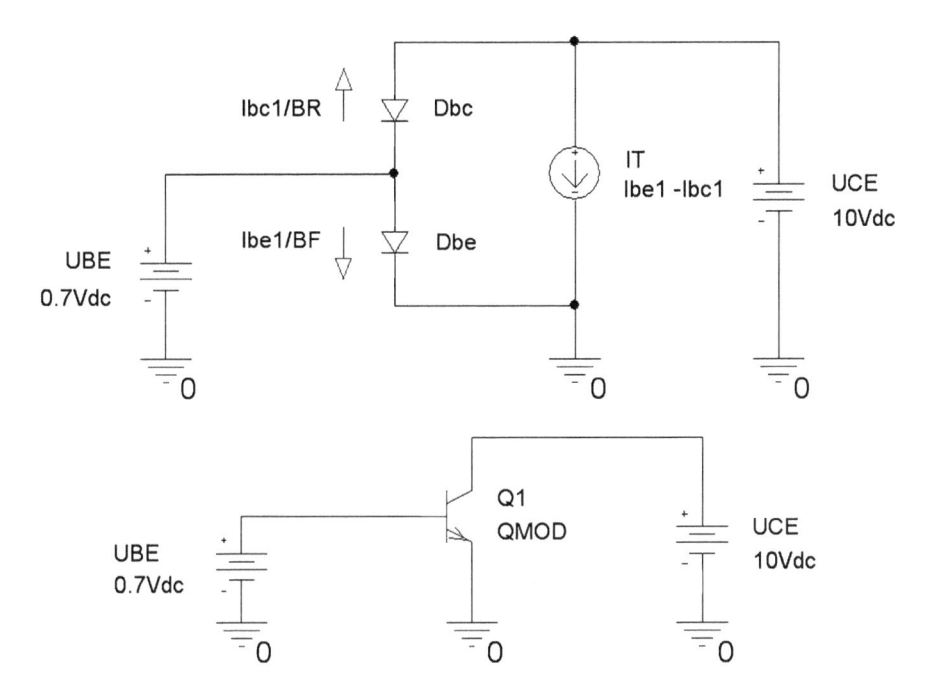

Abb. 3.2 Vereinfachtes statisches Großsignalmodell mit äußerer Beschaltung

Zu beantworten ist:
wie hoch werden die Ströme I_C, I_B und I_E eines Transistors mit den SPICE-Parametern

- Sättigungsstrom $I_S = 1 \cdot 10^{-14}$ A
- Stromverstärkung vorwärts $B_F = 100$
- Stromverstärkung rückwärts $B_R = 1$

im Arbeitspunkt ($U_{BE} = 0{,}7$ V; $U_{CE} = 10$ V)?

Antwort
Der Kollektorstrom wird mit Gl. 3.10 erfasst.

$$I_C = I_{be1} - I_{bc1} \cdot \left(1 + \frac{1}{B_R}\right) \tag{3.10}$$

Den Basisstrom beschreibt Gl. 3.11 mit

$$I_B = \frac{I_{be1}}{B_F} + \frac{I_{bc1}}{B_R} \tag{3.11}$$

und der Emitterstrom geht aus Gl. 3.12 hervor.

$$I_E = I_{bc1} - I_{be1} \cdot \left(1 + \frac{1}{B_F}\right) \tag{3.12}$$

Tab. 3.1 Ströme im Arbeitspunkt $U_{BE} = 0{,}7$ V und $U_{CB} = 10$ V

Gleichung	Diffusionsströme	Gleichung	Transistorströme
3.8	$I_{be1} = 5{,}676$ mA	3.10	$I_C = 5{,}676$ mA
3.9	$I_{bc1} = -10$ fA	3.11	$I_B = 56{,}76$ µA
–	–	3.12	$I_E = -5{,}733$ mA

Mit der Temperaturspannung $U_T = 25{,}864$ mV bei $T = 27\,°C$ nach Gl. 1.19 erhält man die Ströme nach Tab. 3.1.

Mit der Arbeitspunktanalyse *Bias Point* für einen Transistor QMOD gemäß
.model QMOD NPN (IS = 15 f BF = 100 BR = 1)
werden die Transistorströme von Tab. 3.1 bestätigt.

Frage 3.6
Wie gelangt man zum dynamischen Großsignal-Modell des npn-Bipolartransistors?

Antwort
Ein dynamisches Großsignal-Modell entsteht, indem das Modell nach Abb. 3.2 wie folgt erweitert wird, siehe [2–6]:

- Der Basis-Kollektor-Diode bzw. der Basis-Emitter-Diode wird jeweils eine Diode mit den Rekombinationsströmen I_{bc2} bzw. I_{be2} parallelgeschaltet, die den Bereich kleiner Stromdichten nachbilden.
- Den beiden Dioden wird außerdem eine Kapazität C_{bc} bzw. C_{be} parallelgeschaltet, die jeweils aus einem Diffusions- und einem Sperrschichtanteil bestehen.
- An den drei Elektroden werden die Bahnwiderstände R_C, R_B und R_E eingefügt.
- In der Stromquelle wird ein Basisladungsfaktor K_{qb} berücksichtigt, mit dem die Kennlinienneigungen über die Early-Spannungen V_{AF} bzw. V_{AR} sowie die bei hohen Stromdichten wirksamen Knickströme I_{KF} und I_{KR} erfasst werden.

Das erweiterte dynamische Modell ist in Abb. 3.3 wiedergegeben.

3.2 Kleinsignalverstärker

Frage 3.7
Darf ein Bipolartransistor mit den Grenzwerten

- Kollektor-Basis-Spannung $U_{CBO} = 50$ V
- Kollektorstrom $I_C = 100$ mA
- Verlustleistung $P_{tot} = 500$ mW

Im Arbeitspunkt ($U_{CB} = 15$ V; $I_C = 40$ mA) betrieben werden?

3.2 Kleinsignalverstärker

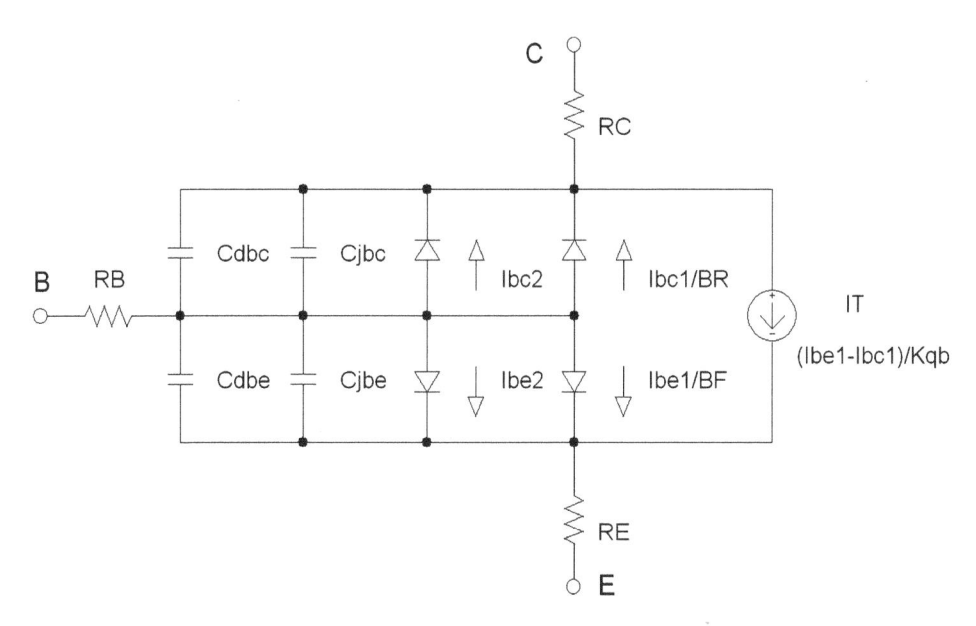

Abb. 3.3 Dynamisches Großsignal-Modell des Bipolartransistors

Antwort
Mit $P_{tot} = U_{CB} \cdot I_C = 600$ mW wird die zulässige Verlustleistung überschritten. Somit darf der betreffende Arbeitspunkt nicht eingestellt werden.

Frage 3.8
Zur Verstärkerschaltung nach Abb. 3.4 sind die folgenden Fragen zu beantworten

- Welche Widerstände sind unerlässlich, um einen Transistor-Gleichstrom-Arbeitspunkt einstellen zu können?
- Wozu dient der Widerstand R_{B2}?
- Welche Aufgabe erfüllt der Widerstand R_E?
- Was bewirkt der Kondensator C_E?
- Wie hoch ist der Blindwiderstand der beiden Koppelkondensatoren?
- Aus welchen Komponenten wird der Lastwiderstand der Schaltung gebildet?
- Welche Parameter bestimmen die Kleinsignal-Spannungsverstärkung?
- Mit welcher SPICE-Analyse wird der Klirrfaktor ermittelt?

Antwort
Bei geringen Ansprüchen an die Stabilität des Arbeitspunktes könnte der Widerstand R_{B2} gegen unendlich gehen, also entfallen. Ferner könnte R_E auf null gesetzt werden. Um den ursprünglichen Arbeitspunkt beizubehalten, sind dann R_{B1} und R_C entsprechend abzuändern. Der Widerstand R_{B2} sorgt dafür, dass sich Streuungen der Stromverstärkung nicht

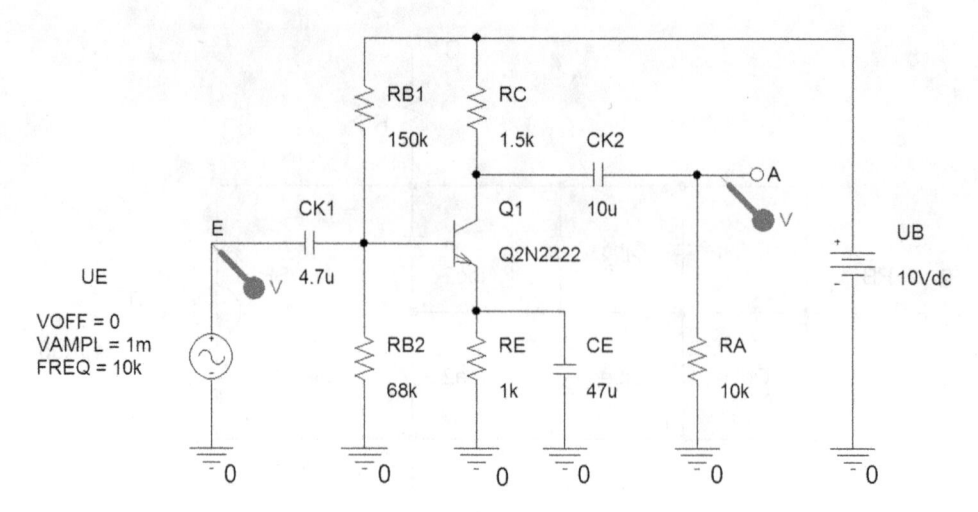

Abb. 3.4 Kleinsignalverstärker in Emitter-Schaltung

merklich auf den Arbeitspunkt auswirken. Dieser Widerstand ist so zu dimensionieren, dass der durch ihn fließende Querstrom die Relation $I_q = (2 \ldots 6) \cdot I_B$ erfüllt. Die Arbeitspunktanalyse erbringt zu dieser Schaltung die Werte $I_B = 11{,}53$ µA und $I_q = 37{,}94$ µA $= 3{,}29 \cdot I_B$. Mit dem Widerstand R_E wird eine Strom-Gegenkopplung erzielt, womit der Arbeitspunkt gegenüber Temperaturschwankungen stabilisiert wird. Erhöht sich nämlich mit wachsender Temperatur der Kollektor- und damit der Emitter-Strom, dann steigt der Spannungsabfall an R_E. Bei weitgehend konstanter Spannung über R_{B2q} verringert sich somit U_{BE} und wirkt damit gemäß Gl. 3.4 einer Stromerhöhung entgegen. Der Kondensator C_E schließt den Widerstand R_E wechselstrommäßig kurz und hebt die Wechselstrom-Gegenkopplung auf. Der Blindwiderstand der Koppelkondensatoren ist $X_C = 1/(\omega \cdot C_K)$. Im Beispiel erreicht X_{CK} den Wert von $3{,}39 \, \Omega$. Der Lastleitwert wird für diese Schaltung mit Gl. 3.13 wie folgt berechnet:

$$Y_L = \frac{1}{R_A} + \frac{1}{R_C} \qquad (3.13)$$

Exemplarisch ist $Y_L = 7{,}67 \cdot 10^{-4}$ S.

Die Kleinsignal-Spannungsverstärkung geht aus der Vierpolberechnung hervor. Für die Emitter-Schaltung gilt Gl. 3.14 mit

$$v_{ue} = \frac{-y_{21e}}{y_{22e} + Y_L} \qquad (3.14)$$

Die Spannungsverstärkung v_u ist eine Betriebskenngröße, die von den Leitwertparametern des Transistors (Steilheit y_{21e} und Ausgangsleitwert y_{22e}) sowie vom Lastleitwert Y_L der Schaltung bestimmt wird. Wird die maximale Steilheit mit $y_{21e} = I_C/U_T$ angesetzt und der kleine Ausgangsleitwert y_{22e} gegenüber y_{21e} vernachlässigt, dann erhält man eine Näherung nach Gl. 3.15 mit

3.2 Kleinsignalverstärker

$$v_{ue} \approx \frac{-\dfrac{I_C}{U_T}}{\dfrac{1}{R_A} + \dfrac{1}{R_C}}. \tag{3.15}$$

Beispiel 3.2

Mit $U_T = 25{,}864$ mV bei 27 °C, $R_A = 10$ kΩ und $R_C = 1{,}5$ kΩ sowie $I_C = 1{,}91$ mA (aus der Arbeitspunktanalyse) erhält man den Näherungswert zum Betrag der Spannungsverstärkung nach Gl. 3.15 mit $v_u = 96{,}32 = 39{,}67$ dB. ◄

Analyse
- PSpice, Edit Simulation Profile
- Simulation Settings – Abb. 3.4: Analysis
- Analysis type: Time Domain (Transient)
- Options: General Settings
- Run to time: 300 us
- Start saving data after: 0 s
- Transient options
- Maximum step size: 1 us
- Übernehmen, OK
- Pspice, run

Die Analyse-Ergebnisse nach Abb. 3.5 zeigen die Zeitabhängigkeit und die verstärkte, um 180° phasenverschobene Ausgangsspannung.

Die Auswertung mit dem Cursor liefert betragsmäßig $v_u = 92{,}651 = 39{,}34$ dB. Zur Ermittlung des Klirrfaktors der Schaltung von Abb. 3.4 ist die Transienten-Analyse über Output File Options wie folgt zu erweitern:

Analyse
- PSpice, Edit Simulation Profile
- Simulation Settings – Abb. 3.5: Analysis
- Analysis type: Perform Fourier Analysis
- Options: General Settings
- Center Frequency: 10 k
- Number of Harmonics: 4
- Output Variable: V(A)
- Übernehmen, OK
- Pspice, run

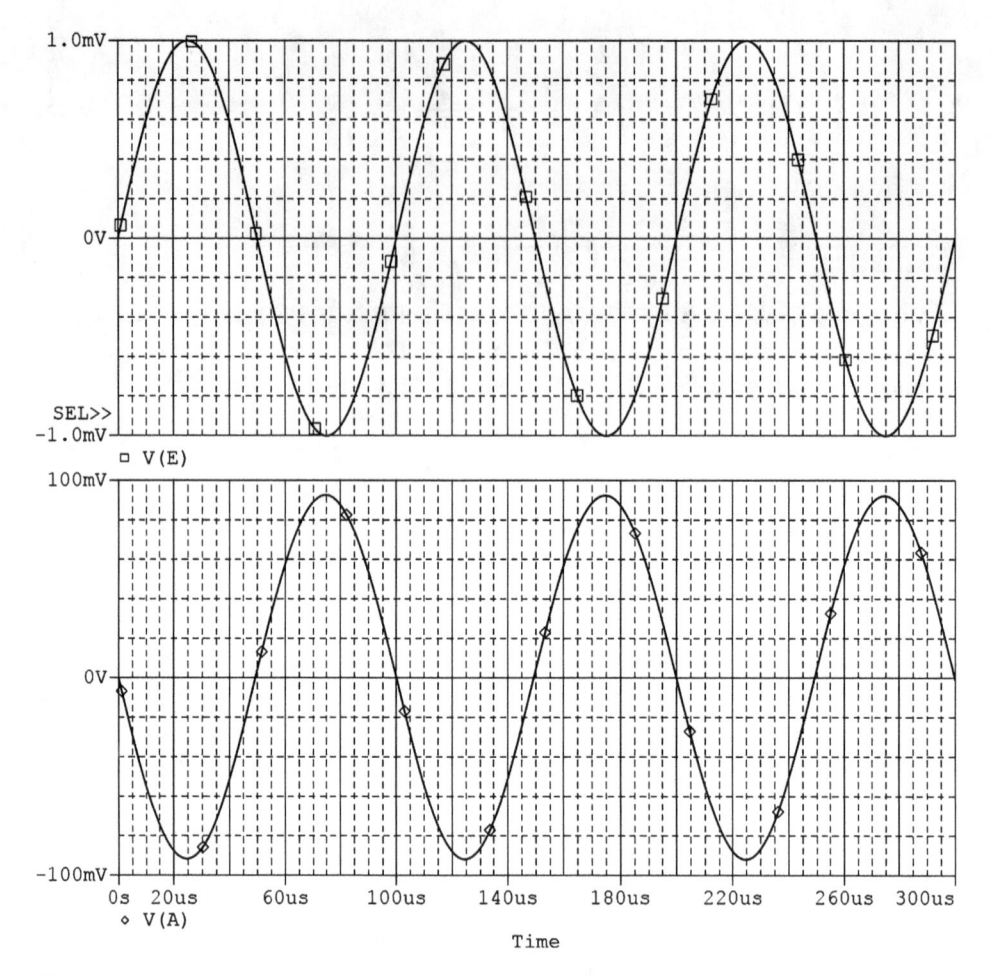

Abb. 3.5 Spannungsverläufe zum Kleinsignal-Verstärker

Tab. 3.2 Aufstellung der analysierten Amplitudenwerte

HARMONIC NO	FREQ (Hz)	FOURIER COMPONENT
1	1,000E+4	9,209E-02
2	2,000E+4	8,148E-04
3	3,000E+4	2,312E-05
4	4,000E+4	1,433E-05
TOTAL HARMONIC DISTORTION = 8,852785E-02 PERCENT		

Als Teil-Ergebnis der Fourier-Analyse mit PSPICE sind in Tab. 3.2 die Amplituden zur Grundschwingung (Harmonic NO 1) und zu den drei Oberwellen (Harmonic NO 2 bis 4) zusammengestellt.

3.3 Darlington-Verstärker

Mit dem Klirrfaktor *THD* (Total Harmonic Distortion) wird der Grad einer nicht linearen Signalverzerrung bewertet. Derartige Verzerrungen entstehen, wenn Signale an gekrümmten Kennlinien ausgesteuert werden. Beim Klirrfaktor *THD* nach Gl. 3.16 wird der Effektivwert aller vorgegebenen Oberwellen auf die Amplitude der Grundwelle bezogen, siehe [7, 8].

$$THD = \frac{\left(U_2^2 + U_3^2 + U_4^2\right)^{\frac{1}{2}}}{U_1} \cdot 100\,\% \tag{3.16}$$

Die Definition des Klirrfaktors *k* gemäß DIN 40110 berücksichtigt dagegen nach [9, 10] im Nenner den Einfluss sämtlicher Fourier-Komponenten, siehe Gl. 3.17.

$$k = \left(\frac{U_2^2 + U_3^2 + U_4^2}{U_1^2 + U_2^2 + U_3^2 + U_4^2}\right)^{\frac{1}{2}} \cdot 100\,\% \tag{3.17}$$

Mit den Werten von Tab. 3.2 erhält man mit den obigen Gleichungen *THD* = 0,8852795 % und *k* = 0,852795104 %.

3.3 Darlington-Verstärker

Frage 3.9
Zu betrachten ist die Schaltung nach Abb. 3.6.

- Welche Eigenschaften weist der Darlington-Transistor als Verbundtransistor zweier Transistoren auf?
- Welche Anwendung findet diese Schaltung?
- In welcher Grundschaltung werden die beiden Transistoren betrieben?
- Verläuft die Ausgangsspannung bei niedriger Frequenz phasengleich oder gegenphasig zur Eingangsspannung?
- Wie unterscheiden sich kommerzielle Darlington-Transistoren von der in Abb. 3.6 gezeigten Kombination?

Antwort
Die Darlington-Stufe aus zwei npn-Transistoren entspricht einem npn-Verbund-Transistor mit hoher Stromverstärkung und großem Eingangswiderstand. An diesem Darlington-Transistor ist die Eingangsspannung mit etwa 1,3 V als Summe der Basis-Emitter-Spannungen der beiden Einzeltransistoren anzulegen. Die Großsignal-Stromverstärkung B_{ND} geht aus dem Quotienten $(I_{C1} + I_{C2})/I_{B1}$ hervor, siehe Gl. 3.18.

$$B_{ND} = B_{N1} + B_{N2} + B_{N1} \cdot B_{N2} \tag{3.18}$$

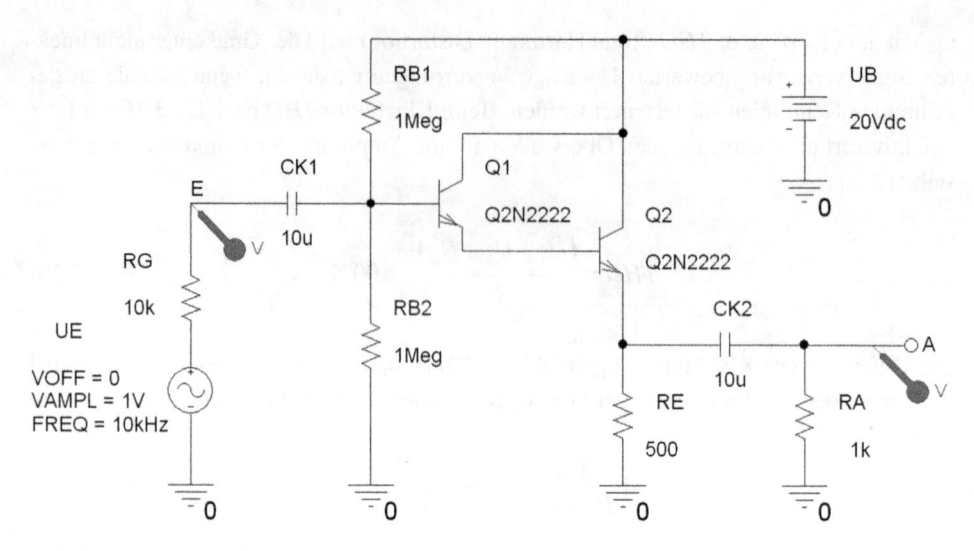

Abb. 3.6 Darlington-Schaltung

In guter Näherung folgt hieraus Gl. 3.19 zu

$$B_{ND} \approx B_{N1} \cdot B_{N2} \tag{3.19}$$

In ähnlicher Weise erhält man mit Gl. 3.20 die Näherung für die Kleinsignal-Stromverstärkung zu

$$\beta_D \approx \beta_1 \cdot \beta_2 \tag{3.20}$$

Der Kleinsignal-Eingangswiderstand wird mit Gl. 3.21 angegeben.

$$r_{beD} = r_{be1} + (1+\beta_1) \cdot r_{be2} \approx 2 \cdot r_{be1} \tag{3.21}$$

Der Kleinsignal-Ausgangswiderstand folgt mit Gl. 3.22 zu

$$r_{ceD} \approx \frac{r_{ce1} \cdot r_{ce2}}{r_{ce1} + \beta_2 \cdot r_{ce2}} \tag{3.22}$$

In der Darlington-Schaltung nach Abb. 3.6 arbeiten die beiden Transistoren als Emitterfolger. Dadurch bleibt auch bei kleinen Werten von R_E und R_A der große Eingangswiderstand erhalten. Die sehr hohe Stromverstärkung ermöglicht es, dass große Ausgangsströme mit kleinen Eingangsströmen gesteuert werden können. Die Schaltung ist somit als Großsignalverstärker geeignet. Die beiden Transistoren arbeiten in der Kollektorschaltung, weil die Gleichspannungsquelle U_B einen wechselstrommäßigen Kurzschluss darstellt. Die Kleinsignal-Spannungsverstärkung ist für die beiden Emitterfolger kleiner als eins. Somit gilt für die Spannungsverstärkung des Darlington-Transistors; $v_{uD} = v_{u1} \cdot v_{u2} \leq 1$. Kommerzielle Darlington-Verstärker sind integrierte Bausteine mit einem Kleinleistungs-

3.3 Darlington-Verstärker

Treibertransistor, dem nachfolgenden Leistungstransistor sowie Schutzwiderständen. Bei niedrigen Frequenzen ist die Ausgangsspannung wegen der zweimaligen Invertierung phasengleich mit der Eingangsspannung.

Analyse
- PSpice, Edit Simulation Profile
- Simulation Settings – Abb. 3.6: Analysis
- Analysis type: Time Domain (Transient)
- Options: General Settings
- Run to time: 300 us
- Start saving data after: 0 s
- Transient options
- Maximum step size: 1 us
- Übernehmen, OK
- Pspice, run

In Abb. 3.7 wird gezeigt, dass die Ausgangsspannung in Phase mit der Eingangsspannung ist und die Spannungsverstärkung $v_{uD} < 1$ ist.

Frage 3.10
Die Abb. 3.8 zeigt eine Komplementär-Darlington-Schaltung.

- Entspricht dieser Darlington-Transistor einem npn- oder einem pnp-Typ?
- In welcher Größenordnung liegt die Potentialdifferenz zwischen Eingang und Ausgang?
- Wie hoch wird der Eingangswiderstand des Komplementär-Darlington-Transistors?
- Welche Signalform nimmt die Ausgangsspannung an?

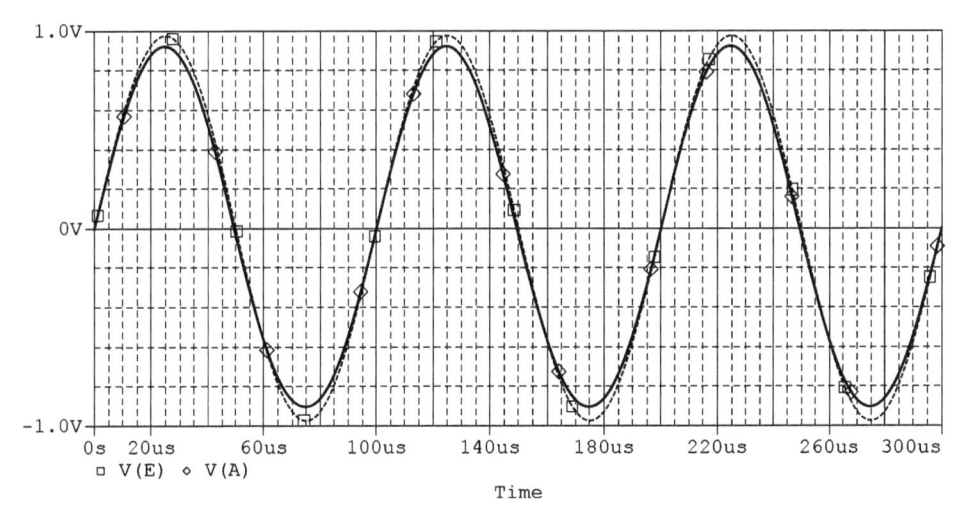

Abb. 3.7 Zeitverläufe von Eingangs- und Ausgangsspannung der Darlington-Schaltung

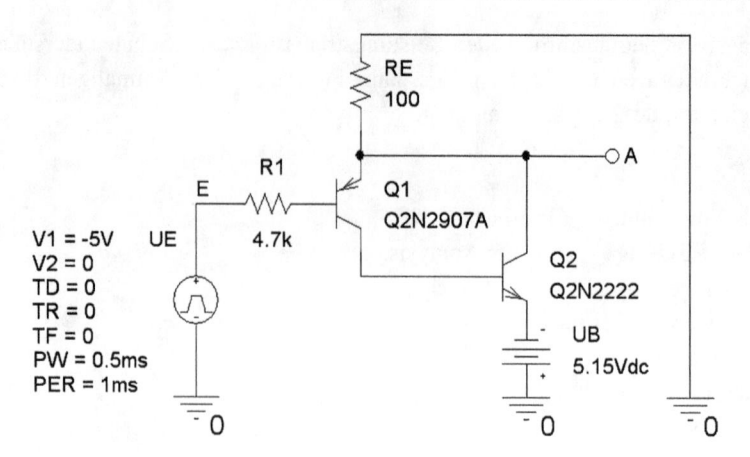

Abb. 3.8 Komplementär-Darlington-Schaltung

Antwort
Der Komplementär-Darlington-Transistor wirkt wie ein pnp-Einzeltransistor mit der hohen Stromverstärkung $B_D \approx B_{Npnp} \cdot B_{Nnpn}$. Die Potentialdifferenz zwischen Eingang und Ausgang ist $U_{AE} = U_{BE} + I_B \cdot R_1 \approx U_{BE} \approx -0{,}7$ V. Die Steuerspannung des Komplementär-Darlington-Transistors entspricht somit betragsmäßig nur etwa der Hälfte der Steuerspannung des Standard-Darlington-Transistors vom npn-Typ. Der Eingangswiderstand ist mit $r_{beD} \approx r_{be1}$ allerdings nur etwa halb so groß wie derjenige des Standard-Typs. Für den Zeitverlauf der Ausgangsspannung sind negative Rechteck-Impulsfolgen zu erwarten, die der Eingangsspannung mit kleinerer Amplitude folgen.

Analyse
- PSpice, Edit Simulation Profile
- Simulation Settings – Abb. 3.8: Analysis
- Analysis type: Time Domain (Transient)
- Options: General Settings
- Run to time: 2 ms
- Start saving data after: 0 s
- Transient options
- Maximum step size: 1 us
- Übernehmen, OK
- Pspice, run

In Abb. 3.9 wird die Eingangsspannung dargestellt.

Mit Abb. 3.10 werden die zuvor getroffenen Aussagen zur Zeitabhängigkeit der Ausgangsspannung bestätigt.

3.4 Konstantstromquellen

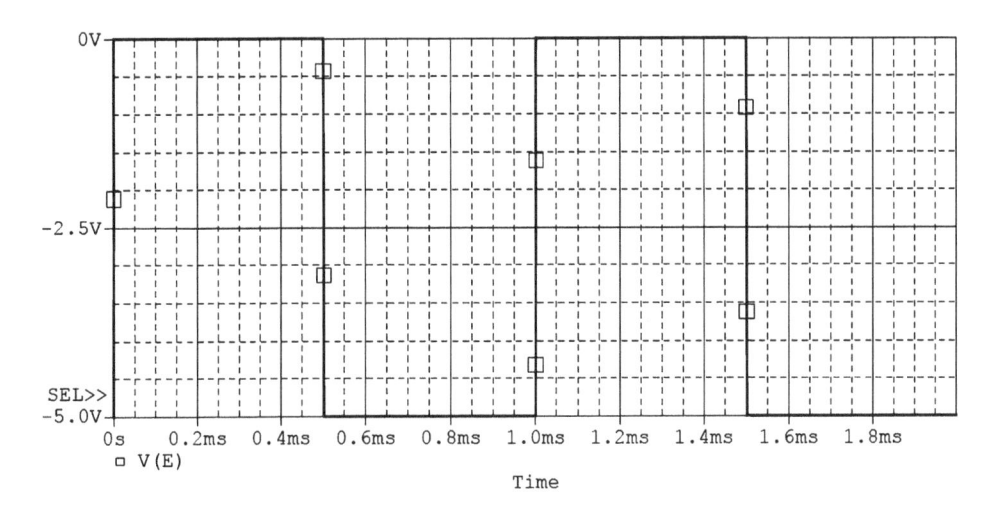

Abb. 3.9 Angelegte Eingangsimpulse

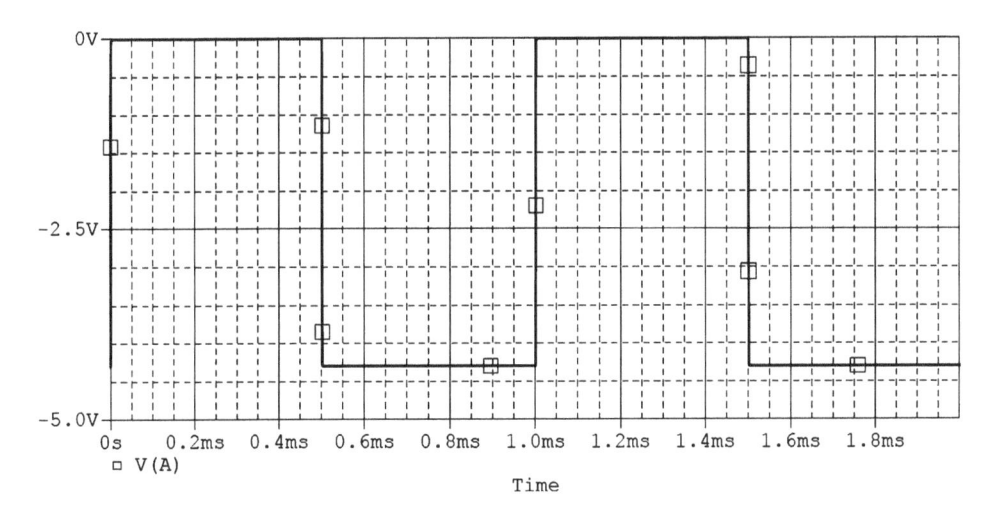

Abb. 3.10 Analysierte Ausgangsimpulse

3.4 Konstantstromquellen

Frage 3.11
In Abb. 3.11 ist eine Konstantstromquelle dargestellt, bei der eine Z-Diode verwendet wird [9, 10].

- Welche Aufgabe hat diese Schaltung zu erfüllen?
- In welcher Höhe ist der Laststrom bei $U_Z = 4{,}7$ V; $R_E = 3{,}9$ kΩ zu erwarten?
- Darf der Lastwiderstand für konstanten Laststrom beliebig erhöht werden?

Abb. 3.11 Konstantstromquelle mit Z-Diode

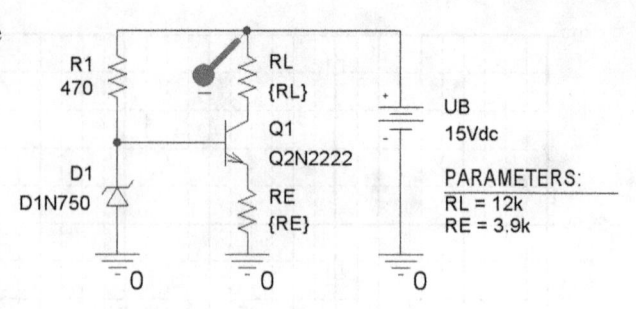

R1 470
RL {RL}
Q1 Q2N2222
D1 D1N750
RE {RE}
UB 15Vdc

PARAMETERS:
RL = 12k
RE = 3.9k

- Ändert sich der Laststrom, wenn die Betriebsspannung auf 10 V abgesenkt wird?
- Mit welcher SPICE-Analyse kann die Abhängigkeit des Laststromes vom Lastwiderstand dargestellt werden?

Antwort
Die Schaltung dient dazu, einen Laststrom zu erzeugen, der möglichst unabhängig von der Höhe des Lastwiderstandes und der Betriebsspannung ist. Der Wert des Laststromes $I_{RL} = I_C \approx |I_E|$ kann mit Gl. 3.23 abgeschätzt werden.

$$I_{RL} \approx \frac{U_Z - U_{BE}}{R_E} \tag{3.23}$$

Für $U_Z \approx 4{,}7$ V, $U_{BE} \approx 0{,}7$ V und $R_E = 3{,}9$ kΩ wird $I_{RL} \approx 1$ mA.

Mit wachsendem Lastwiderstand nimmt der Laststrom, der zugleich der Kollektorstrom ist, zunächst leicht ab. Dieser Abfall ist durch den Early-Effekt des Transistors wie folgt begründet: steigt U_{RL} bei konstanten Spannungen U_B und U_{RE}, dann müssen U_{CE} bzw. U_{CB} abnehmen. Damit dehnt sich die Sperrschicht weniger in die Basis aus, die elektrisch wirksame Basis wird breiter, die Rekombination höher und der Kollektorstrom etwas kleiner. Erreicht der Lastwiderstand die in Gl. 3.24 angegebene Höhe, dann geht U_{CE} gegen null und der Laststrom sinkt stark ab.

$$R_L = \frac{U_B}{I_{RL}} - R_E \tag{3.24}$$

Bei $U_B = 15$ V, $I_{RL} = 1$ mA und $R_E = 3{,}9$ kΩ erfolgt nach Gl. 3.24 das starke Absinken des Laststromes bei $R_L = 11{,}1$ kΩ. Wird die Betriebsspannung U_B von 15 V auf 10 V verringert, dann nimmt die Z-Spannung U_Z auf Grund des geringen differentiellen Z-Widerstandes r_Z nur wenig ab. Mit Gl. 3.23 wird damit der Laststrom I_{RL} etwas kleiner zumal der Basisstrom I_B und somit U_{BE} etwas ansteigen. Aber für diese kleinere Betriebsspannung tritt gemäß Gl. 3.24 der starke Abfall des Laststromes bei kleineren Werten von R_L ein. Im Beispiel erfolgt die starke Abnahme des Laststromes für $U_B = 10$ V bereits bei $R_L \approx 6{,}1$ kΩ, gegenüber $R_L \approx 11{,}1$ kΩ bei $U_B = 15$ V. Die Darstellung von $I_{RL} = f(R_L)$ erfordert bei PSPICE die Gleichspannungsanalyse DC Sweep mit dem globalen Schaltungsparameter R_L. Im Beispiel erfolgt die Analyse mit einer Variation des Widerstandes R_E in den Werten 1,95 kΩ und 3,9 kΩ, um Konstantströme von ca. 1 mA und 2 mA zu erzielen.

3.4 Konstantstromquellen

Analyse
- PSpice, Edit Simulation Profile
- Simulation Settings – Abb. 3.11: Analysis
- Analysis type: DC Sweep
- Options: Primary Sweep
- Sweep variable: Global Parameter
- Parameter name: RL
- Sweep type: Linear
- Start value: 1 u
- End value: 12 k
- Increment: 5
- Options: Parametric Sweep
- Sweep variable: Global Parameter
- Parameter Name: RE
- Sweep type: Value List 1.95 k 3.9 k
- Übernehmen, OK
- Pspice, run
- Available Sections: All
- OK.

Mit der Abb. 3.12 werden die zuvor getroffenen Aussagen zur Abhängigkeit des Laststromes vom Lastwiderstand bestätigt.

Die Abb. 3.13 zeigt die Lastabhängigkeit der Spannungen U_{BE}, U_{CE} und U_{RL} für $R_E = 3{,}9$ kΩ.

Abschließend wird mit Abb. 3.14 demonstriert, welche Auswirkungen sich ergeben, wenn die Betriebsspannung U_B mit 10 V bzw. 15 V bei $R_E = 3{,}9$ kΩ variiert wird.

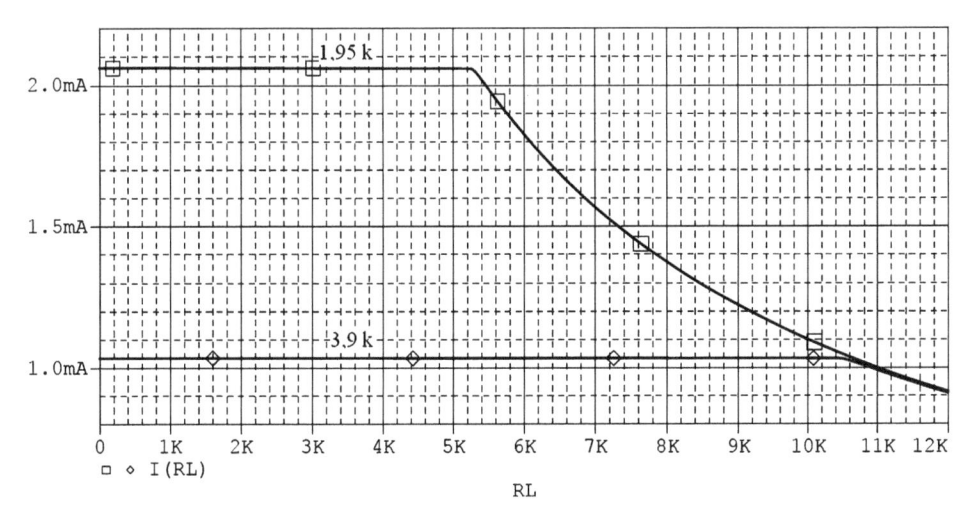

Abb. 3.12 Laststrom als Funktion des Lastwiderstandes für $R_E = 1{,}95$ kΩ und 3,9 kΩ

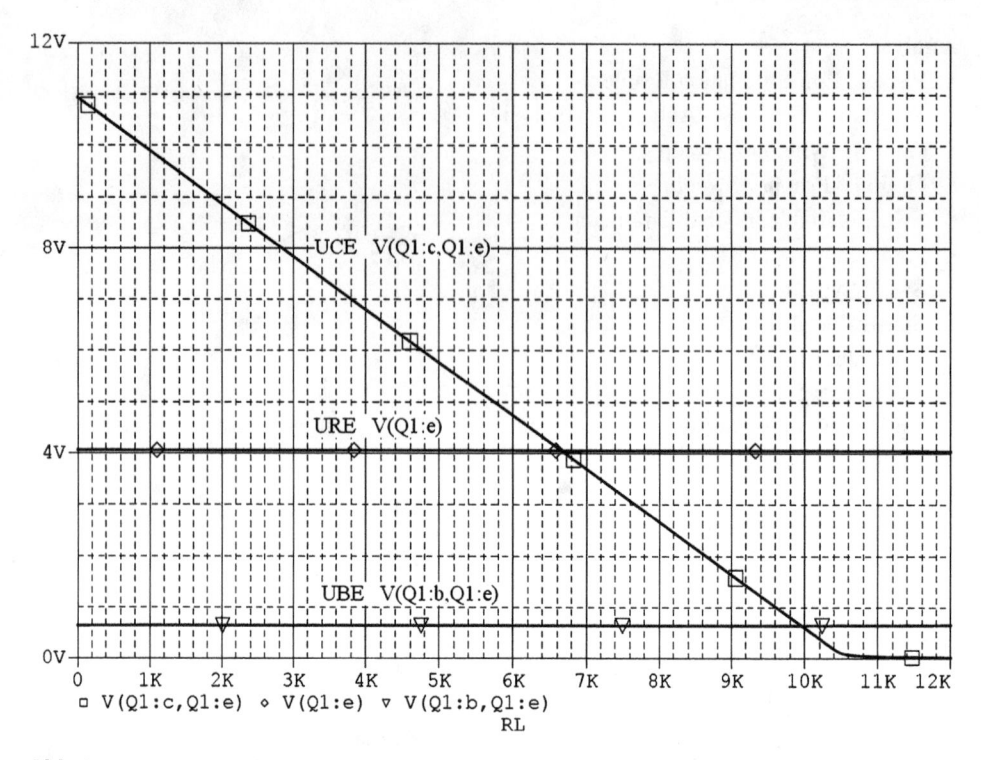

Abb. 3.13 Abhängigkeit der Spannungen U_{BE}, U_{CE} und U_{RE} vom Lastwiderstand

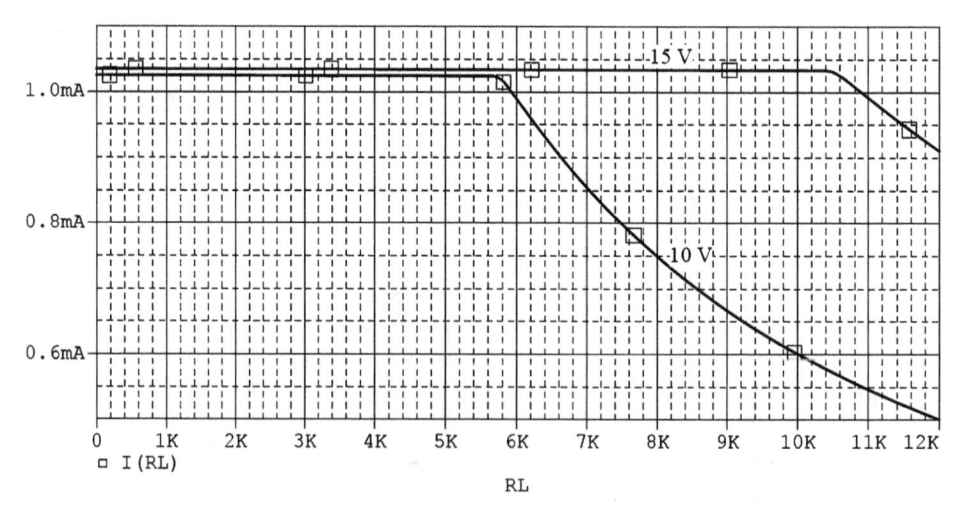

Abb. 3.14 Laststrom als Funktion des Lastwiderstandes bei Betriebsspannungen von 10 V und 15 V

3.4 Konstantstromquellen

Analyse
- PSpice, Edit Simulation Profile
- Simulation Settings – Abb. 3.11: Analysis
- Analysis type: DC Sweep
- Options: Primary Sweep
- Sweep variable, Global Parameter
- Parameter Name: RL
- Sweep type, Linear
- Start value: 1 u
- End value: 12 k
- Increment: 5
- Options: Secondary Sweep
- Sweep variable, Voltage Source
- Name: UB
- Sweep type
- Value List 10 V 15 V
- Übernehmen, OK
- Pspice, run

Frage 3.12

In Abb. 3.15 ist eine Konstantstromquelle als Stromspiegel dargestellt.

- Warum wird diese Schaltung als Stromspiegel bezeichnet?
- Zu welchem Transistortyp gehören die Transistoren Q_1 und Q_2?
- Wie hoch ist ein praxisnaher Wert der Spannung U_{BE} für diese Transistoren?
- Mit welcher Gleichung kann die Höhe des Referenzstromes I_{REF} abgeschätzt werden?
- Wie erhält man den Spiegelfaktor $S = I_L/I_{REF}$?

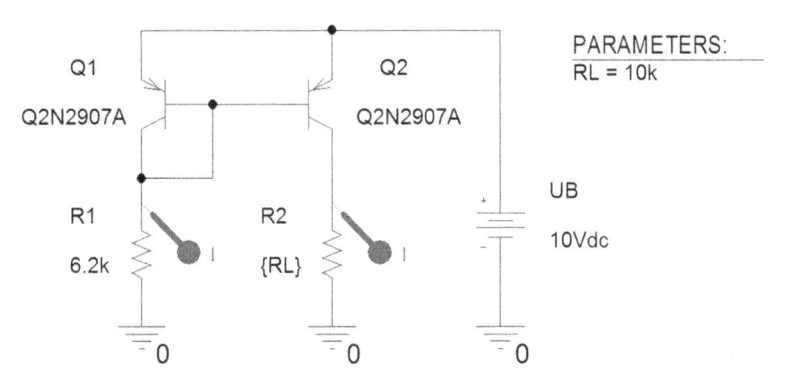

Abb. 3.15 Stromspiegel

Antwort
Mit dieser Schaltung wird der Referenzstrom des links angeordneten Schaltungsanteils auf die rechte Seite als annähernd gleich großer Laststrom gespiegelt, weil die Basis-Emitter-Spannung beider Transistoren identisch ist. Es handelt sich um pnp-Transistoren. Als Richtwert kann $U_{BE} = -U_{EB} = -0{,}7$ V angesetzt werden. Der Referenzstrom wird mit Gl. 3.25 wie folgt abgeschätzt:

$$I_{REF} = \frac{U_B - U_{EB}}{R_{REF}}. \tag{3.25}$$

Im Beispiel wird $I_{REF} = (10 \text{ V} - 0{,}7 \text{ V})/6{,}2 \text{ k}\Omega = 1{,}5$ mA. Mit $I_{B1} = I_{B2}$ wird der Spiegelfaktor $S = I_{C2}/(I_{C1} + 2 \cdot I_{B1})$. Bei idealer Spiegelung ist $S = 1$. Näherungsweise ist $I_{C2} = I_{C1} \cdot (1 - U_{CE2}/V_{AF})$. Mit Gl. 3.26 wird

$$S = \frac{B_{N1} \cdot \left(1 - \dfrac{U_{CE2}}{V_{AF}}\right)}{B_{N1} + 2}. \tag{3.26}$$

Bei $R_L = 1\ \mu\Omega \approx 0$ liefert die Arbeitspunktanalyse die Werte $B_{N1} = 221$ und $U_{CE2} = -10$ V. Die Early-Spannung ist $V_{AF} = 115{,}7$ V. Man erhält $S = 1{,}077$ in Übereinstimmung mit Abb. 3.16.

Analyse
- PSpice, Edit Simulation Profile
- Simulation Settings – Abb. 3.15: Analysis
- Analysis type: DC Sweep
- Options: Primary Sweep
- Sweep variable, Global Parameter
- Parameter Name: RL
- Sweep type: Linear,
- Start value: 1 u
- End value: 8 k
- Increment: 5
- Options: Secondary Sweep
- Sweep variable, Voltage source
- Name: UB
- Sweep type, Value list, 10 V 15 V
- Übernehmen, OK
- Pspice, run

Das Analyseergebnis nach Abb. 3.16 zeigt den lastunabhängigen Referenzstrom und den bis zu $R_L \approx 6{,}7$ kΩ annähernd konstanten Laststrom. Mit zunehmendem R_L wird U_{CE} ausgehend von -10 V positiver. Sobald der Spannungsabfall $I_{RL} \cdot R_L$ die Höhe der Betriebsspannung U_B erreicht, wird $U_{CE} \approx 0$. Mit $I_{RL} \approx 1{,}5$ mA tritt dieser Fall bei $R_L \approx 6{,}7$ kΩ ein.

3.5 Differenzverstärker

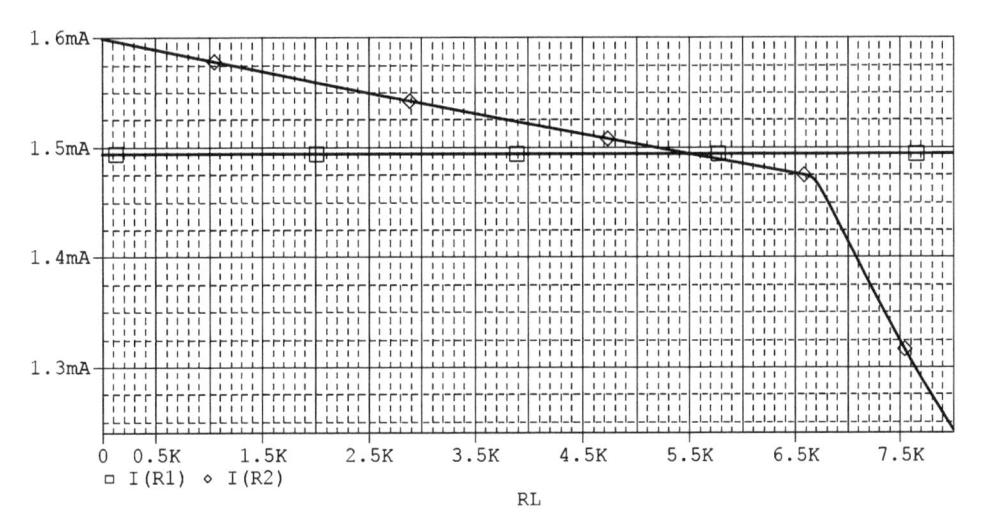

Abb. 3.16 Referenzstrom und Laststrom als Funktion des Lastwiderstandes

3.5 Differenzverstärker

Frage 3.13
Zu betrachten ist die Schaltung des Differenzverstärkers nach Abb. 3.17.

- Für welche Anwendungen eignen sich Differenzverstärker?
- Wie bildet sich der Konstantstrom I_K heraus?
- In welcher Relation stehen die Ströme I_K, I_{C1} und I_{C2} bei $U_{E1} = U_{E2} = 0$ zu einander?
- Welche Auswirkungen auf Ströme und Spannungen ergeben sich bei $U_{E1} > 0$ V?
- Wie erhält man die Kleinsignal-Spannungsverstärkung aus dem Verlauf $U_{A2} = f(U_{E1})$ bei $U_{E2} = 0$?
- Wie hoch wird die Ausgangsspannung U_A für $U_{E1} = U_{E2}$ und einen unendlich großen Quellenwiderstand R_K?

Antwort
Differenzverstärker eignen sich insbesondere zur Verstärkung kleiner Gleichspannungen, weil anstelle einer angelegten Einzelspannung nunmehr die *Differenz* der Eingangsspannungen zweier weitgehend gleicher, integrierter Transistoren verstärkt wird. Bei dieser Schaltungskonfiguration wirken sich Temperaturänderungen nur geringfügig auf die Ausgangsspannung aus, weil sich die beiden Transistoren kompensieren. Eine bevorzugte Anwendung ist die Verstärkung der Diagonalspannung von Widerstandsbrücken. Mit Differenzverstärkern lassen sich eben so Wechselspannungen verstärken und sie können auch als Breitbandverstärker verwendet werden [8, 9]. Das Potential am Knoten K liegt um die Höhe von $U_{BE} \approx 0{,}6$ V tiefer als das Bezugspotential an den Eingängen. Der Konstantstrom kann daher mit Gl. 3.27 abgeschätzt werden.

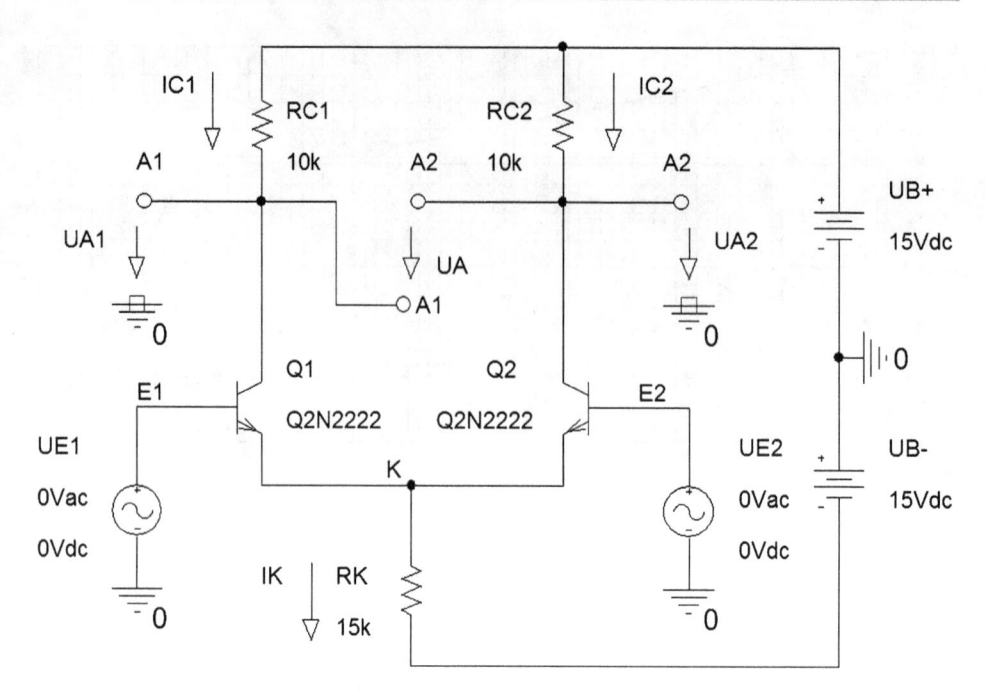

Abb. 3.17 Grundschaltung des Differenzverstärkers

$$I_K \approx \frac{U_K - U_{B-}}{R_K} \qquad (3.27)$$

Man erhält im Beispiel $I_K \approx [-0{,}6\,\text{V} - (-15\,\text{V})]/15\,\text{k}\Omega = 0{,}973$ mA. Die Arbeitspunktanalyse mit PSPICE liefert $I_K = 0{,}958$ mA. Bei $U_{E1} = U_{E2} = 0$ und vernachlässigten Basisströmen gilt $I_{C1} = I_{C2} = I_K/2$. Für $U_{E1} > U_{E2} = 0$ (anstelle von $U_{E1} = U_{E2} = 0$) wird U_{BE1} größer und U_{BE2} in gleichem Maße kleiner. Damit steigt I_{C1} an und I_{C2} sinkt ab. Mit den unterschiedlichen Spannungsabfällen an den Widerständen R_{C1} und R_{C2} wird somit U_{A1} kleiner und U_{A2} größer.

Die Auswertung von Gl. 3.4 nach [10] führt zu Gl. 3.28 mit

$$I_{C2} = \frac{I_K}{1 + \exp\left(\dfrac{U_D}{U_T}\right)}. \qquad (3.28)$$

Daraus folgt $I_{C1} = I_K - I_{C2}$. Mit $U_D = U_{E1} - U_{E2}$ wird die Differenz-Eingangsspannung bezeichnet.

Analyse
- PSpice, Edit Simulation Profile
- Simulation Settings – Abb. 3.17: Analysis
- Analysis type: DC Sweep

3.5 Differenzverstärker

- Options: Primary Sweep
- Sweep variable: Voltage Source
- Name: UE1
- Sweep type: Linear
- Start value: −0,25 V
- End value: 0,25 V
- Increment: 1 mV
- Übernehmen, OK
- Pspice, run

Das Analyseergebnis für die Ströme zeigt die Abb. 3.18.
Die analysierten Spannungsverläufe sind in Abb. 3.19 angegeben.
Aus dem positiven Anstieg der Übertragungskennlinie $U_{A2} = f(U_{E1})$ entnimmt man im annähernd *linearen* Bereich mittels des Cursors die Spannungsverstärkung nach Gl. 3.29.

$$v_{UA2} = \frac{dU_{A2}}{dU_{E1}} \approx \frac{\Delta U_{A2}}{\Delta U_{E1}} \qquad (3.29)$$

Mit $\Delta U_{E1} = 10$ mV $- (-10$ mV$)$ wird $v_{uA2} = 85{,}81 = 38{,}67$ dB. Wegen der negativen Steigung bei $U_{A1} = f(U_{E1})$ wird $v_{UA1} = -85{,}81$.

Analyse

- PSpice, Edit Simulation Profile
- Simulation Settings – Abb. 3.19: Analysis
- Analysis type: Bias Point
- Options: General Settings

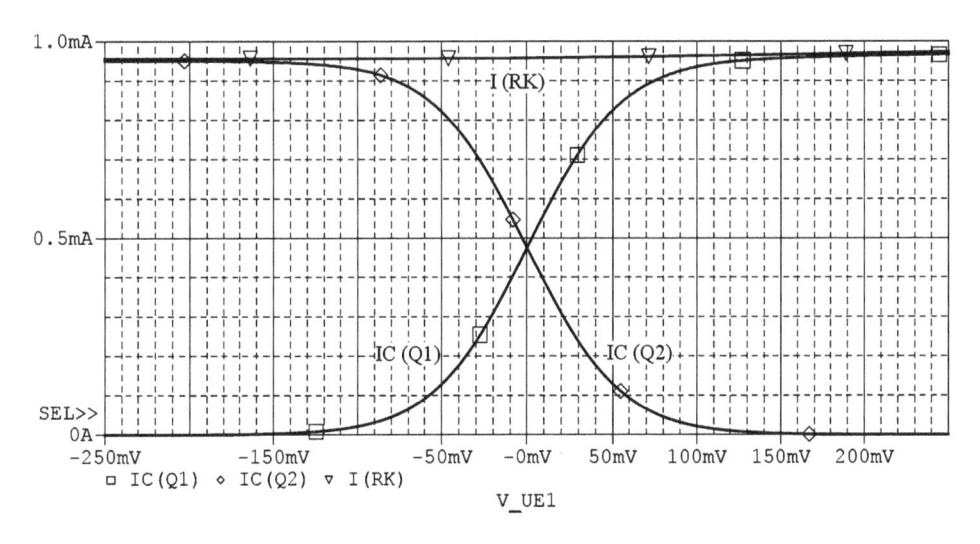

Abb. 3.18 Ströme des Differenzverstärkers

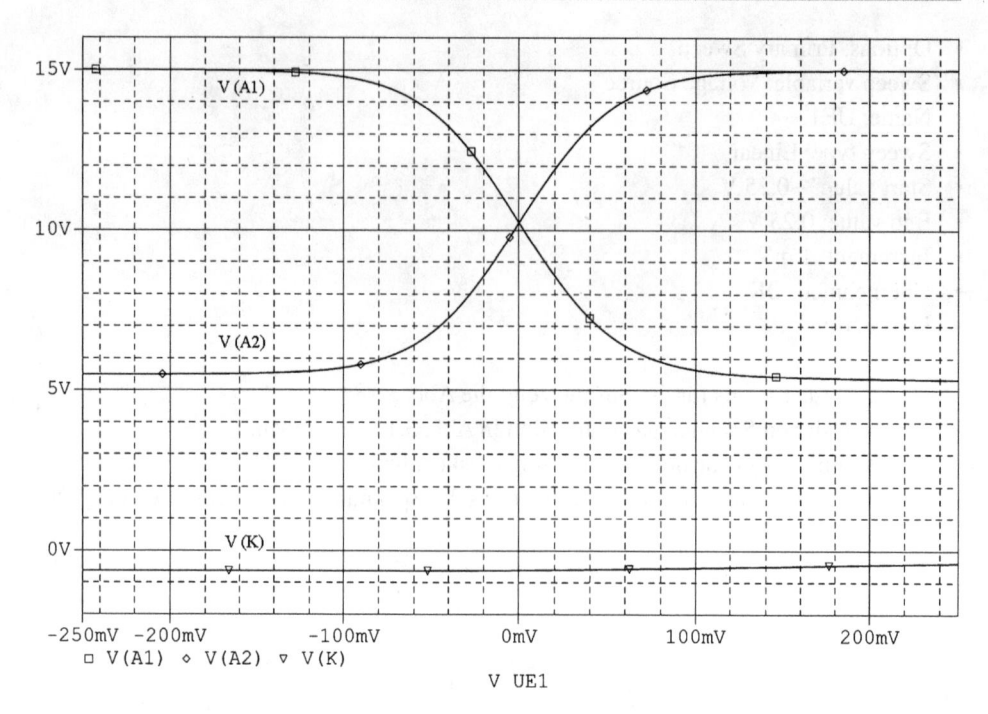

Abb. 3.19 Spannung am Knoten K nebst Ausgangsspannungen

- Output File Options:
- Calculate small signal DC gain (.TF)
- From input source name: UE1
- To output variable: V(A2)
- Übernehmen, OK
- Pspice, run

Die TF-Analyse (Transfer Function) ergibt

- V(A2)/V_UE1 = 86.671
- INPUT RESISTANCE AT BV_UE1 = 18.77 k
- OUTPUT RESISTANCE AT V(A2) = 9.73 k.

Die Spannungsverstärkung wird mit Gl. 3.30 berechnet.

$$v_{uA2} = \frac{S}{2} \cdot R_{C2} \qquad (3.30)$$

Dabei ist S die Steilheit gemäß Gl. 3.31

$$S = \frac{I_K}{2 \cdot U_T}. \qquad (3.31)$$

3.5 Differenzverstärker

Die Spannungsverstärkung am Ausgang A_1 entspricht derjenigen von Gl. 3.30, aber mit negativem Vorzeichen. Bei gleichen Transistoren sowie $U_{E1} = U_{E2}$ (Gleichtaktbetrieb) und unendlich großem Widerstand R_K wird $U_A = 0$. In diesem Idealfall ist auch die Gleichtaktverstärkung $v_{Gl} = U_A/U_{Gl} = 0$.

Frage 3.14
Gegeben ist die Schaltung eines Differenzverstärkers nach Abb. 3.20.

- Aus welchen Baugruppen besteht diese Schaltung?
- Wozu dient der Kondensator C_K?
- Welche Phasenlage besteht zwischen der Ausgangs- und Eingangsspannung?

Die Emitter der Transistoren Q_1 und Q_2 erhalten ihre Anteile des Konstantstroms vom npn-Transistor-Stromspiegel (Q_3; Q_4). Der aus den pnp-Transistoren Q_5 und Q_6 gebildete Stromspiegel dient als aktive Last. Mit dem Kondensator C_K wird die Ausgangs-Wechselspannung ausgekoppelt. Die Sinus-Ausgangsspannung ist in Phase zur Eingangsspannung. Begründung: erhöht sich die Eingangs-Wechselspannung am Eingang E_1, dann wächst der Kollektorstrom I_{C1}. Im gleichen Maße sinken die Ströme I_{C2} und I_{C6} ab. Der Spannungsabfall am differentiellen Lastwiderstand r_{CE6} wird damit verringert und die Ausgangs-Wechselspannung steigt für einen solchen Zeitabschnitt an.

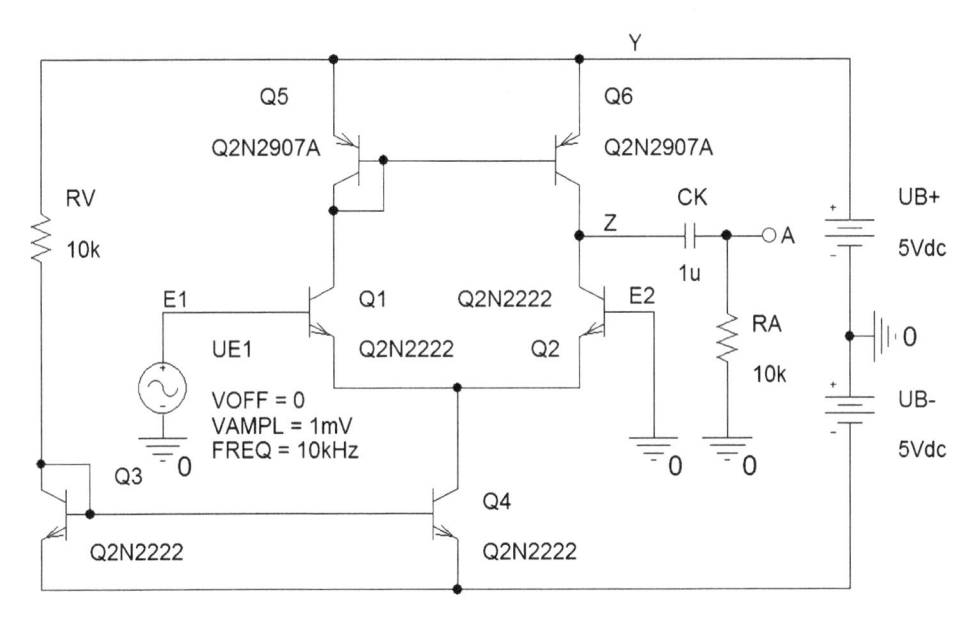

Abb. 3.20 Differenzverstärker

Analyse
- PSpice, Edit Simulation Profile
- Simulation Settings – Abb. 3.20: Analysis
- Analysis type: Time Domain (Transient)
- Options: General Settings
- Run to time: 300 ms
- Start saving data after: 0 s
- Transient options
- Maximum step size: 10 us
- Übernehmen, OK
- Pspice, run

Die Abb. 3.21 zeigt den Zeitverlauf der Spannungen des Differenzverstärkers.

Frage 3.15
Die in [11] angegebene Schaltung nach Abb. 3.22 dient dazu, die Spannung U_{th} eines Thermoelements in einem bestimmten Temperaturbereich zu verstärken. Bei der Vergleichstemperatur $T_v = 0\,°C$ kann die Temperaturabhängigkeit der Thermospannung mit einem Polynom nach Gl. 3.32 angenähert werden.

$$U_{th} = m \cdot T + n \cdot T^2 \tag{3.32}$$

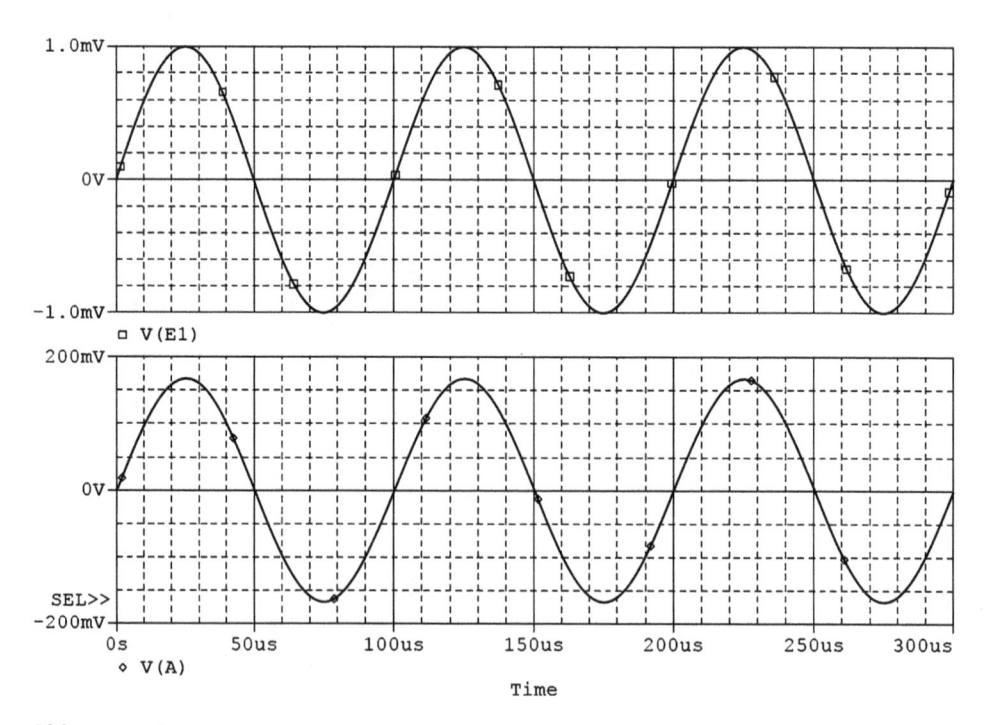

Abb. 3.21 Eingangsspannung und phasengleiche, verstärkte Ausgangsspannung

3.5 Differenzverstärker

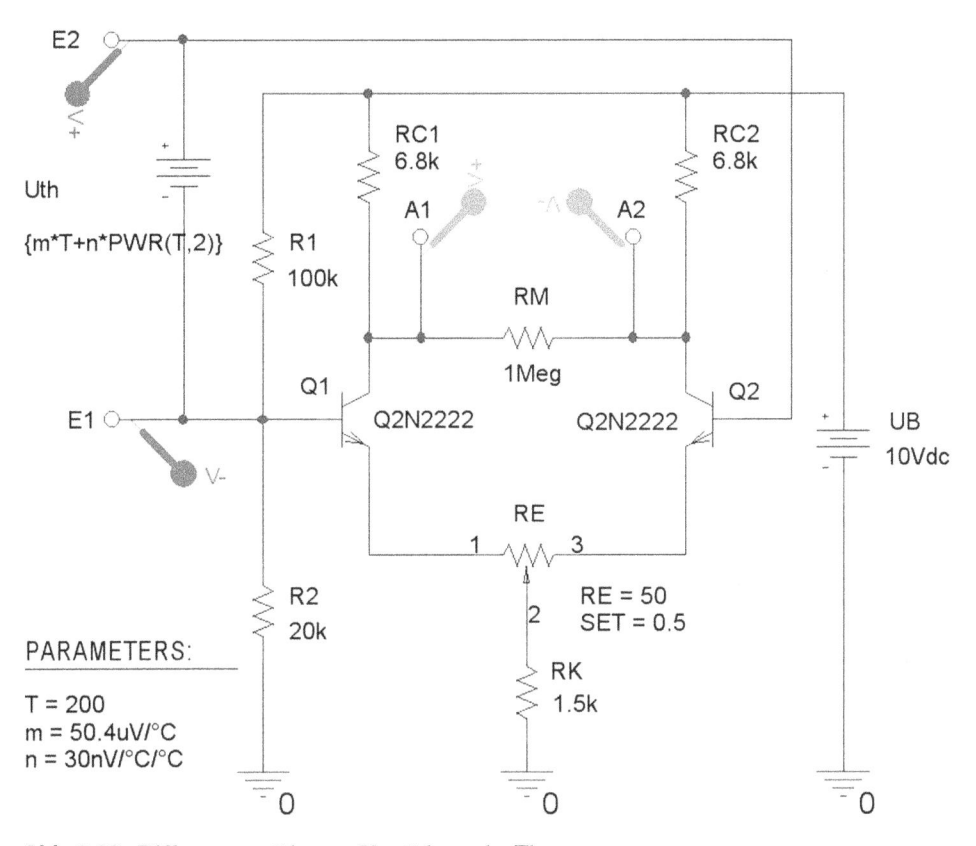

Abb. 3.22 Differenzverstärker zur Verstärkung der Thermospannung

Für ein Thermoelement vom Typ J (Eisen/Konstantan) werden in [12] die folgenden Koeffizienten angegeben: $m = 50{,}4/°C$ und $n = 30$ nV/(°C)². Die Auswertung mit PSPICE kann ähnlich wie in [13] vorgenommen werden.

- Welche prinzipielle Temperaturabhängigkeit der Spannung des Thermoelements J ist zu erwarten?
- Warum wird die Spannungsdifferenz $U_{A1} - U_{A2}$ mit wachsender Temperatur zunehmen?
- Welche Aufgabe hat das Potentiometer R_E?

Antwort
In einer Abhängigkeit $U_{th} = m \cdot T$ steigt die Thermospannung bei positivem m linear mit der Temperatur T an. Nach Gl. 3.32 wird wegen des zweiten Summanden bei n > 0 eine nicht lineare Zunahme von U_{th} erzielt. Nach Abb. 3.22 weist die Differenz-Eingangsspannung $U_D = U_{E1} - U_{E2} = f(T)$ eine negative Steigung auf. Weil die Spannung U_D am Ausgang A_2 nicht invertiert wird, muss die verstärkte Ausgangsspannung $U_A = U_{A2} - U_{A1}$ mit wachsender Temperatur ebenfalls abnehmen. Demzufolge steigen die

Spannungen $-U_D$ bzw. $-U_A$ bei einer Temperaturerhöhung an. Das Potentiometer dient dazu, die Ungleichheit realer, diskreter Transistoren (bei Einbuße an Verstärkung) zu kompensieren. Da für die Simulation identische Parameter der Transistoren Q_1 und Q_2 vorliegen, wurde das Potentiometer mit $SET = 0{,}5$ eingestellt.

Analyse
- PSpice, Edit Simulation Profile
- Simulation Settings – Abb. 3.23: Analysis
- Analysis type: DC Sweep
- Options: Primary Sweep
- Sweep variable
- Global Parameter: T

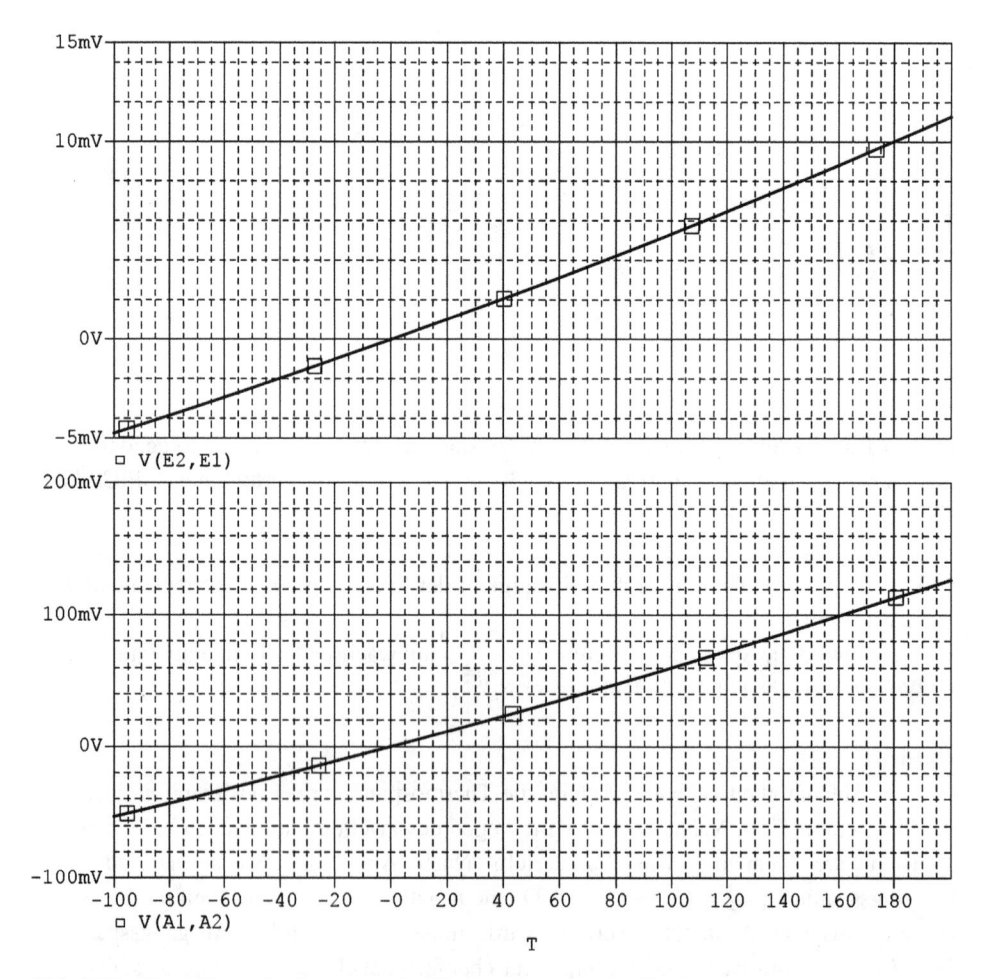

Abb. 3.23 Verstärkung der Spannung des Thermoelements vom Typ J

- Start value: −100 V
- End value: 200 V
- Increment: 1 V
- Übernehmen, OK
- Pspice, run

Das Analyseergebnis nach Abb. 3.23 zeigt den Temperaturverlauf der Thermospannung und deren 62-fache Verstärkung.

3.6 Oszillatorschaltung

Frage 3.16
Zu betrachten ist die Schaltung nach Abb. 3.24.

- Welche Art einer Oszillatorschaltung liegt vor?
- In welcher Grundschaltung arbeitet der Transistor?
- Welchen Wert erreicht die Schwingfrequenz?
- Welche Analyseart ist anzuwenden?

Antwort
Es handelt sich um eine kapazitive Dreipunktschaltung nach Colpitts. Ein Teil des Ausgangssignals wird dem am Eingang befindlichen Emitter zugeführt. Der Transistor arbeitet in der Basisschaltung. Die Schwingbedingung wird erfüllt, wenn der Betrag der Schleifenverstärkung $|v_S| \geq 1$ wird und der Phasenwinkel φ_S die Werte 0°, 360° usw. annimmt. Die Schwingfrequenz f_0 wird mit Gl. 3.33 berechnet.

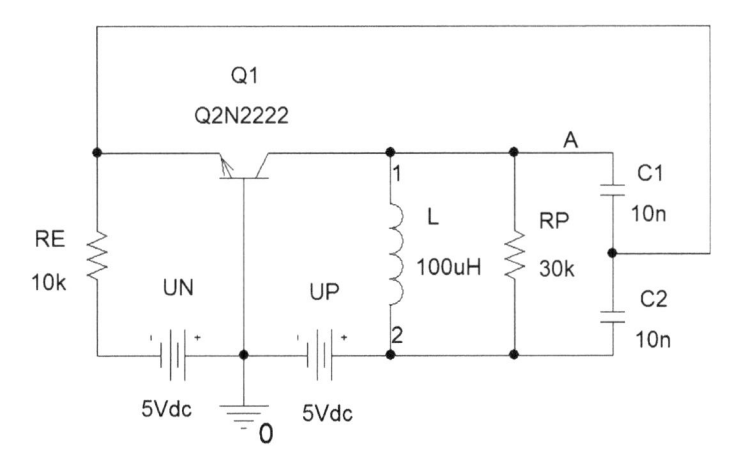

Abb. 3.24 Oszillatorschaltung

$$f_0 = \frac{1}{2 \cdot \pi \cdot (L \cdot C)^{1/2}} \qquad (3.33)$$

Dabei ist $1/C = 1/C_1 + 1/C_2$. Im Beispiel erhält man $C = 5$ nF und $f_0 = 225{,}079$ kHz. Anzuwenden ist die Transienten-Analyse. Oftmals sind besondere Maßnahmen zu treffen, um die Schwingungen anzuregen oder das Einsetzen der Schwingungen zu beschleunigen (Setzen von Anfangsbedingungen bzw. von Nadelimpulsen).

Analyse
- PSpice, Edit Simulation Profile
- Simulation Settings – Abb. 3.24: Analysis
- Analysis type: Time Domain (Transient)
- Options: General Settings
- Run to time: 160 us
- Start saving data after: 120 s
- Maximum step size: 0.01 us
- Transient options
- Maximum step size: 10 us
- Übernehmen, OK
- Pspice, run

Die Abb. 3.25 zeigt, dass die Schwingungen erst nach vielen Perioden einsetzen.

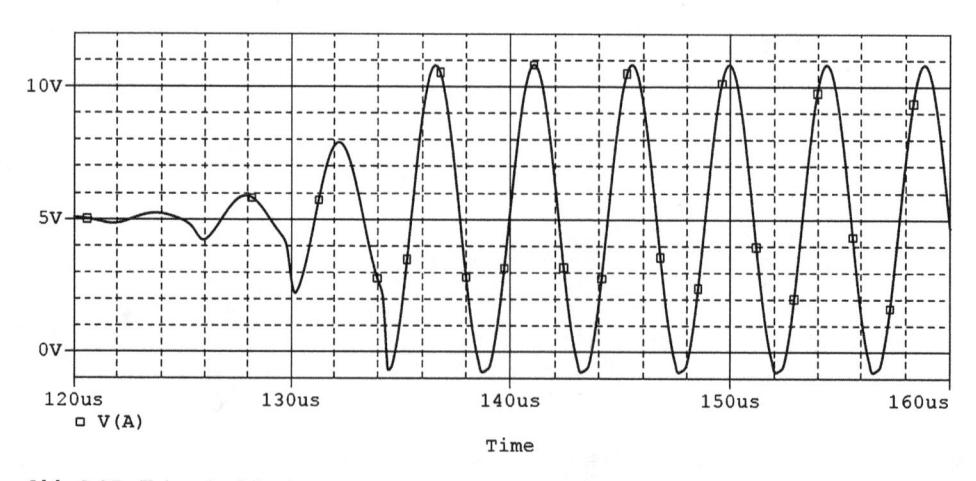

Abb. 3.25 Zeitverlauf der Ausgangsspannung

3.6 Oszillatorschaltung

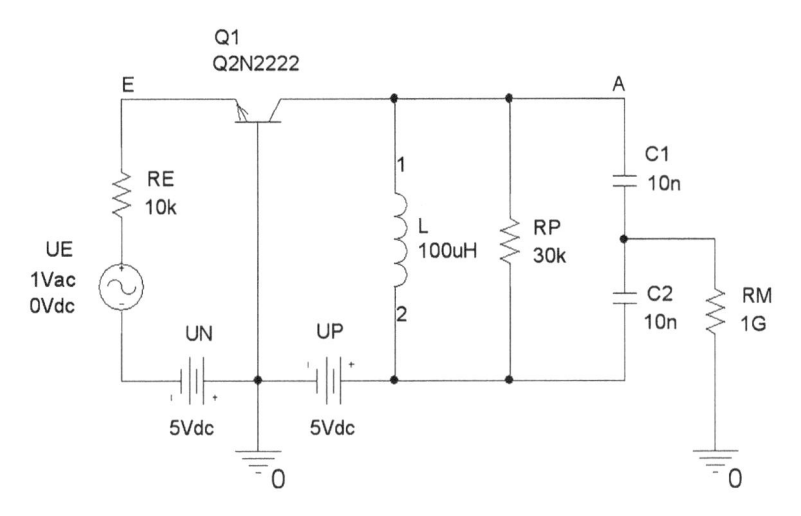

Abb. 3.26 Schaltung zur Untersuchung der Schwingbedingung

Zur Darstellung der Schleifenverstärkung nach Betrag und Phase ist die Schaltung gemäß der Abb. 3.24, wie in Abb. 3.26 dargestellt, aufzutrennen und mit einer Frequenzbereichsanalyse zu untersuchen [14].

Analyse
- PSpice, Edit Simulation Profile
- Simulation Settings – Abb. 3.26: Analysis
- Analysis type: AC Sweep/Noise
- AC Sweep Type, Logarithmic Decade
- Start Frequency: 100 k
- End Frequency: 1 Meg
- Points/Decade: 500
- Übernehmen, OK
- Pspice, run

Aus Gründen der Simulation wurde an den kapazitiven Teiler der hochohmige Widerstand R_M angelegt. Die Abb. 3.27 zeigt den Amplituden- und Phasengang der Schleifenverstärkung.

Die Auswertung mit dem Cursor ergibt die Schwingfrequenz mit $f_0 = 224{,}906$ kHz. Hierbei ist der Betrag der Schleifenverstärkung $|v_S| = 9{,}29$ dB beim Phasenwinkel $\varphi_S = 0°$, womit die Schwingbedingung erfüllt ist.

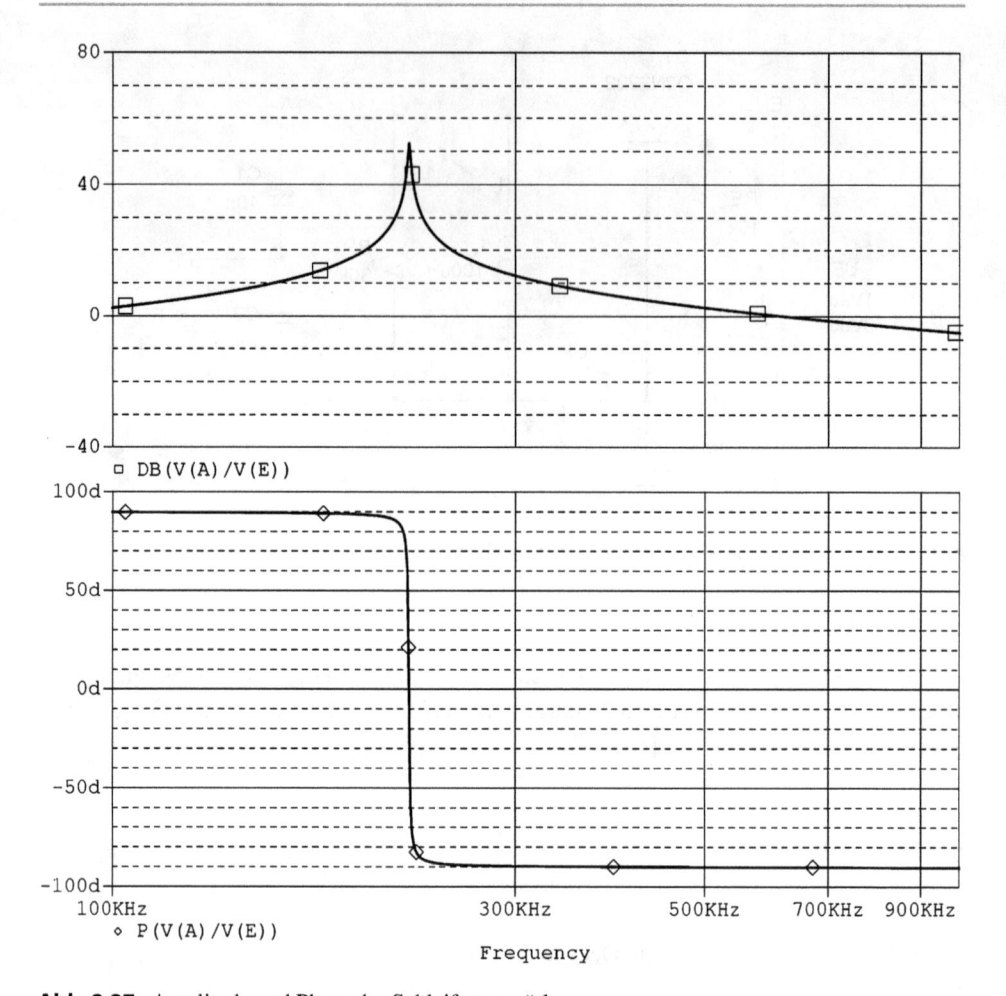

Abb. 3.27 Amplitude und Phase der Schleifenverstärkung

3.7 Schaltstufe

Frage 3.17
Zu diskutieren ist die Schaltung nach Abb. 3.28.

- Inwiefern liegt eine Inverter-Funktion vor?
- Warum ist die Ausgangsspannung bei eingeschaltetem Transistor größer als null?
- Wo verläuft die Grenzlinie zum Übersteuerungsbereich?
- Wie sind die beiden Transistor-Dioden im Einschaltzustand gepolt?

3.7 Schaltstufe

Abb. 3.28 Schaltung zur Darstellung der Übertragungskennlinie

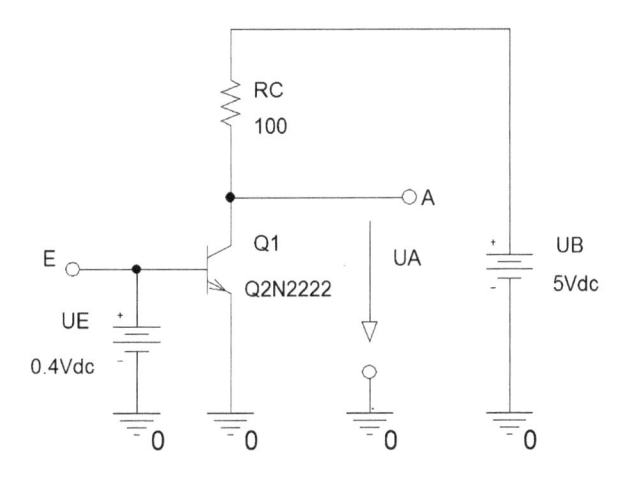

- Wie unterscheidet sich die Übersteuerungs-Stromverstärkung von der Großsignal-Stromverstärkung?
- Wie wirkt sich eine stärkere Übersteuerung auf das statische und dynamische Schaltverhalten des Transistors aus?

Antwort

Die Schaltung weist ein Inverter-Verhalten auf, weil bei einem *LOW*-Pegel am Eingang ein *HIGH*-Pegel am Ausgang erscheint bzw. weil ein *HIGH* am Eingang die Umkehrung auf *LOW* am Ausgang bewirkt. Bei der Schalterstellung *AUS* für sehr kleine Eingangsspannungen $U_E = U_{BE} < 0{,}4$ V werden der Kollektorstrom und damit der Spannungsabfall am Widerstand R_C verschwindend klein womit die Ausgangsspannung ihren Höchstwert mit $U_A = U_{CE} = U_B = 5$ V erreicht. Bei *HIGH* am Eingang mit beispielsweise $U_E = 0{,}9$ V führt der hohe Kollektorstrom zu einem großen Spannungsabfall am Widerstand R_C, womit der Ausgang mit $U_A = U_{CES} \leq 0{,}1$ V auf *LOW* gerät. Bei dieser Schalterstellung *EIN* ist also der Spannungsabfall über der geschlossenen Schaltstrecke nicht null (wie beim idealen Schalter), sondern es tritt eine Sättigungsspannung $U_{CES} > 0$ V auf, die vom Verlauf der Ausgangskennlinien und dem Übersteuerungsfaktor in Verbindung mit der Gleichstrom-Widerstandsgerade abhängt, siehe die nachfolgende PSPICE-Analyse. Die Grenzlinie zum Übersteuerungsbereich ist die Kennlinie für $U_{CB} = 0$, die mit dieser geringsten Sperrung der Kollektor-Basis-Diode gerade noch zum aktiv-normalen Verstärker-Bereich gehört. Im Einschaltzustand sind beide Transistordioden in Durchlassrichtung gepolt, womit die p-Basis mit Elektronen überflutet wird. Im Gegensatz dazu bewirkt die Sperrung dieser beiden Dioden das Ausschalten. Die Stromverstärkung für Normalbetrieb bei $U_{CB} = 0$ beträgt $B_N = I_C/I_B$ siehe Gl. 3.3. Für die Stromverstärkung bei Übersteuerung gilt nach Gl. 3.34:

$$B_{\ddot{U}} = \frac{I_{CEIN}}{I_{BEIN}}. \tag{3.34}$$

Dabei wird der Einschalt-Kollektorstrom nach Gl. 3.35 vor allem von den Parametern der Schaltung (U_B und R_C) und weniger von den Transistoreigenschaften (wie U_{CES}) bestimmt.

$$I_{CEIN} = \frac{U_B - U_{CES}}{R_C} \quad (3.35)$$

Der Schalttransistor ist dann übersteuert, wenn der Basis-Einschaltstrom I_{BEIN} größer ist als derjenige Basisstrom I_{BO}, der im Schnittpunkt von Gleichstrom-Widerstandsgerade und der Kennlinie für $U_{CB} = 0$ verläuft. Der Grad der Übersteuerung wird nach Gl. 3.36 mit dem Übersteuerungsfaktor m eingestellt.

$$m = \frac{B_N}{B_\ddot{U}} \quad (3.36)$$

Eine stärkere Übersteuerung des Transistors führt zu einer kleineren Kollektor-Emitter-Sättigungsspannung U_{CES}, also zu einem besseren statischen Schaltverhalten in Richtung des idealen Einschaltpunkts mit ($U_{CE} = 0$, $I_C = I_{Cmax} = U_B/R_C$). Andererseits wird aber das dynamische Schaltverhalten verschlechtert, weil es bei stärkerer Übersteuerung länger dauert, bis die zahlreichen, vom Emitter und Kollektor her in die Basis injizierten Elektronen beim Umschalten vom *EIN*- auf den *AUS*-Zustand aus diesem Gebiet abgezogen sind. Die Speicherzeit steigt also an, wenn der Schalttransistor stärker übersteuert wird.

Analyse
- PSpice, Edit Simulation Profile
- Simulation Settings – Abb. 3.28: Analysis
- Analysis type: DC Sweep
- Options: Primary Sweep
- Sweep variable: voltage Source
- Name: UE
- Sweep type: Linear
- Start value: 0.4 V
- End value: 1 V
- Increment: 1 mV
- Übernehmen, OK
- Pspice, run

Die Abb. 3.29 zeigt die Übertragungskennlinie $U_A = f(U_E)$. Im Schnittpunkt dieser Kennlinie mit der Kennlinie $U_E = f(U_E)$ liegt die Umschaltspannung mit $U_S = 748{,}6$ mV. Bei $U_E = 0{,}9$ V beträgt die Sättigungsspannung $U_{CES} = 69{,}58$ mV. Zusätzlich wird mit der Schaltung nach Abb. 3.30 das Kennlinienfeld des Transistors nebst der Kennlinie für $U_{CB} = 0$, der Widerstandsgerade und der Verlustleistungshyperbel (beispielsweise für $P_{tot} = 300$ mW) erzeugt.

3.7 Schaltstufe

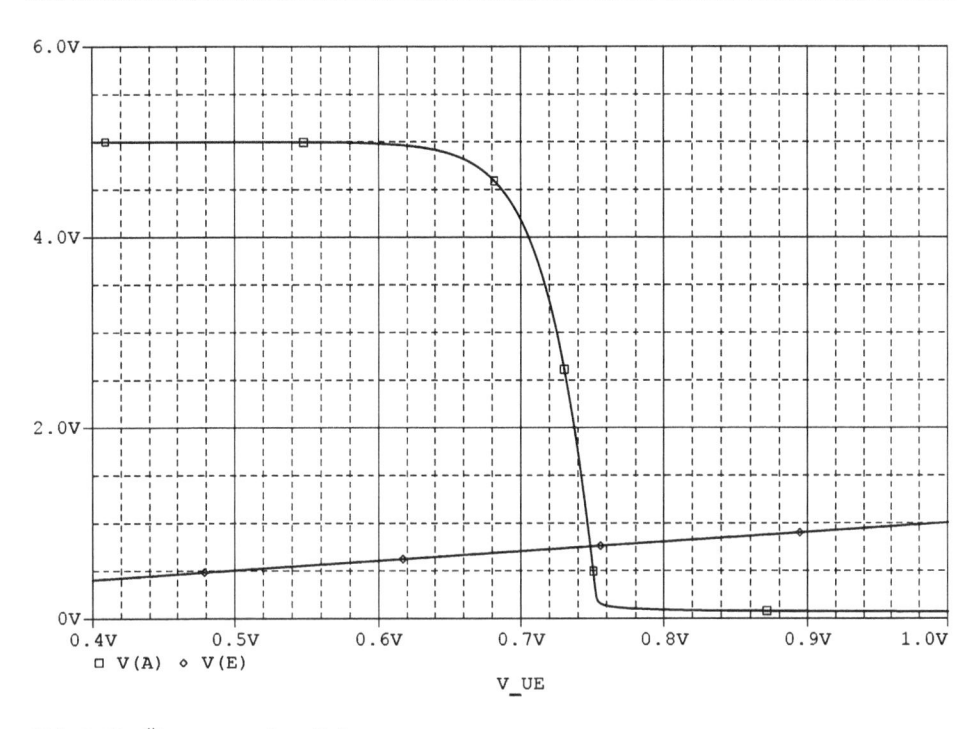

Abb. 3.29 Übertragungskennlinie

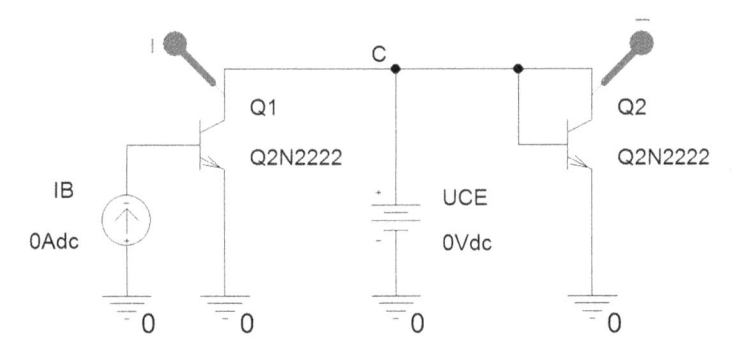

Abb. 3.30 Schaltung zur Darstellung des statischen Schaltverhaltens

Analyse
- PSpice, Edit Simulation Profile
- Simulation Settings – Abb. 3.30: Analysis
- Analysis type: DC Sweep
- Options: Primary sweep
- Sweep variable: Voltage Source
- Name: UCE
- Sweep type: Linear
- Start value: 0

- End value: 6 V
- Increment: 1 mV
- Options: Secondary sweep
- Sweep variable: Current source
- Name: IB
- Sweep type:
- value list: 50 uA 150 uA 250 uA 500 uA
- Übernehmen, OK
- Pspice, run
- Diagramm bearbeiten:
- Strom-Achse über
- Plot, Axis Settings
- Y-Axis, User Defined, 0 to 100 mA
- OK.

Die Widerstandsgerade folgt über $I_C = (U_B - I_C)/R_C$ mit dem Aufruf $(5\,V - V(C))/100$ und die Verlustleistungshyperbel geht aus $I_C = P_{tot}/U_{CE}$ mit der Anweisung 300 mW/V(C) hervor. Mit dem identischen Transistor Q_2 wird die Kennlinie für $U_{CB} = 0$ realisiert.

Der Abb. 3.31 entnimmt man den Wert: $I_{BO} \approx 250\,\mu A$. Für die Vorgabe eines Übersteuerungsfaktors $m = 2$ gelangt man mit $I_{BEIN} \approx 500\,\mu A$ zur Sättigungsspannung $U_{CES} \approx 147\,mV$ und dem Einschalt-Kollektorstrom $I_{CEIN} \approx 48,5\,mA$. Nach Gl. 3.34 erhält man die Übersteuerungs-Stromverstärkung mit $B_\ddot{U} \approx 97$. An der Grenzlinie für $U_{CB} = 0$ ist die Stromverstärkung für Normalbetrieb $B_N = I_C/I_B \approx 172$. Generell gilt $B_\ddot{U} < B_N$.

Frage 3.18
In Abb. 3.32 ist eine Schaltung zur Analyse des dynamischen Schaltverhaltens angegeben.

- Welchen Wert erreicht die Ausgangsspannung für $U_{BE} < 0,2\,V$?
- Wird $U_A = 0$ für $U_{BE} > 0,75\,V$?
- In welcher Höhe kann man den Kollektorstrom I_{CEIN} abschätzen?
- Gelangt I_{CEIN} auf HIGH oder LOW, wenn I_{BEIN} auf HIGH-Pegel liegt?
- Warum verbleibt I_{CEIN} noch über eine Zeitspanne auf HIGH, obwohl der Basisstrom I_{BEIN} bereits abgeschaltet ist?

Antwort
Für $U_{BE} < 0,2\,V$ ist der Transistor ausgeschaltet und damit wird $U_A = U_B = 5\,V$.

Mit $U_{BE} > 0,75\,V$ wird der Transistor eingeschaltet. Man erhält $U_A = U_{CES} \approx 0,1\,V > 0\,V$. Der Kollektorstrom erreicht nach Gl. 3.35 den Wert $I_C = (U_B - U_{CES})/R_C \approx 49\,mA$.

Mit I_{BEIN} auf HIGH gelangt auch I_{CEIN} auf HIGH.

Wird die Eingangsspannung U_E von 4 V auf 0,1 V abgesenkt, dann muss die in der Basis gespeicherte Ladung zunächst mit einem in negative Richtung verlaufenden Basisstrom abgebaut werden. Der Kollektorstrom sinkt erst nach einer Speicherzeit t_s auf die Höhe von $0,9 \cdot I_{CEIN}$ ab.

3.7 Schaltstufe

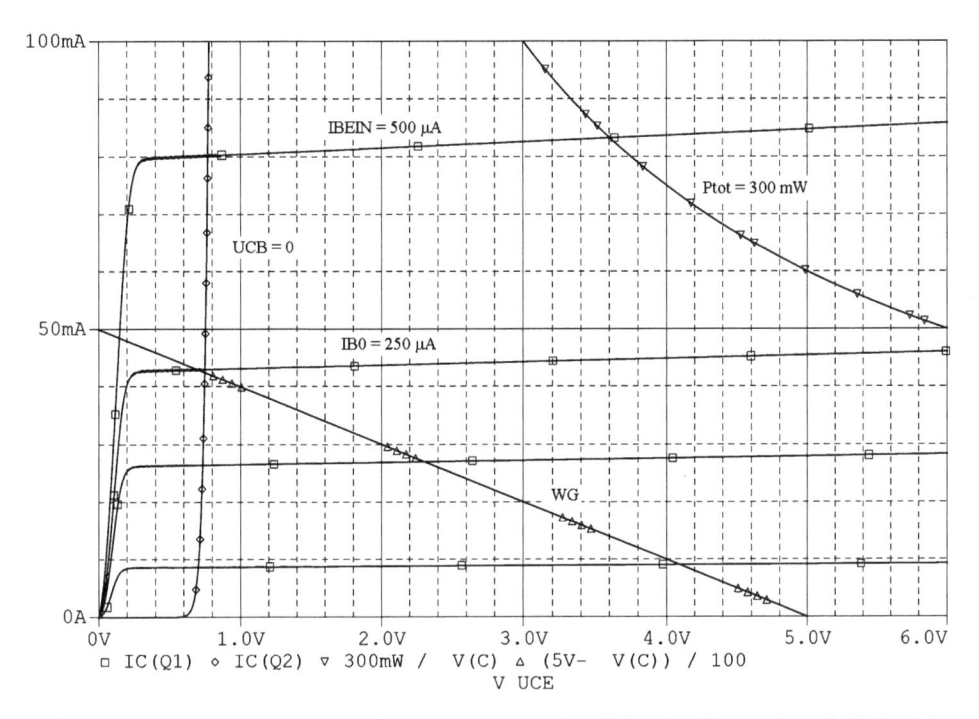

Abb. 3.31 Ausgangskennlinien, Widerstandsgerade, Kennlinie für $U_{CB} = 0$ und Verlustleistungshyperbel

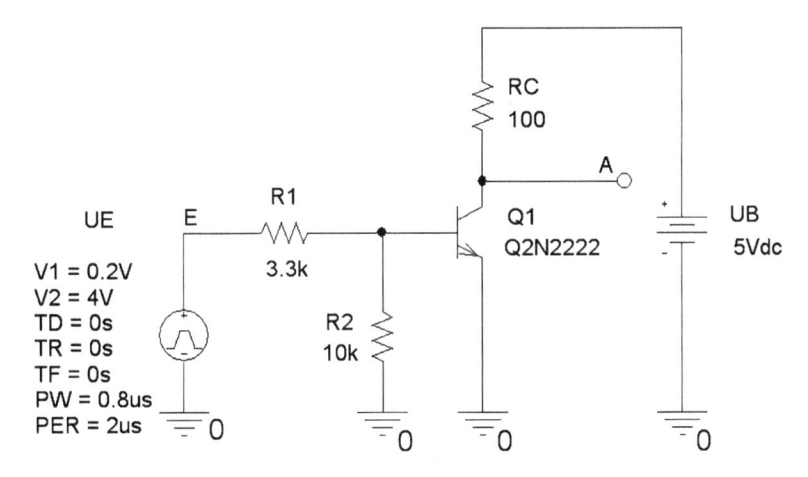

Abb. 3.32 Transistor-Schaltstufe

Analyse
- PSpice, Edit Simulation Profile
- Simulation Settings – Abb. 3.32: Analysis
- Analysis type: Time Domain (Transient)
- Options: General Settings

- Run to time: 6 us
- Start saving data after: 0 s
- Transient options
- Maximum step size: 10 us
- Übernehmen, OK
- Pspice, run
- Trace, Add Trace: IB(Q1), IC(Q1)
- OK.

Das Analyseergebnis zeigt die Abb. 3.33.

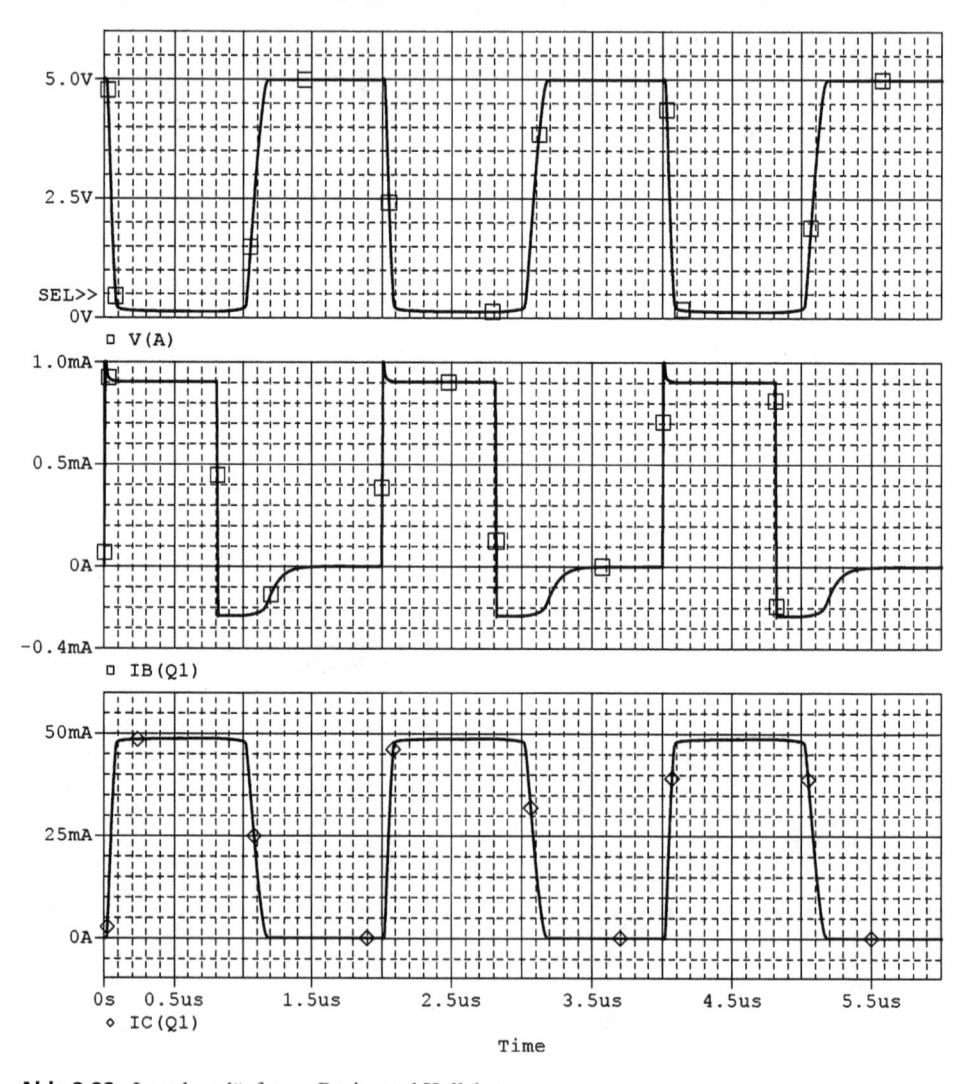

Abb. 3.33 Impulsverläufe von Basis- und Kollektorstrom

Literatur

1. Laker, K.R., Sansen, W.M.C.: Design of Analog Integrated Circuits and Systems. Mc Graw Hill, New York (1994)
2. Microsim: PSpice A/D, Reference Manual. Microsim Corporation, Fairbanks (1996)
3. Berkner, J.: Kompaktmodelle für Bipolartransistoren. Expert, Renningen (2002)
4. Khakzar, H.: Entwurf und Simulation von Halbleiterschaltungen mit PSpice. Expert, Renningen (2006)
5. Baumann, P., Möller, W.: Schaltungssimulation mit Design Center. Fachbuchverlag, Leipzig (1994)
6. Baumann, P.: Parameterextraktion bei Halbleiterbauelementen. Springer Vieweg, Wiesbaden (2012)
7. Goody, R.W.: PSPICE for Windows. Prentice hall, Upper Saddle River (1995)
8. Hering, E., et al.: Elektronik für Ingenieure. VDI, Düsseldorf (1994)
9. Beuth, K., Schmusch, W.: Grundschaltungen Elektronik 3. Vogel Buchverlag, Würzburg (1994)
10. Böhmer, E., et al.: Elemente der angewandten Elektronik. Vieweg + Teubner GWV Fachverlage, Wiesbaden (2010)
11. Kainka, B.: Handbuch der analogen Elektronik. Franzis, Poing (2000)
12. Hesse, S., Schnell, G.: Sensoren für die Prozess- und Fabrikautomation. Vieweg + Teubner, Wiesbaden (2009)
13. Baumann, P.: Sensorschaltungen. Vieweg + Teubner, Wiesbaden (2009)
14. Erhardt, D., Schulte, J.: Simulieren mit PSpice. Vieweg, Wiesbaden (1995)

Optokoppler 4

Zusammenfassung

Einleitend werden Fragen zur Wirkungsweise und den Hauptkenngrößen eines Diode-Transistor-Optokopplers gestellt. Die Antworten umfassen auch Kennlinienanalysen mit PSPICE, womit beispielsweise Größenordnungen zum Stromübertragungsverhältnis verdeutlicht werden. Die Fragen zur Impuls- oder NF-Signal-Übertragung dienen dazu, die Schaltungsfunktion schrittweise zu erfassen.

4.1 Wirkungsweise

Frage 4.1
Die Abb. 4.1 zeigt die Grundschaltung eines Optokopplers.

- Welche Merkmale weist der dargestellte Typ des Optokopplers auf?
- Welche anderen Halbleiterbauelemente könnten als Lichtempfänger dienen?
- In welchen Anwendungen werden Optokoppler eingesetzt?
- Mit welchen Hauptkenngrößen wird ein Diode-Transistor-Optokoppler beschrieben?
- Von welchen Einflussgrößen wird das Stromübertragungsverhältnis bestimmt?
- In welcher Höhe liegt die Durchlassspannung der Sendediode?
- Welche Werte erreicht die Stromverstärkung B_N des Empfangstransistors?

Antwort
Der dargestellte Optokoppler enthält eine GaAS-IR-Sendediode und einen Si-npn-Fototransistor als Lichtempfänger in einem gemeinsamen Gehäuse. Sender und Empfänger sind galvanisch von einander getrennt, aber über die Infrarotstrahlung optisch mit einander verkoppelt. Der Basisanschluss ist für dieses Bauelement getrennt herausgeführt.

Abb. 4.1 Beschaltung des Optokopplers A4N25

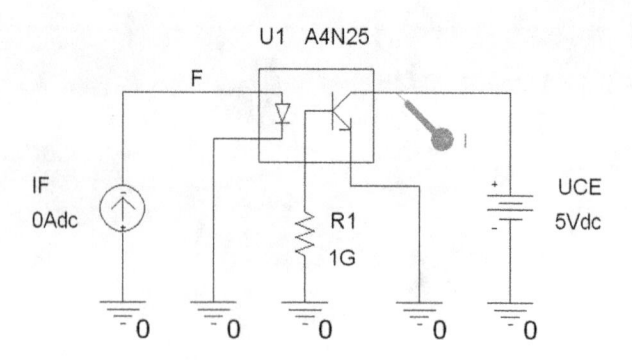

Der in Abb. 4.1 an die Basiselektrode angeschlossene Widerstand $R_{BE} = 1$ GΩ simuliert für PSPICE eine leerlaufende Basis. Kleinere Widerstandswerte für R_{BE} von beispielsweise 100 kΩ können die Schaltzeiten (auf Kosten der Empfindlichkeit) verringern [1]. Als Lichtempfänger werden außer dem häufig eingesetzten Fototransistor auch Fotodioden, Foto-Darlington-Transistoren, Fotothyristoren oder Foto-Feldeffekttransistoren verwendet. Der Einsatz hängt von der erforderlichen Empfindlichkeit und den notwendigen Schaltgeschwindigkeiten ab. Optokoppler dienen dem Ausgleich hoher Potentialunterschiede bzw. der vollständigen galvanischen Trennung von Steuer- und Empfängerkreis. Es lassen sich sowohl analoge Signale wie auch Impulse übertragen. Im Speziellen kann mit Gabelkopplern der Lichtstrahl zwischen Sender und Empfänger für Anwendungen in der Automatisierungstechnik unterbrochen werden [2, 3].

Zu den Hauptkenngrößen des Diode-Transistor-Kopplers zählen:

- Das Stromübertagungsverhältnis und die Kollektor-Emitter-Sättigungsspannung
- Die Einschaltzeit und die Ausschaltzeit
- Der Isolationswiderstand und die Koppelkapazität
- Das Stromübertragungsverhältnis *CTR* (Current Transfer Ratio) ist nach Gl. 4.1 als Quotient des Ausgangsstromes I_C zum Eingangsstrom I_F definiert.

$$CTR = \frac{I_C}{I_F} \qquad (4.1)$$

Dieser Koppelfaktor ist abhängig von der Entfernung zwischen der Sendediode und dem Empfangstransistor, von der Art des lichtleitenden Mediums (Kunststoff) sowie vom eingestellten Arbeitspunkt und der Temperatur. Diode-Transistor-Koppler erreichen bei $I_F = 10$ mA die Werte $CTR = 0{,}4$ bis 3 (entsprechend 40 % bis 300 %). Die Durchlassspannung der Ga-As-Sendediode ist mit $U_F > 1$ V (bei $I_F = 10$ mA) zu erwarten. Übliche Werte der Stromverstärkung des Si-Fototransistors liegen bei $B_N = 100$ bis 500. Mit der Schaltung nach Abb. 4.1 werden einige Zusammenhänge der oben genannten Kenngrößen des Optokopplers untersucht [4].

4.1 Wirkungsweise

Analyse
- Simulation Settings – Abb. 4.1, Analysis
- Analysis type: DC Sweep
- Options: Primary Sweep
- Sweep variable: current source
- Name: IF
- Sweep type: Logarithmic: Decade
- Start value: 300 uA
- End value: 30 mA, Points/Dec: 100
- Options: Parametric Sweep
- Sweep variable, voltage Source
- Name: UCE
- Sweep type, Value list 5 V 10 V 15 V
- Übernehmen, OK
- Pspice, run
- Available Sections
- All, OK

Die Abb. 4.2 zeigt die Abhängigkeit des Stromübertragungsverhältnisses vom Sendestrom bei unterschiedlichen Ausgangsspannungen. Mit der Beschränkung auf den Para-

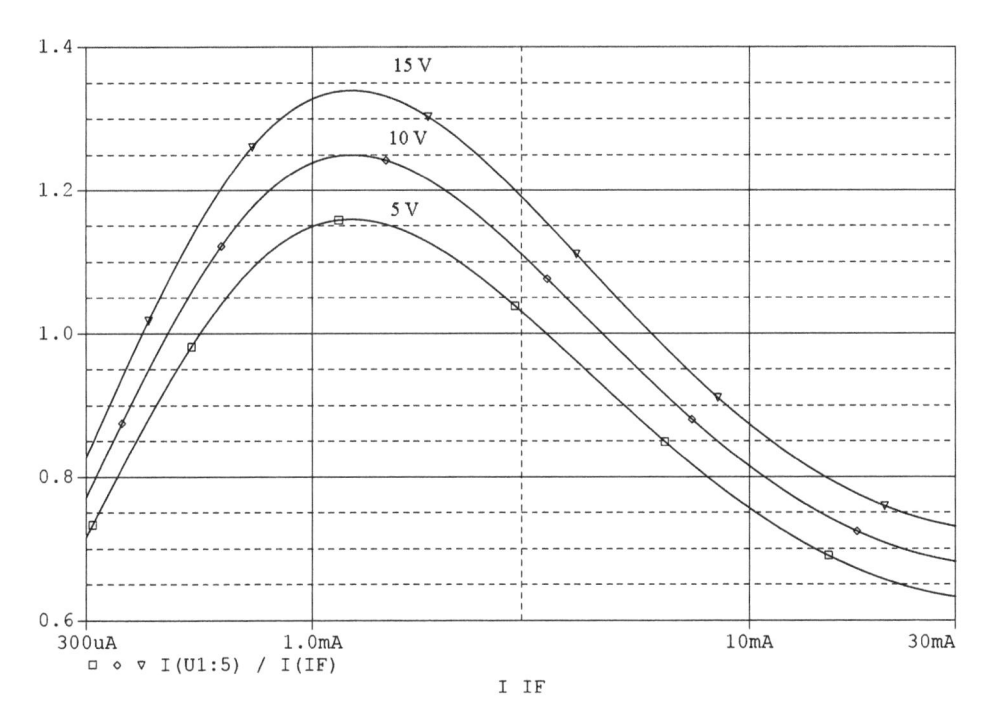

Abb. 4.2 Stromübertragungsverhältnis als Funktion des Stromes I_F bei U_{CE} = 5, 10 und 15 V

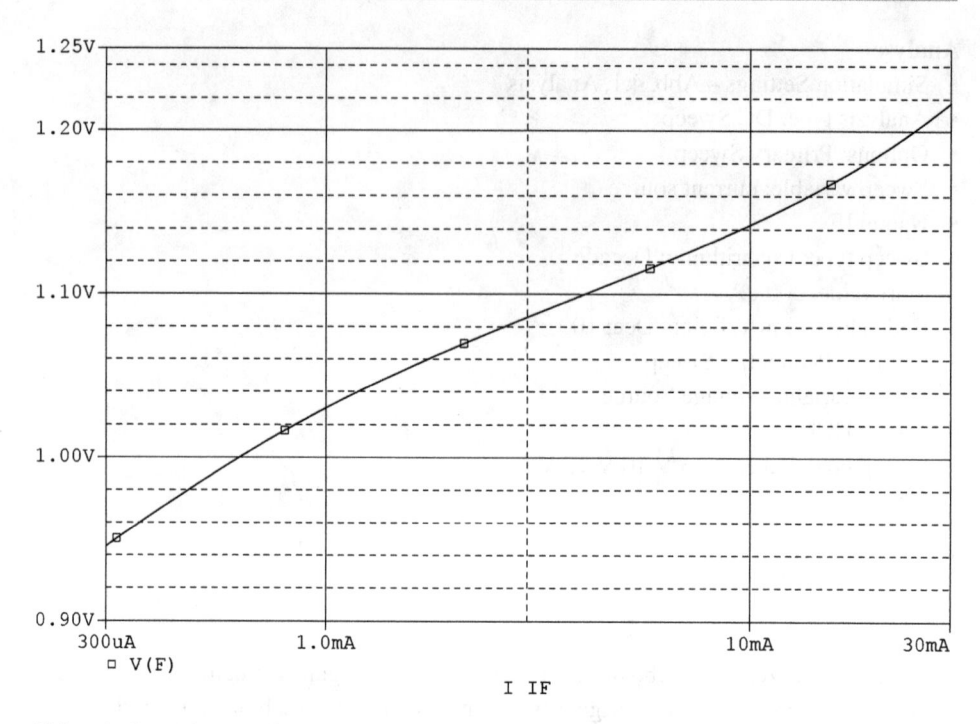

Abb. 4.3 Durchlasskennlinie der GaAs-Sendediode

meterwert $U_{CE} = 5$ V wird in Abb. 4.3 die Durchlasskennlinie der Sendediode dargestellt. Die vorab getroffenen Aussagen zur Stromübertragung beim Optokoppler und zur Höhe der Durchlassspannung der Sendediode werden damit bestätigt.

4.2 Impulsübertragung

Frage 4.2
Die Schaltung nach Abb. 4.4 dient dazu, Stromimpulse durch den Optokoppler zu übertragen.

- Wird der Basisstrom-Impuls in Bezug auf den Eingangsstrom-Impuls invertiert?
- Ist die Basisstrom-Amplitude kleiner ist als diejenige des Dioden-Eingangsstromes?
- In welcher Grundschaltung arbeitet der Fototransistor?
- Wird die Ausgangsspannung den HIGH-Pegel annehmen, wenn I_F auf HIGH liegt?
- Unter welchen Bedingungen werden die Ausgangs-Impulse verlängert und verzerrt?

Antwort
Der Dioden-Stromimpuls wird auf optischem Wege auf die Kollektor-Basis-Diode übertragen. Bei HIGH am Eingang nimmt auch der Basisstrom den HIGH-Pegel auf. Die Impulshöhe des Basisstromes ist wegen der Übertragungsverluste bedeutend kleiner als diejenige

4.2 Impulsübertragung

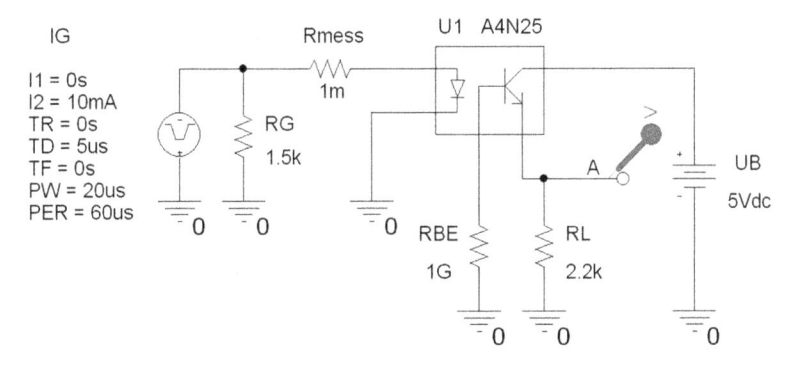

Abb. 4.4 Schaltung zur Übertragung von Stromimpulsen

des Dioden-Sendestromes. Der Fototransistor arbeitet in der Kollektor-Grundschaltung, die einen hohen Eingangswiderstand und einen niedrigen Ausgangswiderstand aufweist und deren Spannungsverstärkung kleiner als eins ist. Bei hohen Impulsfrequenzen führt das Zusammenwirken von Kapazitäten, Diffusionswiderständen und Laufzeiten des Fototransistors und der Sendediode in Verbindung mit den Schaltungs-Kenngrößen zur Ausbildung von Schaltzeiten. Es treten Verzögerungs-, Anstiegs-, Speicher- und Abfall-Zeiten auf. Die Verlängerung des Kollektorstrom-Impulses wird mit der Speicherzeit beschrieben, die auf der Trägheit der Minoritätsladungsträger (Elektronen in der p-Basis) beim Aufbau und Abbau der Basisladung im Einschalt- und Ausschaltvorgang beruht.

Analyse
- Simulation Settings – Abb. 4.4, Analysis
- Analysis type: Time Domain (Transient)
- Options: General Settings
- Run to time: 50 us
- Start saving data after: 0 s
- Maximum step size: 10 ns
- Transient options
- Maximum step size: 10 ns
- Übernehmen, OK
- Pspice, run.

Die Abb. 4.5 zeigt den angelegten Stromimpuls und den resultierenden Dioden-Impuls $I(R_{mess})$ mit den auftretenden Schalt- und Trägheitseffekten.

In Abb. 4.6 sind die Impulse des Basis- und Kollektorstromes dargestellt. Die Impulshöhe des Sendestromes der GaAs-Diode aus Abb. 4.5 beträgt mit 9,244 mA das 518-fache des Fototransistor-Basisstromes. Die kleine Impulshöhe des Basisstromes IB(X_U1.q_PhotoBJT) von 17,828 µA wird auf den Wert des Kollektorstromes IC(X_U1.q_PhotoBJT) von 2,1344 mA mit der Stromverstärkung $B_N = 119{,}7$ verstärkt. Schließlich sind in Abb. 4.7 die Strom- und Spannungsimpulse am Ausgang dargestellt.

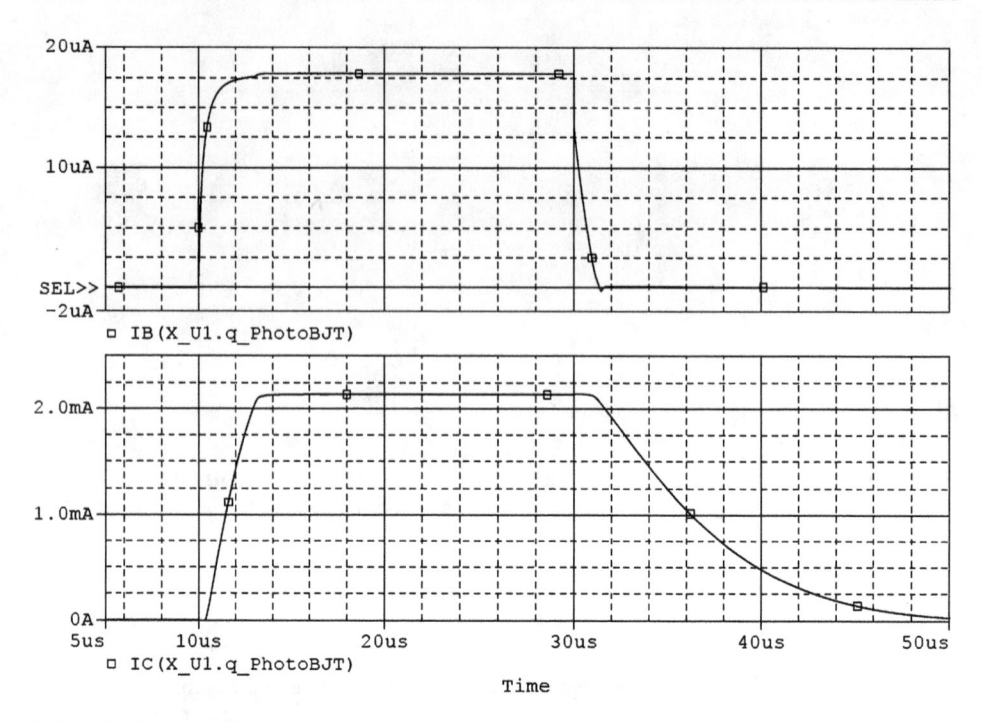

Abb. 4.5 Generator-Stromimpuls und Pulsantwort der Sendediode

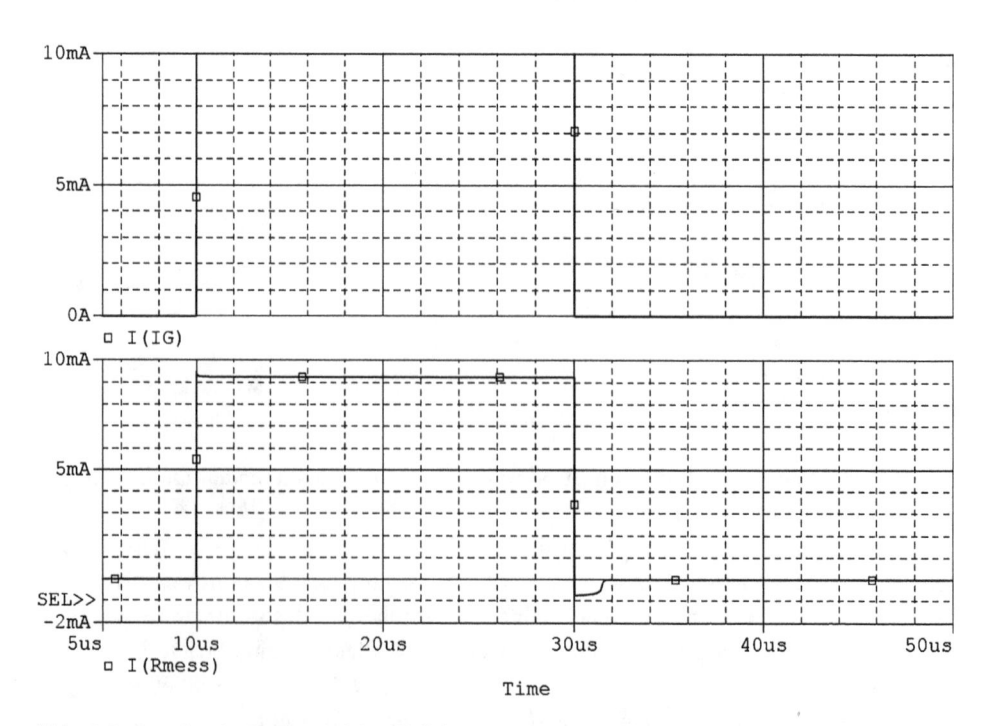

Abb. 4.6 Impulse des Basis- und des Kollektorstromes

4.3 NF-Signalübertragung

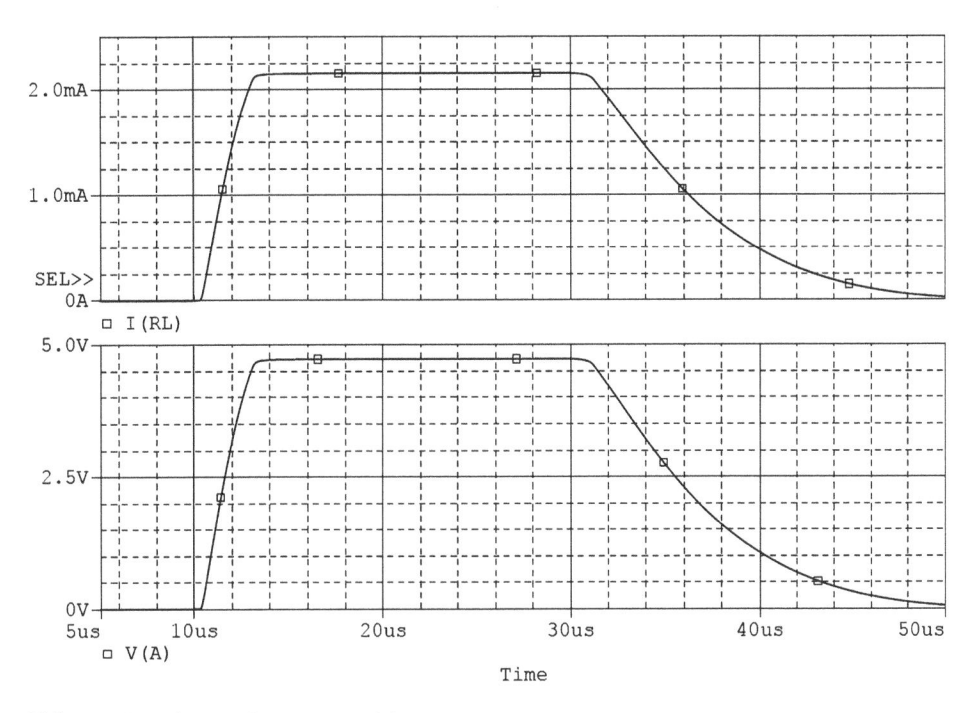

Abb. 4.7 Impulse von Laststrom und Ausgangsspannung

4.3 NF-Signalübertragung

Frage 4.3
In der Schaltung nach Abb. 4.8 wird der Optokoppler dazu eingesetzt, eine kleine Sinusspannung zu übertragen [5, 6].

- Bei welcher Durchlassspannung wird die Sendediode betrieben?
- In welcher Grundschaltung arbeitet der Empfänger-Fototransistor?
- Wird das angelegte Sinussignal phasengleich übertragen?
- Wozu dient der Kondensator C_K?

Antwort
Die GaAs-Sendediode wird mit der Durchlassspannung $U_F = V_{OFF} = 1{,}1$ V betrieben.

- Der Transistor arbeitet in der Kollektorschaltung als Emitter-Folger.
- Die NF-Sinusspannung wird ohne Phasendrehung übertragen, denn die Spannung am Widerstand R_E folgt der Eingangsspannung.
- Mit dem Kondensator wird die Auskopplung der Sinus-Wechselspannung vorgenommen.

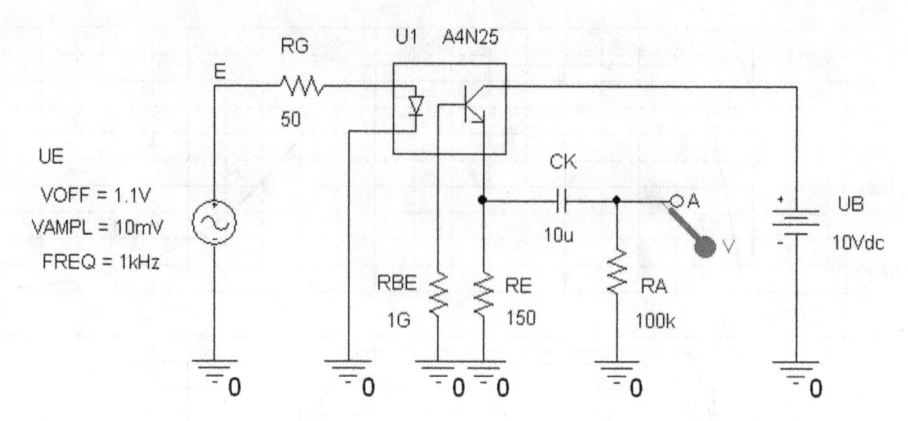

Abb. 4.8 Übertragung einer NF-Sinusspannung

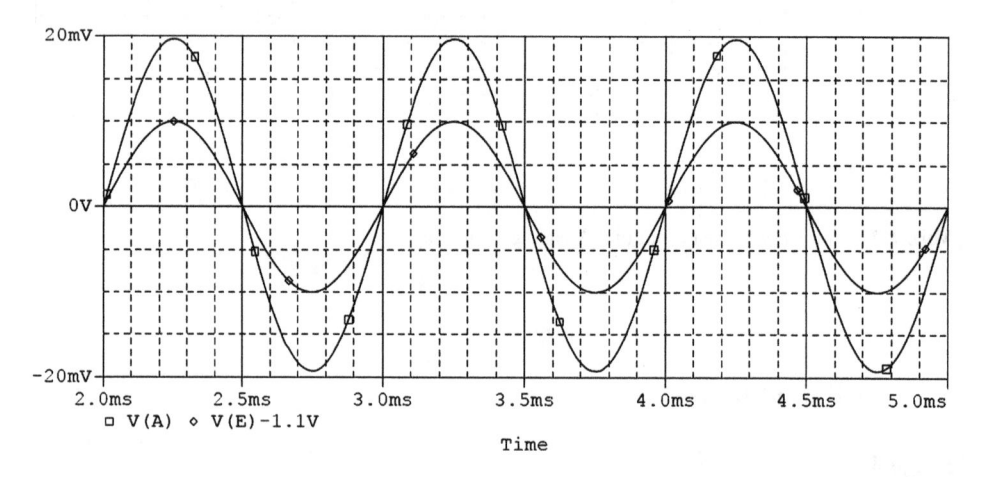

Abb. 4.9 Sinus-Eingangsspannung ohne Offset und übertragene Ausgangsspannung

Analyse
- Simulation Settings – Abb. 4.8, Analysis
- Analysis type: Time Domain (Transient)
- Options: General Settings
- Run to time: 5 ms
- Start saving data after: 2 ms
- Maximum step size: 10 us
- Transient options
- Maximum step size: 10 ns
- Übernehmen, OK
- Pspice run

Mit der in Abb. 4.9 dargestellten Signal-Übertragung werden die Voraussagen bestätigt.

4.4 Gabelkoppler

Frage 4.4

In der Schaltung nach Abb. 4.10 wird die Drehzahlerfassung mit einem Gabelkoppler simuliert. Der Lichtstrahl der Sendediode wird in der Gabel durch eine auf einer rotierenden Welle sitzenden Nocke unterbrochen [7].

- Für welche Zeitspanne wird der Lichtstrahl unterbrochen?
- Mit welcher Baugruppe erfolgt die Auswertung der Signale?
- Gerät der Ausgang auf HIGH oder LOW, wenn sich die Nocke in der Gabel befindet?

Antwort

Die Zeitspanne, in der der Lichtstrahl unterbrochen wird, entspricht der Pulsweite $PW = 1$ ms bei den Festlegungen zur Pulsquelle. Die Signale werden über eine Komparator-Schaltung mit dem Operationsverstärker LM 324 ausgewertet. Wenn die Nocke den Lichtstrahl unterbricht, dann erreichen der Kollektor des gesperrten Fototransistors und damit der N-Eingang des Operationsverstärkers den HIGH-Pegel und der Ausgang A des Operationsverstärkers nimmt LOW an. In der übrigen, längeren Zeit der Periode mit durchgehendem Lichtstrahl liegt der Ausgang auf HIGH, weil die Spannung am P-Eingang des Operationsverstärkers mit seiner unipolaren Stromversorgung höher ist als diejenige am N-Eingang.

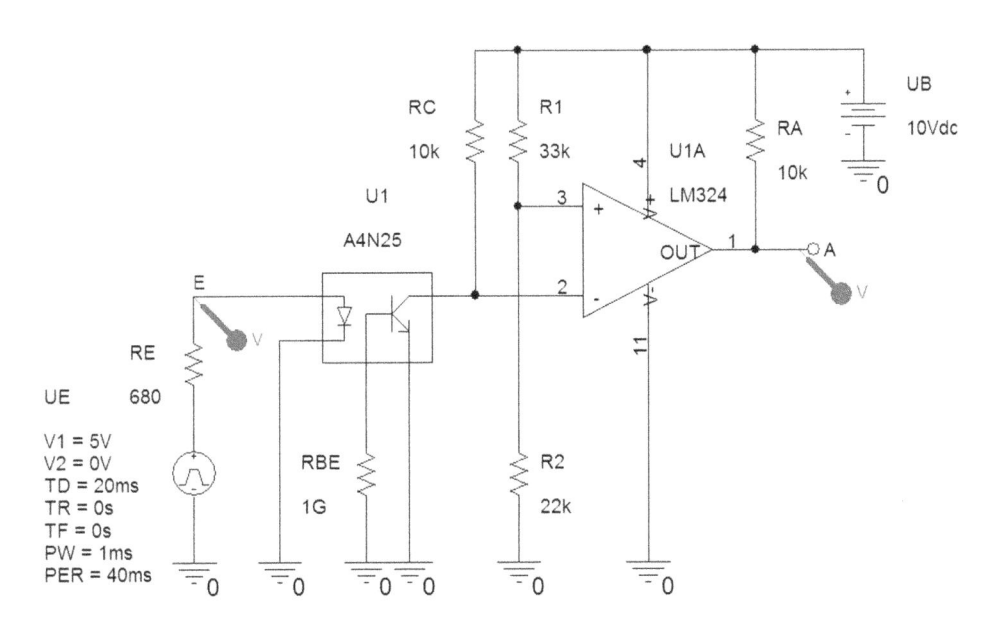

Abb. 4.10 Gabelkoppler zur Drehzahlerfassung

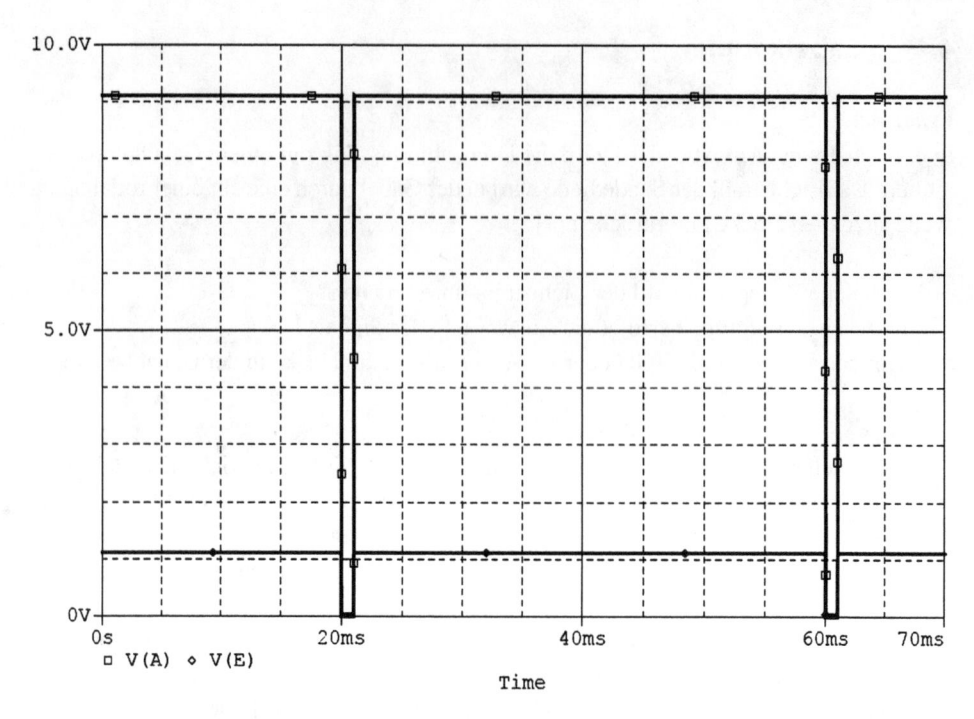

Abb. 4.11 Periodische Unterbrechung des Lichtstrahles beim Gabelkoppler

Analyse
- Simulation Settings – Abb. 4.10, Analysis
- Analysis type: Time Domain (Transient)
- Options: General Settings
- Run to time: 80 ms
- Start saving data after: 0 s
- Maximum step size: 10 us
- Transient options
- Maximum step size: 10 ns
- Übernehmen, OK
- Pspice, run

Das Analyseergebnis nach Abb. 4.11 zeigt, dass die durch die Nocke hervorgerufene Unterbrechung des Lichtstrahles mit LOW am Ausgang nachgewiesen wird.

Literatur

1. Böhmer, E., et al.: Elemente der angewandten Elektronik. Vieweg + Teubner GWV Fachverlage, Wiesbaden (2010)
2. Härtl, A.: Optoelektronik in der Praxis. Härtl, Hirschau (1998)

Literatur

3. Hesse, S., Schnell, G.: Sensoren für die Prozess- und Fabrikautomation. Vieweg + Teubner, Wiesbaden (2009)
4. Baumann, P., Möller, W.: Schaltungssimulation mit Design Center. Fachbuchverlag, Leipzig (1994)
5. Hering, E., et al.: Elektronik für Ingenieure. VDI, Düsseldorf (1994)
6. Baumann, P.: Parameterextraktion bei Halbleiterbauelementen. Springer Vieweg, Wiesbaden (2012)
7. Baumann, P.: Sensorschaltungen. Vieweg + Teubner, Wiesbaden (2010)

Sperrschicht-Feldeffekttransistor 5

Zusammenfassung

Zum Beginn des Kapitels werden Fragen zur Struktur, zur Beschaltung und zu Kennlinien des N-Kanal-Sperrschicht-FET gestellt und mit der Unterstützung durch PSPICE-Analysen beantwortet. Weitere Fragestellungen betreffen Grundschaltungen wie steuerbarer Spannungsteiler, Konstant-Stromquelle, Kleinsignal-Verstärker und Analog-Signalschalter. In den Antworten werden die Schaltungseigenschaften mit Kennlinien- und Transienten-Analysen erfasst und dargestellt.

5.1 Wirkungsweise

Frage 5.1
Die Abb. 5.1 zeigt den Aufbau und die Beschaltung eines n-Kanal-Sperrschicht-FET (NJFET).

- Warum dehnt sich die Sperrschicht stärker in den Kanal als in das Gate aus?
- Warum erfolgt die Sperrschichtausdehnung in unsymmetrischer Weise?
- Ist es sinnvoll, eine Spannung $U_{GS} = 1$ V anzulegen?
- Welche Kenngrößen bestimmen die Übertragungskennlinie?
- Mit welcher Analyseart lässt sich die Übertragungskennlinie simulieren?

Antwort
Die Sperrschicht dehnt sich stärker in den Kanal hinein aus, weil die n-Epitaxie-Schicht viel schwächer dotiert ist als das stark dotierte p$^+$-Gate. Die Sperrschichtausdehnung ist unsymmetrisch, weil am Kanalende eine höhere Sperrspannung als am Kanalanfang auftritt. Die Drain-Source-Spannung U_{DSx} baut sich über dem Kanalwiderstand auf und

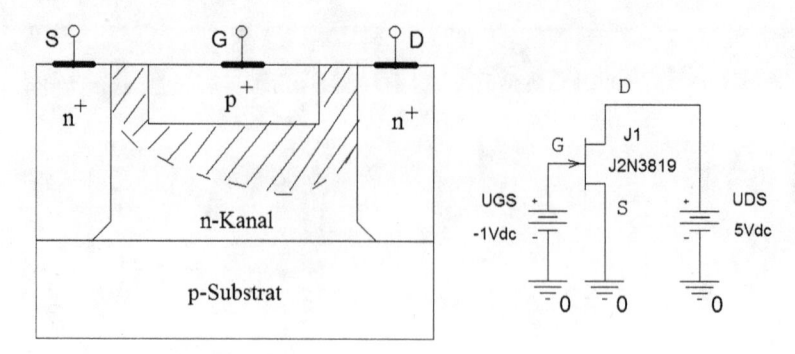

Abb. 5.1 Struktur und Beschaltung eines N-Kanal-Sperrschicht-FET

erreicht erst am Kanalende bei $x = L$ ihre volle Höhe. Allgemein gilt für die Spannung U_{pn} des Gate Kanal-Überganges die Gl. 5.1.

$$U_{pn} = -U_{GS} + U_{DSx} \qquad (5.1)$$

In der Nähe von Source ist $U_{pn} = -U_{GS}$ und in der Umgebung von Drain wirkt die Sperrspannung $U_{pn} = -U_{GS} + U_{DS}$. Eine Spannung $U_{GS} = 1$ V entspricht einer Durchlassspannung, die einen hohen Gate-Strom hervorruft und den Ausgangswiderstand herabsetzt. Diese Beschaltung des NJFET ist nicht funktionsgerecht und daher zu vermeiden. Die Übertragungskennlinie $I_D = f(U_{GS})$ mit U_{DS} als Parameter wird von der Abschnür-Spannung V_{TO} sowie vom Drain-Source-Sättigungsstrom I_{DSS} bestimmt. Bei hohen Sperrspannungen dehnt sich die Sperrschicht so weit aus, dass der Drain-Strom auf den Wert $I_D = 0$ absinkt. In diesem Fall ist $U_{GS} = V_{TO}$. Wird andererseits die Sperrspannung auf $U_{GS} = 0$ V verringert, dann gilt speziell $I_D = I_{DSS}$. Die Übertragungskennlinie kann bei PSPICE mit der Analyseart DC Sweep simuliert werden.

Analyse
- PSpice, Edit Simulation Profile
- Simulation Settings – Abb. 5.1, Analysis
- Analysis type: DC Sweep
- Options: Primary Sweep
- Sweep variable: Voltage Source
- Name: UGS
- Sweep type: Linear
- Start value: −3 V
- End value: 0
- Increment: 1 mV
- Options: Secondary Sweep
- Sweep variable
- Voltage Source

5.1 Wirkungsweise

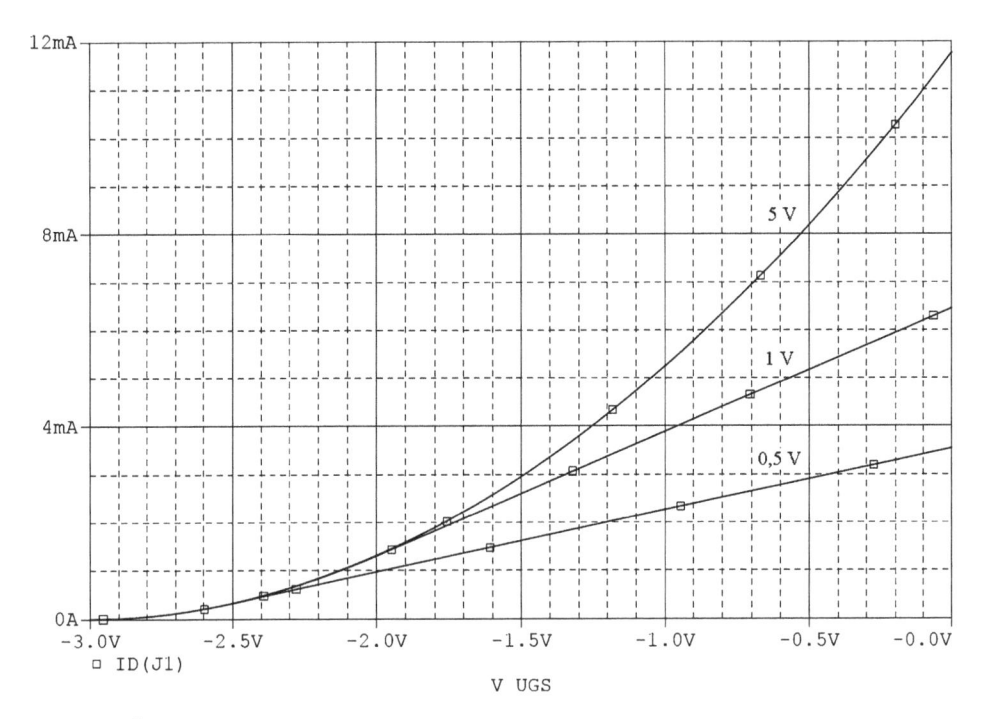

Abb. 5.2 Übertragungskennlinie des N-Kanal-JFET mit dem Parameter U_{DS} = 0,5 V, 1 V und 5 V

- Name: UDS
- Sweep type:
- Value List 0.5 V 1 V 5 V
- Übernehmen, OK
- PSpice, run

Das Ergebnis der Analyse nach Abb. 5.2 lässt die Abschnür-Spannung mit V_{TO} = −3 V erkennen. (Eindeutiger wird V_{TO} ermittelt, indem man die Wurzel aus dem Drain-Strom I_D über U_{GS} aufträgt [1].) Bei U_{DS} = 5 V beträgt der Drain-Source-Sättigungsstrom I_{DSS} = 11,774 mA.

Die Übertragungskennlinie kann mit einer Verknüpfung von Sättigungsstrom I_{DSS} und Abschnür-Spannung V_{TO} beschrieben werden, siehe Gl. 5.2.

$$I_D = I_{DSS} \cdot \left(1 - \frac{U_{GS}}{V_{TO}}\right)^2 \tag{5.2}$$

Ferner erhält man mit Gl. 5.3 die Transkonduktanz *BETA* als einen wichtigen SPICE-Modellparameter.

$$BETA = \frac{I_{DSS}}{(V_{TO})^2} \tag{5.3}$$

Aus der Differentiation von Gl. 5.2 folgt schließlich die Steilheit in der Source-Schaltung über $y_{21\,s} = dI_D/dU_{GS}$, siehe Gl. 5.4.

$$y_{21s} = -2 \cdot \frac{I_{DSS}}{V_{TO}} \left(1 - \frac{U_{GS}}{V_{TO}}\right) \tag{5.4}$$

Im nachfolgenden Beispiel werden die Größenordnungen der Parameter veranschaulicht.

Beispiel 5.1

Für den NJFET 2N3819 mit den Parametern $V_{TO} = -3$ V und $I_{DSS} = 11{,}774$ mA im Arbeitspunkt $U_{GS} = 0$ V; $U_{DS} = 5$ V sind der Drain-Strom, die Transkonduktanz und die Steilheit zu berechnen. Mit den Gl. 5.2 bis 5.4 erhält man $I_D = 11{,}774$ mA, $BETA = 1{,}308$ mA/V² und $y_{21\,s} = 7{,}849$ mS. ◄

Frage 5.2

Die Abb. 5.3 zeigt eine Schaltung zur Simulation der Ausgangskennlinien. Dabei dient der Transistor J_2 zur Darstellung der Abschnür-Grenzlinie $U_{DSA} = U_{GS} - V_{TO}$, die den Linearbereich vom Abschnür-Bereich abgrenzt.

Liegt der Arbeitspunkt $U_{DS} = 5$ V; $U_{GS} = -0{,}5$ V eines N-Kanal-JFET mit der Abschnür-Spannung $V_{TO} = -3$ V im Linear- oder im Abschnür-Bereich?

- Wie ist die SPICE-Analyse vorzunehmen, um das Ausgangskennlinienfeld im Bereich $U_{DS} = 0$ bis 6 V mit dem Parameter $U_{GS} = -2{,}5$ V bis 0 V in Schritten von 0,5 V zu erhalten?
- Wie ist das Ausgangskennlinienfeld auszuwerten, um auf grafischem Wege die Steilheit für den Arbeitspunkt $U_{DS} = 5$ V: $U_{GS} = -0{,}5$ V zu erhalten?
- Wie kann man den Einschaltwiderstand r_{DSON} aus diesem Kennlinienfeld abschätzen?

Antwort

Im Arbeitspunkt $U_{DS} = 5$ V; $U_{GS} = -0{,}5$ V ist $U_{DS} > U_{GS} - V_{TO}$. Mit 5 V > −0,5 V − (−3 V) = 2,5 V gehört dieser Arbeitspunkt zum Abschnür-Bereich.

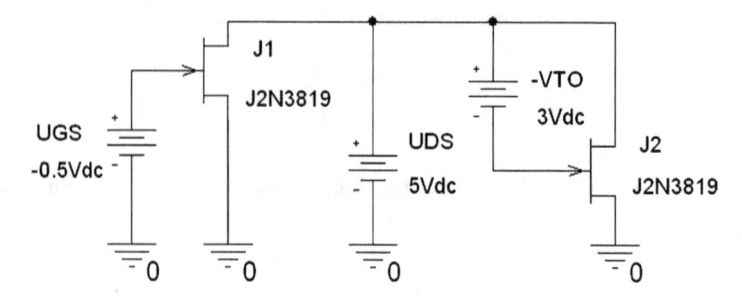

Abb. 5.3 Schaltung zur Simulation der Ausgangskennlinien

Analyse
- PSpice, Edit Simulation Profile
- Simulation Settings – Abb. 5.3: Analysis
- Analysis type: DC Sweep
- Options: Primary Sweep
- Sweep variable, Voltage Source
- Parameter Name: UDS
- Sweep type, Linear
- Start value: 0
- End value: 6 V
- Increment: 1 mV
- Options: Secondary Sweep
- Sweep variable, Voltage Source
- Name: UGS
- Sweep type, Linear
- Start value: −2,5 V
- End value: 0 V
- Increment: −0,5 V
- Übernehmen, OK
- Pspice, run

Die Abb. 5.4 zeigt das Analyseergebnis mit der Abgrenzung des Linearbereiches vom Abschnür-Bereich.
Die Steilheit lässt sich mit Gl. 5.5 ermitteln.

$$y_{21s} = \frac{I_{D2} - I_{D1}}{U_{GS2} - U_{GS1}}\bigg|U_{DS} \qquad (5.5)$$

Man erhält die Steilheit y_{21s} = (11,774 mA − 5,247 mA)/(0 V − (−1 V)) = 6,527 mS im vorgegebenen Arbeitspunkt U_{DS} = 5 V und U_{GS} = −0,5 V. Den Einschalt-Widerstand kann man im Linear-Bereich für die höchste Eingangsspannung U_{GS} = 0 V und den kleinen Drain-Strom I_D = 1 mA mit Gl. 5.6 abschätzen.

$$r_{DSON} = \frac{U_{DS2} - U_{DS1}}{I_{D2} - I_{D1}}\bigg|U_{GS} \qquad (5.6)$$

Die Ausgangskennlinie bei U_{GS} = 0 V führt zu r_{DSON} = 132,9 mV/1 mA = 132,9 Ω. Im Datenblatt wird r_{DSON} = 150 Ω für den NJFET 2N3819 bei U_{GS} = 0 V und I_D = 1 mA angegeben.

Frage 5.3
Für $U_{DS} > U_{GS} - V_{TO}$ wird mit Gl. 5.7 die Beziehung für den Abschnür-Bereich beschrieben.

$$I_D = BETA \cdot (U_{GS} - V_{TO})^2 \cdot (1 + LAMBDA \cdot U_{DS}) \qquad (5.7)$$

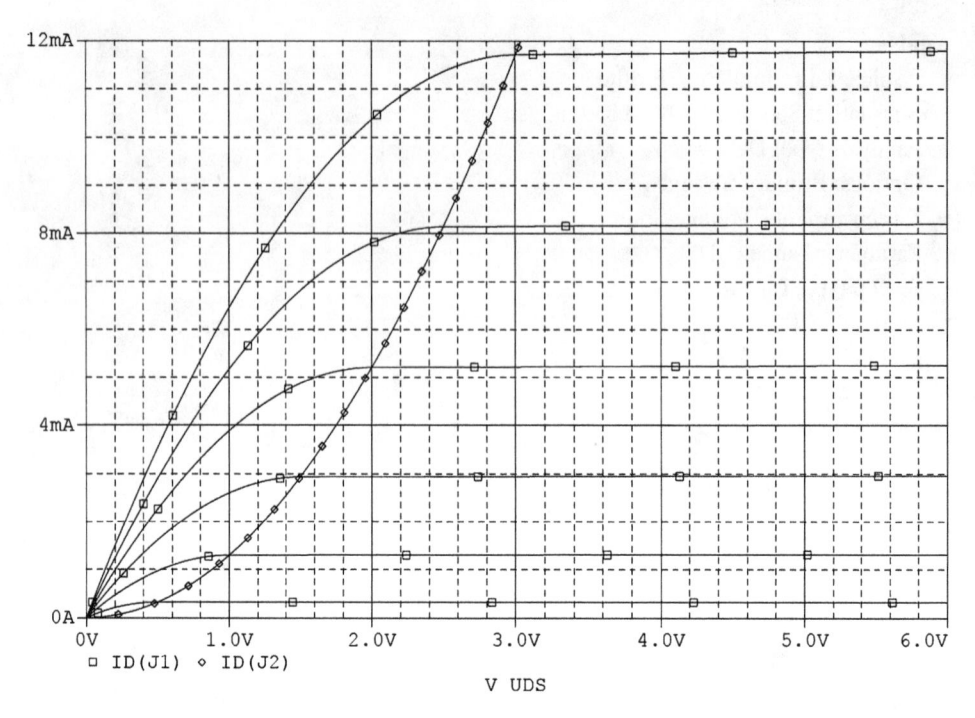

Abb. 5.4 Ausgangskennlinien mit der Abschnür-Grenzlinie $U_{DSA} = U_{GS} - V_{TO}$

- Wie erhält man aus Gl. 5.7 die Steilheit?
- Wie gelangt man mit Gl. 5.7 zum Ausgangsleitwert?

Antwort
Die Steilheit folgt aus der Differentiation von Gl. 5.7 mit $y_{21\,s} = dI_D/dU_{GS}$ gemäß Gl. 5.8.

$$y_{21s} = 2 \cdot BETA \cdot (U_{GS} - V_{TO}) \cdot (1 + LAMBDA \cdot U_{DS}) \tag{5.8}$$

Den Ausgangsleitwert erhält man über $y_{22\,s} = dI_D/dU_{DS}$ mit Gl. 5.9 zu:

$$y_{22s} = BETA \cdot (U_{GS} - V_{TO})^2 \cdot LAMBDA \tag{5.9}$$

Die Größenordnungen der Kenngrößen vermittelt das nachfolgende Beispiel.

Beispiel 5.2

Für den NJFET 2N3819 mit den Modellparametern $BETA = 1{,}304$ mA/V², $V_{TO} = -3$ V und $LAMBDA = 2{,}25 \cdot 10^{-3}$ 1/V erhält man im Arbeitspunkt ($U_{DS} = 5$ V; $U_{GS} = -0{,}5$ V) die Werte:

$y_{21\,s} = 6{,}59$ mS nach Gl. 5.8 und $y_{22\,s} = 18{,}34$ µS nach Gl. 5.9. ◄

5.2 Spannungsteiler

Frage 5.4
Die Abb. 5.5 zeigt einen mit der Spannung U_{GS} steuerbaren Spannungsteiler [2–5].

- Wie groß wird die Ausgangsspannung U_A für $U_{GS} = V_{TO}$?
- Welchen Wert erreicht die Ausgangsspannung bei $I_D = 0{,}2$ mA?
- Wie viel Ohm beträgt der Drain-Source-Widerstand bei $I_D = 0{,}2$ mA?
- Arbeitet der NJFET bei $U_{GS} = 0$ V im Linear- oder im Abschnür-Bereich?

Antwort
Bei $U_{GS} = V_{TO}$ ist $I_D = 0$ und damit $U_A = U_E = 1$ V. Ein mit U_{GS} eingestellter Drain-Strom $I_D = 0{,}2$ mA ergibt $U_A = U_E - I_D \cdot R_E = 0{,}8$ V. Der Drain-Source-Widerstand wird mit Gl. 5.10 berechnet.

$$R_{DS} = R_E \cdot \left(\frac{U_E}{U_A} - 1 \right) \quad (5.10)$$

Bei $I_D = 0{,}2$ mA erreicht dieser Widerstand den Wert $R_{DS} = 250\ \Omega$. Bei $U_{GS} = 0$ V arbeitet der NJFET mit $U_{DS} \leq U_{GS} - V_{TO} = 3$ V im Linearbereich, weil $U_{DS} \leq U_E = 1$ V ist.

Analyse
- PSpice, Edit Simulation Profile
- Simulation Settings – Abb. 5.5: Analysis
- Analysis type: DC Sweep
- Options: Primary Sweep
- Sweep variable, Voltage Source
- Name: UGS
- Sweep type, Linear
- Start value: −2,99 V

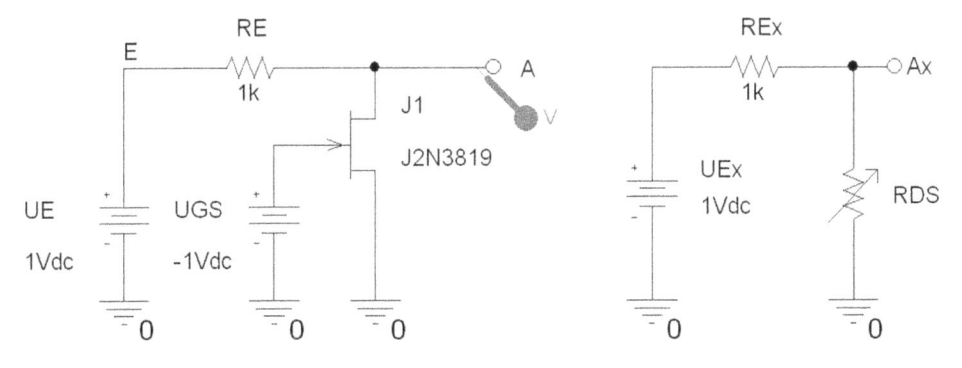

Abb. 5.5 Steuerbarer Spannungsteiler mit NJFET

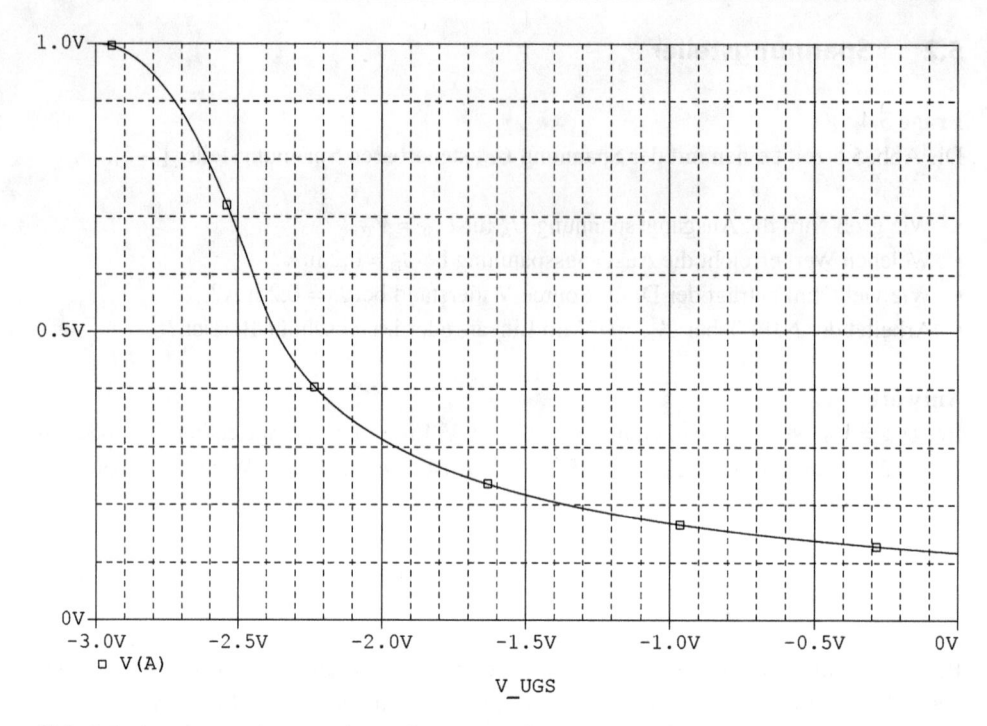

Abb. 5.6 Auswertung des steuerbaren Spannungsteilers

- End value: 0 V
- Increment: 1 mV
- Übernehmen, OK
- Pspice, run

Das Diagramm nach Abb. 5.6 zeigt, dass die Ausgangsspannung U_A mit negativer werdender Steuerspannung U_{GS} ansteigt.

In Abb. 5.7 wird der Kanalwiderstand R_{DS} als Funktion der Steuerspannung U_{GS} über Plot, Axis Settings, Y Axis, User defined 100 to 3 k, Scale, Log dargestellt. Bei stärkerer Abschnürung des Kanals steigt der Widerstand $R_{DS} = V(A)/ID(J1)$ erwartungsgemäß an.

5.3 Konstantstromquelle

Frage 5.5
Die Abb. 5.8 zeigt die Schaltung einer Konstantstromquelle [3, 6].

- Welche Aufgabe hat die Schaltung zu erfüllen?
- Welcher Zusammenhang besteht zwischen U_{GS} und R_S?
- Bei welchem Wert von R_S fließt der höchste Drain-Strom?

5.3 Konstantstromquelle

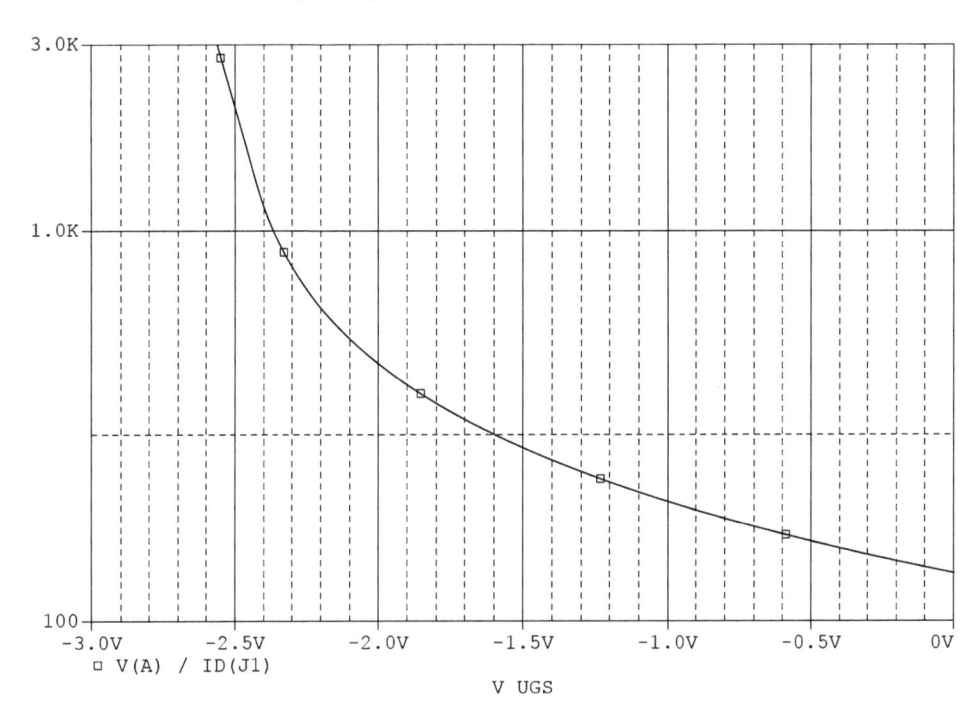

Abb. 5.7 Abhängigkeit des Kanalwiderstandes von der Steuerspannung U_{GS}

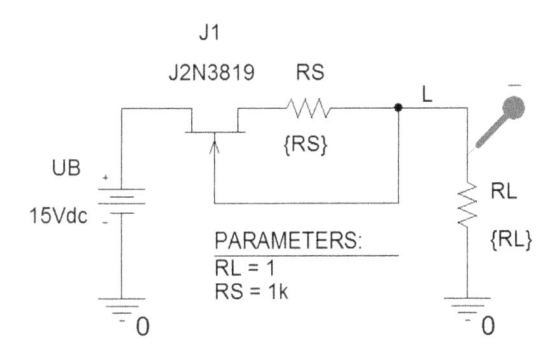

Abb. 5.8 Konstantstromquelle mit NJFET

- Warum sollte der NJFET im Abschnür-Bereich betrieben werden?
- Wie hängt die Betriebsspannung mit den Transistor-Spannungen und der Spannung über dem Lastwiderstand zusammen?

Antwort
Die Schaltung dient dazu, den Laststrom trotz wachsender Werte von R_L nicht wesentlich absinken zu lassen, sondern in einem breiten Widerstandsbereich weitgehend konstant zu halten. Für die Schaltung gilt: $U_{GS} = -I_D \cdot R_S$. Der höchste Drain-Strom fließt bei $R_S = 0$.

In diesem Fall ist $U_{GS} = 0$ und damit $I_D = I_{DSS}$. Die Arbeitspunkte des NJFET sollten im Abschnür-Bereich, also im Ausgangskennlinienfeld rechts von der Abschnür-Grenzlinie $U_{DSA} = U_{GS} - V_{TO}$ liegen. In diesem Bereich weisen die Ausgangskennlinien eine nur geringe Neigung und somit einen hohen differentiellen Ausgangswiderstand r_{DS} in der Größenordnung von 100 kΩ auf. Wird der in Reihe zu r_{DS} liegende Lastwiderstand R_L beispielsweise von 0 auf 5 kΩ erhöht, dann sollte der Laststrom für diesen Widerstands-Bereich nur geringfügig abnehmen. Zur Betriebsspannung gilt mit [3] der Zusammenhang nach Gl. 5.11.

$$U_B = U_{DS} - U_{GS} + I_{RL} \cdot R_L \qquad (5.11)$$

An der Abschnür-Grenzlinie $U_{DSA} = U_{DSA} = U_{GS} - V_{TO}$ wird $U_B = I_L \cdot R_{Lmax} - V_{TO}$. Aus der Umstellung dieser Beziehung folgt mit Gl. 5.12 der maximale Lastwiderstand nach [3] zu

$$R_{Lmax} = \frac{U_B + V_{TO}}{I_{RL}}. \qquad (5.12)$$

Die Einstellung der Höhe des Laststromes I_{RL} wird mit dem an der Source-Elektrode angeschlossenen Widerstand R_S vorgenommen.

Analyse
- PSpice, Edit Simulation Profile
- Simulation Settings – Abb. 5.11: Analysis
- Analysis type: DC Sweep
- Options: Primary Sweep
- Sweep variable: Global Parameter
- Parameter Name: RL
- Sweep type, Linear
- Start value: 1
- End value: 20 k
- Increment: 1
- Options: Parametric Sweep
- Sweep variable Global Parameter
- Parameter Name: RS
- Sweep type, Value List 1 k 1.5 k 2.2 k
- Übernehmen, OK
- Pspice, run

Die Abb. 5.9 weist das Analyseergebnis aus. Mit höheren Werten von R_S folgen kleinere Lastströme, die bis zu größeren Lastwiderständen annähernd konstant bleiben.

5.4 Kleinsignalverstärker

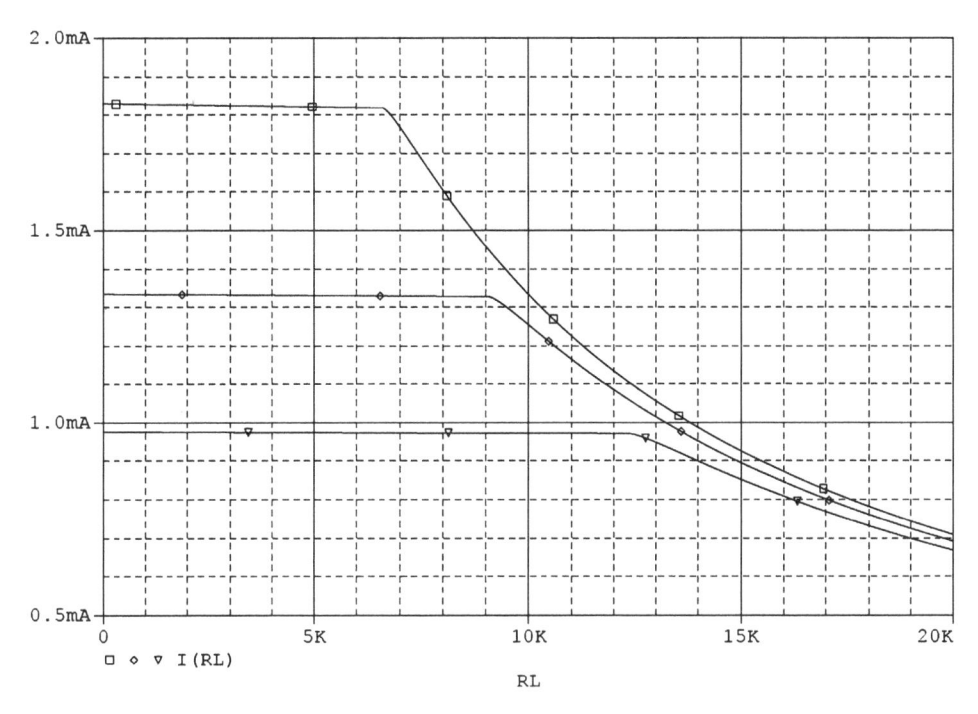

Abb. 5.9 Lastströme für den Parameter $R_S = 1$, $1{,}5$ und $2{,}2$ kΩ

5.4 Kleinsignalverstärker

Frage 5.6
In der Verstärkerstufe nach Abb. 5.10 wird der Drain-Strom $I_D = 3$ mA gefordert.

- Welche Werte erreichen die Spannungen U_{DS} und U_{GS}?
- Wie hoch ist der Lastleitwert Y_L?
- Wie hoch wird die Steilheit $y_{21\,s}$? (In der Berechnung sind die Kennwerte $I_{DSS} \approx 12$ mA und $V_{TO} = -3$ V des NJFET 2N3819 zu verwenden).
- Welcher Wert in Dezibel kann für die Kleinsignal-Spannungsverstärkung v_{us} abgeschätzt werden?

Antwort
Die Drain-Source-Spannung wird mit Gl. 5.13 berechnet

$$U_{DS} = U_B - I_D \cdot (R_D + R_S). \tag{5.13}$$

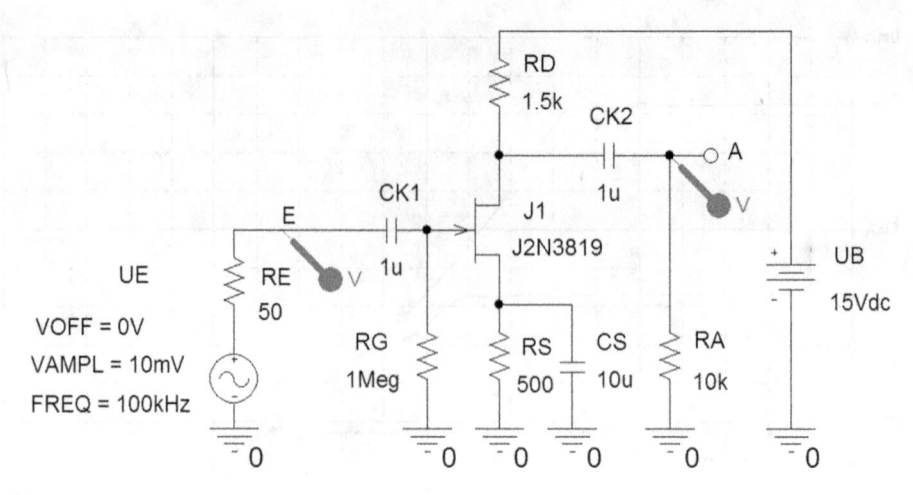

Abb. 5.10 Kleinsignalverstärker mit NJFET

Man erhält U_{DS} = 15 V − 3 mA · 2 kΩ = 9 V.

Die Gate-Source-Spannung geht mit $I_G \approx 0$ aus Gl. 5.14 hervor.

$$U_{GS} = -I_D \cdot R_S. \tag{5.14}$$

Es ist U_{GS} = −3 mA · 0,5 kΩ = −1,5 V.

Der Lastleitwert folgt aus Gl. 5.15 mit

$$Y_L = \frac{1}{R_D} + \frac{1}{R_A}. \tag{5.15}$$

Es ergibt sich Y_L = 1/1,5 kΩ + 1/10 kΩ = 667 μS + 100 μS = 767 μS.

Die Steilheit folgt aus Gl. 5.4 mit y_{21s} = 2 · 12 mA/3 V · (1 − 1,5 V/3 V) = 4 mS.

Die NF-Spannungsverstärkung in der Source-Schaltung lässt sich mit Gl. 5.16 abschätzen.

$$v_{us} \approx \frac{y_{21s}}{Y_L} \tag{5.16}$$

Man erhält $v_{us} \approx$ 4 mS/0,767 mS = 5,22 bzw. v_{udB} = 20 · lg(v_{us}) = 14,35 dB.

Mit den Angaben aus der Arbeitspunktanalyse (Bias Point) kann v_{us} genauer nach Gl. 5.17 berechnet werden.

$$v_{us} = \frac{-G_M}{G_{DS} + Y_L} \tag{5.17}$$

5.4 Kleinsignalverstärker

Mit $G_M = y_{21\,s} = 3{,}99$ mS und $G_{DS} = y_{22\,s} = 6{,}6$ µS sowie $Y_L = 0{,}767$ mS erhält man $v_{us} = 5{,}202 = 14{,}32$ dB.

Analyse
- PSpice, Edit Simulation Profile
- Simulation Settings – Abb. 5.13, Analysis
- Analysis type: Time Domain (Transient)
- Options: General Settings
- Run to time: 20 us
- Start saving data after: 0 s
- Maximum step size: 10 ns
- Transient options
- Maximum step size: 10 ns
- Übernehmen, OK
- Pspice, run

In Abb. 5.11 wird die 5,127-fach verstärkte und um 180° gegenüber der Eingangsspannung phasenverschobene Ausgangsspannung dargestellt.

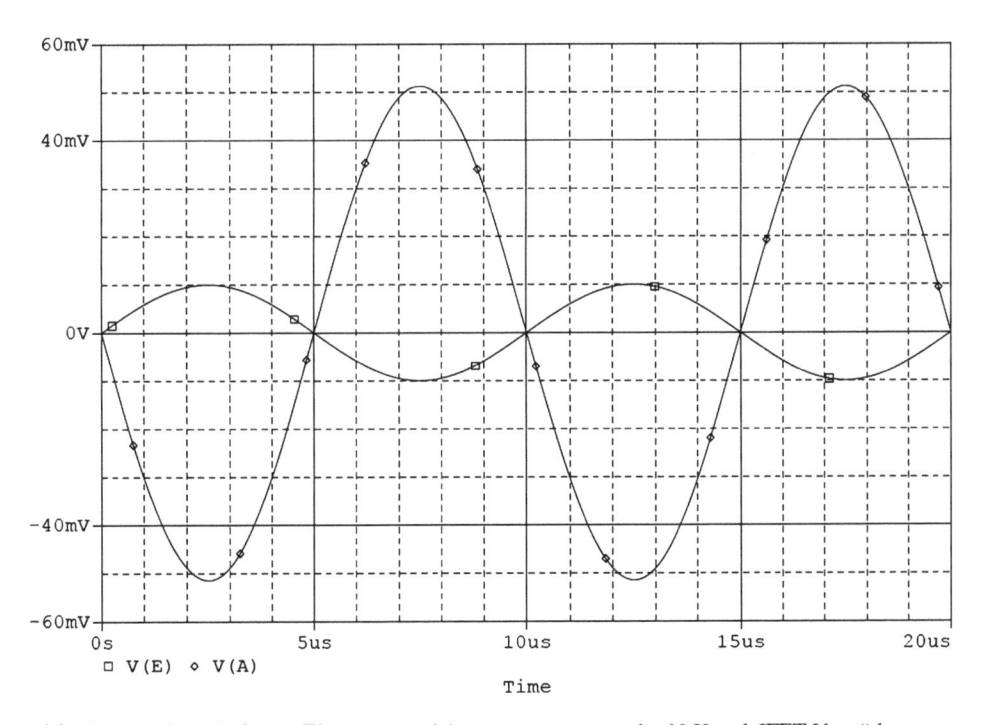

Abb. 5.11 Zeitverläufe von Eingangs- und Ausgangsspannung des N-Kanal-JFET-Verstärkers

5.5 Chopper-Betrieb

Frage 5.7
In Abb. 5.12 wird eine Schaltung nach [7] zum Einsatz des NJFET im Chopper-Betrieb angegeben. Das Eingangssignal erscheint am Ausgang in Form von „zerhackten" Teilabschnitten.

- Warum muss die Pulsfrequenz der Quelle U_P höher sein als diejenige des Eingangssignals U_E?
- Darf bei der Quelle U_P ein Wert $V_2 = -1$ V anstelle von -4 V gesetzt werden?

Antwort
Die Pulsfrequenz von U_P wird höher festgelegt als diejenige von U_E, um innerhalb der U_E-Periodendauer das Ausgangssignal in mehreren Kennlinienteilen erscheinen zu lassen. Bei der Quelle U_P muss die Spannung V_2 negativer als die Abschnür-Spannung $V_{TO} = -3$ V des verwendeten NJFET sein, so dass der Wert $V_2 = -1$ V ausscheidet.

Analyse
- PSpice, Edit Simulation Profile
- Simulation Settings – Abb. 5.15, Analysis
- Analysis type: Time Domain (Transient)
- Options: General Settings
- Run to time: 1 ms
- Start saving data after: 0 s
- Maximum step size: 1 us
- Transient options
- Maximum step size: 1 us
- Übernehmen, OK
- Pspice, run

Die Abb. 5.13 zeigt das Eingangssignal als Dreieckspannung und die Ausgangsspannung als Chopper-Signal.

Der Schalter wird mit der Gate-Source-Spannung des NJFET nach Abb. 5.14 realisiert.

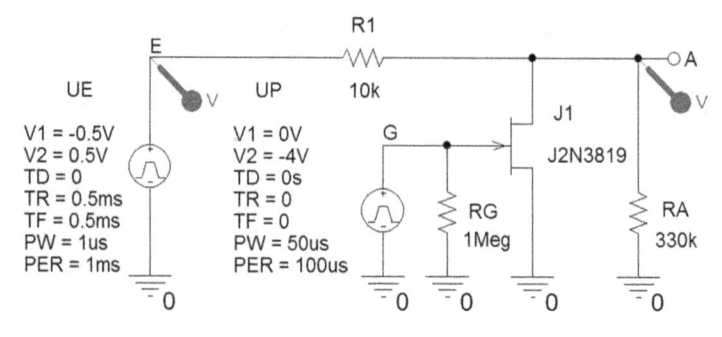

Abb. 5.12 Chopper-Betrieb mit NJFET

5.5 Chopper-Betrieb

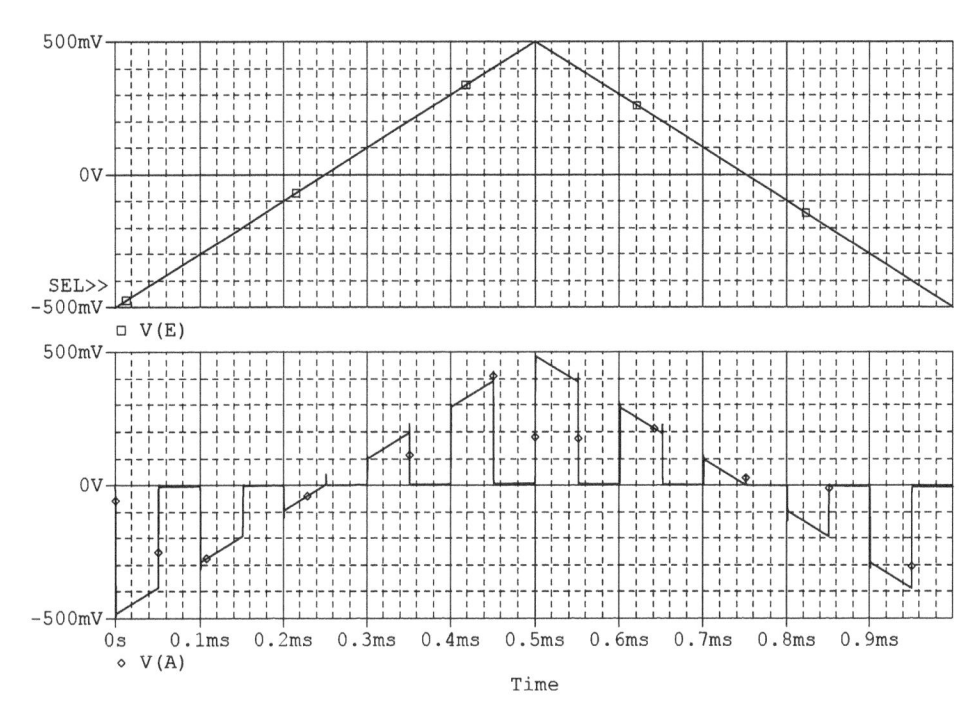

Abb. 5.13 Ergebnisse zum Chopper-Betrieb mit NJFET

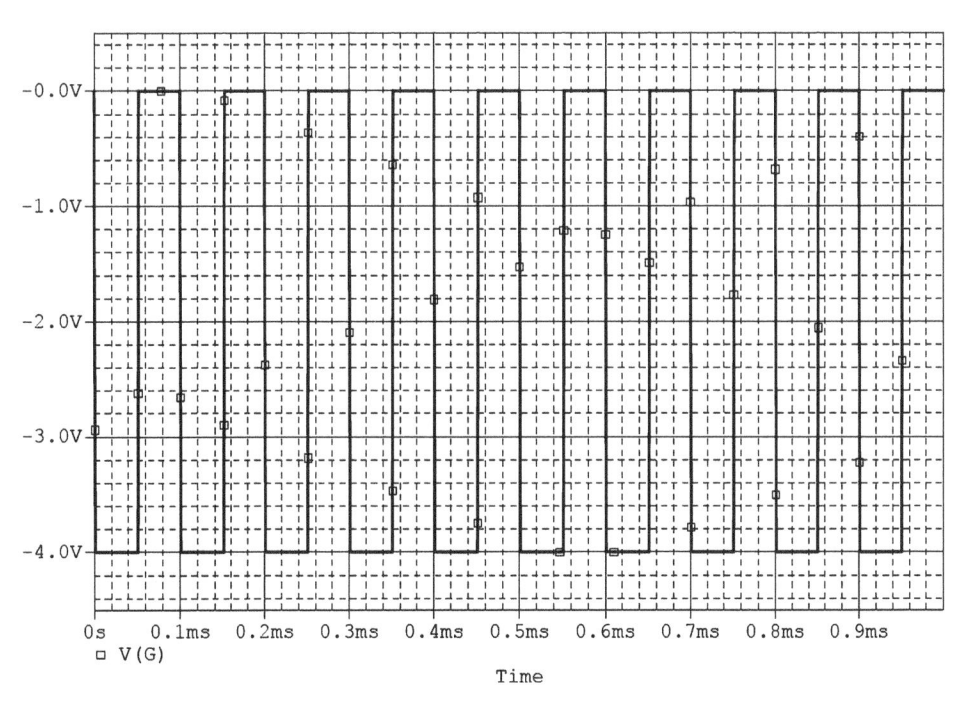

Abb. 5.14 Darstellung der Steuerspannung

5.6 Analogschalter

Frage 5.8
Zu betrachten ist die Schaltung in Abb. 5.15.

- Mit welcher Zeitdauer wird das Signal durchgelassen?
- Ist das durchgelassene Signal in Phase mit dem Eingangssignal?
- Könnte bei der Quelle U_G die Spannung $V_2 = -2{,}5$ V (anstelle $V_1 = 0$ V) sein, um ein Signal durchzulassen?

Antwort
- Das Signal wird mit der Zeitspanne $P_W = 5$ ms durchgelassen.
- Das durchgelassene Signal ist in Phase mit der Eingangsspannung (Gate-Schaltung).
- Bei der Quelle U_G könnte das Signal $V_2 = -2{,}5$ V (bei verringerter Amplitude) sein, da die Bedingung $V_2 > V_{TO} = -3$ V erfüllt ist, aber der Wert $V_2 = 0$ V ist günstiger, weil hierbei der Durchlasswiderstand r_{DS} seinen niedrigsten Wert annimmt.

Analyse
- PSpice, Edit Simulation Profile
- Simulation Settings – Abb. 5.16, Analysis
- Analysis type: Time Domain (Transient)
- Options: General Settings
- Run to time: 20 ms
- Start saving data after: 0 s
- Maximum step size: 1 us
- Transient options
- Maximum step size: 1 us
- Übernehmen, OK
- Pspice, run

In der Abb. 5.16 wird gezeigt, wie das Signal durchgelassen bzw. gesperrt wird.

Abb. 5.15 Analogschalter mit NJFET

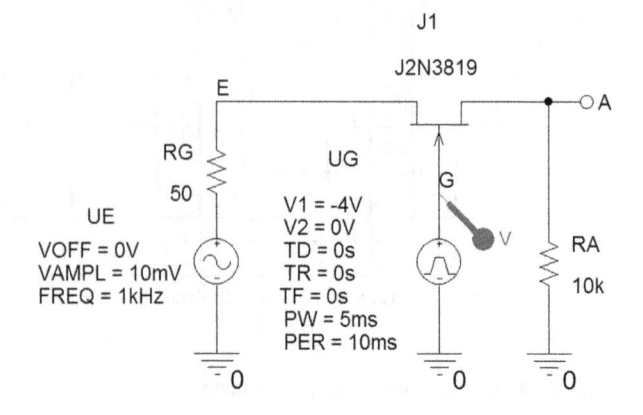

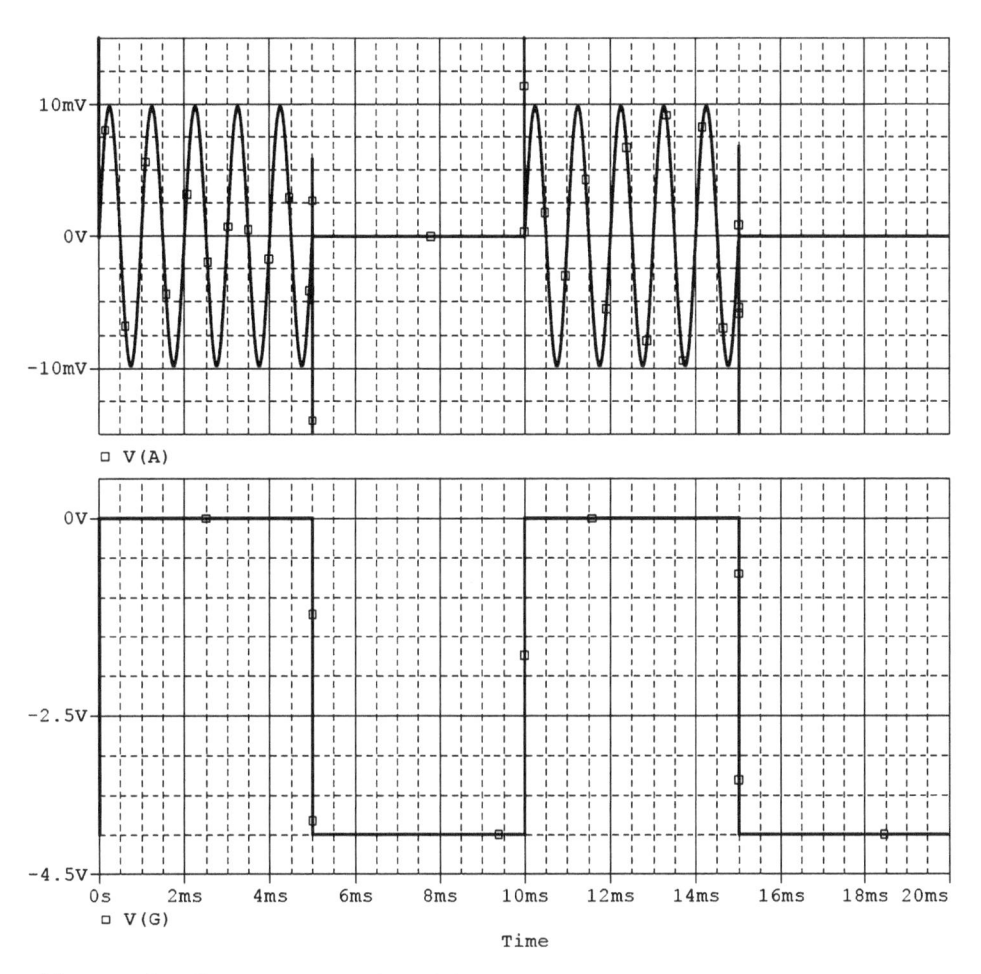

Abb. 5.16 Gate-Steuerspannung und geschaltete Ausgangsspannung

Literatur

1. Baumann, P.: Parameterextraktion bei Halbleiterbauelementen. Springer Vieweg, Wiesbaden (2012)
2. Hering, E., Bressler, K., Gutekunst, J.: Elektronik für Ingenieure. VDI, Düsseldorf (1994)
3. Bystron, K., Borgmeyer, J.: Grundlagen der Technischen Elektronik. Hanser, München (1990)
4. Baumann, P., Möller, W.: Schaltungssimulation mit Design Center. Fachbuchverlag, Leipzig (1994)
5. Böhmer, E., Ehrhardt, D., Oberschelp, W.: Elemente der angewandten Elektronik. Vieweg + Teubner, Wiesbaden (2010)
6. Koß, G., Reinhold, W.: Elektronik. Fachbuchverlag, Leipzig (1998)
7. Goody, R.W.: PSPICE for Windows. Prentice Hall, London (1995)

MOS-Feldeffekttransistoren

6

Zusammenfassung

Die gestellten Fragen beziehen sich zunächst auf die Funktion und die Kennlinien von Anreicherungs- und Verarmungs-MOSFET. Die gegebenen Antworten stützen sich dabei auch auf Gleichungen zu den MOSFET-Modellen, wie sie im Programm PSPICE verwendet werden. Die Fragen zur Wirkungsweise von Schaltungen wie Kleinsignal-Verstärker, Konstant-Stromquelle oder zu CMOS-Baugruppen wie Inverter, Oszillator, Übertragungsgatter und Multiplexer sind so angelegt, dass die Anwendung schrittweise erfasst werden kann.

6.1 Wirkungsweise

Frage 6.1
In der Skizze zum Aufbau eines N-Kanal-Anreicherungs-MOSFET nach Abb. 6.1 wird die Ausbildung eines n-leitenden Kanals bei positiver Gate-Ladung dargestellt [1, 2].

- Wie kommt der leitende Kanalzustande?
- Von welchen Kenngrößen wird der Gate-Kondensator bestimmt?
- Trägt die gesamte influenzierte negative Ladung zum leitfähigen Kanal bei?
- Welche Auswirkung hat eine zwischen Bulk und Source angelegte Sperrspannung auf das Ausgangs-Kennlinienfeld?
- Von welchen Parametern wird der Drain-Strombestimmt?

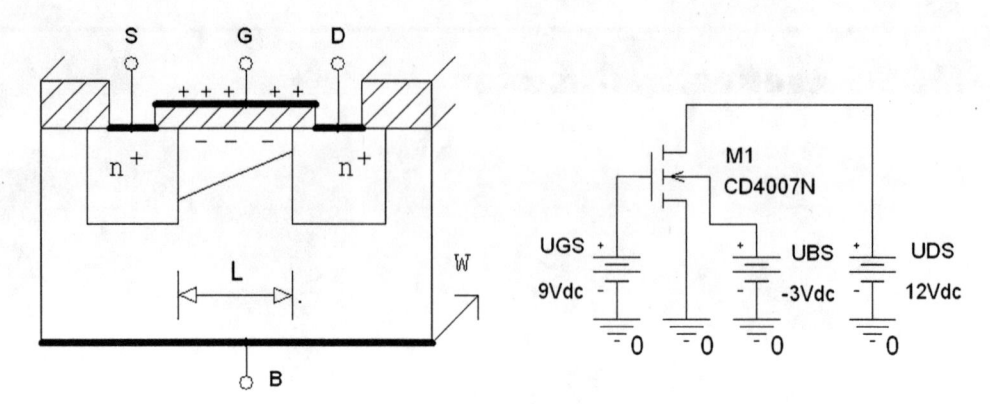

Abb. 6.1 Aufbau und Beschaltung eines N-Kanal-Anreicherungs-MOSFET

Antwort
Wird bei $U_{GS} = 0$ V lediglich die Spannung U_{DS} angelegt, dann ist der Drain-Strom $I_D \approx 0$ A. Wird aber anschließend eine genügend große, positive Spannung U_{GS} angelegt, dann werden vom Gate-Feld Elektronen aus dem p-Bulk an die Kanaloberfläche gezogen womit der n-Kanal mit $I_D > 0$ A gebildet wird. Der Gate-Kondensator C_G wird gemäß Gl. 6.1 von der Fläche des Kanals, von der Art des Dielektrikums und von der Tiefe des Oxids bestimmt.

$$C_G = \frac{\varepsilon_0 \cdot \varepsilon_{ox} \cdot L \cdot W}{T_{ox}} \tag{6.1}$$

Beispiel 6.1

Mit den Daten des Dielektrikums $\varepsilon_0 = 8{,}854 \cdot 10^{-12}$ As/Vm, $\varepsilon_{ox} = 3{,}9$ für die SiO$_2$-Isolation, der Kanallänge $L = 5$ µm, der Kanalweite $W = 100$ µm und der Oxidtiefe $T_{ox} = 70$ nm erhält man für den Gate-Kondensator mit Gl. 6.1 den Wert $C_G = 246{,}65$ fF. Die negative influenzierte Ladung Q ist nach Gl. 6.2:

$$Q = C_{MOS} \cdot U_{GS}. \tag{6.2}$$

Die Gesamtladung enthält mit $Q = Q_n + Q_{nu}$ den erwünschten Elektronenanteil Q_n und einen weiteren unbeweglichen Ladungsanteil Q_{nu}, der von Oberflächen-Raumladungszentren und Haftstellen bestimmt wird. Der Anteil Q_{nu} führt zur Ausbildung einer Schwellspannung V_{TO} nach Gl. 6.3.

$$V_{TO} = \frac{Q_{nu}}{C_G} \tag{6.3}$$

6.1 Wirkungsweise

Um einen nutzbaren Drain-Strom I_D zu erhalten, muss die Schwellspannung mit $U_{GS} > V_{TO}$ überwunden werden. Die Schwellspannung V_{TO} ist für den Kurzschluss von Bulk mit Source, also für $U_{BS} = 0$ V definiert. Liegt aber eine Sperrspannung $U_{BS} < 0$ V an, wie es beispielsweise bei CMOS-Schaltungen wie NAND, NOR oder Transfer-Gate erforderlich ist, dann tritt eine höhere Schwellspannung V_{TH} (Threshold Voltage) nach Gl. 6.4 auf.

$$V_{TH} = V_{TO} + GAMMA \cdot \left(\sqrt{PHI - U_{BS}} - \sqrt{PHI}\right) \quad (6.4)$$

◄

Beispiel 6.2

Die allgemeine Schwellspannung V_{TH} ist für $U_{BS} = -5$ V mit den folgenden Parametern zu berechnen: $V_{TO} = 1$ V, Oberflächenpotential $PHI = 0{,}6$ V und Bulk-Schwellspannungs-Parameter $GAMMA = 0{,}7\sqrt{V}$. Man erhält nach Gl. 6.4 den Wert $V_{TH} = 1{,}79$ V $>$ $V_{TO} = 1$ V.

Der Drain-Strom ist proportional zum Quotienten aus Kanalweite und Kanallänge. Des Weiteren hängt er von der Transkonduktanz KP nach Gl. 6.5 ab.

$$KP = U_0 \cdot \frac{\varepsilon_0 \cdot \varepsilon_{ox}}{T_{ox}} \quad (6.5)$$

Der SPICE-Parameter U0 entspricht der Beweglichkeit μ_n der Elektronen an der Kanaloberfläche. Aus der Integration des Drain-Stromes über der Kanallänge L folgt die Strom-Spannungs-Gleichung für den Abschnür-Bereich mit $U_{DS} > U_{GS} - V_{TO}$, siehe Gl. 6.6.

$$I_D = \frac{KP}{2} \cdot \frac{W}{L} \cdot (U_{GS} - V_{TH})^2 \cdot (1 + LAMBDA \cdot U_{DS}) \quad (6.6)$$

Mit dem Parameter $LAMBDA$ wird der Anstieg der Ausgangskennlinien im Abschnür-Bereich modelliert. Für die nachfolgende Analyse wird der MOSFET aus Abb. 6.1 mit der Tab. 6.1 beschrieben.

Tab. 6.1 Modellparameter des N-Kanal-MOSFET CD4007 N

Symbol	Modellparameter	Wert
L	Kanallänge	5 µm
W	Kanalweite	100 µm
KP	Transkonduktanz	30 µA/V²
V_{TO}	Schwellspannung für $U_{BS} = 0$	1 V
$GAMMA$	Bulk-Schwellspannungsparameter	$0{,}7\sqrt{V}$
$LAMBDA$	Kanallängen-Modulationswert	0,02 1/V

Aus der Bibliothek BREAKOUT ist ein Transistor MbreakN4 aufzurufen und über Edit, PSPICE Model zu modellieren:

.model CD4007 N NMOS L = 5 u W = 100 u KP = 30 u VTO = 1 GAMMA = 0.7 LAMBDA = 20 m.

Mit der folgenden Analyse werden die Ausgangskennlinien zum Einen mit $U_{BS} = 0$ V und zum Anderen mit $U_{BS} = -3$ V dargestellt. ◄

Analyse
- PSpice, Edit Simulation Profile
- Simulation Settings – Abb. 6.1: Analysis
- Analysis type: DC Sweep
- Options: Primary Sweep
- Sweep variable, Voltage Source
- Name: UDS
- Sweep type, Linear
- Start value: 0
- End value: 12 V
- Increment: 5 mV
- Options: Secondary Sweep
- Sweep variable, Voltage Source
- Name: UGS
- Start value: 6 V, End value: 9 V
- Increment: 3 V
- Options: Parametric Sweep
- Sweep variable
- Voltage Source Name: UBS
- Sweep type, Value List: −3 V 0 V
- Übernehmen, OK
- Pspice, run
- Available Sections: V_UBS: −3 V
- V_UBS: 0 V
- All, OK

In der Abb. 6.2 wird der Einfluss der Sperrspannung $U_{BS} \leq 0$ V sichtbar, denn mit der resultierenden höheren Schwellspannung ergeben sich niedrigere Drain-Ströme.

Frage 6.2
Wie wird die niedrigere Löcher-Beweglichkeit der P-Kanal-Anreicherungs-MOSFET ausgeglichen, um ähnlich große Drain-Ströme wie mit N-Kanal-Typen zu erzielen?

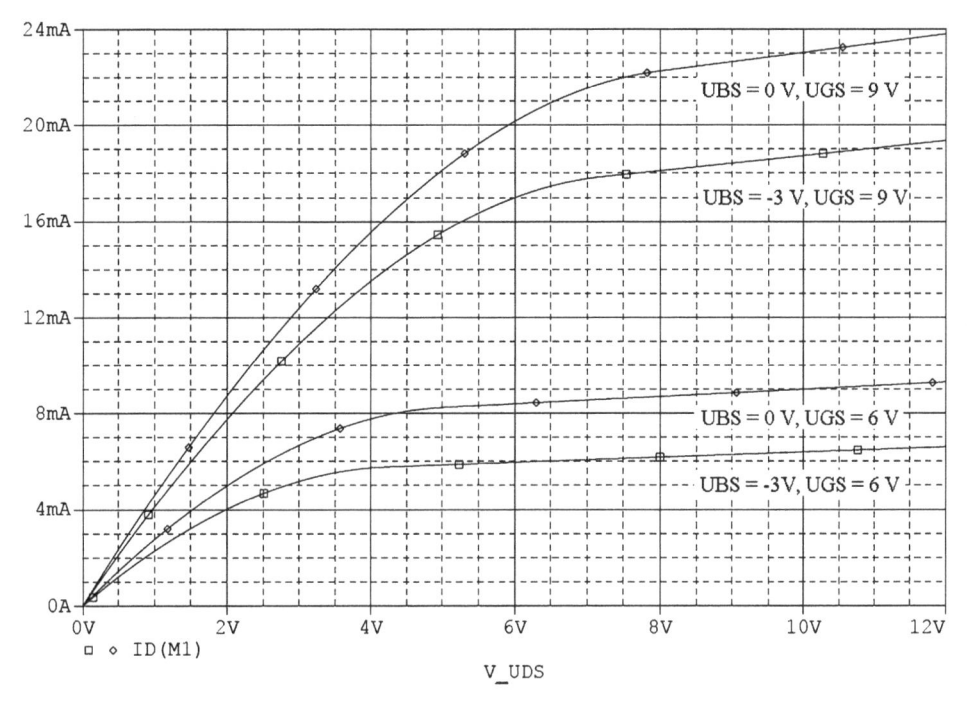

Abb. 6.2 Ausgangs-Kennlinienfeld des N-Kanal-MOSFET mit dem Parameter $U_{BS} = -3$ und 0 V

Antwort
Für die Ladungsträger-Beweglichkeiten gilt $\mu_p \approx (1/3 \dots 1/2) \cdot \mu_n$. Entsprechend der kleineren Löcher-Beweglichkeit ergeben sich nach Gl. 6.5 für die PMOSFET niedrigere Werte der Transkonduktanz KP. Dieser Mangel wird durch eine höhere Kanalweite W kompensiert, denn der Drain-Strom I_D ist proportional zu $KP \cdot W/L$.

Frage 6.3
In Abb. 6.3 wird am Beispiel eines N-Kanal-Verarmungs-MOSFET gezeigt, dass ein n-leitender Kanal bereits vorliegt.

- Wie wird der Kanal an Ladungsträgern „verarmt"?
- Darf eine positive Gate-Source-Spannung angelegt werden?
- Warum eignen sich N-Kanal-Verarmungstypen als gute HF-Einzeltransistoren?

Antwort
Die Ladungsträgerdichte des n-Kanals wird verringert, indem eine negative Steuerspannung zwischen Gate und Source angeschlossen wird. In gewissen Grenzen kann eine positive Spannung U_{GS} angelegt werden. In diesem Falle werden Elektronen als negative Ladungsträger in den n-Kanal influenziert und erhöhen somit die Leitfähigkeit des Kanals.

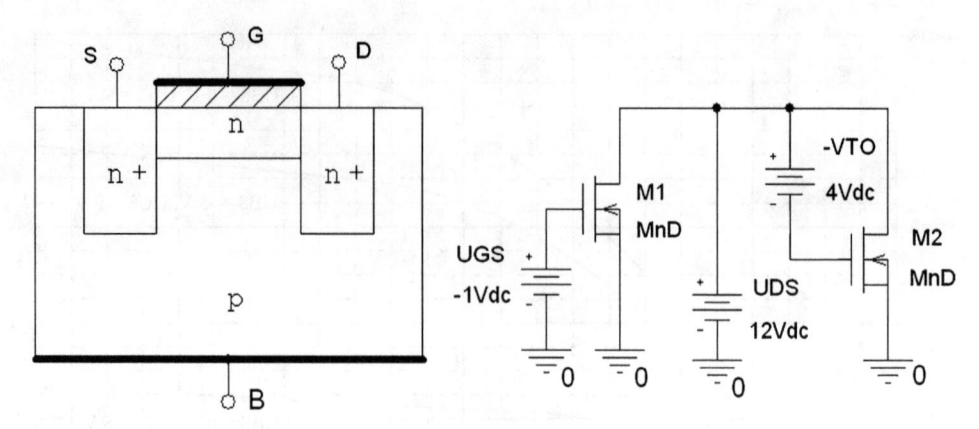

Abb. 6.3 Aufbau und Beschaltung eines N-Kanal-Verarmungs-MOSFET

Zur Verarmung des Kanals genügt eine teilweise Gate-Überdeckung des Kanals. Damit ergeben sich kleine Kapazitäten und gute Verstärkungseigenschaften im Bereich hoher Frequenzen. Aus der Bibliothek BREAKOUT wird ein MOSFETMbreaknD3 aufgerufen und wie folgt neu modelliert:

.model MnD NMOS W = 200 u L = 5 u VTO = −4 KP = 30 u LAMBDA = 20 m

Die Ausgangskennlinien werden mit dem MOSFET M_1 simuliert. Der MOSFET M_2 dient in Verbindung mit der Spannungsquelle für $-V_{TO}$ dazu, die Abschnür-Grenzlinie $U_{DS} = U_{GS} - V_{TO}$ darzustellen.

Analyse
- PSpice, Edit Simulation Profil
- Simulation Settings – Abb. 6.3: Analysis
- Analysis type: DC Sweep
- Options: Primary Sweep
- Sweep variable: Voltage Source
- Name: UDS
- Sweep type: Linear
- Start value: 0 V
- End value: 10 V
- Increment: 5 mV
- Options: Secondary Sweep
- Sweep variable: Voltage Source
- Name: UGS
- Sweep type: Linear
- Start value: −2 V
- End value: 2 V

6.2 Kleinsignalverstärker

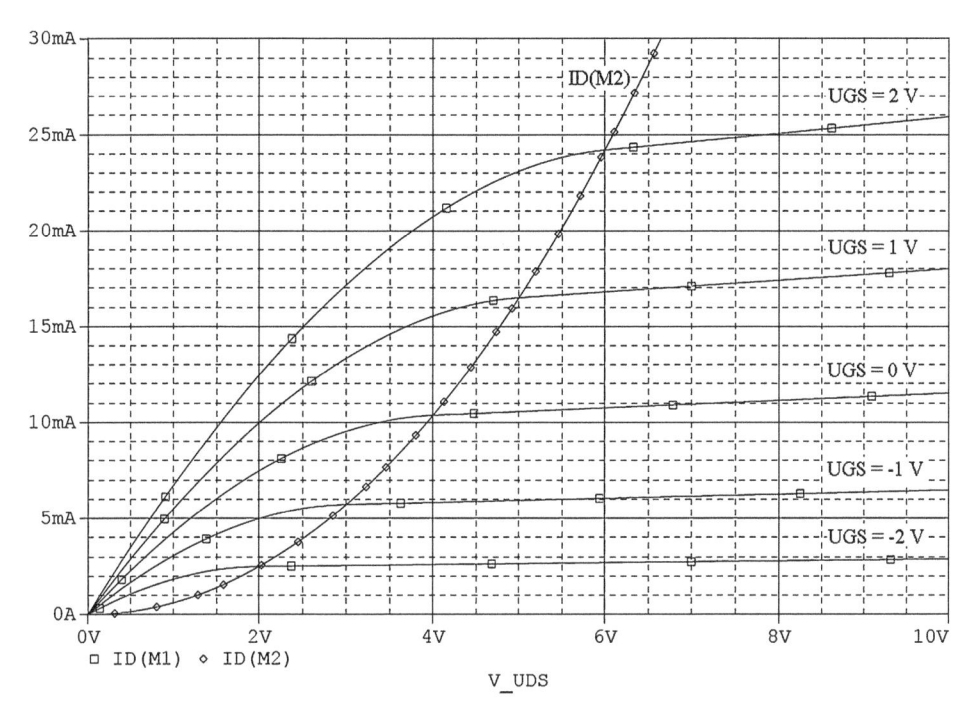

Abb. 6.4 Ausgangskennlinienfeld des n-Kanal-Verarmungs-MOSFET nebst Abschnür-Grenze

- Increment: 1 V
- Übernehmen, OK
- Pspice, run

Über Trace, Add Trace sind die Ströme ID(M1) und ID(M2) aufzurufen. Mit Plot, Axis Settings, Y Axis, Data Range, User defined: 0 A to 30 mA, Scale Linear ist die Ordinate zu begrenzen. Das Analyseergebnis ist in Abb. 6.4 dargestellt.

6.2 Kleinsignalverstärker

Frage 6.4
Zu betrachten ist der in Abb. 6.5 dargestellte NF-Verstärker.

- Warum sind die Spannungen U_{DS} und U_{GS} gleich groß?
- Warum arbeitet der MOSFET stets im Abschnür-Bereich?

Antwort
Für den Gate-Gleichstrom gilt $I_G \approx 0$ A. Daraus folgt $U_{DS} \approx U_{GS}$. Mit $U_{DS} = U_{GS}$ ist $U_{DS} > U_{GS} - V_{TO}$. Somit arbeitet der MOSFET im Abschnür-Bereich.

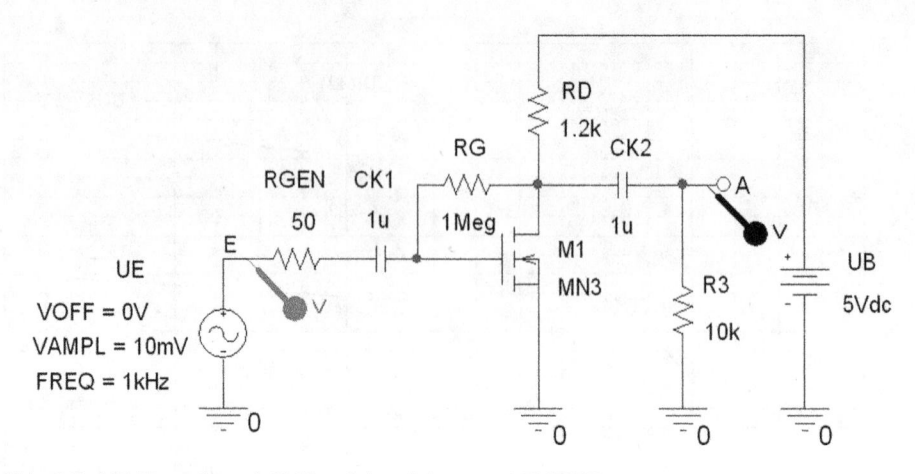

Abb. 6.5 NF-Verstärker mit N-Kanal-Anreicherungs-MOSFET

Der MOSFET M_1 wird über MBreakN3 wie folgt modelliert:

.model Mn3 NMOS L = 5 u W = 300 u VTO = 1 KP = 30 u LAMBDA = 10 m

Analyse
- PSpice, Edit Simulation Profile
- Simulation Settings – Abb. 6.5: Analysis
- Analysis type: Time Domain (Transient)
- Options: General Settings
- Run to time: 2 ms
- Start saving data after: 0 s
- Maximum step size: 10 us
- Transient options
- Maximum step size: 10 us
- Übernehmen, OK
- Pspice, run

Vor allem wegen der niedrigen Steilheit wird eine nur etwa dreifache Spannungsverstärkung erzielt, siehe Abb. 6.6.

6.3 Konstantstromquelle

Frage 6.5
Die Abb. 6.7 zeigt eine Konstantstromquelle mit MOS-FET. Die Modellparameter sind:

.model MN1 NMOS W = 100 u L = 5 u VTO = 1 KP = 30 u LAMBDA = 10 m
   .model MN2 NMOS W = 50 u L = 5 u VTO = 1 KP = 30 u LAMBDA = 10 m

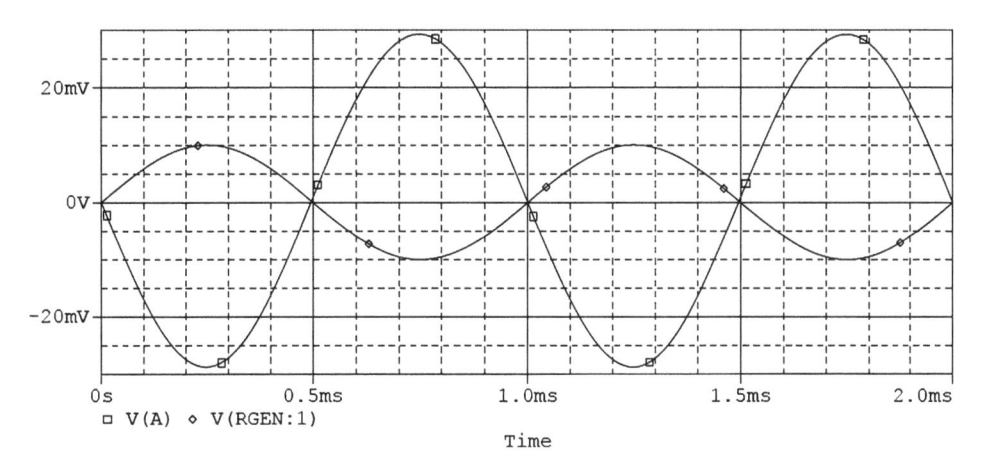

6.3 Konstantstromquelle

Abb. 6.6 Zeitabhängigkeit von Eingangs- und Ausgangsspannung

Abb. 6.7 Konstantstromquelle mit N-Kanal-Anreicherungs-MOSFET

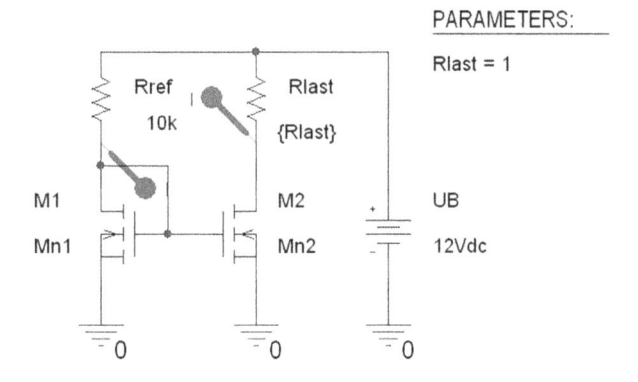

- Liegt an beiden MOSFET die gleiche Eingangsspannung an?
- Unterscheiden sich die Drain-Ströme von M_1 und M_2?
- Arbeitet der MOSFET M_1 im Linearbereich oder im Abschnür-Bereich?

Antwort

Beide MOSFET erhalten die gleiche Eingangsspannung $U_{GS} = U_B - I_{REF} \cdot R_{REF}$. Trotz gleicher Gate-Source-Spannungen ist $I_{LAST} \approx I_{REF}/2$ zu erwarten, weil die Kanalweite W von M_2 nur halb so groß wie diejenige von M_1 ist und der Drain-Strom I_D proportional zur Kanalweite ist. Der MOSFET M_1 arbeitet mit $U_{DS} = U_{GS}$ im Abschnür-Bereich, denn damit liegt U_{DS} oberhalb der Abschnür-Grenze $U_{DSA} = U_{GS} - V_{TO}$.

Analyse

- PSpice, Edit Simulation Profile
- Simulation Settings – Abb. 6.7: Analysis
- Analysis type: DC Sweep
- Options: Primary Sweep
- Sweep variable: Global Parameter

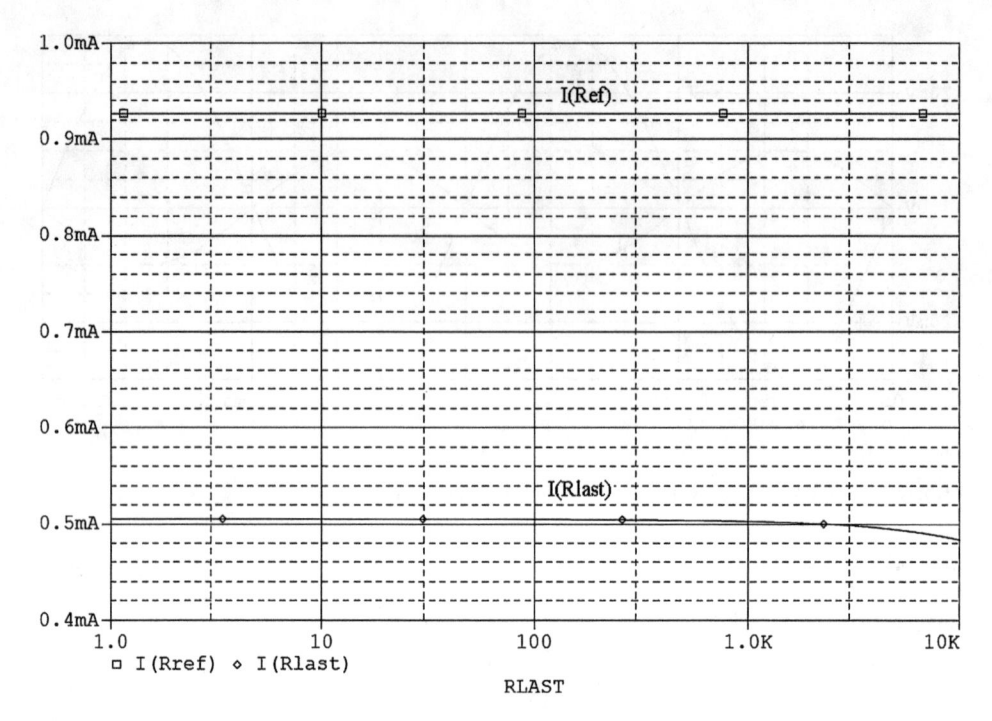

Abb. 6.8 Laststrom und Referenzstrom in Abhängigkeit vom Lastwiderstand

- Parameter Name: RLAST
- Sweep type: Logarithmic
- Start value: 1
- End Value: 10 k
- Points/Decade: 100
- Übernehmen, OK
- Pspice, run

Mit der Abb. 6.8 werden die Voraussagen zur Höhe des weitgehend konstanten Laststromes I_{last} bestätigt. Der Referenzstrom I_{ref} ist unabhängig von der Einstellung des Lastwiderstandes R_{last}.

6.4 Inverter

Frage 6.6
Die Abb. 6.9 zeigt einen Inverter, dessen MOSFET folgende Modellparameter haben:

.model ML NMOS W = 5 u L = 20 u VTO = 1 KP = 30 u GAMMA = 0.7 LAMBDA = 10 m
.model MS NMOS W = 20 u L = 5 u VTO = 1 KP = 30 u GAMMA = 0.7 LAMBDA = 10 m

6.4 Inverter

Abb. 6.9 NMOS-Inverter mit einem NMOSFET als Lastelement

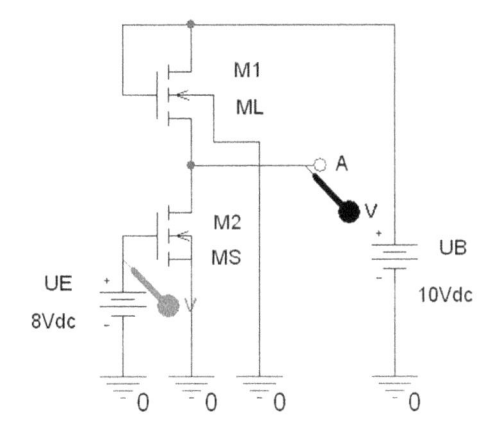

- Wie groß ist U_{GD} des Lasttransistors M_1?
- Wie groß wird die Ausgangsspannung U_A für die Eingangsspannung $U_E = 0$ V?
- Warum ist der Quotient W/L des Lasttransistors kleiner als W/L des Schalttransistors?
- Warum befindet sich der Lasttransistor M_1 für U_E auf HIGH im Abschnür-Bereich?
- Arbeitet der Schalttransistor M_2 für U_E auf HIGH im Linear- oder Abschnür-Bereich?

Antwort
Beim Lasttransistor ist $U_{GD} = 0$ weil Gate und Drain miteinander verbunden sind. Somit wird $U_{DS} = U_{GS}$. Für LOW am Eingang folgt HIGH am Ausgang mit $U_A = U_B - V_{TH}(M_1)$. Der niedrige Quotient W/L des Lasttransistors M_1 trägt zu einem hohen Widerstand R_{DS1} bei. Der höhere Wert von W/L des Schalttransistors M_2 hält dessen Einschaltwiderstand niedrig. Mit HIGH am Eingang wird der Lasttransistor wegen $U_{DS} = U_{GS}$ im Abschnür-Bereich betrieben. Die geringe Neigung der Ausgangskennlinien in diesem Bereich bedingt hohe Ausgangswiderstände R_{DS1}. Für U_E auf HIGH wird der Schalttransistor eingeschaltet. In Verbindung mit dem Lasttransistor gerät der Ausgang auf LOW. Die Spannung $U_A = U_{DS2}$ nimmt einen niedrigen Wert an. Wegen $U_{DS2} < U_{GS2} - V_{TO1}$ wird der Schalttransistor im Linear-Bereich betrieben.

Analyse
1. **Arbeitspunktanalyse (Bias Point, Include Semiconductors) für $U_E = 0$ V.**
   - Ergebnis für Last-MOSFET M_1: $V_{TH1} = U_{GS1} = U_{DS1} = 2{,}46$ V, $U_{BS1} = -7{,}54$ V
   - Ergebnis für Schalt-MOSFET M_2: $V_{TH2} = V_{TO2} = 1$ V, $U_{GS2} = 0$ V, $U_{DS2} = 7{,}54$ V, $U_{BS2} = 0$ V.
2. **Arbeitspunktanalyse für $U_E = 8$ V.**
   - Ergebnis für MOSFET M_1: $V_{TH1} = 1{,}14$ V, $I_{D1} = 0{,}297$ mA, $U_{GS1} = U_{DS1} = 9{,}64$ V, $U_{BS1} = -0{,}361$ V
   - Ergebnis für MOSFET M_2: $V_{TO2} = 1$ V, $I_{D2} = 0{,}297$ mA, $U_{GS2} = 8$ V, $U_{DS2} = 0{,}361$ V, $U_{BS2} = 0$.

3. **Kennlinienanalyse**
   - PSpice, Edit Simulation profile
   - Simulation settings – Abb. 6.9: Analysis
   - Analysis type: DC Sweep
   - Options: Primary Sweep
   - Sweep variable: Voltage Source
   - Name: UE
   - Sweep type: Linear
   - Start value: 0 V
   - End value: 8 V
   - Increment: 1 mV
   - Übernehmen, OK
   - Pspice, run

Aus Abb. 6.10 geht für Low am Eingang hervor, dass der High-Pegel von U_A wesentlich tiefer als die Höhe der Betriebsspannung U_B ist. Wegen der Sperrspannung zwischen Bulk und Source von MOSFET M_1 wird dessen Schwellspannung mit dem Parameter *GAMMA* gemäß Gl. 6.4 auf 2,46 V erhöht. Somit wird $U_A = U_B - V_{TH2} = 10$ V $- 2{,}46$ V $= 7{,}54$ V. Sobald $U_E = U_{GS2} > V_{TO2} = 1$ V wird, sinkt die Ausgangsspannung ab. Für High am Eingang

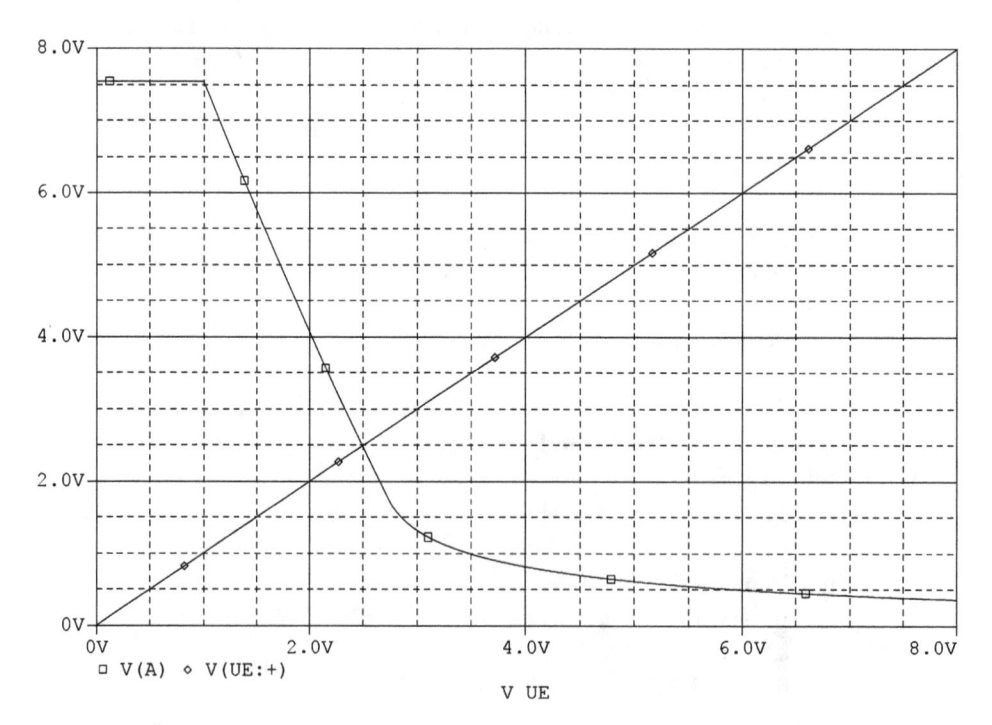

Abb. 6.10 Übertragungskennlinie des NMOS-Inverters

mit $U_E = 8$ V arbeitet der Lasttransistor M_1 wegen $U_{DS1} > U_{GS1} - V_{TH1}$ im Einschnür-Bereich, denn es ist 9,64 V > 9,64 V − 1,14 V = 8,50 V. Der Arbeitspunkt des Schalttransistors M_2 liegt dagegen mit $U_{DS2} < U_{GS2} - V_{TO}$ im Linear-Bereich, weil die Ungleichung mit 0,361 V < 8 V − 1 V = 7 V vorliegt. Der Umschaltpunkt des NMOS-Inverters liegt bei $U_A = U_E = 2,5$ V.

6.5 Blinkschaltung

Frage 6.7
In der Schaltung nach Abb. 6.11 wird das Gate eines Leistungs-MOSFET von einem Zeitgeber-Schaltkreis impulsartig angesteuert, um eine Lampe (12 V; 10 W) blinken zu lassen [3]. Die Lampe wird im Betriebszustand mit dem Widerstand $R_L = 14,4\ \Omega$ nachgebildet.

- Wird der Leistungs-MOSFET leistungslos angesteuert?
- Leuchtet die Lampe, wenn am Drain HIGH anliegt?
- Wie erreicht der Leistungs-MOSFET den hohen W/L-Wert?

Antwort
Der MOSFET wird mit $I_G \approx 0$ A nahezu leistungslos angesteuert. Die Lampe leuchtet, wenn ein HIGH-Pegel am Gate anliegt. In diesem Fall gerät Drain auf LOW, weil der hohe Drain-Strom einen großen Spannungsabfall $U_{RL} = U_B - I_D \cdot R_L$ hervorruft. Der Leistungs-MOSFET erreicht dadurch sehr große Kanalweiten W, dass zahlreiche Einzel-MOSFET einander parallel geschaltet werden. Mit einer speziellen Konfiguration von MOSFET-Zellen lassen sich außerdem kurze Kanallängen L erzielen [4].

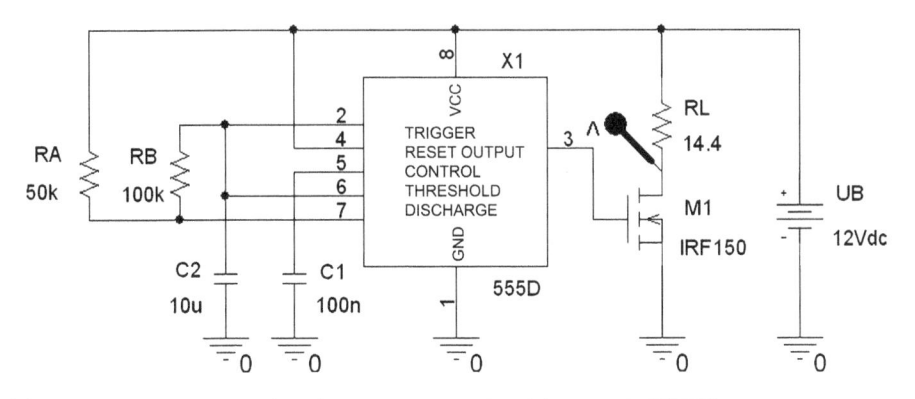

Abb. 6.11 Blinkschaltung mit Leistungs-N-Kanal-Anreicherungs-MOSFET

Tab. 6.2 Vergleich von SPICE-Modellparametern

Symbol	CD4007N	IRF150
L	5 µm	2 µm
W	100 µm	0,3 m
KP	30 µA/V²	20,53 µA/V²
V_{TO}	1 V	2,831 V

Beispiel 6.2

In Tab. 6.2 werden einige Modellparameter des FET CD4007N mit denen des Leistungs-FET IRF150 verglichen. Auffällig ist der enorme Unterschied in der Kanalweite. ◄

Analyse
- PSpice, Edit Simulation profile
- Simulation Settings – Abb. 6.11: Analysis
- Analysis type: Time Domain (Transient)
- Options: General Settings
- Run to time: 6 s
- Start saving data after: 0 ms
- Maximum step size: 10 ms
- Übernehmen, OK
- Pspice, run

Abb. 6.12 zeigt die Zeit-Abhängigkeit des Verbraucherstromes. Die Impulsweite t_W von U_{GS} wird mit Gl. 6.7 berechnet.

$$t_W = 0,7 \cdot C_2 \cdot (R_A + R_B) \tag{6.7}$$

Die Impulspause t_P lässt sich mit Gl. 6.8 berechnen.

$$t_P = 0,7 \cdot R_B \cdot C_2 \tag{6.8}$$

Man erhält (nach dem Einschwingen) t_W = 1,05 s und t_P = 0,7 s.

6.6 CMOS-Inverter

Frage 6.8
In der Inverter-Schaltung von Abb. 6.13 haben die MOSFET die folgenden Modellparameter:

.model CD4007N W = 100 u L = 5 u VTO = 1 KP = 30 u LAMBDA = 10 m
.model CD4007P W = 200 u L = 5 u VTO = −1 KP = 15 u LAMBDA = 10 m

6.6 CMOS-Inverter

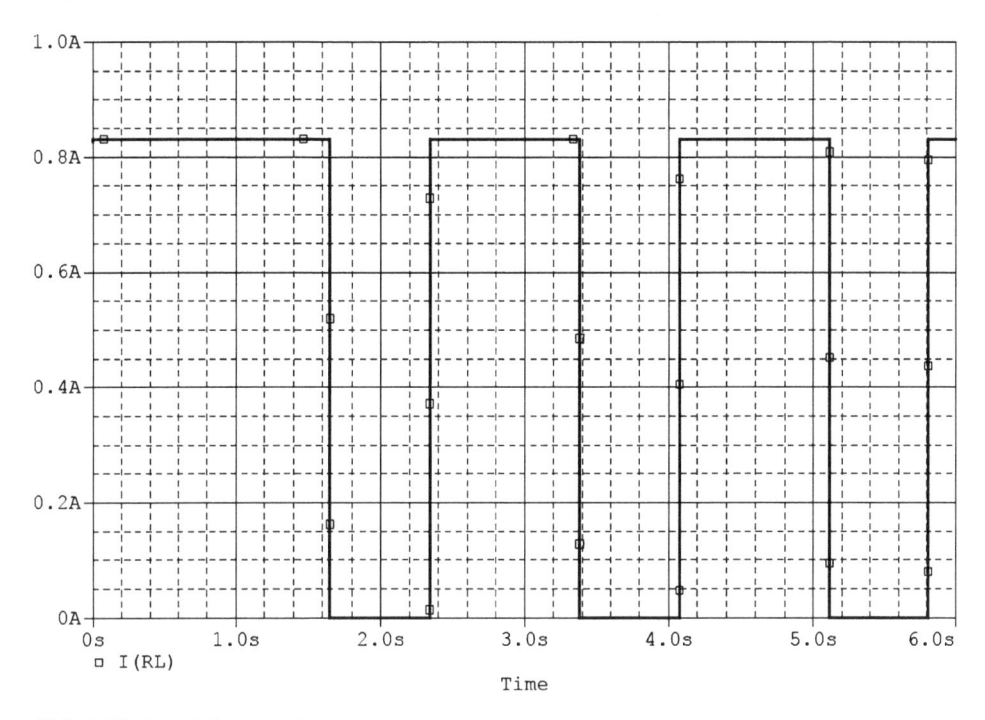

Abb. 6.12 Impulsförmiger Lampenstrom

Abb. 6.13 Schaltung des CMOS-Inverters

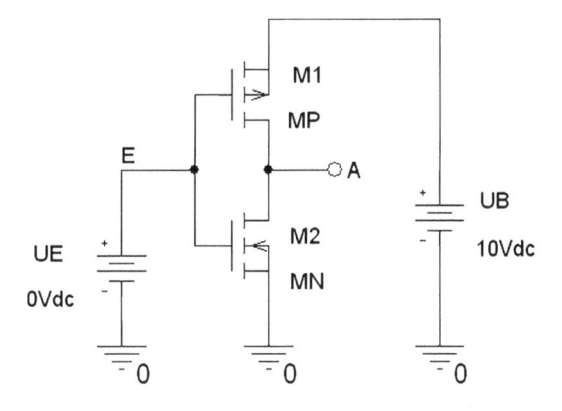

- Welche Vorzüge weisen CMOS-Inverter auf?
- Warum ist die Ruhestrom-Aufnahme sehr gering?
- Unter welcher Bedingung liegt die Schaltschwelle für die Übertragungskennlinie bei der halben Betriebsspannung?
- Warum treten bei der Schaltschwelle Stromspitzen auf?
- Wie groß werden U_{GS1} des PMOSFET und die Ausgangsspannung U_A bei $U_E = 0$ V?
- Wie groß wird U_A bei $U_E = U_B$?

Antwort

CMOS-Inverter sind bei niedrigen Impulsfrequenzen sehr verlustleistungsarm und haben einen hohen Eingangswiderstand. Im Ruhezustand betragen die Verlustleistungen lediglich Nano- bis Mikro-Watt. Die Betriebsspannungen liegen typabhängig in dem großen Bereich von 3 V bis 15 V. Die Betriebsströme sind deshalb so gering, weil je nach der Höhe der anliegenden Eingangsspannung entweder der NMOSFET oder der komplementäre PMOSFET gesperrt sind. Die Schaltschwelle beträgt $U_S = U_B/2$, wenn die beiden MOSFET identische oder zueinander symmetrische Parameter aufweisen. So sollte beispielsweise das Produkt $KP \cdot W$ des NMOSFET demjenigen des PMOSFET entsprechen. Die Schwellspannungen unterscheiden sich allerdings durch das Vorzeichen. Stromspitzen entstehen, wenn beim Umschalten kurzzeitig beide MOSFET leitend werden. Bei $U_E = 0$ V (LOW) liegt am PMOSFET M_1 die Spannung $U_{GS1} = -U_B = -10$ V an. Der NMOSFET M_2 ist mit $U_{GS2} = 0$ V gesperrt, so dass die Ausgangsspannung $U_A = U_{DS2} = U_B$ auf HIGH gerät. Für HIGH am Eingang mit $U_E = U_B$ wird der PMOSFET M_1 gesperrt, weil $U_{GS1} = 0$ V annimmt. Die Betriebsspannung fällt über U_{DS1} ab und der Ausgang erreicht mit $U_{DS2} = 0$ den LOW-Pegel.

Analyse
- PSpice, Edit Simulation profile
- Simulation Settings – Abb. 6.13: Analysis
- Analysis type: DC Sweep
- Options: Primary Sweep
- Sweep variable: Voltage Source
- Name: UE
- Sweep type: Linear
- Start value: 0 V
- End value: 10 V
- Increment: 1 mV
- Übernehmen, OK
- Pspice, run

In Abb. 6.14 wird die bei $U_E = U_B/2$ auftretende Stromspitze gezeigt.

Die Übertragungs-Kennlinie ist in Abb. 6.15 gargestellt. Die Umschaltspannung U_S geht aus dem Schnittpunkt dieser Kennlinie mit der Geraden $U_E = f(U_E)$ mit $U_S = U_B/2 = 5$ V hervor.

Frage 6.9
Die Abb. 6.16 zeigt einen mit zwei CMOS-Invertern aufgebauten astabilen Multivibrator [5]. Die Bauelemente sind wie folgt modelliert:

    .model DS D IS = 10 f A ISR = 1nA CJO = 10 pF
    .model MP PMOS W = 200 u L = 5 u VTO = −1 KP = 15 u LAMBDA = 10 m
    .model MN NMOS W = 100 u L = 5 u VTO = 1 KP = 30 u LAMBDA = 10 m

6.6 CMOS-Inverter

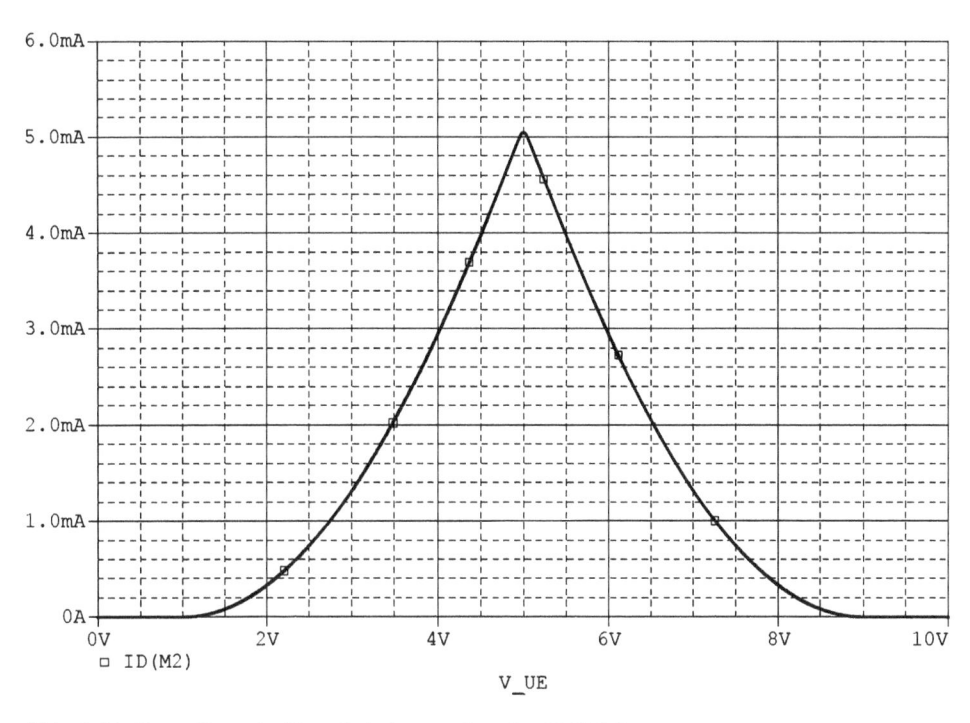

Abb. 6.14 Darstellung der Umschalt-Stromspitze des CMOS-Inverters

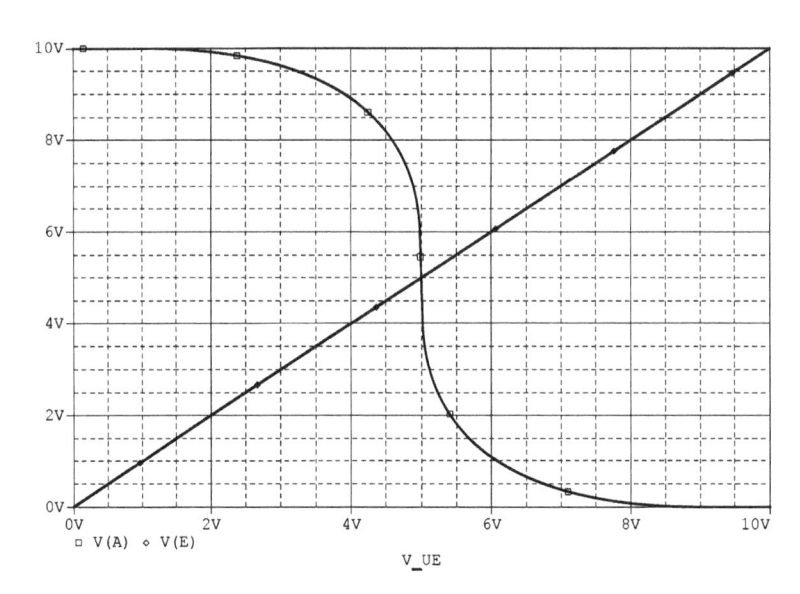

Abb. 6.15 Darstellung der Übertragungs-Kennlinie des CMOS-Inverters

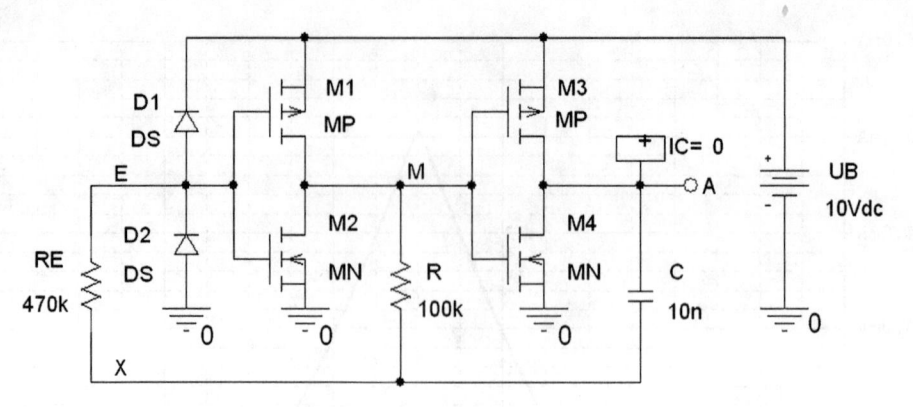

Abb. 6.16 Astabiler CMOS-Multivibrator

- Was bedeutet der Begriff „astabil" bei dieser Schaltung?
- Welchen Logikpegel führt U_A, wenn U_M auf HIGH liegt?
- Wird der Kondensator C geladen oder entladen, wenn U_M auf HIGH ist?
- Bei welcher Spannungshöhe von U_E wechselt U_A von LOW auf HIGH?

Antwort
Mit „astabil" ist gemeint, dass die Ausgangsspannung U_A außerhalb von HIGH (Betriebsspannung U_B) und LOW (Massepotential 0 V) keinen weiteren stabilen Zustand annimmt. Das Inverter-Verhalten bedingt, dass U_A auf LOW ist, solange sich U_M auf HIGH befindet. Von U_M auf HIGH wird C mit der Zeitkonstante $\tau = R \cdot C = 1$ ms aufgeladen. Damit steigen die Spannungen U_{EX} und U_E zunächst an. Sobald die Eingangsspannung den Wert $U_E = U_B/2$ erreicht, wechselt die Ausgangsspannung von LOW auf HIGH. Mit U_M auf LOW wird der Kondensator bis entladen, bis $U_E = -U_B/2$ wird. Dann kehren sich die Pegel-Zustände um.

Analyse
- PSpice, Edit Simulation profile
- Simulation Settings – Abb. 6.13: Analysis
- Analysis type: Time Domain (Transient)
- Options: General Settings
- Run to time: 6 ms
- Start saving data after: 0 s
- Maximum step size: 10 us
- Übernehmen, OK
- Pspice, run

In Abb. 6.17 wird die Gegenphasigkeit von U_M und U_A verdeutlicht. Die Kippfrequenz der Ausgangsspannung ist $f_0 = 1/T$ mit der Periode T nach Gl. 6.9.

6.6 CMOS-Inverter

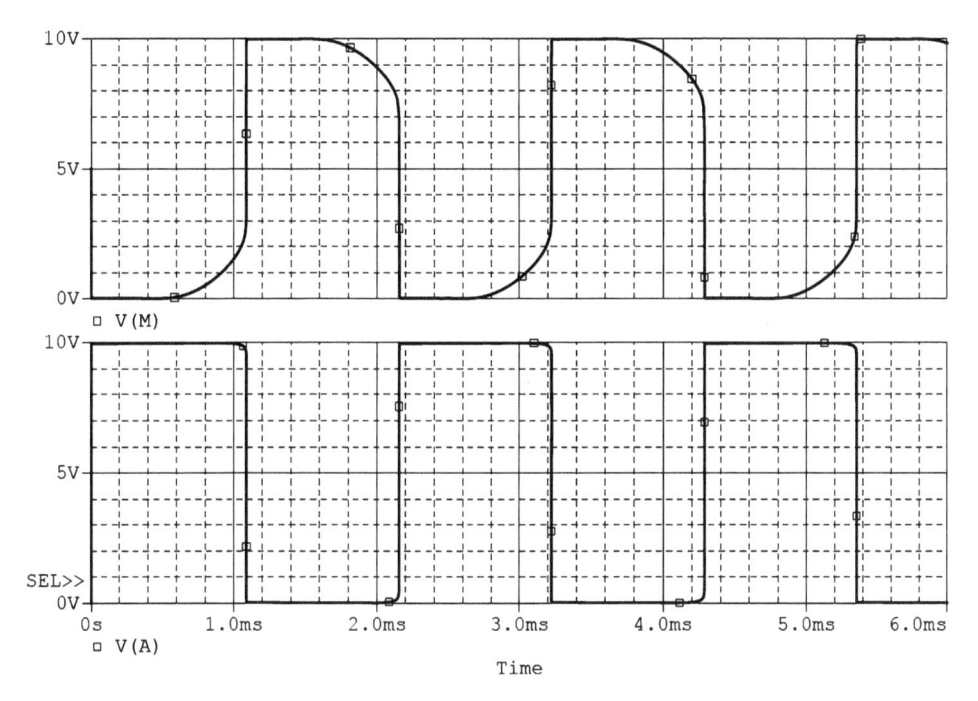

Abb. 6.17 Spannungsverläufe in der Schaltungsmitte und am Ausgang

$$T = \frac{R \cdot C}{\ln(2)} \tag{6.9}$$

Man erhält im Beispiel $T = 1{,}44$ ms und $f_0 = 693$ Hz.

Die Auflade- und Entlade-Vorgänge mit der Auswirkung der Schutzdioden werden in Abb. 6.18 demonstriert.

Frage 6.10
Zu betrachten ist die Schaltung nach Abb. 6.19. Die MOSFET haben die Modellparameter:

.model Mp PMOS W = 200 u L = 100 u VTO = −1 KP = 15 u LAMBDA = 10 m
.model Mn NMOS W = 100 u L = 100 u VTO = 1 KP = 30 u LAMBDA = 10 m

- Inwiefern lässt sich mit dem CMOS-Inverter eine Spannungsverstärkung erzielen?
- Wo liegt der Arbeitspunkt des Inverters bei seiner Anwendung als Verstärker?
- Welche Komponenten bestimmen die Höhe der Schwingfrequenz?
- Sind Eingang E und Ausgang A bezüglich der Masse gegenphasig?
- Wodurch wird die Schwingbedingung erfüllt?

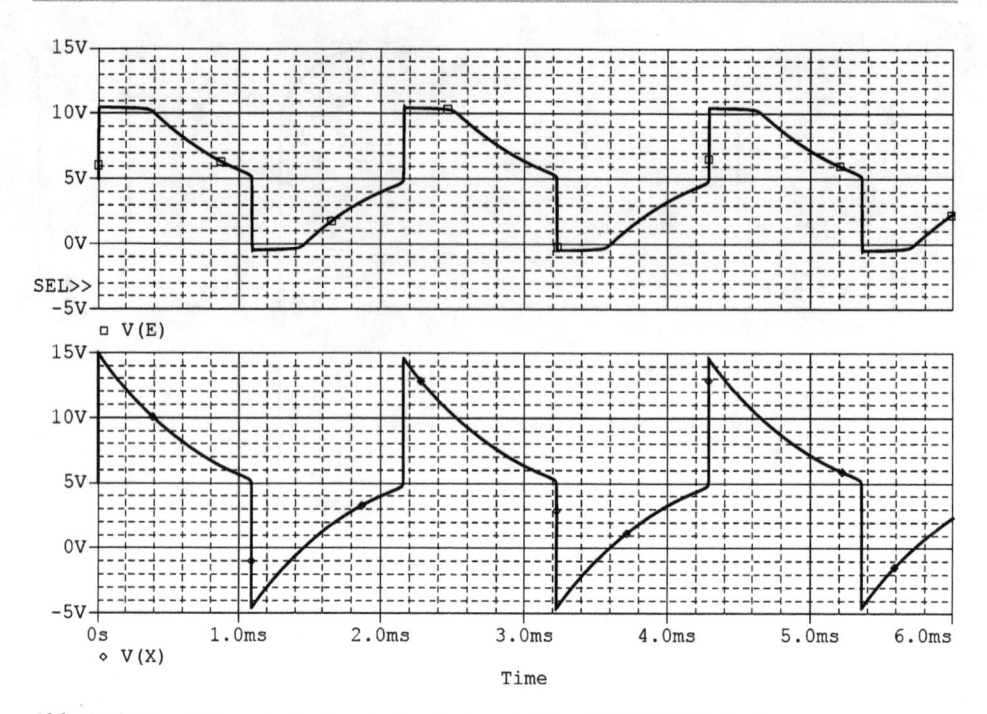

Abb. 6.18 Darstellung des Ladeverhaltens beim astabilen CMOS-Multivibrator

Abb. 6.19 Sinusoszillator mit CMOS-Inverter

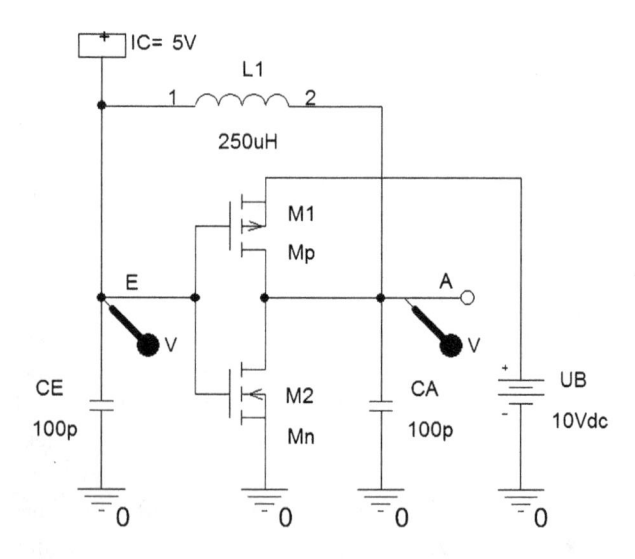

Antwort

Aus der Neigung der Übertragungskennlinie $U_A = f(U_E)$ des CMOS-Inverters in der Umgebung von $U_E = U_B/2$ geht eine Spannungsverstärkung $v_u = \Delta U_A/\Delta U_E$ hervor, siehe Abb. 6.14. Der CMOS-Inverter kann also als ein Analogverstärker dienen. Der Arbeits-

6.6 CMOS-Inverter

punkt des Verstärkers liegt auf der Hälfte der Betriebsspannung, im Beispiel also auf 5 V. Die Höhe der Schwingfrequenz wird mit Gl. 6.10 berechnet.

$$f_0 = \frac{1}{2 \cdot \pi \cdot \sqrt{L \cdot C}} \tag{6.10}$$

Aus $1/C = 1/C_A + 1/C_B$ erhält man $C = 50$ pF und zusammen mit $L = 500$ µH wird $f_0 = 1$ MHz. Die Kapazitäten C_E und C_A sind wechselstrommäßig in Reihe geschaltet und ihre Verbindung liegt auf Massepotential. Eingang und Ausgang sind auf Grund der Inverter-Funktion gegenphasig zueinander. Die Schwingbedingung wird zum einen mit der um 180° versetzten Phase von Eingang und Ausgang und zum anderen mit der Spannungsverstärkung $v_u > 1$ erfüllt. Eine Übersteuerung wird dadurch vermieden, dass bei beiden MOSFET die Kanallänge von $L = 5$ µm auf 100 µm erhöht wird, siehe auch [6].

Analyse
- PSpice, Edit Simulation profile
- Simulation Settings – Abb. 6.18: Analysis
- Analysis type: Time Domain (Transient)
- Options: General Settings
- Run to time: 41 us
- Start saving data after: 40 us
- Maximum step size: 0.001 us
- Übernehmen, OK
- Pspice, run

Die Abb. 6.20 zeigt die Sinus-Schwingungen am Eingang und Ausgang und deren Phasenlage.

6.6.1 CMOS-Übertragungsgatter

Frage 6.11
In der CMOS-Schaltung nach Abb. 6.21 wird ein Übertragungsgatter als Analogschalter dargestellt.

Die MOSFET weisen die folgenden Modellparameter auf:

.model Mpb PMOS W = 200 u L = 5 u VTO = −1 KP = 15 u LAMBDA = 10 m GAMMA = 0.7
.model Mnb NMOS W = 100 u L = 5 u VTO = 1 KP = 30 u LAMBDA = 10 m GAMMA = 0.7

- Ist das Übertragungsgatter mit der angelegten Betriebsspannung U_B leitfähig?
- Welche Kenngrößen bestimmen den Durchlasswiderstand R_{ON} des Gatters?

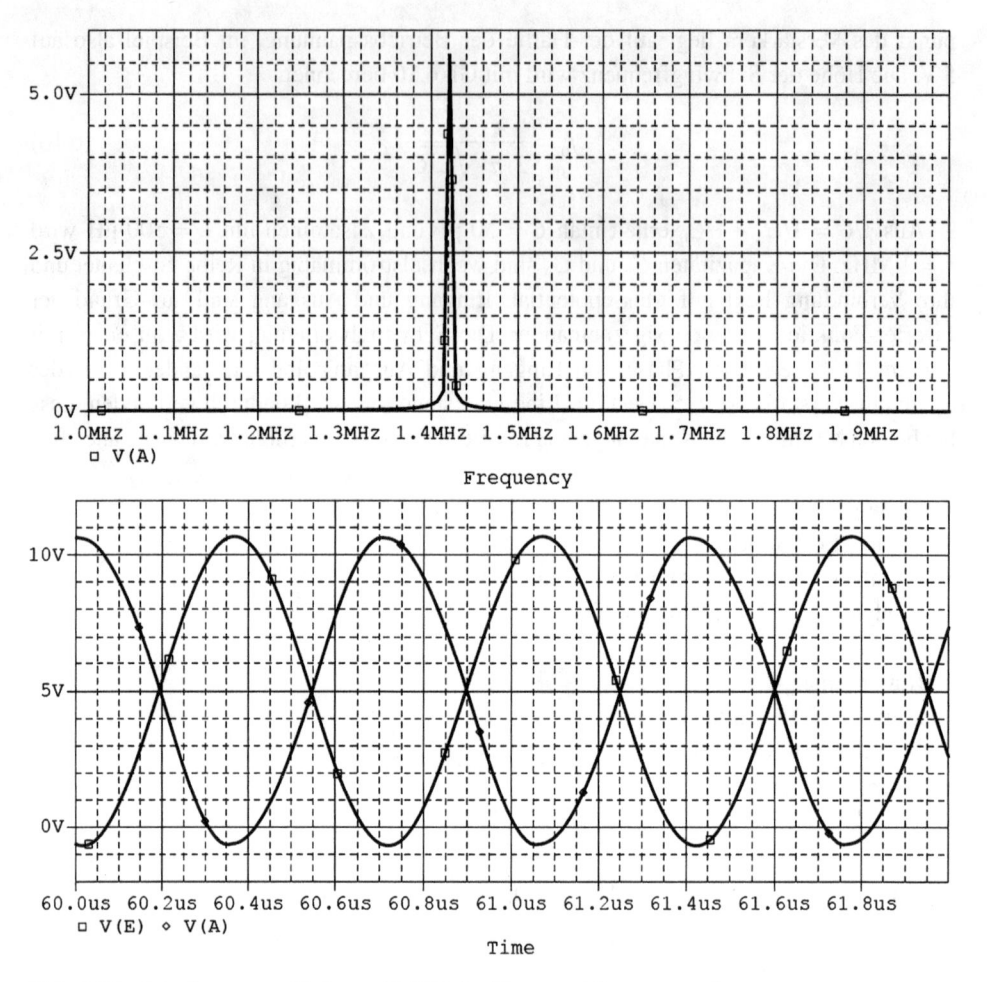

Abb. 6.20 Schwingungsverläufe am CMOS-Oszillator und Frequenzanalyse

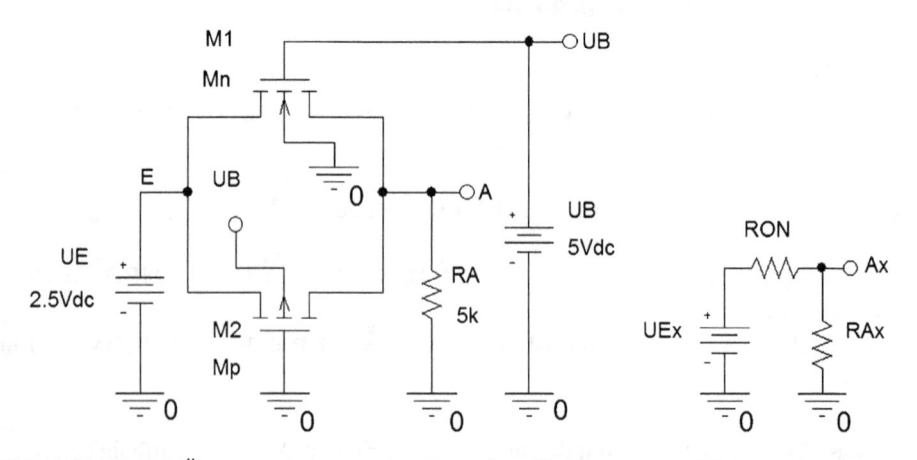

Abb. 6.21 CMOS-Übertragungsgatter mit anliegendem Gleichspannungs-Eingangssignal

6.6 CMOS-Inverter

- Über welche Größen hängt die Ausgangsspannung mit der Eingangsspannung zusammen?
- Wie hoch ist R_{ON} bei $U_A = 2{,}09$ V?

Antwort

Mit dem Potential 5 V am Gate des NMOSFET M_1 und 0 V am Gate des PMOSFET M_2 wird die notwendige Bedingung für ein leitfähiges Übertragungsgatter erfüllt. Ist die Eingangsspannung U_{GS1} des Transistors M_1 positiver als seine vom Modellparameter *GAMMA* bestimmte Schwellspannung V_{TH1} und ist ferner U_{GS2} des Transistors M_2 negativer als dessen Schwellspannung V_{TH2}, dann machen anteilig beide MOSFET das Gatter leitend. Für den Analogschalter kann der Durchgangswiderstand R_{ON} mit Gl. 6.11 berechnet werden.

$$R_{ON} = R_A \cdot \left(\frac{U_E}{U_A} - 1 \right) \quad (6.11)$$

Mit $U_A = 2{,}09$ V, $U_E = 2{,}5$ V und $R_A = 5$ kΩ wird $R_{ON} = 981$ Ω.

Analyse
- PSpice, Edit Simulation profile
- Simulation Settings – Abb. 6.21: Analysis
- Bias Point, Include semiconductors
- Übernehmen, OK
- Pspice, run

In Tab. 6.3 sind die Ergebnisse der Arbeitspunktanalyse zusammengestellt. Beide MOSFET arbeiten im linearen Bereich. Der Durchgangswiderstand der MOSFET ist $R_{ON} = U_{DS}/I_D$. Mit den Werten von Tab. 6.3 folgen $R_{ON1} = 1511$ Ω für den NMOSFET M_1 und $R_{ON2} = 2738$ Ω für den PMOSFET M_2. Aus der Parallelschaltung der beiden Transistoren folgt $R_{ON} = 973$ Ω für das Übertragungsgatter.

Bei kleinen Eingangsspannungen U_E wird der Gatterwiderstand R_{ON} vom NMOSFET M_1 bestimmt. Bei den höheren Spannungswerten übernimmt dagegen der PMOSFET M_2 die Durchleitung des Eingangssignals.

Tab. 6.3 Arbeitspunktanalyse

NAME	M_M1	M_M2
MODELL	Mn	Mp
I_D	270 μA	−149 μA
U_{GS}	2,91 V	−2,50 V
U_{DS}	0,408 V	−0,408 V
U_{BS}	−2,09 V	2,50 V
V_{TH}	1,61 V	−1,69 V

Analyse
- PSpice, Edit Simulation profile
- Simulation Settings – Abb. 6.20: Analysis
- Analysis type: DC Sweep
- Options: Primary Sweep
- Sweep variable: Voltage Source
- Name: UE
- Sweep type: Linear
- Start value: 1 uV
- End value: 5 V
- Increment: 1 mV
- Übernehmen, OK
- Pspice, run

Das Analyseergebnis zur Abhängigkeit der Drain-Ströme von der Eingangsspannung wird in Abb. 6.22 gezeigt.

Die Einschaltwiderstände der beiden MOSFET und des Übertragungsgatters sind in Abb. 6.23 dargestellt.

Frage 6.12
In Abb. 6.24 wird ein Impuls an das kapazitiv belastete Übertragungsgatter [1] angelegt.

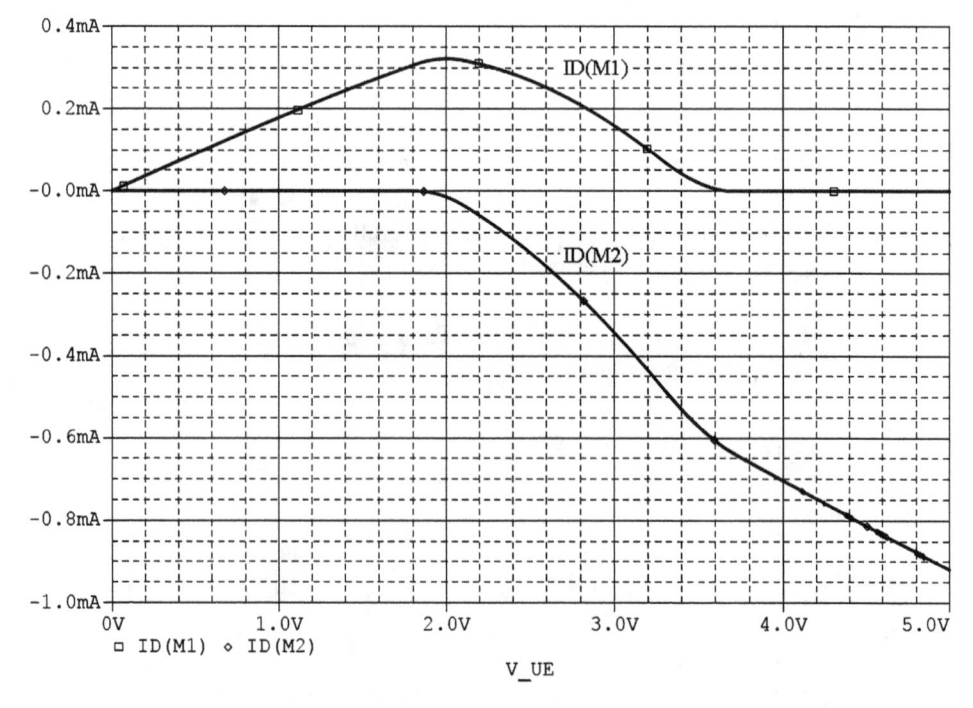

Abb. 6.22 Drainströme des NMOSFET und des PMOSFET als Funktion der Eingangsspannung

6.6 CMOS-Inverter

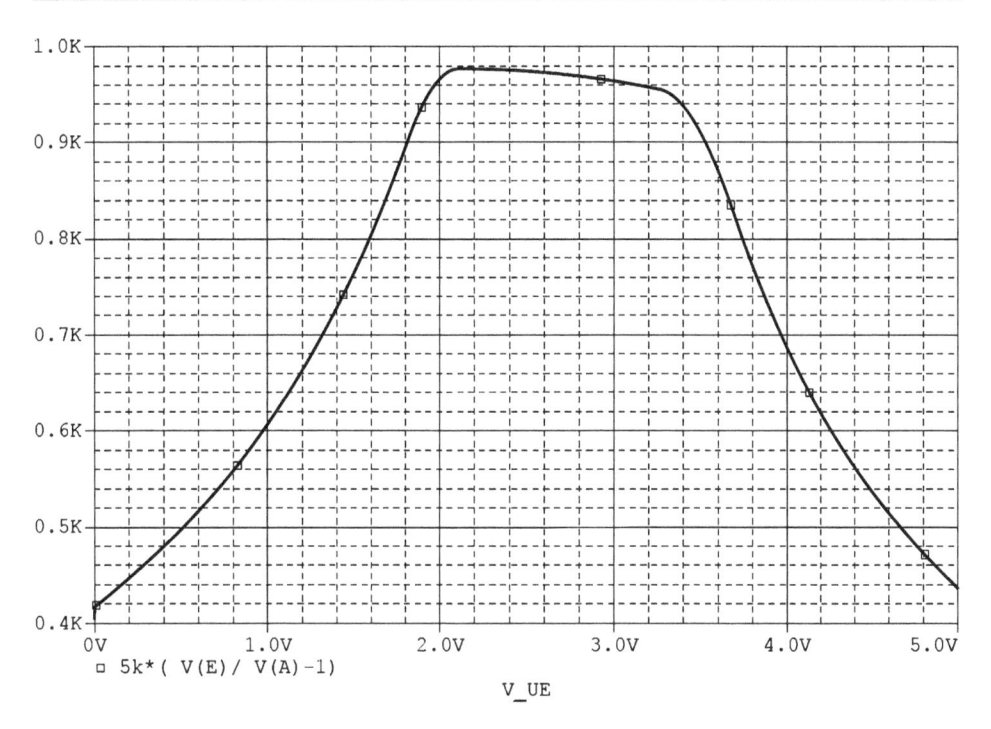

Abb. 6.23 Durchgangswiderstand in Abhängigkeit von der Eingangsspannung

- Erscheint am Ausgang ein invertiertes Signal?
- Wie wirken sich die Kapazitäten der MOSFET und der Last aus?

Antwort
Der Ausgangsimpuls ist gegenüber dem Eingangsimpuls nicht invertiert. Die Pulshöhen von Eingang und Ausgang sind gleich hoch. Bei höherer Pulsfrequenz führen die Transistor-Kapazitäten und die Lastkapazität in Verbindung mit den MOSFET-Widerständen dazu, dass die Flanken des Ausgangsimpulses abgeflacht werden.

Analyse
- PSpice, Edit Simulation profile
- Simulation Settings – Abb. 6.23: Analysis
- Analysis type: Time Domain (Transient)
- Options: General Settings
- Run to time: 200 ns
- Start saving data after: 0 s
- Maximum step size: 0.1 ns
- Parametric Sweep,
- Sweep variable: Global Parameter
- Parameter Name: CL
- Sweep type: Value list 0.1f 1p

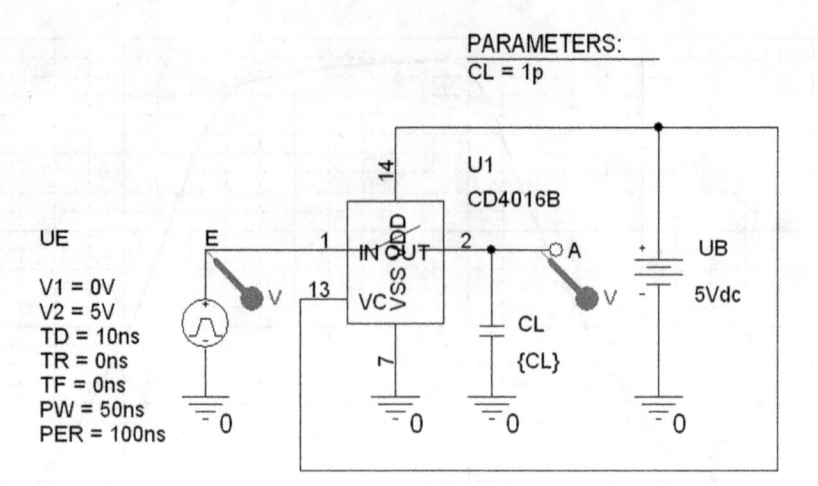

Abb. 6.24 Übertragungsgatter vom Typ CD4016B mit kapazitiver Last

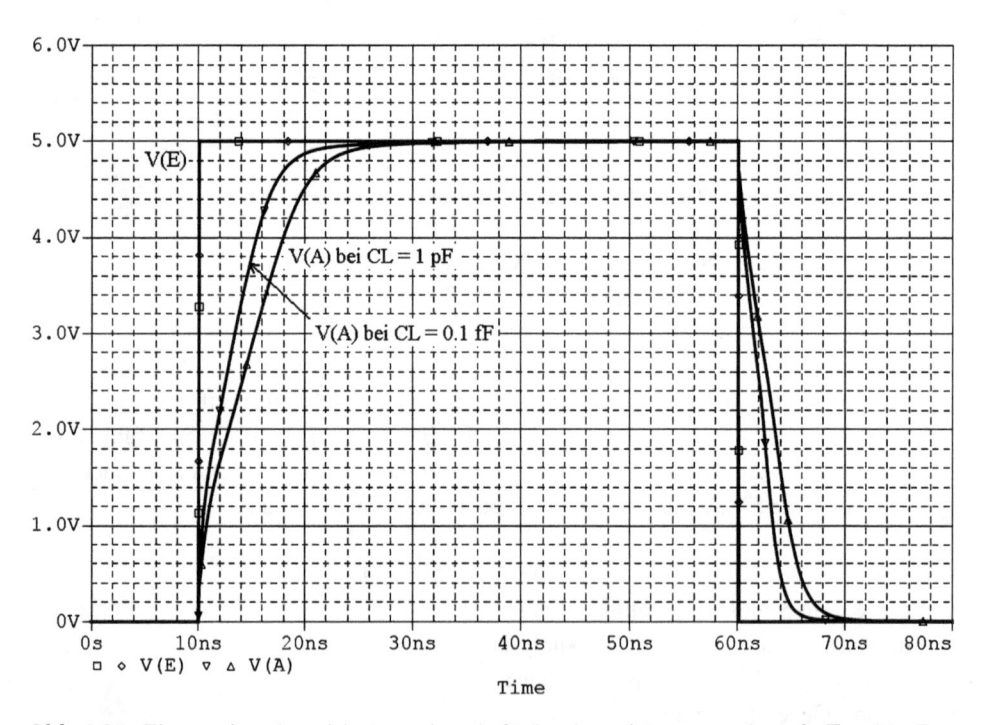

Abb. 6.25 Eingangsimpuls und Ausgangsimpuls für Lastkapazitäten von nahezu 0 pF und 1 pF

- Übernehmen, OK
- Pspice, run

Mit dem Analyseergebnis von Abb. 6.25 werden die zuvor gemachten Aussagen bestätigt. Bei fehlender Lastkapazität bewirken bereits allein die MOSFET-Kapazitäten eine Verformung des Ausgangsimpulses.

6.7 CMOS-Multiplexer

Frage 6.13
In Abb. 6.26 wird die Schaltung eines Daten-Multiplexers [1] gezeigt.

- Welche Baugruppen enthält die Schaltung?
- Welcher Logikzustand liegt am Knoten SI, wenn die Steuerleitung S auf HIGH ist?
- Welche Datenquelle sendet ihr Signal zum Ausgang F, wenn die Steuerleitung S auf HIGH ist?

Antwort
Der Multiplexer enthält zwei CMOS-Übertragungsgatter, die von den Pulsquellen U_A bzw. U_B gespeist werden sowie einen zur Steuerung dienenden CMOS-Inverter. Liegt der Steuereingang S mit 5 V auf HIGH, dann ist der invertierte Ausgang SI mit 0 V auf LOW. Führt der Knoten S den HIGH-Pegel, dann wird Signal A durch geleitet und Signal B gesperrt. Bei Knoten S auf LOW wird dagegen Signal A gesperrt und Signal B gelangt zum Ausgang.

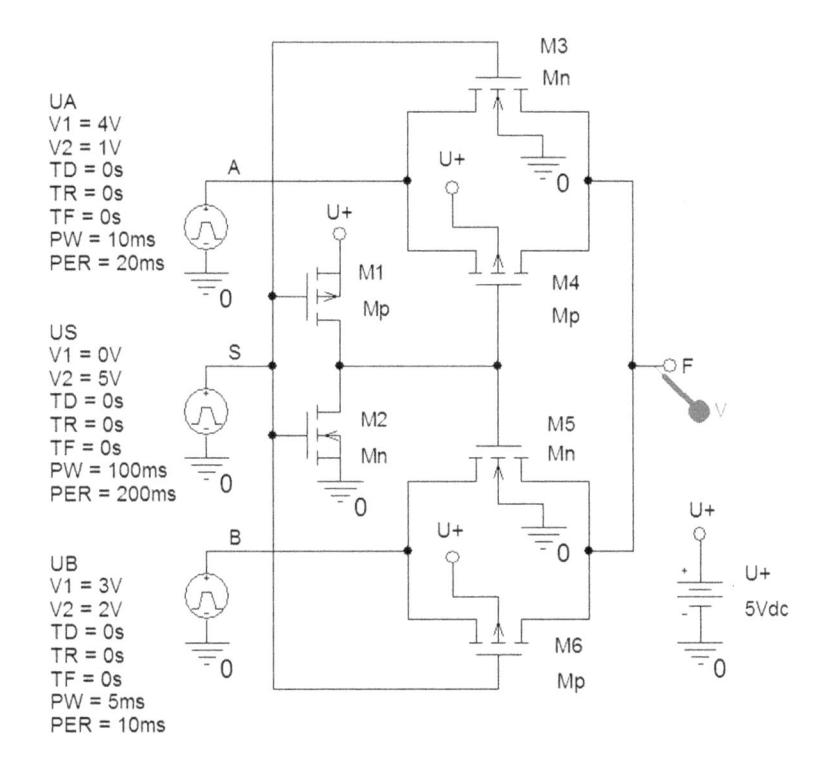

Abb. 6.26 CMOS-Multiplexer

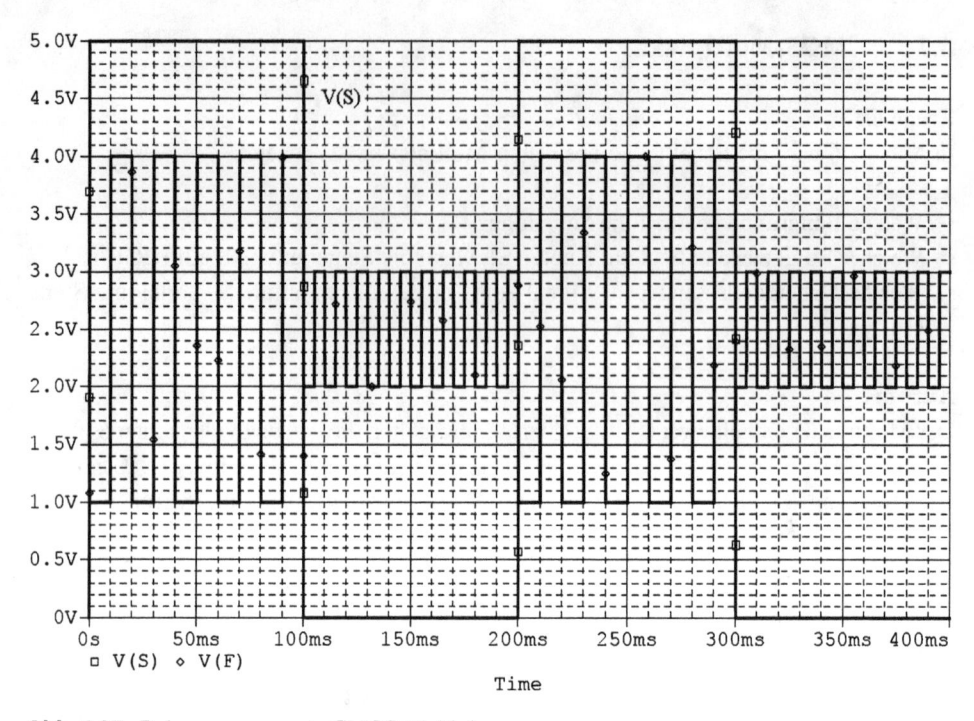

Abb. 6.27 Pulsspannungen am CMOS-Multiplexer

Analyse
- PSpice, Edit Simulation profile
- Simulation Settings – Abb. 6.25: Analysis
- Analysis type: Time Domain (Transient)
- Options: General Settings
- Run to time: 400 ms
- Start saving data after: 0 s
- Maximum step size: 0.1 ms
- Übernehmen, OK
- Pspice, run

Das Analyseergebnis nach Abb. 6.27 verdeutlicht die Signal-Durchleitung.

Literatur

1. Post, H.-U.: Entwurf und Technologie hochintegrierter Schaltungen. B. G. Teubner, Stuttgart (1989)
2. Baumann, P., Möller, W.: Schaltungssimulation mit Design Center. Fachbuchverlag Leipzig-Köln, Leipzig (1994)
3. Kainka, B.: Handbuch der analogen Elektronik. Franzis Verlag, Poing (2000)
4. Nührmann, D.: Power MOSFETs. RPB Taschenbuch Franzis Verlag, München (1993)
5. Lancaster, D.: Das CMOS-Kochbuch. IWT-Verlag, München (1994)
6. Müller, K.H.: Elektronische Schaltungen und Systeme. Vogel Buchverlag, Würzburg (1990)

Operationsverstärker 7

Zusammenfassung

Zu gezielten Fragen betreffs vorgegebener SPICE-Modelle von Operationsverstärkern werden Antworten angegeben, mit denen schrittweise wichtige statische und dynamische Parameter dieser vielseitig einsetzbaren Bauelemente erfasst werden. Die Beantwortung von Fragen zum invertierenden und nicht invertierenden Verstärker, zu Komparator-Schaltungen, Umformern, Abtast-Halte-Schaltungen, Multivibratoren und Oszillatoren schließt SPICE-Analysen wie die Übertragungsfunktion, die Frequenzanalyse und die Transienten-Analyse ein. Bei den Rechenschaltungen wie Addierer, Integrator und Logarithmierer wird dazu angeregt, nicht nur Fragen zur grundsätzlichen Wirkungsweise zu beantworten, sondern auch überschaubare Berechnungen auszuführen, die anschließend mit SPICE-Analysen vertieft werden.

7.1 Aufbau und SPICE-Modelle

Frage 7.1
Die Abb. 7.1 zeigt das Schaltsymbol eines Operationsverstärkers sowie dessen Nachbildung durch ein idealisiertes Modell.

- Welche Werte hat ein *idealer* Operationsverstärker bezüglich der Größen: Differenzverstärkung v_D, Eingangsstrom I_N bzw. I_P, Eingangswiderstand R_I, Ausgangswiderstand R_O, Gleichtaktunterdrückung CMR, Slew Rate SR, Transitfrequenz f_T?
- Wie wird die angegebene Quelle bezeichnet?

Abb. 7.1 Schaltsymbol und einfaches Modell des Operationsverstärkers

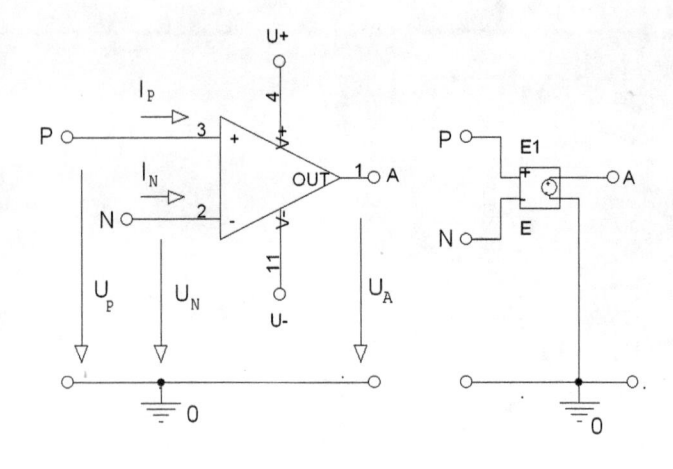

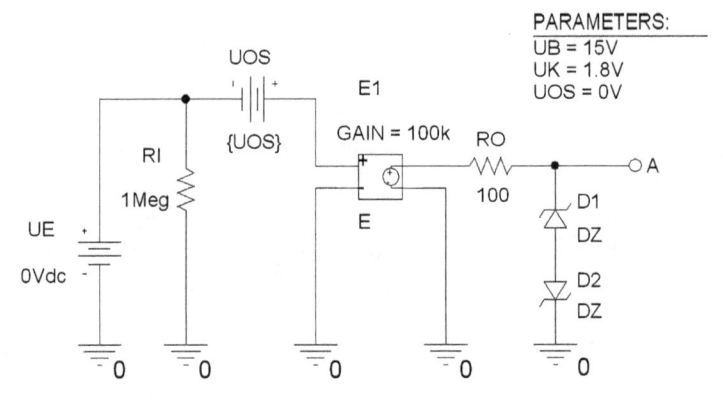

Abb. 7.2 Gleichstrom-SPICE-Modell des Operationsverstärkers mit der Offset-Spannung als Parameter

Antwort
Für den idealen Operationsverstärker sind $v_D = \infty$, $I_N = I_P = 0$, $R_I = \infty$, $R_O = 0$, $CMR = \infty$, $SR = \infty$, $f_T = \infty$. Die Quelle E ist eine lineare, spannungsgesteuerte Spannungsquelle. Mit dem SPICE-Parameter *GAIN* kann die Höhe der Spannungsverstärkung festgelegt werden.

Frage 7.2
In Abb. 7.2 wird ein Gleichstrom-Modell für den mit Bipolar-Technologie erzeugten Operationsverstärker vorgestellt [1–3]. Die Z-Dioden begrenzen die Ausgangsspannung auf die Höhe der Sättigungsspannungen mit der Modellierung [4]:

.model DZ D BV = {UB-UK}.

- Welche SPICE-Analyse führt zur Übertragungskennlinie mit U_B = 5 V, 10 V und 15 V?
- Wie beeinflusst eine Eingangs-Offset-Spannung $U_{OS} = -1$ mV (anstelle von $U_{OS} = 0$ V) die Übertragungskennlinie bei U_B = 15 V?

7.1 Aufbau und SPICE-Modelle

- Mit welcher SPICE-Analyse erhält man die Werte von Differenzverstärkung, Eingangswiderstand und Ausgangswiderstand?

Antwort

Zur Darstellung der Übertragungskennlinie $U_A = f(U_E)$ ist die Kennlinienanalyse DC-Sweep anzusetzen.

Analyse
- PSpice, Edit Simulation Profil
- Simulation Settings – Abb. 7.2: Analysis
- Analysis type: DC Sweep
- Options: Primary Sweep
- Sweep variable: Voltage Source
- Name: UE
- Sweep type: Linear
- Start value: −200 uV
- End value: 200 uV
- Increment: 1 uV
- Options: Parametric Sweep
- Parameter Name: UB
- Sweep type: Value List: 5 V 10 V 15 V
- Übernehmen, OK
- PSpice, run

Die Abb. 7.3 zeigt die Übertragungskennlinien für die vorgegebenen Betriebsspannungen. Die Steigung $\Delta U_A / \Delta U_E$ dieser Kennlinien entspricht der Differenzverstärkung $v_D = 1 \cdot 10^5$.

Bei realen Operationsverstärkern ist die Ausgangsspannung $U_A \neq 0$ V für $U_E = 0$ V. Im Beispiel verschiebt sich die Übertragungskennlinie nach links auf $U_A = 0$ V bei $U_E = U_{OS} = -1$ mV.

Analyse
- PSpice, Edit Simulation Profil
- Simulation Settings – Abb. 7.3: Analysis
- Analysis type: DC Sweep
- Options: Primary Sweep
- Sweep variable: Voltage Source
- Name: UE
- Sweep type: Linear
- Start value: −2 mV
- End value: 1 mV
- Increment: 1 uV
- Options: Secondary Sweep

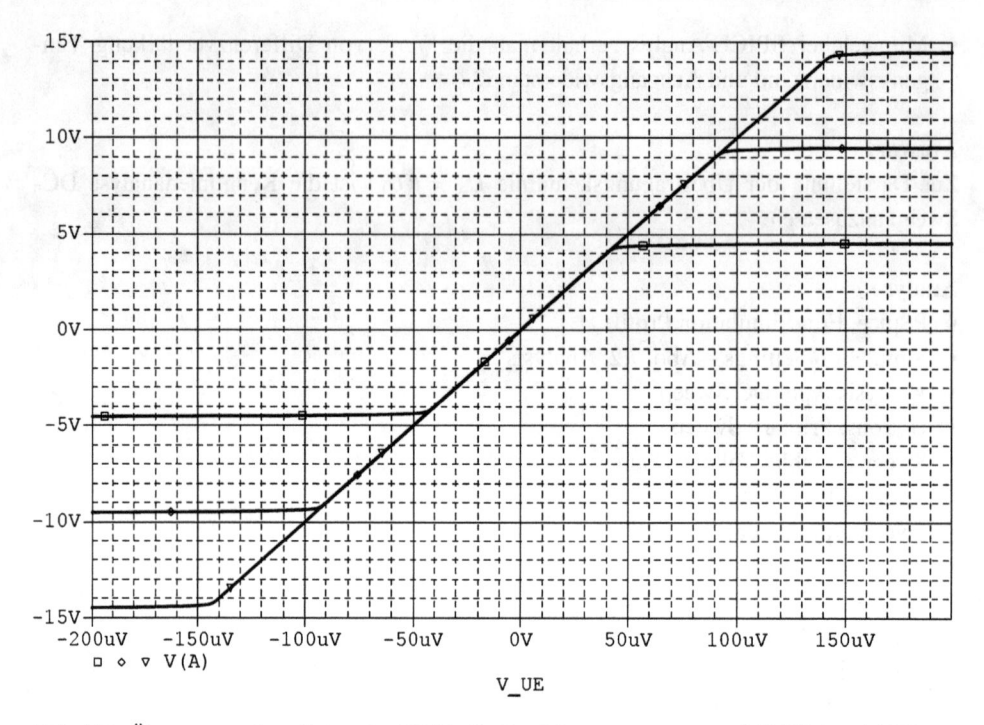

Abb. 7.3 Übertragungskennlinien des OP für die Betriebsspannungen von 5 V, 10 V und 15 V

- Sweep variable: Voltage Source
- Name: UOS
- Sweep type: value List 0 V 1 mV
- Übernehmen, OK
- PSpice, run

In Abb. 7.4 wird der Einfluss der Offset-Spannung sichtbar.

Die Werte von v_D, R_I und R_O folgen aus der SPICE-Analyse für die Übertragungsfunktion.

Analyse
- PSpice, Edit Simulation profile
- Simulation Settings – Abb. 7.3: Analysis
- Analysis type: Bias Point
- Include semiconductors
- calculate small-signal DC gain (.TF)
- from input source name: UE
- to output variable: V(A)
- Übernehmen, OK
- PSpice, run

7.1 Aufbau und SPICE-Modelle

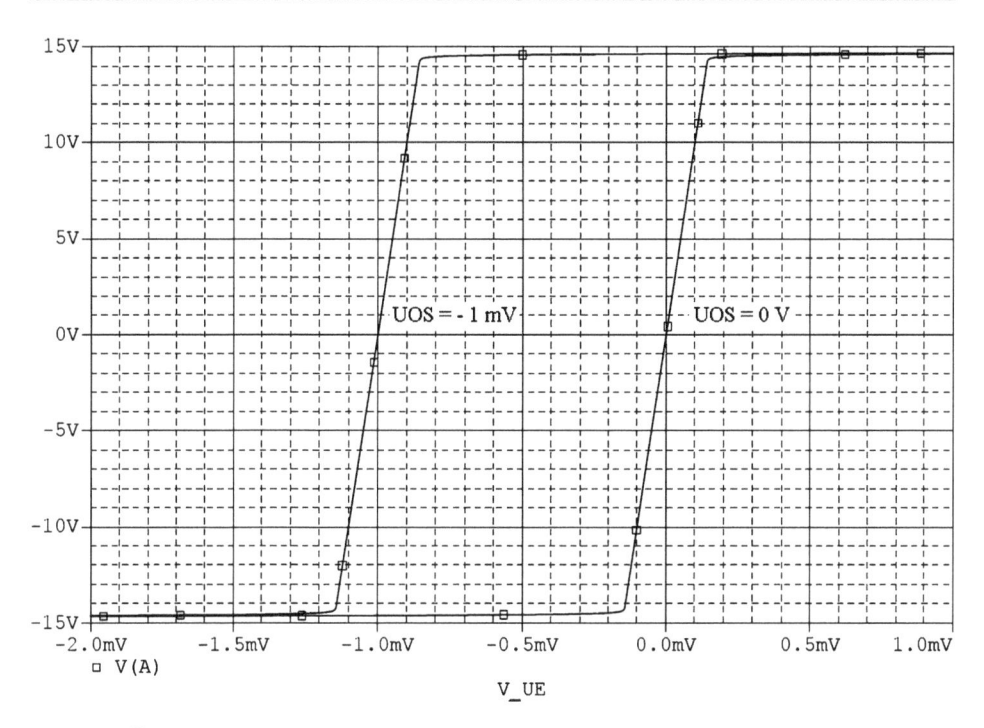

Abb. 7.4 Übertragungskennlinien des OP mit der Offset-Spannung von 0 V und −1 mV

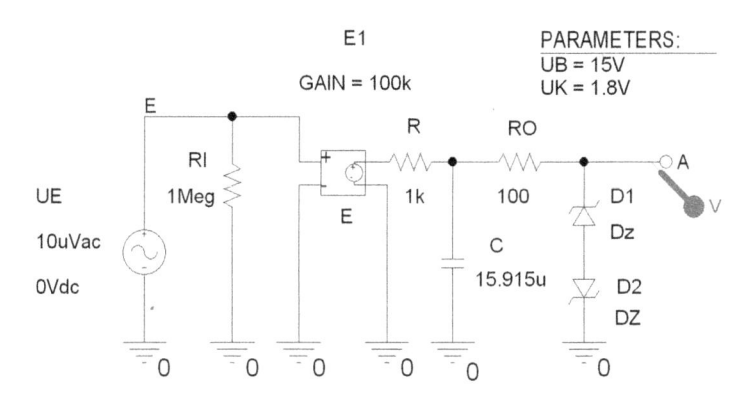

Abb. 7.5 HF-Modell des Operationsverstärkers

Im Ergebnis erscheinen: Differenzverstärkung $v_D = V(A)/V(E) = v_D = 1 \cdot 10^5$, Eingangswiderstand R_I bei V_UE $= 1 \cdot 10^6 \, \Omega$, Ausgangswiderstand R_O bei V(A) $= 100 \, \Omega$.

Frage 7.3
In Abb. 7.5 ist ein HF-Kleinsignal-Modell für einen in Bipolar-Technologie erzeugten Operationsverstärker dargestellt [4].

- Wie bezeichnet man die eingefügte Baugruppe aus Widerstand R und Kapazität C?
- Wie wird die Grenzfrequenz f_g dieser Baugruppe berechnet?
- Wie gelangt man von der Grenzfrequenz f_g zur Transitfrequenz f_T?
- Welche Analyseart ist anzuwenden, um die Grenzfrequenzen zu ermitteln?

Antwort
Die RC-Baugruppe entspricht einem passiven Tiefpass. Bei der Grenzfrequenz f_g nach Gl. 7.1 beträgt die Dämpfung −3 dB. Das bedeutet, dass der Übertragungsfaktor bei $f = f_g$ um den Faktor $1/\sqrt{2}$ gegenüber seinem NF-Wert verringert ist.

$$f_g = \frac{1}{2 \cdot \pi \cdot R \cdot C} \tag{7.1}$$

Im Beispiel ist f_g = 10 Hz.

Die Transitfrequenz f_T entspricht nach Gl. 7.2 dem Produkt aus Differenzverstärkung v_D und der Grenzfrequenz f_g.

$$f_T = v_D \cdot f_g \tag{7.2}$$

Man erhält f_T = 1 MHz.

Zur Ermittlung der Grenzfrequenzen ist die Analyseart *Frequenzbereichsanalyse* AC Sweep anzuwenden.

Analyse
- PSpice, Edit Simulation Profile
- Simulation Settings – Abb. 7.3: Analysis
- Analysis type: AC Sweep/Noise
- AC Sweep Type, Logarithmic Decade
- Start Frequency: 10 mHz
- End Frequency: 1 MegHz
- Points/Decade: 100
- Übernehmen, OK
- PSpice, run

In Abb. 7.6 sind die Frequenzgänge von Betrag und Phase der Differenzverstärkung dargestellt. Bei der Grenzfrequenz f_g ist der Phasenwinkel $\varphi_g = -45°$.

Frage 7.4
Die Abb. 7.7 beinhaltet Schaltungen zur Analyse des Gleichtaktbetriebs [4].

- Welche Werte erreichen für den idealen Operationsverstärker die Größen: Ausgangsspannung, Gleichtaktverstärkung und Gleichtaktunterdrückung?
- Welche Bedeutung hat die Gleichtaktunterdrückung?

7.1 Aufbau und SPICE-Modelle

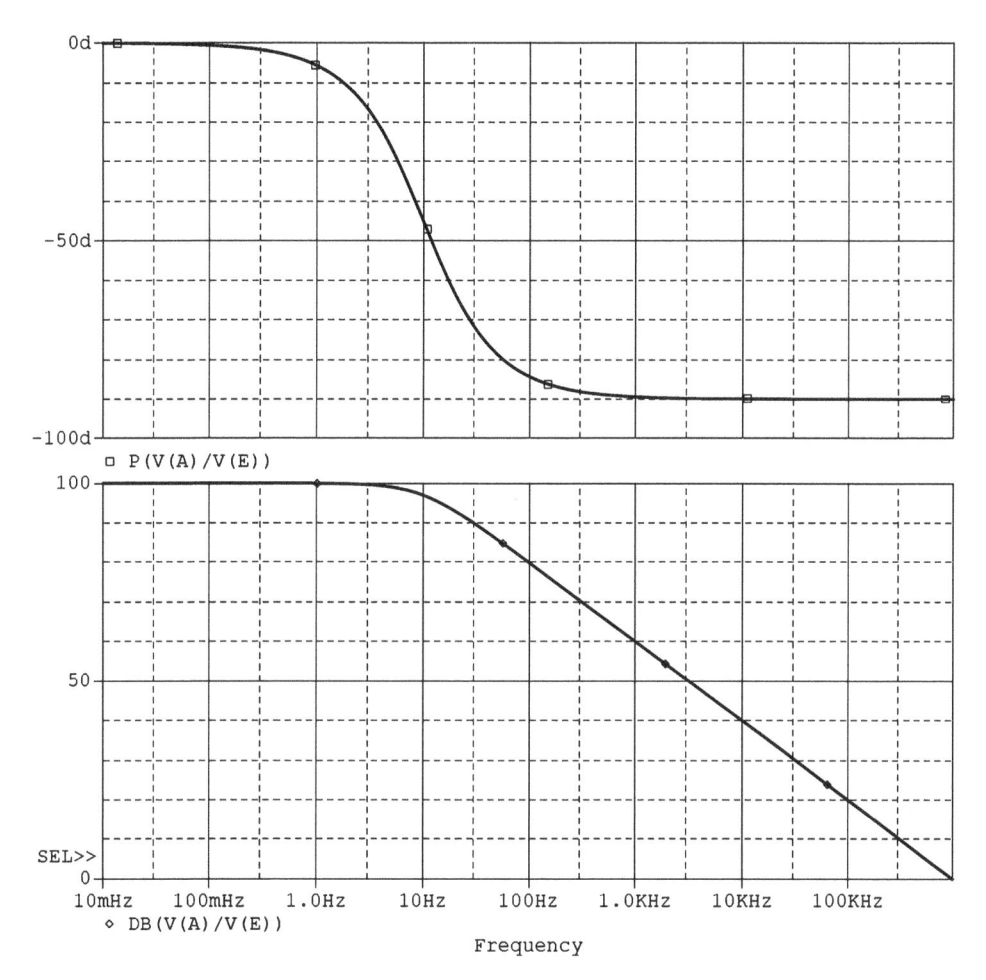

Abb. 7.6 Frequenzabhängigkeit der Differenzverstärkung nach Betrag und Phase

- Wie viel Dezibel erreicht die Gleichtaktunterdrückung G für das gegebene Modell des realen Operationsverstärkers bei einer Gleichtaktverstärkung $v_{Gl} = U_A/U_{Gl} = -3{,}162$?

Antwort

Für den idealen Operationsverstärker sind $U_A = 0$, $v_{Gl} = U_A/U_{Gl} = 0$ und $G = v_D/|v_{Gl}| = \infty$.

Bei einer hohen Gleichtaktunterdrückung wirken sich Änderungen von Einflussgrößen wie der Temperatur nur geringfügig auf die Ausgangsspannung aus, weil beispielsweise die Transistoren der Differenzverstärker-Eingangsstufe in gleicher Weise mit diesem Gleichtaktsignal beaufschlagt werden [3, 5]. Die Gleichtaktunterdrückung folgt aus Gl. 7.3.

$$G = \frac{v_D}{\cdot |V_{GL}|} \tag{7.3}$$

Abb. 7.7 Modelle zum Gleichtaktbetrieb des idealen und realen Operationsverstärkers

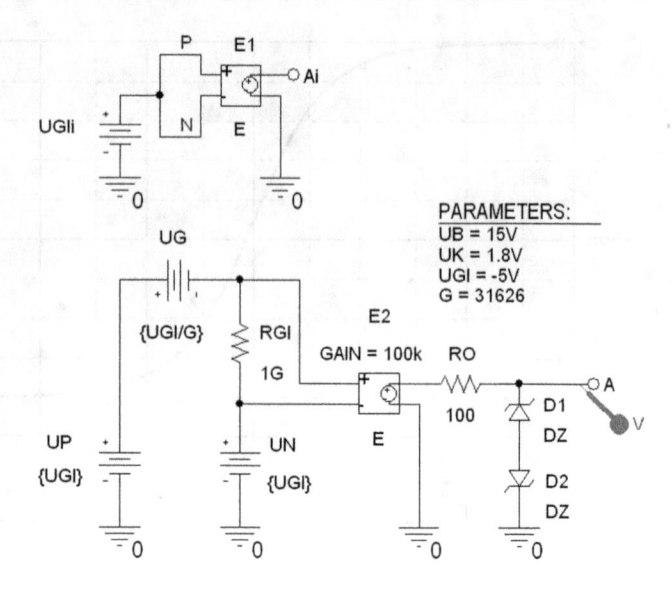

PARAMETERS:
UB = 15V
UK = 1.8V
UGI = -5V
G = 31626

Mit $v_D = 1 \cdot 10^5$ und $|v_{Gl}| = -3{,}162$ wird $G = 31.626 = 90$ dB.

Für Gleichtaktbetrieb gilt $U_P = U_N = U_{Gl}$. In einfacher Darstellung wird die Gleichtaktspannung U_{Gl} an die Verbindung von P- und N-Eingang angelegt. Die Gl. 7.4 lässt erkennen, dass Gleichtaktspannungen nur kleine Ausgangsspannungen erzeugen.

$$U_A = v_D \cdot \frac{U_{Gl}}{G} \qquad (7.4)$$

Im Modell des realen Operationsverstärkers werden die Ungleichheit technologischer Parameter und der endliche Widerstand der Konstant-Stromquelle mit dem Term U_{Gl}/G berücksichtigt. Die Spannungen U_P und U_N liegen in gleicher Höhe an. Der Eingangswiderstand R_{Gl} erscheint bei bipolaren Varianten von Operationsverstärkern in der Höhe von 1 GΩ. Das Modell gilt für den Fall, dass die Offset-Spannung U_{OS} bereits kompensiert ist.

Analyse
- PSpice, Edit Simulation Profil
- Simulation Settings – Abb. 7.7: Analysis
- Analysis type: DC Sweep
- Options: Primary Sweep
- Sweep variable: Global Parameter
- ParameterName: UGL
- Sweep type: Linear
- Start value: −10 V
- End value: 10 V
- Increment: 1 mV

7.1 Aufbau und SPICE-Modelle

- Übernehmen, OK
- PSpice, run

Aus dem negativen Anstieg der Übertragungskennlinie nach Abb. 7.8 geht die vorgegebene Gleichtaktverstärkung $v_{Gl} = -3{,}22$ hervor.

Frage 7.5

In Abb. 7.9 wird eine Variante zur Darstellung der Gleichtaktkennlinie $U_A = f(U_{Gl})$ angegeben.

- Wie berechnet man die Ausgangsspannung?
- Warum erscheint der Differenz-Eingangswiderstand $R_I = 1\,\text{M}\Omega$ nicht in diesem Modell?
- Mit welcher SPICE-Analyse lassen sich Gleichtaktverstärkung v_{Gl}, Gleichtaktwiderstand R_{Gl} und Ausgangswiderstand R_O ermitteln?

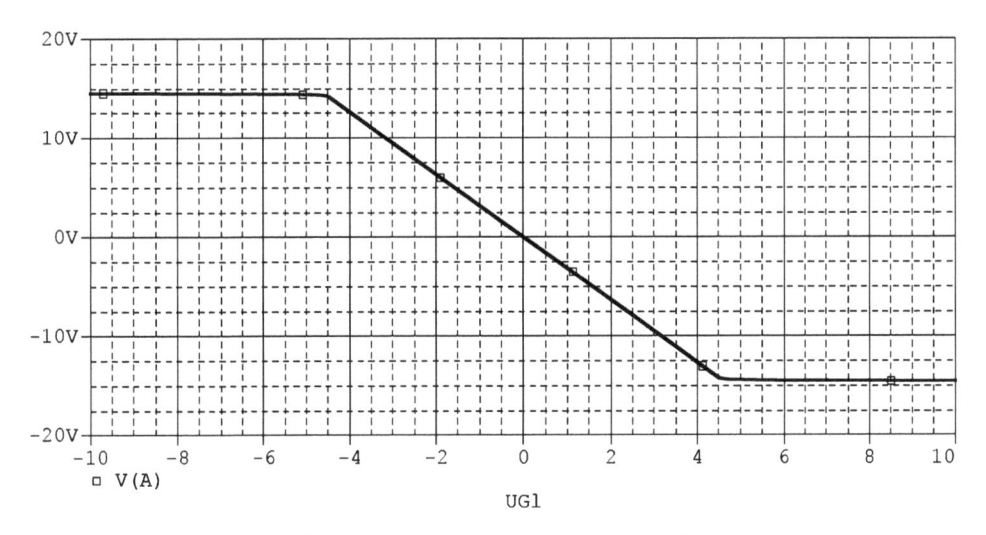

Abb. 7.8 Übertragungskennlinie des Operationsverstärkers für den Gleichtaktbetrieb

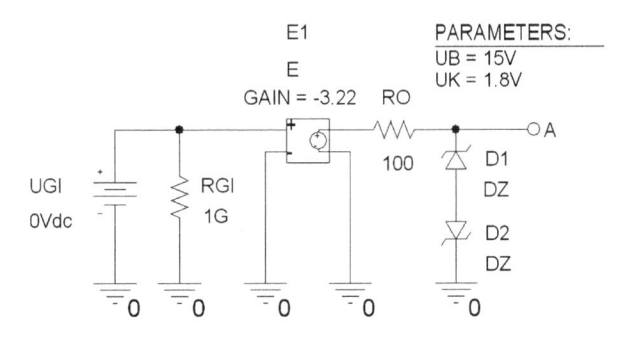

Abb. 7.9 Modellvariante zur Analyse der Gleichtakteigenschaften

Antwort
Die Ausgangsspannung wird mit Gl. 7.5 berechnet.

$$U_A = v_{Gl} \cdot U_{Gl} \tag{7.5}$$

Mit der Analyse DC Sweep erscheint die gleiche Übertragungskennlinie wie in Abb. 7.8. Weil im Gleichtaktbetrieb beide Eingänge des Operationsverstärkers das gleiche Potential haben, wird der Differenz-Eingangswiderstand R_I kurzgeschlossen. Aus der SPICE-Analyse zur Übertragungsfunktion (Transfer Function), die bei der Arbeitspunktanalyse Bias Point eingestellt wird, gehen die folgenden Größen hervor:

- $v_{Gl} = U_A/U_{GL} = GAIN = -3{,}22$,
- $R_{Gl} = 1$ GΩ bei V_U_{Gl} und
- $R_O = 100$ Ω bei V(A).

Frage 7.6
Am Modell des Operationsverstärkers nach Abb. 7.10 kann eine Ansteuerung mit Differenz- als auch Gleichtaktsignalen vorgenommen werden [4].

- Wie hängen die Spannungen U_P und U_N mit der Differenz-Eingangsspannung U_D sowie der Gleichtaktspannung U_{Gl} zusammen?
- Wie wird die Ausgangsspannung U_A berechnet?

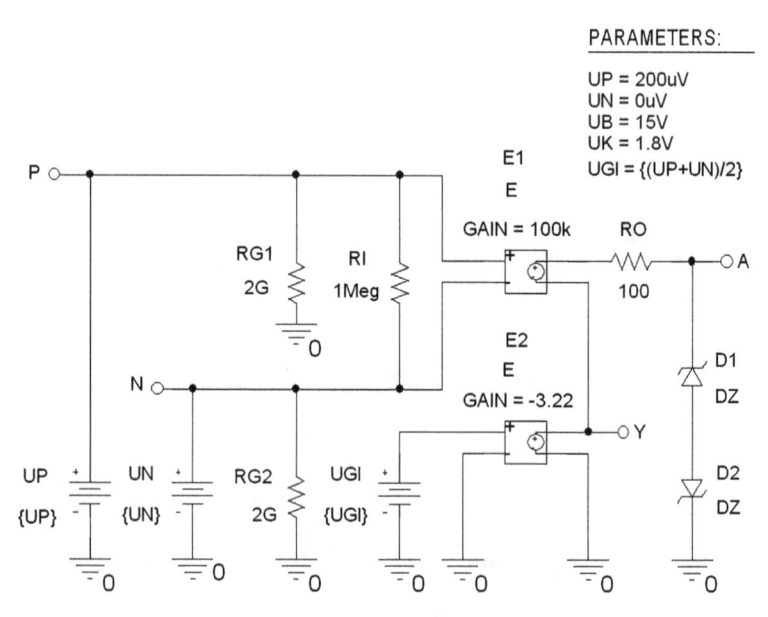

Abb. 7.10 Modell des Operationsverstärkers mit Überlagerung von Differenz- und Gleichtaktsignalen

7.2 Grundschaltungen

Antwort
Die Differenz-Eingangsspannung folgt aus Gl. 7.6.

$$U_D = U_P - U_N \tag{7.6}$$

Die Gleichtaktspannung wird mit Gl. 7.7 beschrieben.

$$U_{Gl} = \frac{U_P + U_N}{2} \tag{7.7}$$

Bei gemischter Ansteuerung entsteht die Ausgangsspannung aus der Addition von verstärkter Differenzspannung und verstärkter Gleichtaktspannung, siehe Gl. 7.8.

$$U_A = U_D \cdot v_D + U_{Gl} \cdot v_{Gl} \tag{7.8}$$

Analyse
- PSpice, Edit Simulation Profil
- Simulation Settings – Abb. 7.10: Analysis
- Analysis type: DC Sweep
- Options: Primary Sweep
- Sweep variable: Global parameter
- Parametername: UP
- Sweep type: Linear
- Start value: −200 uV
- End value: 200 uV
- Increment: 0.1 uV
- Übernehmen, OK
- PSpice, run

Der geringe Beitrag der verstärkten Gleichtaktsignale zur Ausgangsspannung wird in Abb. 7.11 sichtbar.

7.2 Grundschaltungen

Frage 7.7
Mit welchen Vorgaben zu idealen Kennwerten kann der Operationsverstärker im linearen Verstärkerbetrieb analysiert werden?

Antwort
Die Analyse beruht auf den folgenden näherungsweisen Vorgaben [6]:

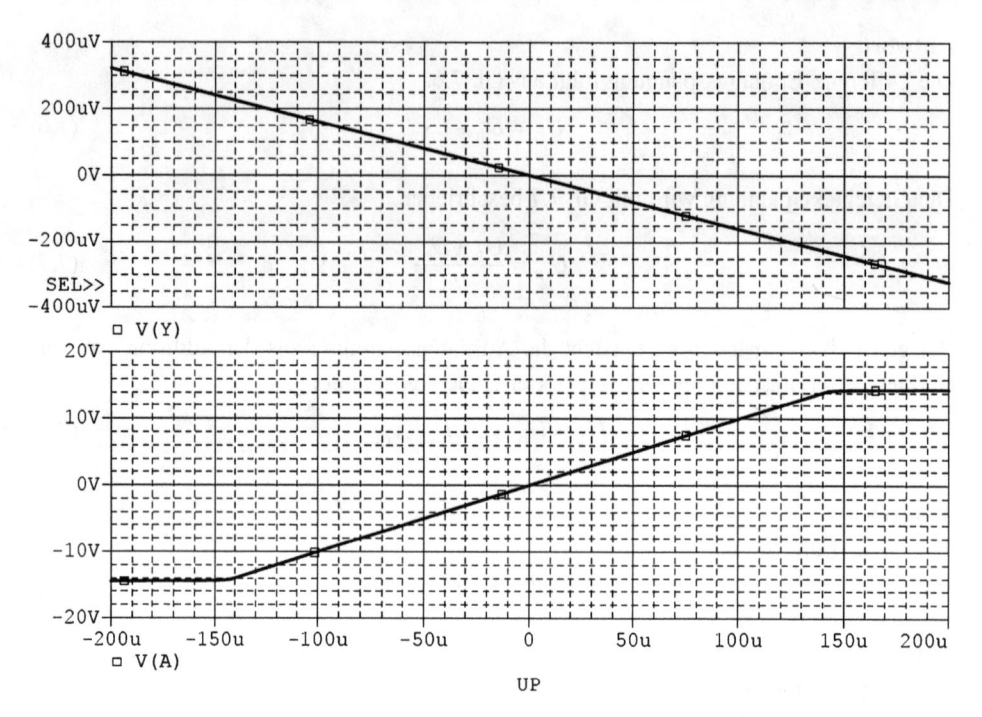

Abb. 7.11 Ausgangsspannung bei gemischter Ansteuerung mit Differenz- und Gleichtaktsignalen

- Mit der Differenzverstärkung $v_D = \infty$ wird die Differenzspannung $U_D = U_P - U_N = 0$.
- Für die Widerstände $R_I = R_{Gl} = \infty$ sind die Eingangsströme $I_N = I_P = 0$.

Bei einem Ausgangswiderstand $R_O = 0$ ist der Ausgang bis zum zulässigen Ausgangsstrom beliebig belastbar.

Frage 7.8
Gegeben ist die Schaltung des invertierenden Verstärkers nach Abb. 7.12.

- Wie groß wird der Strom durch den Widerstand R_2?
- Welche Spannung stellt sich am Ausgang ein?
- Wie hoch ist der Eingangswiderstand der Schaltung?

Antwort
Wegen $I_P \approx 0$ gilt $I_1 = I_2 = U_E/R_1 = 1$ mA.

Die Spannungsverstärkung wird mit Gl. 7.9 berechnet.

$$v_u = \frac{U_A}{U_E} = -\frac{R_2}{R_1} \tag{7.9}$$

Hieraus folgt $v_u = -10$ und damit $U_A = -10$ V.
Mit $U_D \approx 0$ erhält man den Eingangswiderstand der Schaltung zu $R_{EIN} = R_1 = 1$ kΩ.

7.2 Grundschaltungen

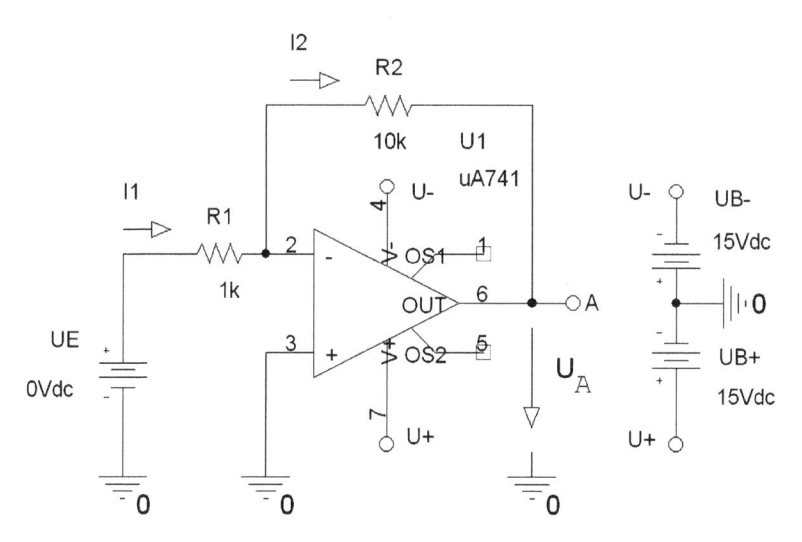

Abb. 7.12 Invertierender Verstärker

Analyse
- PSpice, Edit Simulation profile
- Simulation Settings – Abb. 7.12: Analysis
- Analysis type: Bias Point,
- Options: General Settings
- Output File Options,
- Include detailed bias point informations for nonlinear controlled sources and semiconductors
- Calculate small-signal DC gain (.TF)
- From Input source name: UE
- To Output variable: V(A)
- Übernehmen, OK
- PSpice, run

Die Analyse ergibt:

$$v_u = -9999, R_{EIN} = 1 \text{ k}\Omega, R_{AUS} = 8382 \text{ m}\Omega.$$

Frage 7.9
Zu betrachten ist die Schaltung des nicht invertierenden Verstärkers nach Abb. 7.13.

- Wie hoch wird die Ausgangsspannung?
- Warum ist der Eingangswiderstand dieser Schaltung extrem hoch?
- Wie groß ist der Strom durch den Widerstand R_1?

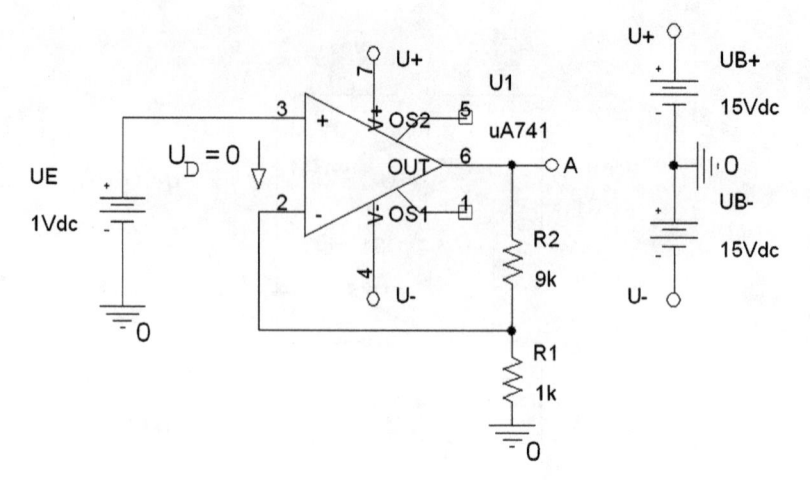

Abb. 7.13 Nicht invertierender Verstärker

Antwort

Mit $U_D \approx 0$ erhält man die Spannungsverstärkung nach Gl. 7.10.

$$v_u = 1 + \frac{R_2}{R_1} \tag{7.10}$$

Daraus folgt $U_A = 10$ V.

Weil der Eingangsstrom mit $I_P \approx 0$ sehr klein ist, ist ein sehr hoher Eingangswiderstand zu erwarten. Die Berechnung nach Gl. 7.11 liefert:

$$R_{EIN} = R_I \cdot \frac{v_D}{v_u}. \tag{7.11}$$

Mit den Werten $R_I = 2$ MΩ, $v_D = 2 \cdot 10^5$ des Operationsverstärkers µA741 sowie mit der Spannungsverstärkung $v_u = 10$ erhält man $R_{EIN} = 40$ GΩ. Der Ausgangswiderstand des invertierenden als auch nicht invertierenden Verstärkers folgt aus Gl. 7.12 mit

$$R_{AUS} = R_O \cdot \frac{v_u}{v_D} \tag{7.12}$$

Mit den Werten $R_O = 150$ Ω, $v_D = 2 \cdot 10^5$ des Operationsverstärkers µA 741 sowie $v_u = 10$ wird $R_{AUS} = 7{,}5$ mΩ. Für $U_D = 0$ wird $I_1 = U_E/R_1 = 1$ mA und mit $I_P = 0$ gilt $I_1 = I_2$.

Analyse
- PSpice, Edit Simulation profile
- Simulation Settings – Abb. 7.13: Analysis
- Analysis type: Bias Point

7.2 Grundschaltungen

- Options: General Settings
- Output File Options
- Calculate small-signal DC gain (.TF)
- From Input source name: UE
- To Output variable: V(A)
- Übernehmen, OK
- PSpice, run
- Die Analyseergebnis lautet:
- $v_u = 9999$, $R_{EIN} = 1$ kΩ, $R_{AUS} = 7{,}59$ mΩ.

Frage 7.10
Gegeben ist die Schaltung nach Abb. 7.14 zur Frequenzabhängigkeit der Differenz-Leerlauf-Verstärkung (offene Schleife) sowie der Schleifenverstärkung (geschlossene Schleife) mit dem Widerstand R_2 als Parameter. Für den OP µA 741 gelten: $v_{D0} = 1 \cdot 10^5$ bei NF sowie $f_T = 1$ MHz.

- Wie hoch ist die Grenzfrequenz f_g bei offener Schleife?
- Wie groß wird der Phasenwinkel φ in offener Schleife bei $f = f_g$ sowie bei $f = f_T$?
- Welche f_g-Werte erhält man für die Schleifenverstärkung bei $R_2 = 9$ kΩ und 99 kΩ?

Antwort
Die Grenzfrequenz zum 3 dB-Abfall folgt aus Gl. 7.13 mit

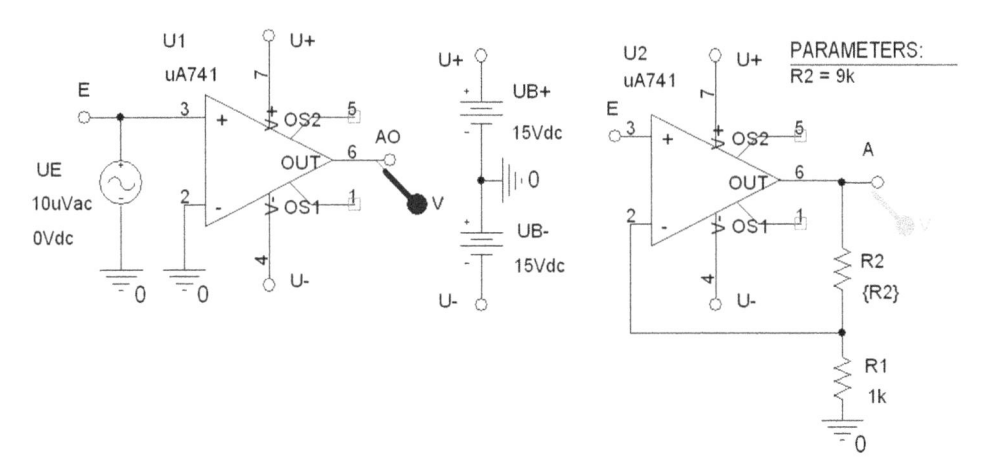

$$f_g = \frac{f_T}{v_{D0}} \qquad (7.13)$$

Abb. 7.14 Schaltungen zur Analyse der Frequenzabhängigkeiten des nicht invertierenden Verstärkers

Man erhält $f_g = 1\text{ MHz}/(2 \cdot 10^5) = 5\text{ Hz}$.

Der Phasenwinkel des Tiefpasses wird mit Gl. 7.14 berechnet.

$$\varphi = -\arctan\left(\frac{f}{f_g}\right) \qquad (7.14)$$

Bei $f = f_g$ wird $\varphi = -\arctan(1) = -45°$ und bei $f = f_T = f_g \cdot v_{D0}$ erreicht $\varphi = -\arctan(2 \cdot 10^5) = -90°$. Bei $R_2 = 9\text{ k}\Omega$ sind $v_u = 10$ und $f_g = 100\text{ kHz}$. Für $R_2 = 99\text{ k}\Omega$ erhält man die höhere Verstärkung $v_u = 100$ mit der niedrigeren Grenzfrequenz $f_g = 10\text{ kHz}$.

Analyse
- PSpice, Edit Simulation Profile
- Simulation Settings – Abb. 7.14: Analysis
- Analysis type: AC Sweep/Noise
- Options: General Settings
- AC Sweep Type, Logarithmic Decade
- Start Frequency: 100 mHz
- End Frequency: 1 MegHz
- Points/Decade: 100
- Options: Parametric Sweep
- Sweep variable: Global Parameter
- Parameter name: R2
- Sweep type:
- Value list: 9 k 99 k 999 k
- Übernehmen, OK
- PSpice, run

Das Analyseergebnis zur Frequenzabhängigkeit der Differenzverstärkung des nicht invertierenden Verstärkers wird in den Abb. 7.15 und 7.16 dargestellt.

Frage 7.11
Die Abb. 7.17 zeigt den Operationsverstärker als Spannungsfolger.

- Inwiefern ist der Spannungsfolger ein Sonderfall des nicht invertierenden Verstärkers?
- In welchen Fällen verwendet man einen Spannungsfolger?
- Welche Bedeutung hat die Kenngröße Slew Rate?
- In welcher Zeit wird nach Gl. 7.15 der Wert $\Delta U_A = 10\text{ V}$ für $SR = 0{,}5\text{ V/µs}$ erreicht?

Antwort
Im Vergleich mit dem nicht invertierenden Verstärker erfüllt der Spannungsfolger die speziellen Werte $R_2 = 0$ und $R_1 = \infty$. Somit ist der N-Eingang mit dem Ausgang verbunden. Nach Gl. 7.10 wird dann $v_u = 1$. Der Spannungsfolger dient als Impedanz-Wandler von

7.2 Grundschaltungen

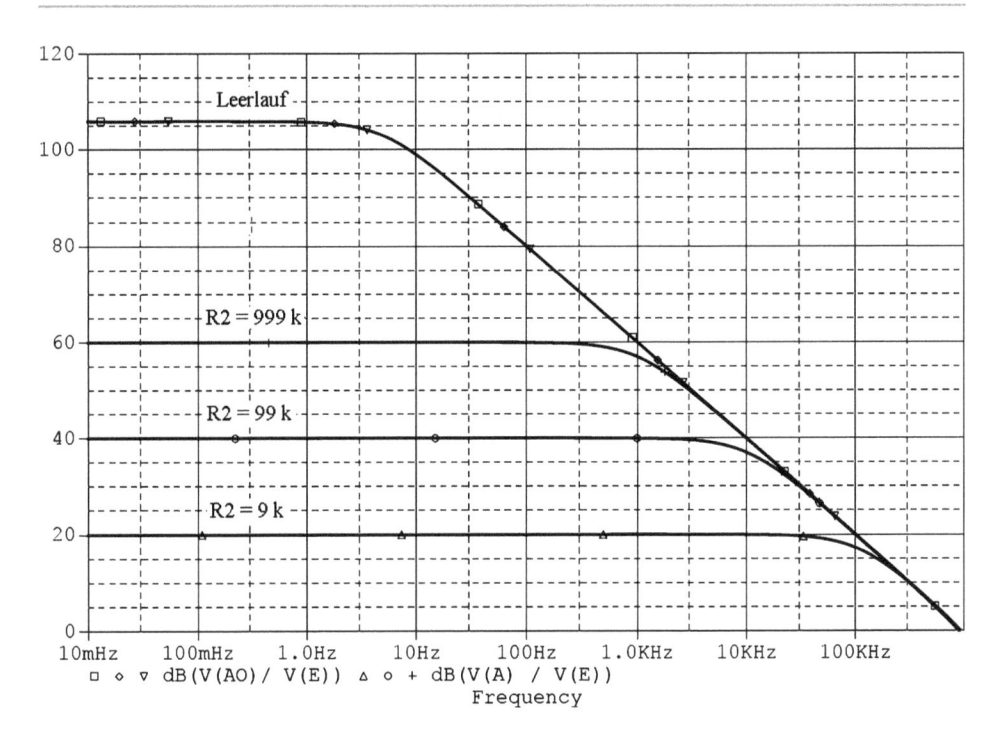

Abb. 7.15 Frequenzgang des Betrages der Verstärkung

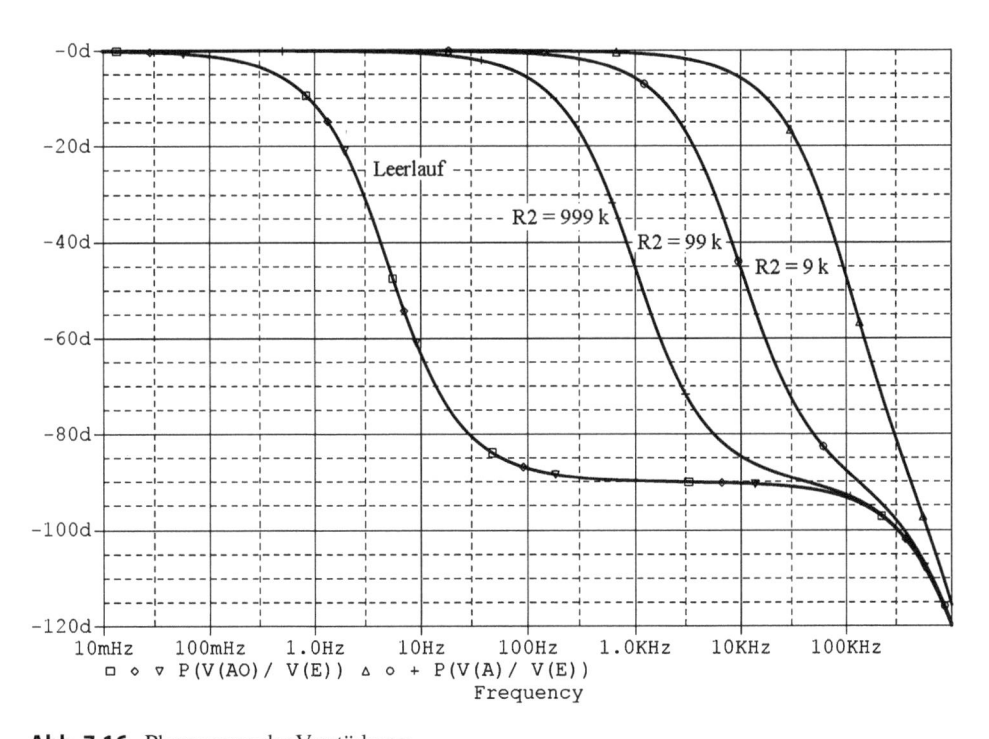

Abb. 7.16 Phasengang der Verstärkung

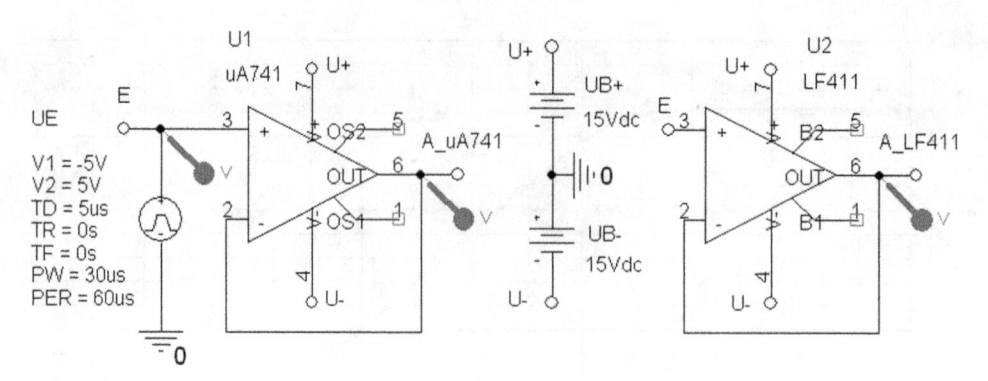

Abb. 7.17 Einsatz eines Spannungsfolgers zur Ermittlung der Slew Rate

einem hohen Eingangswiderstand auf einen niedrigen Ausgangswiderstand. Damit wird die Eingangsstufe kaum belastet und andererseits bleibt der Ausgang weitgehend belastungsunabhängig. Die Slew Rate *SR* ist eine wichtige dynamische Kenngröße bei Großsignalaussteuerung. Sie beschreibt die maximale Anstiegs-Geschwindigkeit der Ausgangsspannung gemäß Gl. 7.15.

$$SR = \left|\frac{dU_A}{dt}\right|\max \approx \left|\frac{\Delta U_A}{\Delta t}\right|\max \qquad (7.15)$$

Einem kurzen Eingangsimpuls kann die Ausgangsspannung nicht unmittelbar folgen, weil das Auf- und Entladen der inneren Kapazitäten, insbesondere der Kapazität für die Frequenzkompensation, eine gewisse Zeit in Anspruch nimmt. Nach der Spanne $\Delta t = \Delta U_A /SR = 10$ V/0,5 µs = 20 µs wird das Intervall $\Delta U_A = 10$ V erreicht.

Analyse
- PSpice, Edit Simulation Profile
- Simulation Settings – Abb. 7.17: Analysis
- Analysis type: Time Domain (Transient)
- Options: General Settings
- Run to time: 60 us
- Start saving data after: 0 s
- Transient options
- Maximum step size: 5 ns
- Übernehmen, OK
- PSpice, run

Das Analyseergebnis nach Abb. 7.18 verdeutlicht die höhere Slew Rate $SR \approx 15$ V/µs des OP LF411 gegenüber dem Wert $SR \approx 0,5$ V/µs des OP µA741.

7.3 Komparator-Schaltungen

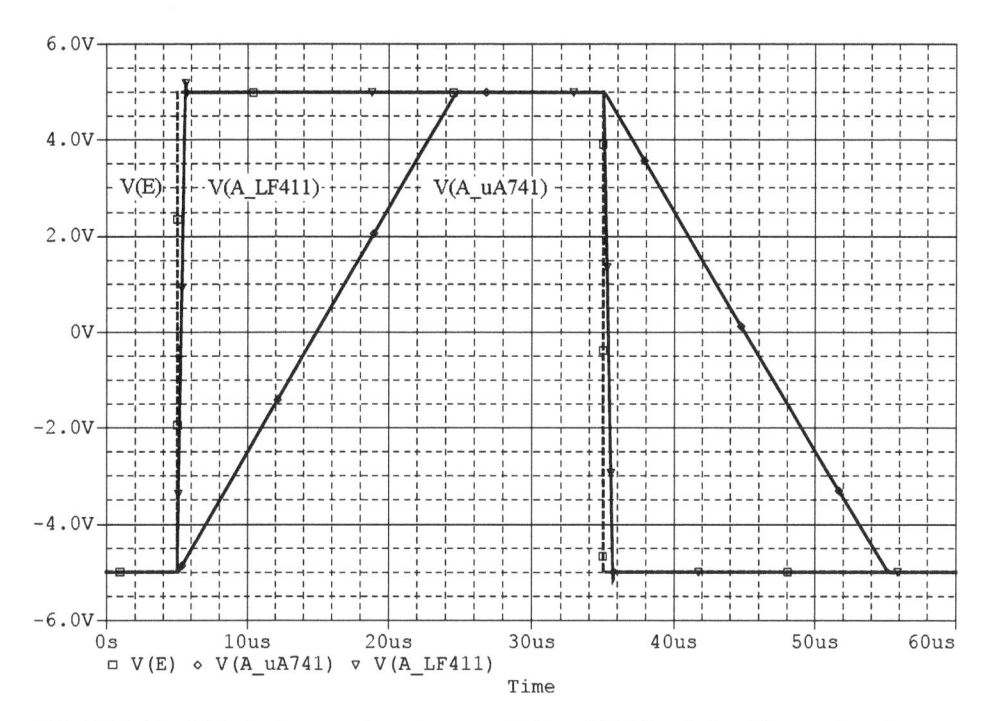

Abb. 7.18 Vergleich der Ausgangsimpulse von µA741 und LF411 mit dem Eingangsimpuls

7.3 Komparator-Schaltungen

Frage 7.12
Der Komparator ohne Gegenkopplung nach Abb. 7.19 vergleicht die Dreieckspannung U_E am nicht invertierenden Eingang mit der konstanten Referenzspannung.

- Wie hoch wird die Ausgangsspannung U_A bei $U_E < U_{REF}$?
- Welche Signalform nimmt die Ausgangsspannung an?

Antwort
Bei $U_E < U_{REF}$ erscheint am Ausgang die negative Sättigungsspannung $U_{S-} \approx U_{B-} = -10$ V.

Die Ausgangsspannung ist eine Rechteckspannung mit Pulshöhen von 10 V bzw. −10 V. Die Pulsweite und die Periodendauer der Ausgangsspannung werden vom Eingangssignal und im Beispiel von der Höhe und Polarität der Referenzspannung bestimmt.

Analyse
- PSpice, Edit Simulation Profile
- Simulation Settings – Abb. 7.19: Analysis
- Analysis type: Time Domain (Transient)
- Options: General Settings

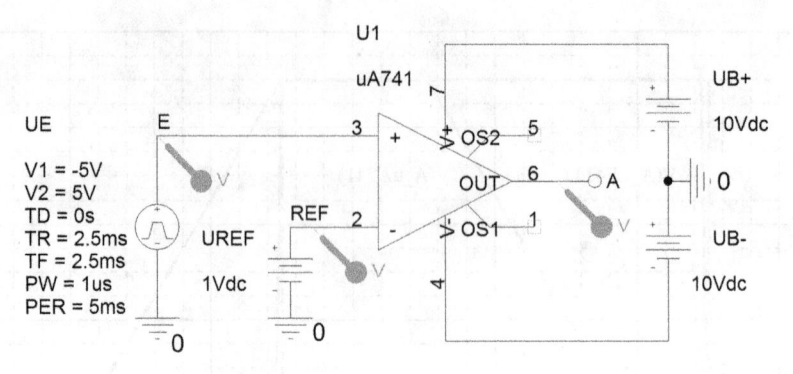

Abb. 7.19 Nicht invertierender Komparator

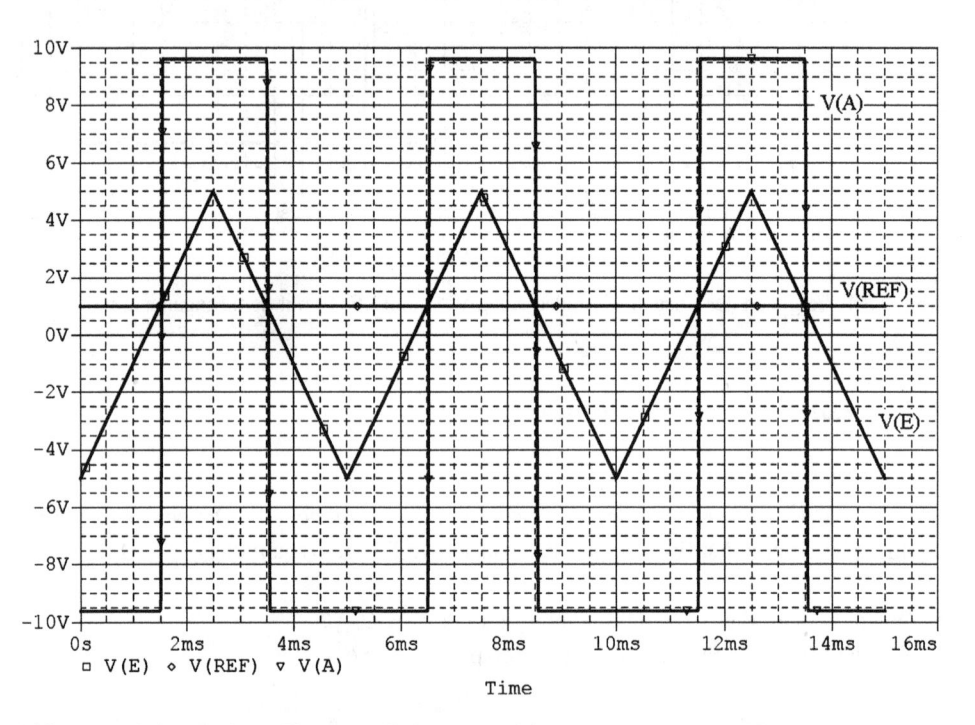

Abb. 7.20 Zeitverlauf von Eingangs-, Referenz- und Ausgangsspannung am Komparator

- Run to time: 15 ms
- Start saving data after: 0 s
- Maximum step size: 1 us
- Transient options
- Maximum step size: 1 us
- Übernehmen, OK
- PSpice, run

In Abb. 7.20 wird die Zeitabhängigkeit der drei Spannungen dargestellt.

7.3 Komparator-Schaltungen

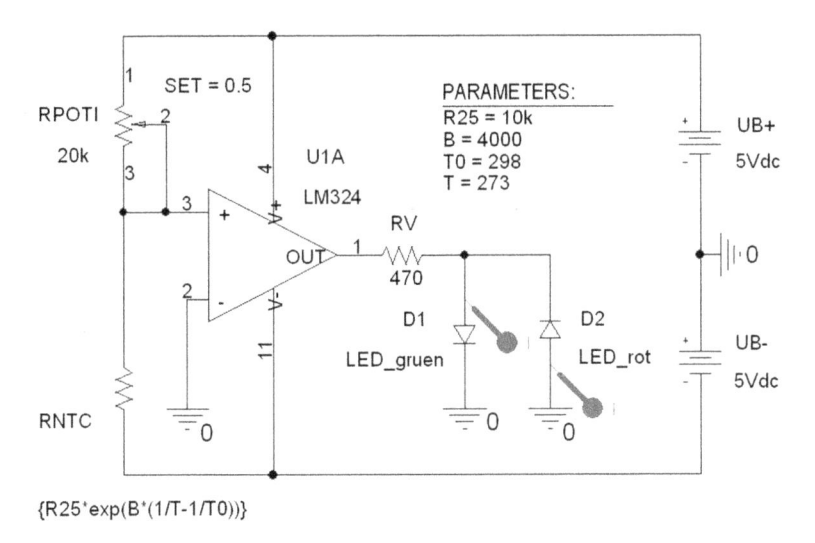

Abb. 7.21 Komparator zur Temperaturüberwachung

Frage 7.13
Zu betrachten ist die Komparator-Schaltung gemäß Abb. 7.21 nach [7, 8].

Die in der Schaltung eingesetzten Leucht-Emitter-Dioden wurden wie folgt modelliert:
.model LED_gruen D IS = 9.8E-29 N = 1.12 RS = 0.24 EG = 2.2
.model LED_rot D IS = 1.2E-20 N = 1.46 RS = 2.4 EG = 1.95

- Welche LED leuchtet, wenn $R_{NTC} > R_{POTI}$ ist?
- Welche Spannung liegt näherungsweise bei $R_{NTC} > R_{POTI}$ über LED_GRUEN?
- Was bedeutet der Wert R_{25} beim NTC-Widerstand?
- Warum verringert sich der Wert von R_{NTC}, wenn die Temperatur zunimmt?

Antwort
Bei $R_{NTC} > R_{POTI}$ leuchtet LED_GRUEN. Bei $R_{NTC} > R_{POTI}$ liegt über der GaAs-Diode LED_GRUEN die Schleusenspannung $U_{F0} \approx 2{,}2$ V. Die Angabe R_{25} beschreibt die Widerstandshöhe von R_{NTC} bei der Temperatur von 25 °C. Die Abnahme des NTC-Widerstandes bei steigender Temperatur beschreibt Gl. 7.16.

$$R_{NTC} = R_{25} \cdot \exp\left[B \cdot \left(\frac{1}{T} - \frac{1}{T_0}\right)\right] \qquad (7.16)$$

Dabei ist T_0 die Bezugstemperatur in Kelvin, B eine Materialkonstante in Kelvin und T die veränderliche Temperatur in Kelvin. Mit $T - 273$ K erhält man die Temperatur in Grad Celsius. NTC-Widerstände (Heißleiter) bestehen aus keramischem Metalloxid. Bei wachsender Temperatur werden vermehrt Ladungsträger erzeugt, womit der Widerstand näherungsweise exponentiell absinkt.

Analyse

- PSpice, Edit Simulation Profil
- Simulation Settings – Abb. 7.21: Analysis
- Analysis type: DC Sweep
- Options: Primary Sweep
- Sweep variable: Global parameter
- Parametername: T
- Sweep type: Linear
- Start value: 273
- End value: 323
- Increment: 0.1
- Übernehmen, OK
- PSpice, run

In Abb. 7.22 ist die grün leuchtende LED bei Temperaturen unterhalb der Bezugstemperatur von 25 °C aktiv, während die rot leuchtende LED darauf hinweist, dass die Temperaturwerte oberhalb von 25 °C liegen.

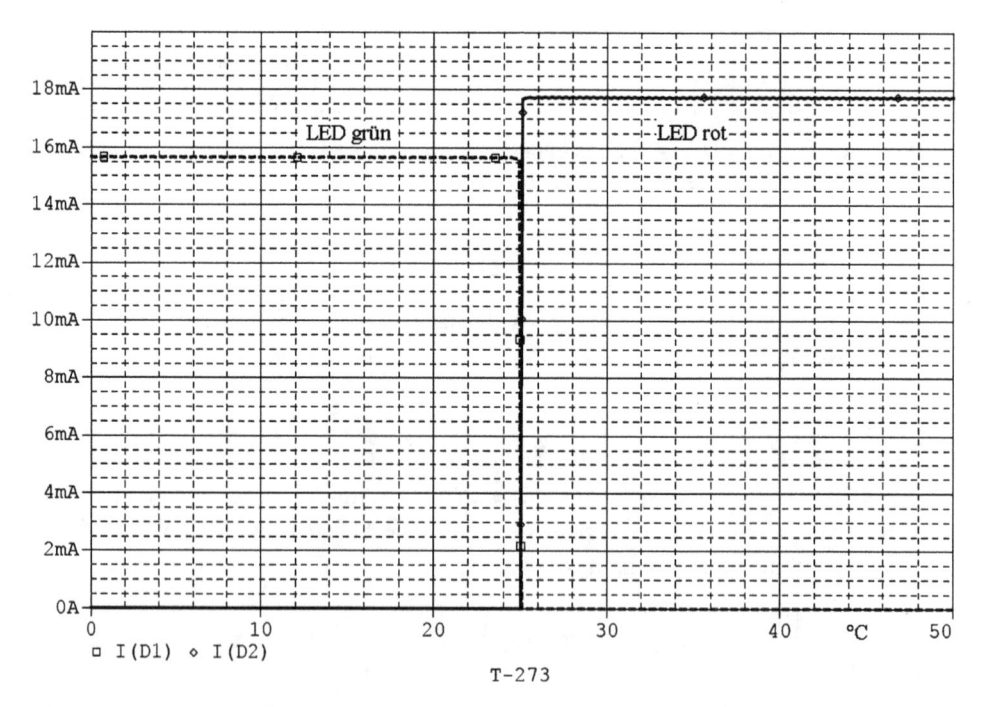

Abb. 7.22 Anzeige zur Über- oder Unterschreitung der Bezugstemperatur von 25 °C

7.3 Komparator-Schaltungen

Frage 7.14

In Abb. 7.23 wird die Schaltung eines Fensterkomparators nach [9] dargestellt. Verwendet wird der Komparator LM111, der einen Ausgang mit offenem Kollektor des Ausgangstransistors aufweist.

- Welche Aufgabe erfüllt der Fensterkomparator?
- Leuchtet die LED bei $U_E = 3$ V?
- Ist der Ausgang bei $U_E = 3$ V auf HIGH oder LOW?

Antwort

Der Fensterkomparator zeigt an, ob eine unbekannte Eingangsspannung U_E innerhalb eines „Fensters" zwischen den Referenzspannungen U_L und U_H liegt. Bei $U_E = 3$ V leuchtet die LED nicht, weil der Dioden-Strom sehr klein ist. Die Analyse ergibt $I(D1) \approx 56$ pA. Weil aber der Sättigungsstrom der LED_ROT mit $I_S = 1{,}2 \cdot 10^{-20}$ A extrem klein ist, entsteht über dieser Diode dennoch ein Spannungsabfall von ca. 0,8 V. Zwischen U+ und dem Ausgang A besteht damit ein relativ kleiner Potentialunterschied von etwa 0,8 V. Bei $U_E = 3$ V liegt

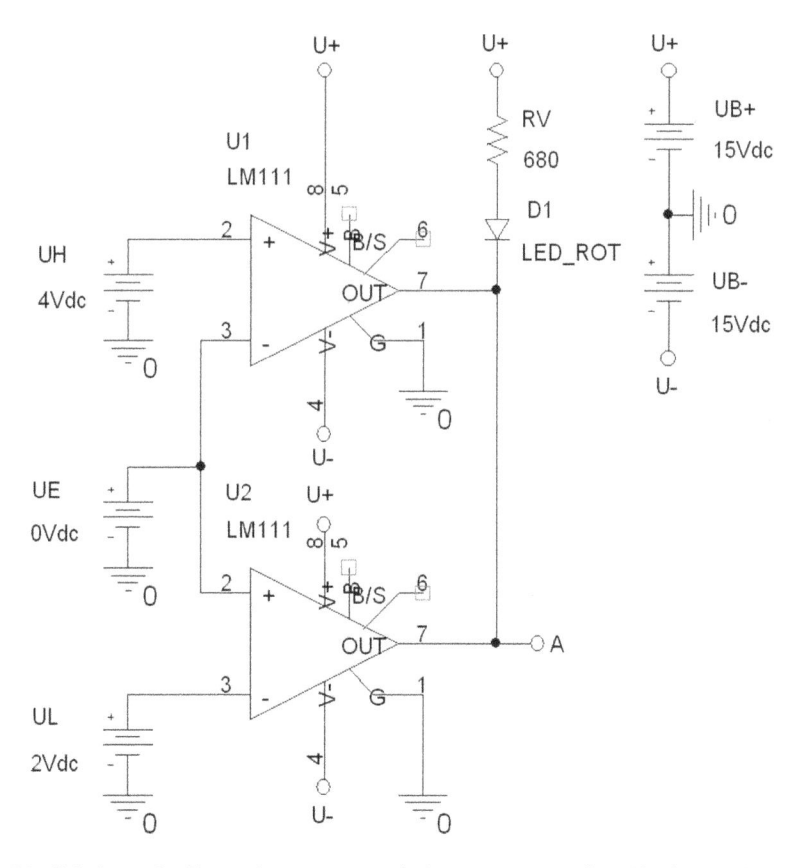

Abb. 7.23 Schaltung des Fensterkomparators mit dem Komparator-Schaltkreis LM111

der Ausgang A auf HIGH. Bei überbrückter LED oder bei einer Si-Diode anstelle der LED erreicht die Ausgangsspannung U_A die volle Höhe der Betriebsspannung U_B.

Analyse
- PSpice, Edit Simulation Profil
- Simulation Settings – Abb. 7.23: Analysis
- Analysis type: DC Sweep
- Options: Primary Sweep
- Sweep variable: Voltage Source
- Name: UE
- Sweep type: Linear
- Start value: 0 V
- End value: 6 V
- Increment: 1 mV
- Übernehmen, OK
- PSpice, run

Die Abb. 7.24 zeigt die Änderungen der LED-Anzeige und der Ausgangsspannung beim Durchfahren der Eingangsspannung.

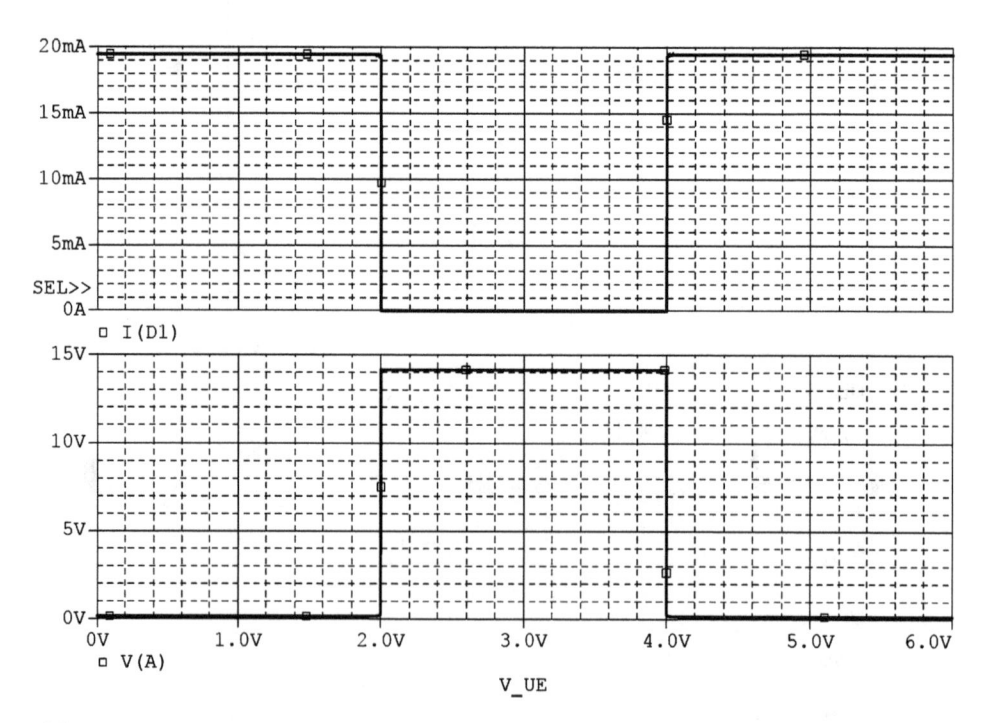

Abb. 7.24 LED-Anzeige und Ausgangsspannung des Fenster-Komparators

7.4 Strom-Spannungs-Umformer

Frage 7.15

Mit der Schaltung nach Abb. 7.25 wird der Eingangsstrom in eine proportionale Ausgangsspannung umgeformt. Die Schaltung wird auch als Transimpedanzwandler bezeichnet.

- Welche Gleichung beschreibt den Zusammenhang zwischen Strom und Spannung?
- Warum ist der OP LF411 f.ür die Umformung von I in U_A geeigneter als ein OP µ741?
- Wie wird die ideale SPICE-Quelle H bezeichnet?
- Welche Dimension hat die Kenngröße GAIN?

Antwort

Der Eingangsstrom I wird mit Gl. 7.17 in die Ausgangsspannung U_A umgeformt.

$$U_A = -I \cdot R \qquad (7.17)$$

Der Operationsverstärker LF411 enthält als Eingangsstufe einen mit Sperrschicht-FET gebildeten Differenzverstärker und weist daher wesentlich kleinere Ruheströme auf als der mit bipolarer Technologie realisierte Operationsverstärker µA741. Die SPICE-Quelle H ist eine lineare, ideale, stromgesteuerte Spannungsquelle. Mit den Angaben aus Abb. 7.25 erhält man aus Gl. 7.17 für beide Schaltungsvarianten die Spannung $U_A = -1$ V. Bei invertierender Betriebsweise gilt für die H-Quelle die Gl. 7.18.

$$U_{Ax} = -GAIN \cdot I_x \qquad (7.18)$$

Die Kenngröße GAIN entspricht bei der H-Quelle als Quotient von der Ausgangsspannung zum Eingangsstrom einem Übertragungswiderstand in der Einheit Ohm. Der

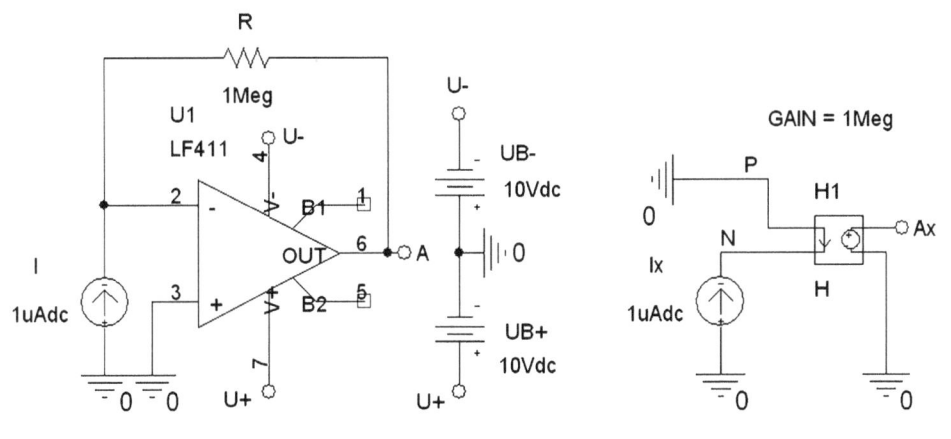

Abb. 7.25 Strom-Spannungs-Umformer

Strom-Spannungs-Umformer wird daher auch als Transimpedanz- oder treffender als Transwiderstandsverstärker bezeichnet.

Frage 7.16
Die Abb. 7.26 zeigt eine Anwendung des *I-U*-Umformers als Fotostrom-Detektor [3, 9]. Die verwendete Fotodiode BPW34 erreicht den Kurzschlussstrom $I_K = 47$ µA bei der Bestrahlungsstärke $E_e = 1$ mW/cm², $\lambda = 950$ nm und wird wie folgt modelliert [8]:

.model BPW34 D IS = 15.46 p RS = 0.1 ISR = 0.6 n

- Wie hoch wird I_K bei $E_e = 0{,}1$ mW/cm²?
- Wie hoch wird die Ausgangsspannung für die angegebene Schaltung?

Antwort
Der Kurzschlussstrom ist proportional zur Bestrahlungsstärke. Somit erhält man $I_K = 4{,}7$ µA bei $E_e = 0{,}1$ mW/cm². Weil der Fotostrom I_L aus dem Eingang herausfließt, wird die Ausgangsspannung positiv mit $U_A = I_L \cdot R = 47$ µA $\cdot$ 100 kΩ = 4,7 V.

Analyse
- PSpice, Edit Simulation Profil
- Simulation Settings – Abb. 7.26: Analysis
- Analysis type: DC Sweep
- Options: Primary Sweep
- Sweep variable: Current Source
- Name: IL
- Sweep type: Linear
- Start value: 0 V

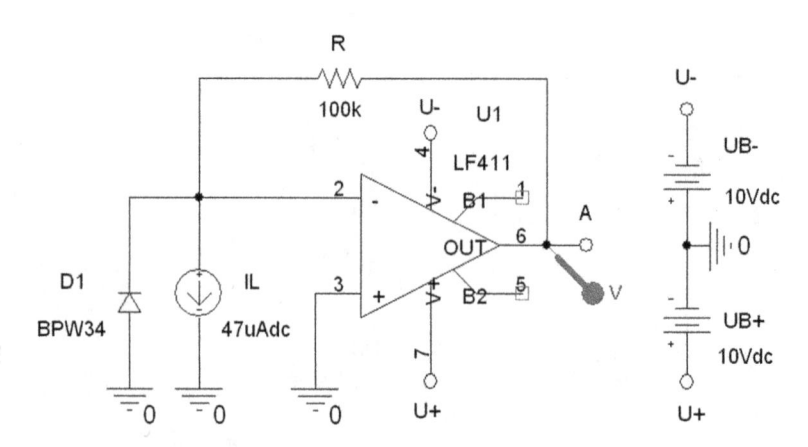

Abb. 7.26 Fotostrom-Detektor

7.5 Spannungs-Strom-Umformer

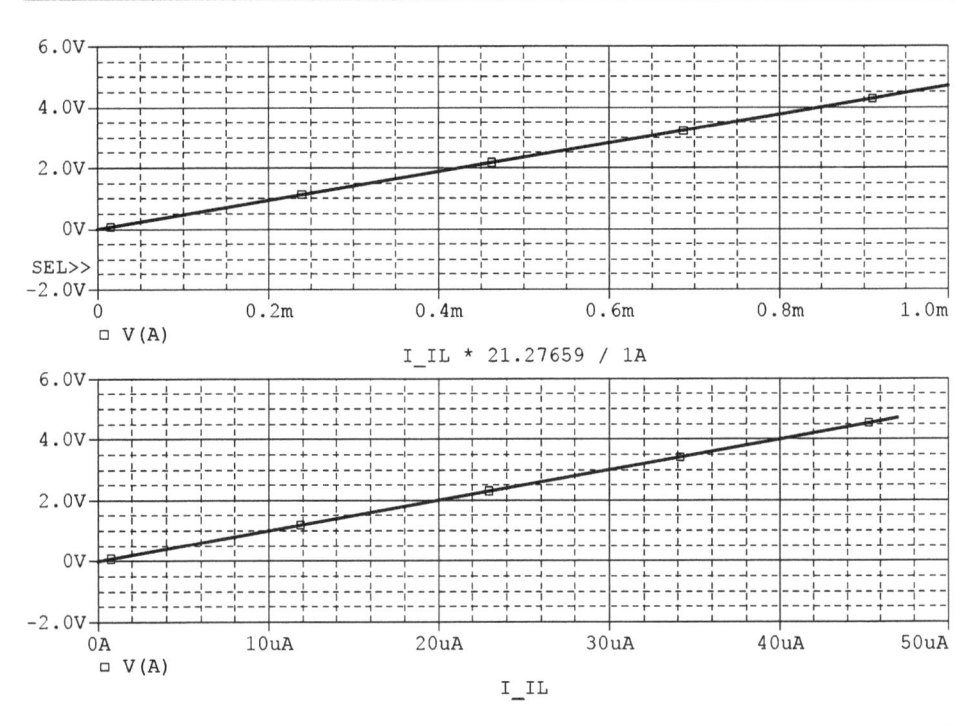

Abb. 7.27 Ausgangsspannung als Funktion des Fotostromes bzw. der Bestrahlungsstärke in mW/cm²

- End value: 47 uA
- Increment: 10 nA
- Übernehmen, OK
- PSpice, run

In Abb. 7.27 erscheint die Ausgangsspannung U_A zunächst in Abhängigkeit vom Fotostrom I_L. Multipliziert man I_L für die Abszisse mit dem Faktor 1 mW/cm²/47 µA, dann lässt sich U_A als Funktion der Bestrahlungsstärke E_e in der Einheit mW/cm² darstellen.

7.5 Spannungs-Strom-Umformer

Frage 7.17
Die Schaltung nach Abb. 7.28 entspricht einer nicht invertierenden Verstärkerschaltung mit dem potentialfreien Lastwiderstand R_{2L}. Die Schaltung dient als Stromquelle [1, 3, 9].

- Wie hoch wird der Laststrom I_{RL2} für $U_E = 5$ V, $R_1 = 1$ kΩ und $R_{2L} = 100$ Ω?
- Inwiefern bleibt der Laststrom I_{RL2} konstant, auch wenn sich R_{L2} ändert?
- Wie wird die ideale SPICE-Quelle G bezeichnet?

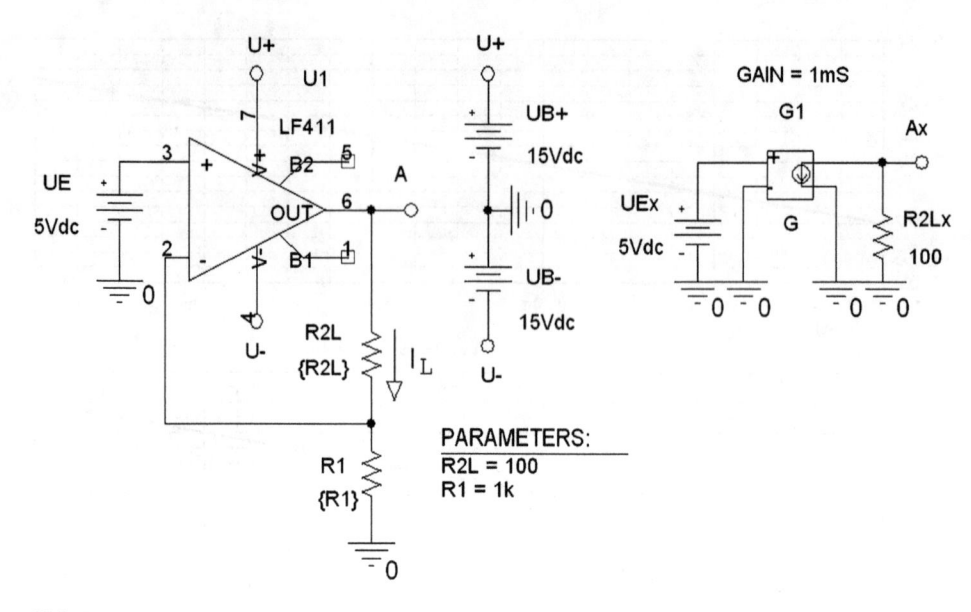

Abb. 7.28 Spannungs-Strom-Umformer

- Welche Dimension hat die Kenngröße *GAIN* bei der G-Quelle?
- Fließt ein Eingangsstrom in die *G*-Quelle?

Antwort
Mit den Näherungen $U_D \approx 0$, $I_P \approx 0$ wird $U_{R1} = U_E$ und $I_{R1} = I_{RL2} = U_E/R_1 = 5$ V/1 kΩ = 5 mA.

Weil der Laststrom mit U_E/R_1 fest eingeprägt wird, bleibt er in gewissen Grenzen unabhängig von der Höhe des Lastwiderstandes R_{2L}. Die SPICE-Quelle G ist eine lineare, ideale spannungsgesteuerte Stromquelle. Der Ausgangsstrom $I_{R2\,L}$ wird mit Gl. 7.19 beschrieben.

$$I_{RL2} = GAIN \cdot U_{Ex} \tag{7.19}$$

Aus Gl. 7.19 folgt, dass *GAIN* bei der *G*-Quelle die Einheit eines Leitwertes hat. Im Beispiel ist $I_{RL2} = 1$ mS · 5 V = 5 mA. In die ideale *G*-Quelle fließt kein Eingangsstrom. Für die Schaltung mit dem Operationsverstärker LF411 berechnet die Arbeitspunktanalyse den Eingangsstrom mit 35,31 pA. Mit der folgenden Analyse wird gezeigt, dass die Schaltung als eine Konstant-Stromquelle gelten kann.

Analyse
- PSpice, Edit Simulation Profil
- Simulation Settings – Abb. 7.28: Analyse

7.5 Spannungs-Strom-Umformer

- Analysis type: DC Sweep
- Options: Primary Sweep
- Sweep variable: Voltage Source
- Name: R2 L
- Sweep type: Logarithmic: Decade
- Start value: 1
- End value: 10 k
- Increment: 100
- Options: Secondary Sweep
- Sweep variable: Global parameter
- Parameter Name: R1
- Sweep type: Value list 1 k 1.5 k 3.3 k
- Übernehmen, OK
- PSpice, run

Mit der Abb. 7.29 wird die Anwendung des Spannungs-Strom-Umformers als Konstant-Stromquelle verdeutlicht.

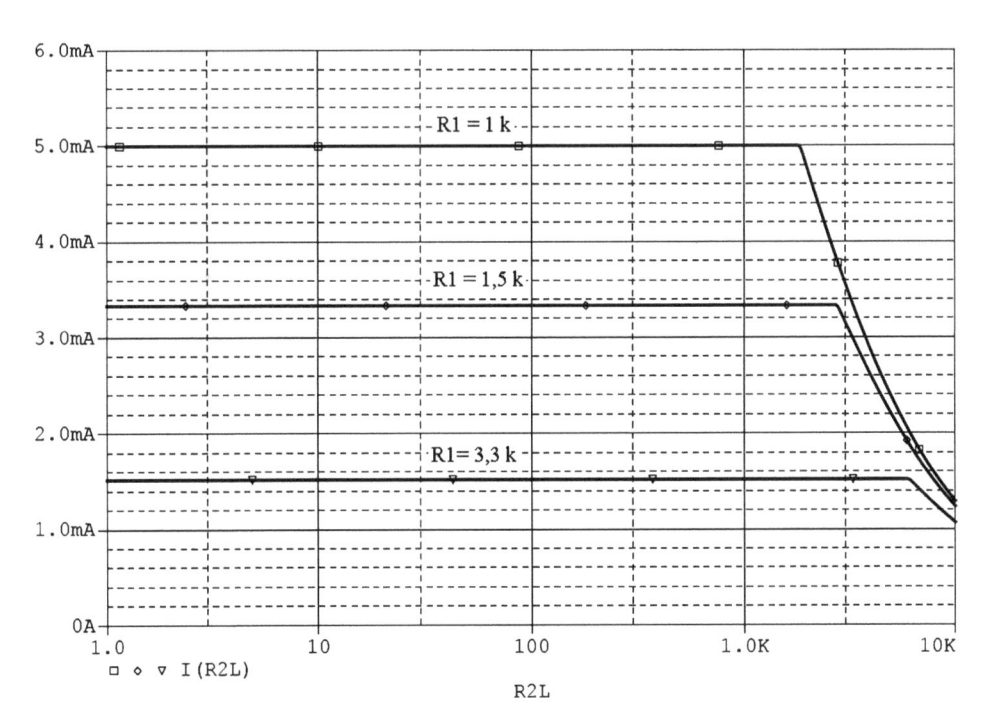

Abb. 7.29 Laststrom als Funktion des Lastwiderstandes mit dem Widerstand R_1 als Parameter

7.6 Abtast-Halte-Schaltung

Frage 7.18
Die Abb. 7.30 zeigt den grundsätzlichen Aufbau der Abtast-Halte-Schaltung [3, 9].

- Wozu dient diese Schaltung?
- Wie werden die Baugruppen mit den OP_1 bzw. OP_2 bezeichnet?
- Welche Aufgaben haben diese Baugruppen zu erfüllen?
- Welche Anforderungen werden an den Kondensator gestellt?
- Welche Eigenschaften sollte der Schalter aufweisen?
- In welchen Ausführungen kann der Schalter realisiert werden?

Antwort
Die Abtast-Halte-Schaltung (Sample-and-Hold-Circuit) dient dazu, Momentan-Werte einer beliebigen, zeitabhängigen Eingangsspannung im Ausschaltzeitpunkt zu speichern. Bei geschlossenem Schalter wird der Kondensator C_H so lange auf die jeweilige Höhe von U_E geladen, bis der Schalter die Durchleitung des Signals unterbricht. Die weiter gereichten bzw. die beim Ausschalten gespeicherten Signale werden dem Ausgang zur digitalen Signalverarbeitung zugeführt. Die Baugruppen mit OP_1 bzw. OP_2 sind Spannungsfolger. Der Spannungsfolger mit dem OP_1 sorgt mit seinem hochohmigen Eingang dafür, dass die Eingangsquelle nicht belastet wird und der Kondensator bei geschlossenem Schalter hohe Ladeströme aufnehmen kann. Bei geöffnetem Schalter wird durch den Spannungsfolger mit dem OP_2 sicher gestellt, dass sich der Kondensator nicht entlädt und das gespeicherte Signal niederohmig zum Ausgang gelangt. Die Spannungsfolger sollten bei schnellen Signaländerungen eine hohe Slew Rate aufweisen und ihre Spannungsverstärkung sollte sehr nahe bei $v_u = 1$ liegen. Für den externen Speicherkondensator ist eine Ausführung mit einem niedrigen Verlustfaktor vorzusehen (Ausführung als Kunststofffolie-Kondensator). Der Schalter ist mit einem kleinen Durchlasswiderstand und einem hohen Sperrwiderstand zu realisieren. Als Schalter können ein N-Kanal-MOSFET, ein CMOS-Übertragungsgatter oder ein Dioden-Netzwerk verwendet werden.

Abb. 7.30 Prinzipielle Darstellung der Abtast-Halte-Schaltung

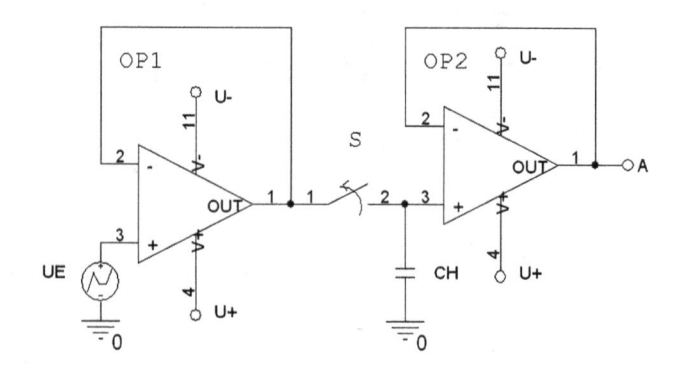

7.6 Abtast-Halte-Schaltung

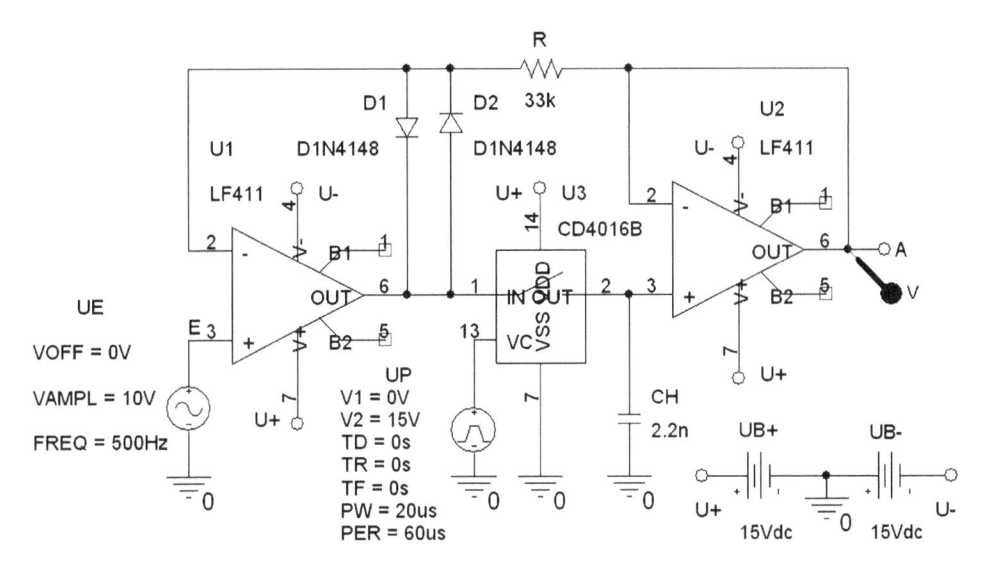

Abb. 7.31 Abtast-Halte-Schaltung

Frage 7.19
Die Abb. 7.31 zeigt eine Abtast-Halte-Schaltung mit einem Übertragungsgatter als Schalter. Mit den Dioden D_1 und D_2 wird verhindert, dass der Operationsverstärker U1 während des Halte-Betriebs die Sättigung erreicht [3, 9].

- Welcher Parameter der Schaltung bestimmt die Dauer der Haltephase?
- Von welchen Parametern wird die Einstellzeit bestimmt?

Antwort
Die Dauer der Haltephase wird mit $t_H = PER - PW$ von der Pulsquelle festgelegt. Die Einstellzeit wird vom Produkt aus Durchlasswiderstand R_{ON} des Übertragungsgatters und dem Wert des Haltekondensators C_H bestimmt. Es ist $R_{ON} \cdot C_H \approx 1\,k\Omega \cdot 2{,}2\,nF = 2{,}2\,\mu s$.

Analyse
- PSpice, Edit Simulation Profile
- Simulation Settings – Abb. 7.31: Analysis
- Analysis type: Time Domain (Transient)
- Options: General Settings
- Run to time: 1 ms
- Start saving data after: 0 s
- Transient options
- Maximum step size: 1 us

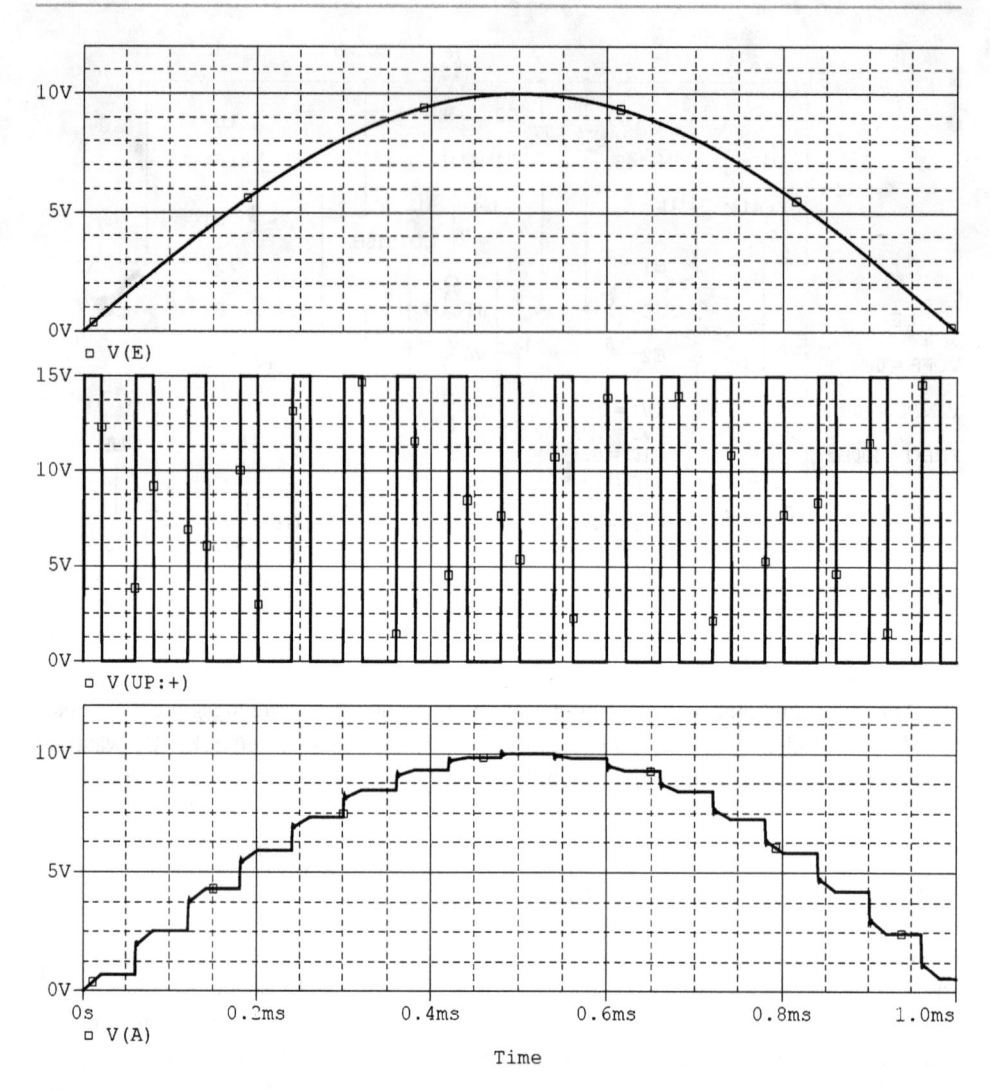

Abb. 7.32 Zeitabhängigkeit von Spannungen der Abtast- und Halteschaltung

- Übernehmen, OK
- PSpice, run

Das Analyseergebnis von Abb. 7.32 zeigt den Zeitverlauf der Eingangsspannung sowie die Abtast- und Halte-Phasen der Ausgangsspannung.

7.7 Astabiler Multivibrator

Frage 7.20
Zu betrachten ist die Schaltung des astabilen Multivibrators (AMV) von Abb. 7.32.

- Was bedeutet der Begriff „astabil"?
- Beginnend mit der Zeit $t = 0$ möge der AMV auf der positiven Sättigungsspannung U_{S+} schwingen. Wie entwickelt sich die Spannung am Kondensator?
- Wie hängt die Spannung am Knoten N mit der Spannung über R_1 zusammen?
- Sobald die Spannung am Kondensator die positive Trigger-Schwelle U_{T+} erreicht, kippt der AMV auf die negative Sättigungsspannung U_{S-} um. Wie wird die positive Trigger-Schwelle gebildet?
- Wie ändert sich der Spannungsverlauf am Kondensator, wenn die Ausgangsspannung den Wert $U_A = U_{S-} \approx U_{B-} = -10$ V angenommen hat?

Antwort
Mit der Bezeichnung „astabil" wird ausgedrückt, dass *außerhalb* der positiven bzw. negativen Sättigungsspannung *keine* stabilen Schaltungszustände existieren. Der Kondensator wird exponentiell mit der Zeitkonstanten $\tau = R \cdot C = 1$ ms aufgeladen. Mit der Differenzspannung $U_D = U_P - U_N \approx 0$ gilt $U_N \approx U_{R1}$. Die positive Trigger-Schwelle wird über den Spannungsteiler mit Gl. 7.20 berechnet.

$$U_{T+} = \frac{R_1}{R_1 + R_2} \cdot U_{S+} \tag{7.20}$$

Bei $U_A = U_{S-}$ wird der Kondensator mit der Zeitkonstanten τ so lange entladen, bis die negative Trigger-Schwelle U_{T-} gemäß Gl. 7.21 erreicht ist und der AMV auf $U_A = U_{S+} = 10$ V zurückkippt.

$$U_{T-} = \frac{R_1}{R_1 + R_2} \cdot U_{S-} \tag{7.21}$$

Die Periodendauer $T = 1/f_p$ lässt sich mit Gl. 7.22 berechnen [9].

$$T = 2 \cdot \tau \cdot \ln\left(1 + \frac{2 \cdot R_1}{R_2}\right) \tag{7.22}$$

Man erhält $T = 2{,}2$ ms bzw. die Pulsfrequenz $f_p = 455$ Hz.

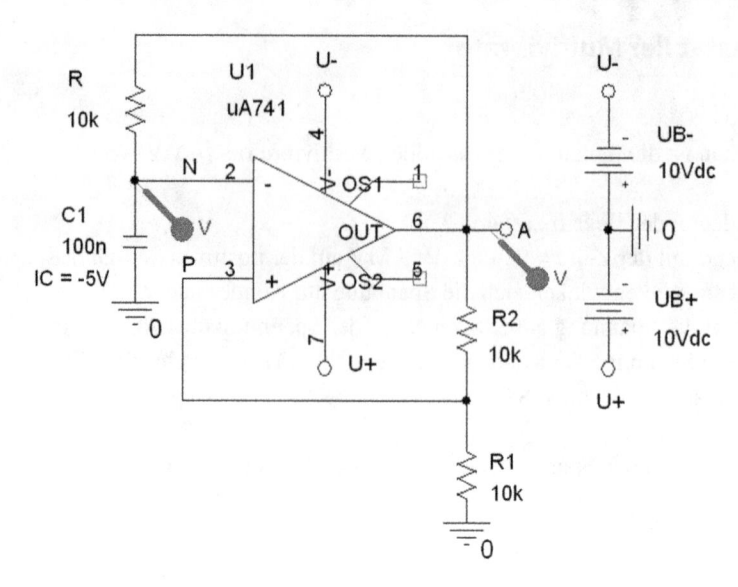

Abb. 7.33 Astabiler Multivibrator

Analyse
- PSpice, Edit Simulation Profile
- Simulation Settings – Abb. 7.33: Analysis
- Analysis type: Time Domain (Transient)
- Options: General Settings
- Run to time: 6 ms
- Start saving data after: 0 s
- Transient options
- Maximum step size: 1 us
- Übernehmen, OK
- PSpice, run

Mit der gesetzten Anfangsbedingung (Initial Condition) $IC = -5$ V am Kondensator wird das Anschwingen des AMV erreicht. Das negative Vorzeichen ermöglicht es, dass die Rechteckschwingung mit der *positiven* Sättigungsspannung einsetzt. Die Abb. 7.34 verdeutlicht die Auf- und Entladung des Kondensators und die damit verbundene Pulsspannung am Ausgang.

7.8 Schmitt-Trigger

Frage 7.21
In Abb. 7.35 wird die Schaltung des Schmitt-Triggers gezeigt [2, 10].

7.8 Schmitt-Trigger

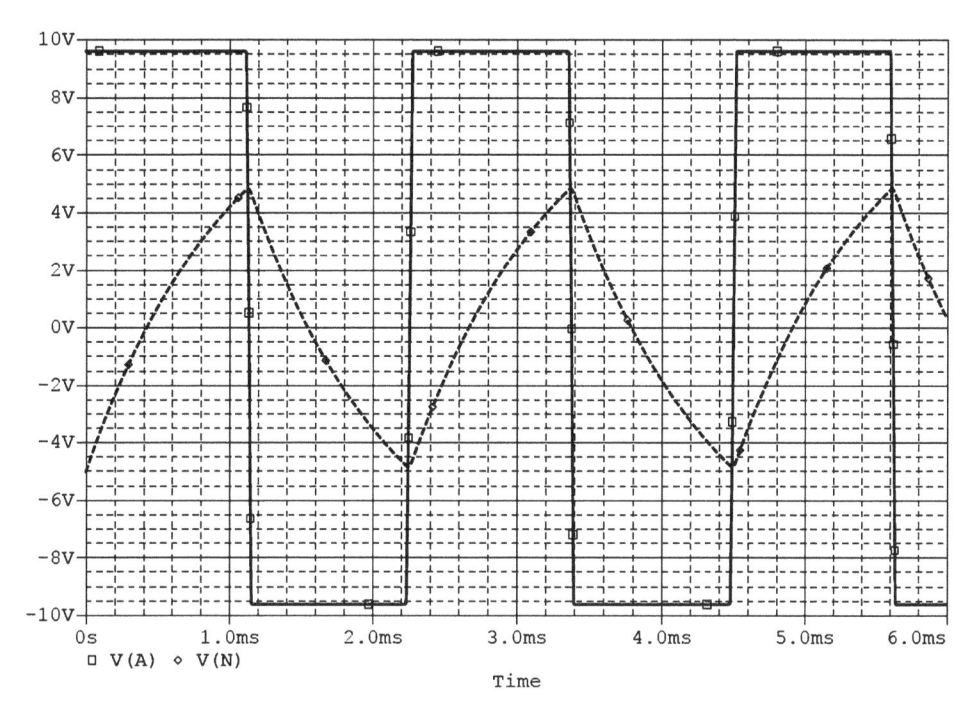

Abb. 7.34 Schwingungsverläufe am astabilen Multivibrator

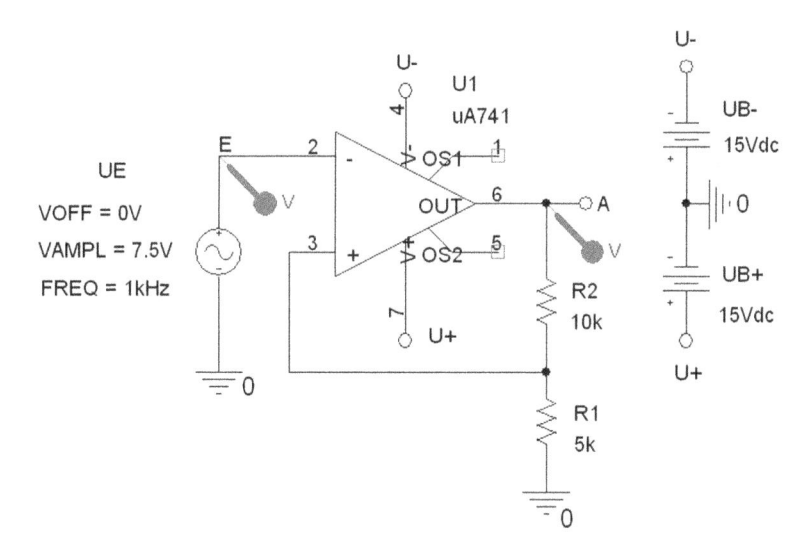

Abb. 7.35 Invertierender Schmitt-Trigger

- Zu welchem Schaltungstyp gehört der Schmitt-Trigger?
- Wie bezeichnet man die Rückführung vom Ausgang A auf den P-Eingang?
- Welcher Spannungsanteil wird auf den P-Eingang zurückgeführt?
- Welche Schaltzustände kann die Ausgangsspannung annehmen?
- Wie bezeichnet man die Differenz aus Einschalt- und Ausschaltschwelle?

Antwort

Der Schmitt-Trigger ist ein Schwellwertschalter mit einer Übertragungskennlinie $U_A = f(U_E)$, die eine Schalthysterese aufweist. Die angegebene Rückführung entspricht einer Mitkopplung. Zum nicht invertierenden P-Eingang gelangt gemäß Gl. 7.23 der folgende Spannungsanteil:

$$U_{R1} = \frac{R_1}{R_1 + R_2} \cdot U_A. \tag{7.23}$$

Hieraus folgen die beiden unterschiedlichen Schaltschwellen nach Gl. 7.24 und 7.25.

$$U_{Eein} = \frac{R_1}{R_1 + R_2} \cdot U_{S+} \tag{7.24}$$

und

$$U_{Eaus} = \frac{R_1}{R_1 + R_2} \cdot U_{S-} \tag{7.25}$$

Die Ausgangsspannung kann nur den H-Pegel (positive Sättigungsspannung U_{S+}) oder den L-Pegel (negative Sättigungsspannung U_{S-}) führen. Als Schalthysterese wird die Spannung $U_H = U_{Eein} - U_{Eaus}$ bezeichnet.

Analyse
- PSpice, Edit Simulation Profile
- Simulation Settings – Abb. 7.35: Analysis
- Analysis type: Time Domain (Transient)
- Options: General Settings
- Run to time: 3 ms
- Start saving data after: 0 s
- Transient options
- Maximum step size: 1 us
- Übernehmen, OK
- PSpice, run

Die Analyse führt zu Abb. 7.36.
Aus der Umwandlung der Abszisse von Time auf V(E) über Plot, Axis Settings, unsynchrone x-Axis geht die Hysterese-Kurve nach Abb. 7.37 hervor.

7.8 Schmitt-Trigger

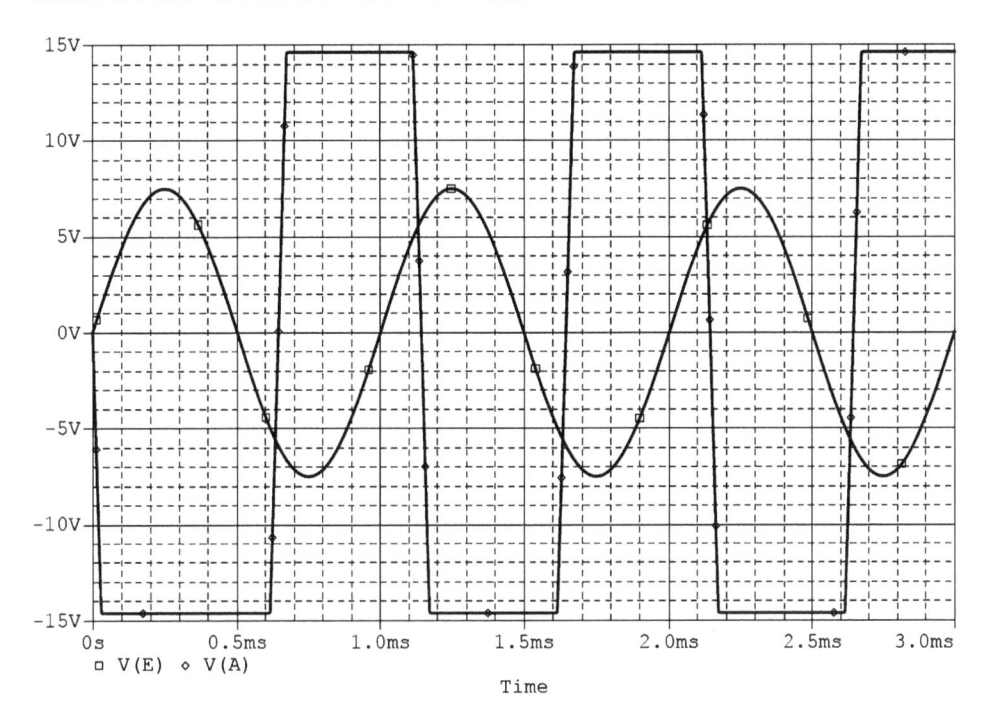

Abb. 7.36 Umformung der Sinus-Eingangsspannung in die Rechteck-Ausgangsspannung

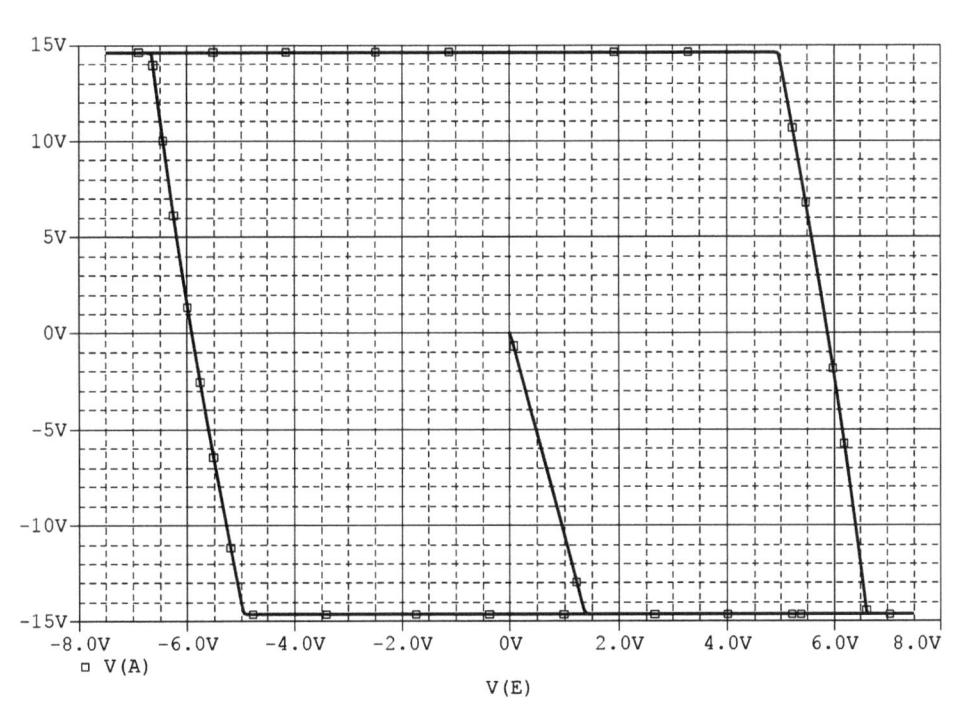

Abb. 7.37 Darstellung der Schalthysterese des Schmitt-Triggers

7.9 RC-Phasenschieber-Oszillator

Frage 7.22
In Abb. 7.38 wird ein RC-Phasenschieber-Oszillator dargestellt [1, 11, 12].

- Wie hoch sind Verstärkung und Phasendrehung des Operationsverstärkers mit den Widerständen R_D und R_C?
- Wie bezeichnet man die Schaltung mit den drei Kapazitäten und drei Widerständen?
- Welche maximale Phasendrehung ist mit der dreigliedrigen RC-Schaltung zu erreichen?
- Welche Phasendrehung ist mit der RC-Kette zu realisieren, damit die Phasenbedingung für den Oszillator erfüllt wird?
- Wie wird die von der RC-Kette bewirkte Dämpfung ausgeglichen, um die Amplitudenbedingung des Oszillators zu erfüllen?

Antwort
Die Spannungsverstärkung des invertierenden Verstärkers beträgt $v_u = -R_D/R_C = -29$. Die Phase wird um 180° gedreht. Die Schaltung entspricht einer dreigliedrigen Hochpasskette. Die maximale Phasendrehung der Hochpasskette beträgt 270°. Mit der Phasendrehung der RC-Kette von 180° wird die gesamte Phasendrehung des Oszillators auf 360° ergänzt,

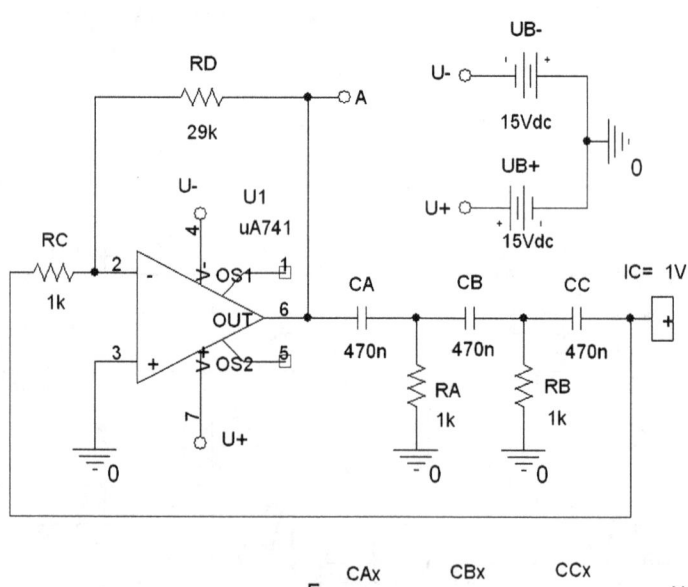

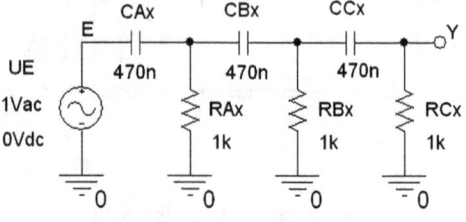

Abb. 7.38 Phasenschieber-Oszillator und Hochpasskette

womit die Phasenbedingung erfüllt wird. Diese Phasendrehung führt zur Schwingfrequenz f_0 nach Gl. 7.26 [11].

$$f_0 \approx \frac{1}{15{,}39 \cdot R \cdot C} \qquad (7.26)$$

Für die angegebene Schaltung wird $f_0 \approx 138$ Hz.

Berechnungen des Phasenschiebernetzwerkes zeigen [11], dass eine angelegte Wechselspannung U_E bei der Phasendrehung von 180° am Ausgang auf die Spannung $U_Y = U_E \cdot K$ mit dem Koppelfaktor $K = 1/29$ abgesunken ist. Um die Amplitudenbedingung für den Oszillator zu erfüllen, muss $K \cdot |v_u| \geq 1$ sein. Das erfordert die Einstellung der Widerstände auf $R_D/R_C \geq 29$. Diese Bedingung wird in der Schaltung von Abb. 7.38 erfüllt.

Analyse der *RC*-Kette

- PSpice, Edit Simulation Profile
- Simulation Settings – Abb. 7.38: Analysis
- Analysis type: AC Sweep/Noise
- Options: General Settings
- AC Sweep Type, Logarithmic Decade
- Start Frequency: 1 Hz
- End Frequency: 100 kHz
- Points/Decade: 100
- Übernehmen, OK
- PSpice, run

Die Abb. 7.39 zeigt die Frequenz-Abhängigkeit von Betrag und Phase des Koppelfaktors K. Mit der Darstellung wird bestätigt, dass der Koppelfaktor bei einer Phasendrehung von 180° auf das 1/29-fache seines NF-Wertes abgesunken ist.

Analyse des Phasenschieber-Oszillators
- PSpice, Edit Simulation Profile
- Simulation Settings – Abb. 7.38: Analysis
- Analysis type: Time Domain (Transient)
- Options: General Settings
- Run to time: 100 ms
- Start saving data after: 0 s
- Transient options
- Maximum step size: 10 us
- Übernehmen, OK
- PSpice, run

Das Analyseergebnis von Abb. 7.40 zeigt die mit der Anfangsbedingung „IC = 1 V" ermöglichten Sinusschwingungen. Mittels der Fourier-Analyse wird die Schwingfrequenz $f_0 \approx 138$ Hz nachgewiesen.

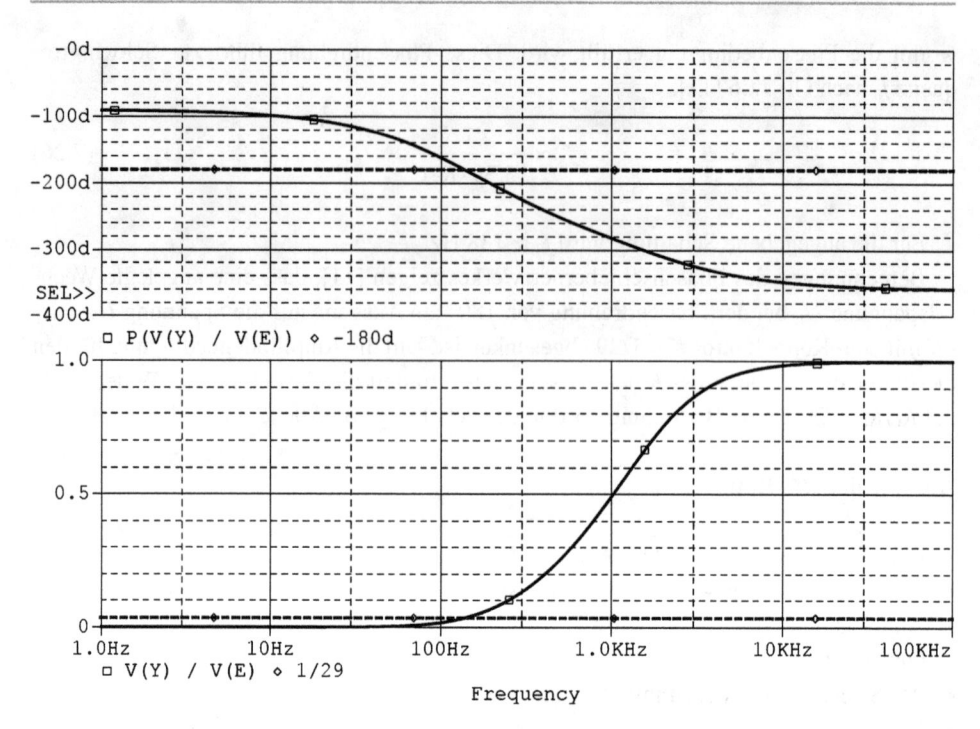

Abb. 7.39 Frequenzgänge des Koppelfaktors für die Hochpasskette

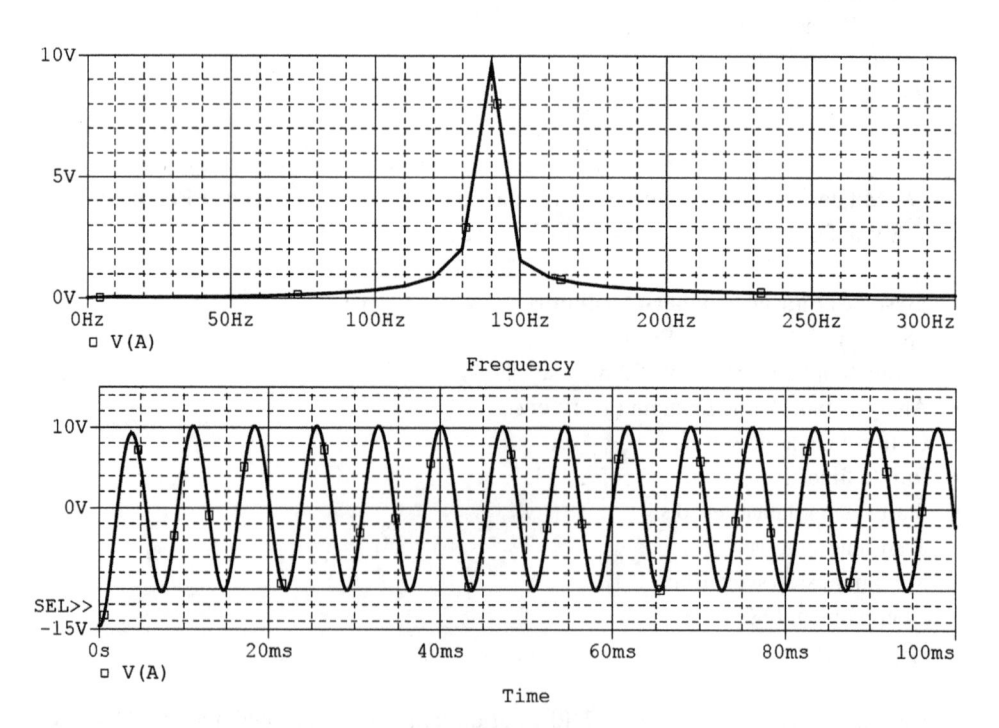

Abb. 7.40 Schwingungen des RC-Phasenschieber-Oszillators

7.10 Addierverstärker

Frage 7.23
In der Schaltung von Abb. 7.41 wird ein invertierender Addierer dargestellt [3, 10].

Wie wird allgemein der Strom I_2 berechnet?

- Wie gelangt man zur Ausgangsspannung U_A?
- Welche Vereinfachung ergibt sich zu U_A bei $R_{11} = R_{12} = R_2$?
- Wie hoch wird U_A aus der Überlagerung von U_{E1} und U_{E2} bei $t = 0,5$ ms?

Antwort
Der Strom I_2 folgt aus der Addition der Eingangsströme $I_{11} + I_{12}$ nach Gl. 7.27.

$$I_2 = \frac{U_{E1}}{R_{11}} + \frac{U_{E2}}{R_{12}} \tag{7.27}$$

Die Ausgangsspannung wird über $U_A = -R_2 \cdot I_2$ berechnet siehe Gl. 7.28.

$$U_A = -R_2 \cdot \left(\frac{U_{E1}}{R_{11}} + \frac{U_{E2}}{R_{12}} \right) \tag{7.28}$$

Im Sonderfall $R_{11} = R_{12} = R_2$ erhält man U_A mit Gl. 7.29 zu

$$U_A = -\left(U_{E1} + U_{E2} \right). \tag{7.29}$$

Für die vorliegende Schaltung ist U_A nach Gl. 7.30 zu berechnen.

$$U_A = -\hat{U} \cdot \left(\sin \omega t + \sin 2\omega t \right) \tag{7.30}$$

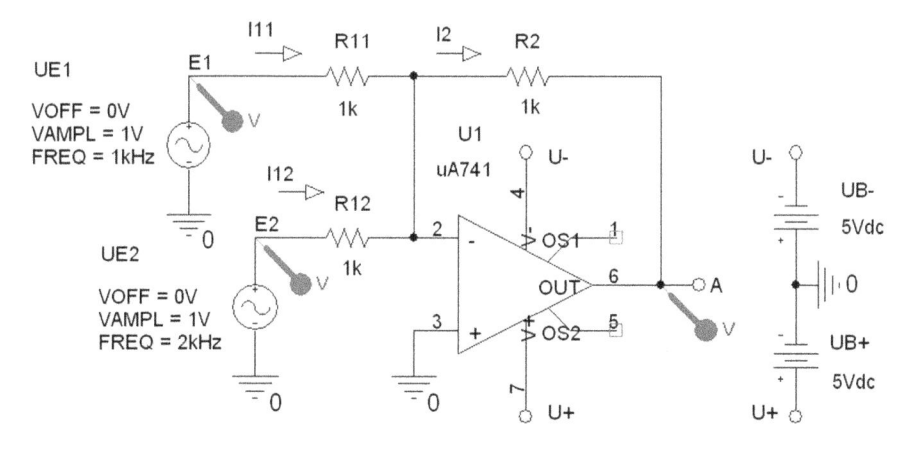

Abb. 7.41 Invertierende Addierschaltung

Dabei ist $\omega = 2 \cdot \pi/T$ die Kreisfrequenz und $\varphi = \omega \cdot t$ der Phasenwinkel.

Mit Gl. 7.30 erhält man z. B. bei der Zeit $t = 0{,}25$ ms den Winkel $\varphi = 90°$ und mit $\hat{U} = 1$ V den Wert der Ausgangsspannung mit $U_A = -1$ V $\cdot$ (sin90° + sin180°) = -1 V.

Analyse
- PSpice, Edit Simulation Profile
- Simulation Settings – Abb. 7.41: Analysis
- Analysis type: Time Domain (Transient)
- Options: General Settings
- Run to time: 1 ms
- Start saving data after: 0 s
- Maximum step size: 10 us
- Transient options
- Maximum step size: 10 us
- Übernehmen, OK
- PSpice, run

Die Abb. 7.42 zeigt die Addition der beiden unterschiedlichen Sinusquellen.

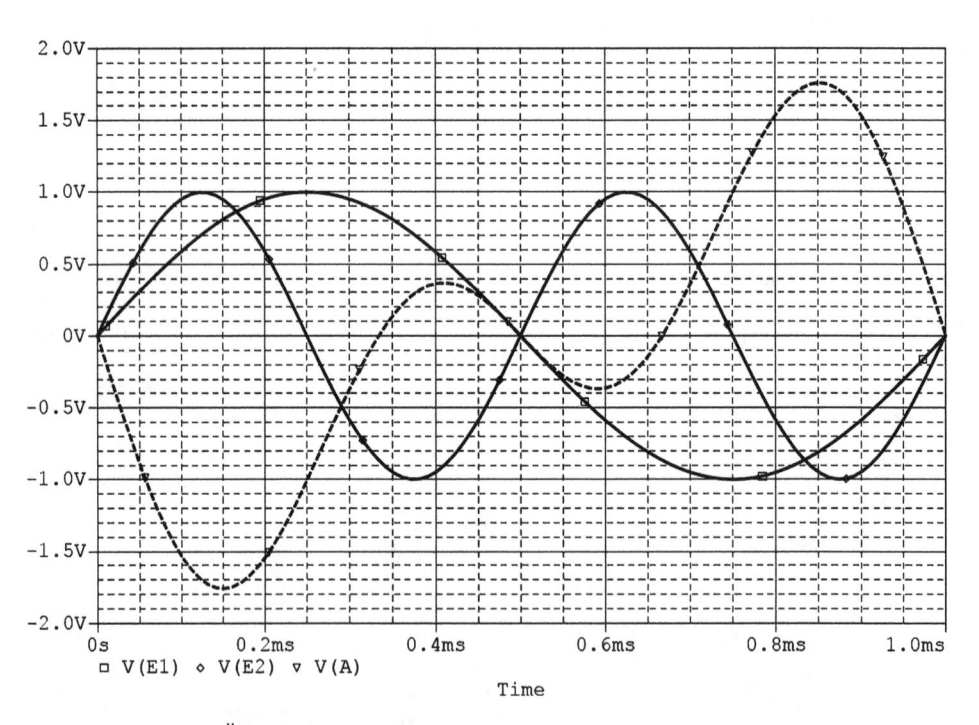

Abb. 7.42 Additive Überlagerung von Sinusspannungen

7.11 Integrator

Frage 7.24
Zu betrachten ist die Schaltung nach Abb. 7.43.

- Wie wird der Strom I_r berechnet?
- Welcher Zusammenhang besteht zwischen dem Strom I_c und der Ausgangsspannung U_A?
- Wie gelangt man mit $I_r = I_c$ zur Ausgangsspannung U_A?
- Wie erhält man die Ausgangsspannung U_A für die Eingangsspannung $U_E(t) = a + b \cdot t$?

Antwort
Mit der Differenzspannung $U_D \approx 0$ wird $I_r = U_E/R$. Die Abhängigkeit des Kondensator-Stromes I_c von der Spannung U_A beschreibt Gl. 7.31.

$$I_c = C \cdot \frac{dU_A}{dt} \tag{7.31}$$

Mit $I_r = I_c$ wird $U_E/R = C \cdot dU_A/dt$. Man erhält U_A aus der Integration von Gl. 7.31 und unter Berücksichtigung der Invertierung mit Gl. 7.32.

$$U_A = \frac{-1}{R \cdot C} \int_{t_0}^{t_1} U_E(t) \, dt + U_A(t_0) \tag{7.32}$$

Für $U_E = a + b \cdot t$ folgt aus der Integration von Gl. 7.32 das Ergebnis nach Gl. 7.33.

$$U_A = \frac{-1}{R \cdot C} \left[a \cdot t + \frac{b}{2} \cdot t^2 \right]_{t_0}^{t_1} + U_A(t_0) \tag{7.33}$$

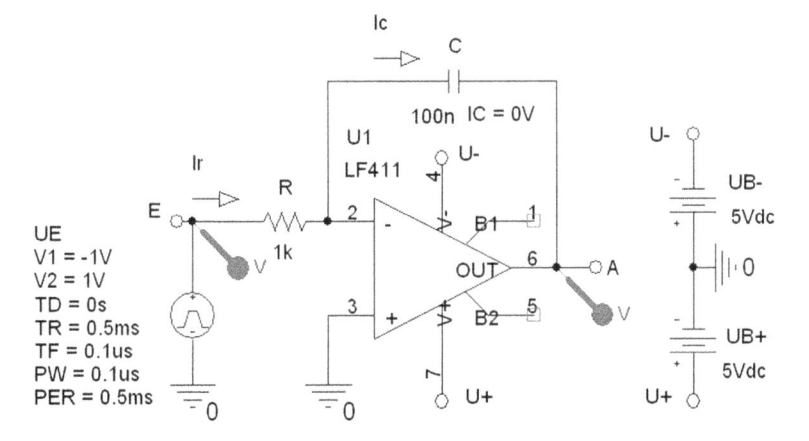

Abb. 7.43 Invertierender Integrator

Mit den Koeffizienten $a = -1$ V und $b = 4$ V/ms für die Sägezahnspannung U_E sowie mit der Anfangsbedingung $U_A(t_0) = 0$ V erhält man aus Gl. 7.33 bei der Zeit $t_1 = 0{,}25$ ms für die Parabel $U_A(t)$ den Wert $U_A = 1{,}25$ V. Dieses Ergebnis wird mit der nachfolgenden Simulation bestätigt, siehe Abb. 7.44.

Analyse
- PSpice, Edit Simulation Profile
- Simulation Settings – Abb. 7.43: Analysis
- Analysis type: Time Domain (Transient)
- Options: General Settings
- Run to time: 1.5 ms
- Start saving data after: 0 s
- Transient options
- Maximum step size: 1 us
- Übernehmen, OK
- PSpice, run

Das Analyseergebnis von Abb. 7.44 zeigt die angelegte Sägezahnspannung und den aus der Integration dieser Eingangsspannung hervorgehenden Parabelverlauf der Ausgangsspannung.

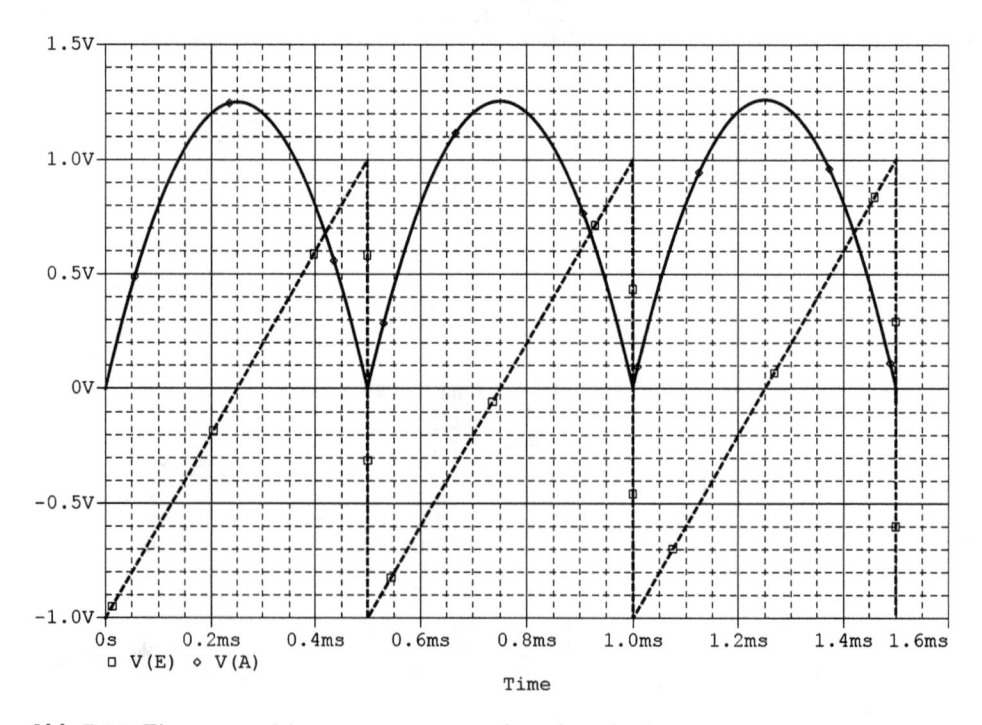

Abb. 7.44 Eingangs- und Ausgangsspannung am invertierenden Integrator

7.12 Logarithmierer

Frage 7.25

Die Schaltung nach Abb. 7.45 ist wegen des exponentiellen Zusammenhanges des Stromes I_C mit der Spannung U_{BE} als Logarithmierer geeignet.

- Wie hoch ist die Spannung U_E bei dem Exponenten $x = 0$?
- Welchen Wert erreicht der Strom I_R bei $x = 0$?
- Wie hoch ist die Spannung U_{CB}?
- Welcher Zusammenhang besteht zwischen U_{BE} und U_A?
- Ist $I_R = I_C$?
- Mit welcher Gleichung wird $I_C = f(U_{BE})$ berechnet?
- Wie gelangt man zur Abhängigkeit $U_A = f(U_E)$?
- Die Spannung U_E steigt exponentiell mit x an. Welche Kurvenform ist für $U_A = f(x)$ zu erwarten?

Antwort

Mit $\exp(0) = 1$ wird $U_E = 1$ V.

Bei $x = 0$ und $U_D \approx 0$ gilt in guter Näherung $I_R = U_E/R = 1\,\text{V}/1\,\text{k}\Omega = 1$ mA.

Es ist $U_{CB} = 0$, weil der Kollektor auf der virtuellen Masse liegt.

Man erhält $U_A = -U_{BE}$.

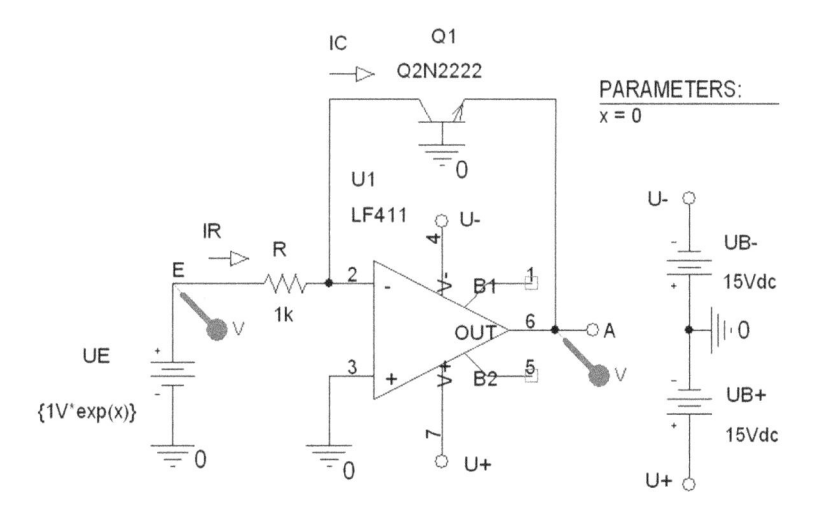

Abb. 7.45 Logarithmierer

Es ist $I_R = I_C$, weil die Eingangsströme in den Operationsverstärker nahezu null sind. Allgemein gilt für den Kollektorstrom nach Gl. 7.34:

$$I_C \approx I_S \cdot \exp\left(\frac{U_{BE}}{U_T}\right). \tag{7.34}$$

Mit $U_{BE} = -U_A$ und $I_C = I_R = U_E/R$ erhält man die Ausgangsspannung mit Gl. 7.35.

$$U_A = -U_T \cdot \ln\left(\frac{U_E}{I_S \cdot R}\right) \tag{7.35}$$

Beispiel

Bei $U_E = 1$ V für $x = 0$, $U_T = 25{,}864$ mV sowie $I_S = 14{,}34$ fA für $T = 27\,°C$ und $R = 1$ kΩ wird gemäß Gl. 7.35 die Ausgangsspannung $U_A = -0{,}646$ V. ◄

Analyse
- PSpice, Edit Simulation Profile
- Simulation Settings – Abb. 7.45
- Primary Sweep, DC Sweep
- Sweep variable, Global Parameter
- Parameter Name: x
- Sweep type, Linear
- Start value: 0
- End value: 2.5
- Increment: 1 m
- Übernehmen, OK.
- PSpice run.

Das Analyse-Ergebnis nach Abb. 7.46 zeigt die Ausführung der Logarithmierung.

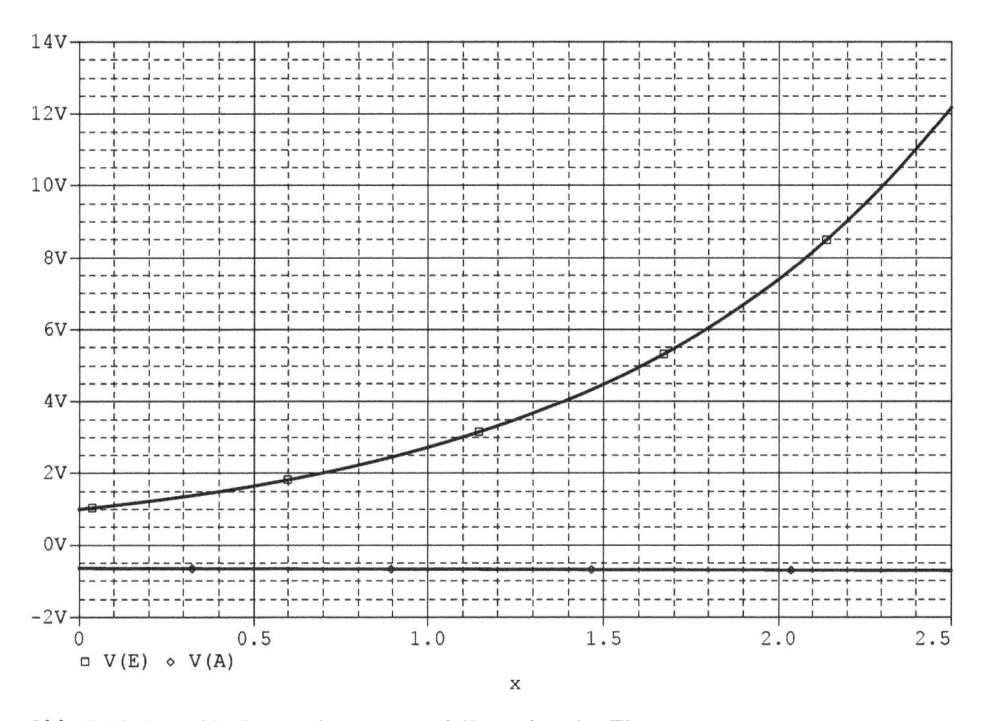

Abb. 7.46 Logarithmierung einer exponentiell ansteigenden Eingangsspannung

Literatur

1. Rashid, M.H.: Microelectronic Circuits. PWS Publishing Company, Boston (1999)
2. Baumann, P., Möller, W.: Schaltungssimulation mit Design Center. Fachbuchverlag Leipzig, Leipzig (1994)
3. Böhmer, E., Ehrhardt, D., Oberschelp, W.: Elemente der angewandten Elektronik. Vieweg + Teubner, Wiesbaden (2010)
4. Baumann, P.: Parameterextraktion bei Halbleiterbauelementen. Springer Vieweg, Wiesbaden (2010)
5. Bystron, K., Borgmeyer, J.: Grundlagen der Technischen Elektronik. Carl Hanser, München/Wien (1990)
6. Weddigen, C., Jüngst, W.: Elektronik. Springer, Berlin/Heidelberg (1993)
7. Federau, J.: Operationsverstärker. Vieweg, Wiesbaden (1998)
8. Baumann, P.: Sensorschaltungen. Vieweg + Teubner, Wiesbaden (2010)
9. Franco, S.: Operational Amplifiers and Analog Integrated Circuits. Mc Graw-Hill, New York (1988)
10. Zastrow, D.: Elektronik. Vieweg + Teubner, Wiesbaden (2008)
11. Beuth, K., Schmusch, W.: Grundschaltungen. Vogel, Würzburg (1994)
12. Koß, G., Reinhold, R.: Lehr- und Übungsbuch Elektronik. Fachbuchverlag Leipzig, Leipzig (1998)

Prüfungsklausur Elektronik

> **Zusammenfassung**
>
> Aufgabe 1
> Silizium-Diode (6 Punkte)

Aufgabe 1
Silizium-Diode (6 Punkte)

1.1	Im Diodenmodell nach Abb. 8.1 ist $U_F = 0{,}8$ V bei $I_F = 100$ mA. Bei $U_T = 25$ mV hat der Emissionskoeffizient den Wert $N = 1{,}6$ und der Serienwiderstand beträgt $R_S = 1\ \Omega$. Zu berechnen ist der Sättigungsstrom I_S.

Lösung

$$U = U_F - I_F \cdot R_S = 0{,}8\,\text{V} - 100\ \text{mA} \cdot 1\,\Omega = 0{,}7\,\text{V.} \bullet\bullet$$

$$I_S = \frac{I_F}{\exp\left(\dfrac{U}{N \cdot U_T}\right)} = \frac{100\,\text{mA}}{\exp\left(\dfrac{0{,}7\,\text{V}}{1{,}6 \cdot 25\,\text{mV}}\right)} = 2{,}51\,\text{nA.} \bullet\bullet$$

1.2	Wie wirkt sich eine höhere Dotierung der beiden Bahngebiete der Diode auf den Serienwiderstand R_S aus?

Abb. 8.1 Statisches Diodenmodell

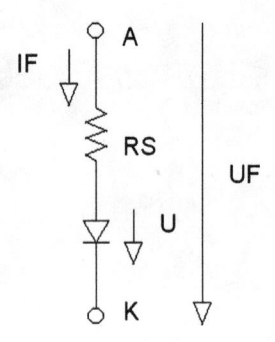

Abb. 8.2 Dioden-Schaltung

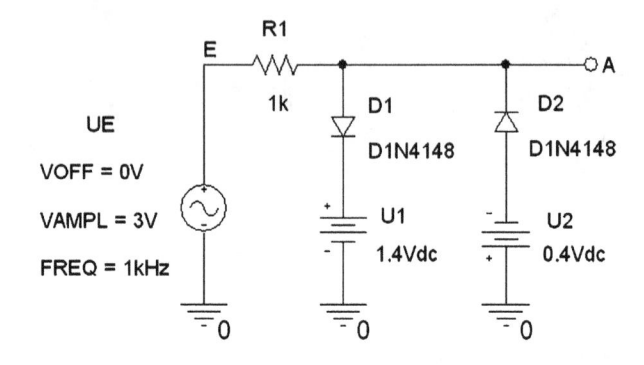

Antwort

Höhere Dotierung	→ höhere elektrische Leitfähigkeiten κ_p und
κ_n	→ kleinere Bahnwiderstände R_{Bp} und
R_{Bn}	→ kleinerer Serienwiderstand $R_S = R_{Bp} + R_{Bn}$. ••

Aufgabe 2
Dioden-Schaltung (4 Punkte)

2.1	Die Schaltung nach Abb. 8.2 hat die Bezeichnung: **Begrenzer-Schaltung.** •
2.2	Die Zeitverläufe von U_E und U_A sind über eine Periode hinweg mit konkreten Werten für die Periodendauer und die Spannungshöhen zu skizzieren.

Lösung zu 2.2

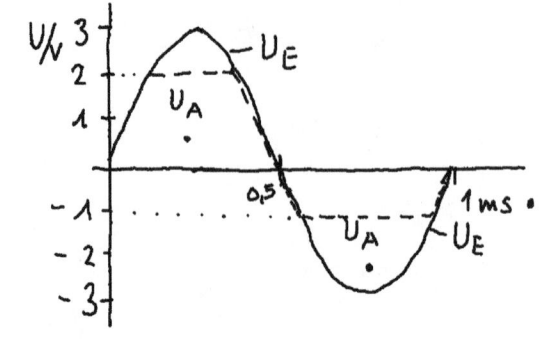

Aufgabe 3
Z-Diode (4 Punkte)

3.1	Die Schaltung nach Abb. 8.3 hat die folgende Aufgabe: **Stabilisierung der Spannung über R_L.** •
3.2	Die Werte der Ausgangsspannung sind einzutragen:
Bei $U_E = 0$ V	→ $U_A = 0$ V. •
Bei $U_E = 10$ V	→ $U_A = 5$ V. •
Bei $U_E = -10$ V	→ $U_A = -0{,}7$ V. •

Aufgabe 4
Kapazitätsdiode (5 Punkte)

Die Diode MV2201 weist bei $U_R = 0$ V die Kapazität $C_{J0} = 15$ pF auf.

4.1	Die Schaltung nach Abb. 8.4 hat die folgende Aufgabe: **Schwingkreisabstimmung mit Diode D_1 und Sperrspannung U_R** •
4.2	bei $U_R = 0$ V ist die Resonanzfrequenz f_0 der Schaltung zu berechnen.

Lösung zu 4.2

$$f_0 = \frac{1}{2 \cdot \pi \cdot \sqrt{L \cdot (C_p + C_{J0})}} = \frac{1}{2 \cdot \pi \cdot \sqrt{5\mu H \cdot 15 pF}} = 18{,}38\,\text{MHz.} \bullet\bullet$$

4.3	Es ist die Resonanzspannung U_{f0} zu berechnen.

Abb. 8.3 Schaltung mit einer Z-Diode

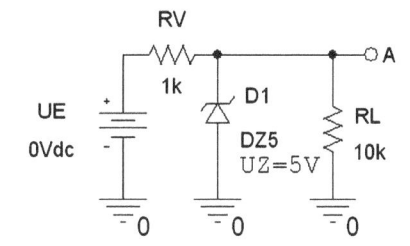

Abb. 8.4 Schaltung mit einer Kapazitätsdiode

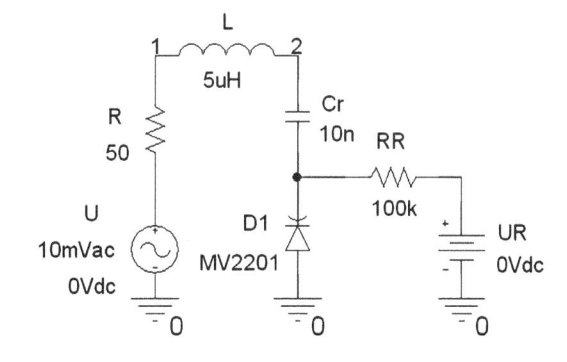

Lösung zu 4.3
Die Resonanzspannung ist

$$U_{f0} = \frac{1}{R} \cdot \sqrt{\frac{L}{C_{J0}}} \cdot U = \frac{1}{50\Omega} \cdot \sqrt{\frac{5\mu H}{15pF}} \cdot 10mV = \mathbf{115\,mV}. \bullet\bullet$$

4.4 Wie ändert sich die Resonanzfrequenz f_0, wenn U_R erhöht wird?

Antwort
U_R höher →C_j kleiner →f_0 höher. •

Aufgabe 5
Schaltstufe (6 Punkte)

5.1 Für die Schaltung nach Abb. 8.5 sind die Zeitverläufe von U_E und U_A über eine Periode hinweg mit konkreten Werten für die Periodendauer und die Spannungen zu skizzieren.

Lösung zu 5.1

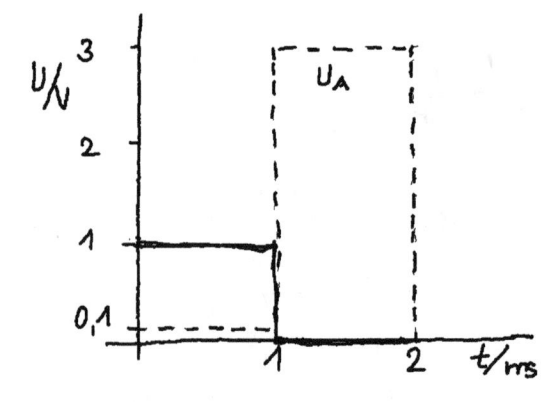

Abb. 8.5 Schaltstufe mit Bipolartransistor

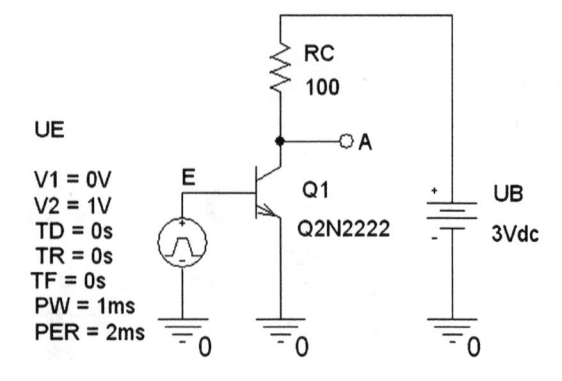

8 Prüfungsklausur Elektronik

5.2 Wie wirkt sich eine stärkere Übersteuerung auf die Sättigungsspannung U_{CES}, die Speicherzeit t_s und den Übersteuerungsfaktor m aus?

Antwort
U_{CES} wird kleiner, t_s und m werden größer. ••

Aufgabe 6
NF-Verstärker (12 Punkte)

6.1 Für die Schaltung nach Abb. 8.6 sind für den Arbeitspunkt $U_{BE} = 0{,}68$ V und $U_{CE} = 5{,}5$ V die Größen I_C, I_B und B_N zu berechnen.

Lösung

$$I_C = (U_B - U_{CE}) / R_C = (10\,\text{V} - 5{,}5\,\text{V}) / 1\,\text{k}\Omega = 4{,}5\,\text{mA}. ••$$
$$I_{R2} = U_{BE} / R_2 = 0{,}68\,\text{V} / 10\,\text{k}\Omega = 68\,\mu\text{A}. ••$$
$$I_{R1} = (U_B - U_{BE}) / R_1 = (10\,\text{V} - 0{,}68\,\text{V}) / 100\,\text{k}\Omega = 93{,}2\,\mu\text{A}. ••$$
$$I_B = I_{R1} - I_{R2} = 93{,}2\,\mu\text{A} - 68\,\mu\text{A} = 25{,}2\,\mu\text{A}. ••$$
$$B_N = I_C / I_B = 4{,}5\,\text{mA} / 25{,}2\,\mu\text{A} = 178{,}6. ••$$

6.2 Wie hoch wird U_A bei $t = 250$ µs wenn die Kleinsignal-Verstärkung $v_u = 43{,}522$ dB beträgt?

Lösung

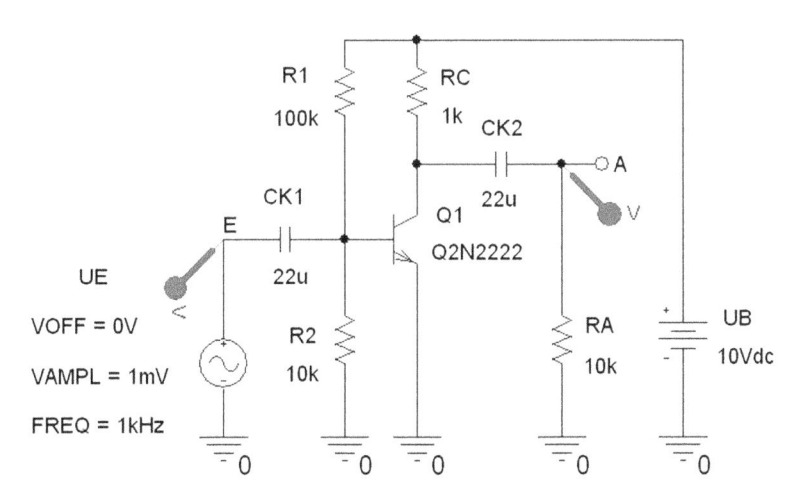

$$v_u = U_A / U_E = 150 \rightarrow U_A = -150\,\text{mV bei } t = 250\,\mu\text{s}. ••$$

Abb. 8.6 NF-Verstärker

Aufgabe 7
Sperrschicht-FET (4 Punkte)

7.1 Wie hoch werden U_{GS} und U_A bei U_E = 5 V in der Schaltstufe nach Abb. 8.7?

Lösung

$$U_{GS} = 0\,\text{V}, \quad U_A = U_{DSS} < 1\,\text{V.} \bullet\bullet$$

7.2 Wie hoch werden U_{GS} und U_A bei U_E = −5 V?

Lösung

$$U_{GS} = -5\,\text{V}, \quad U_A = 10\,\text{V.} \bullet\bullet$$

Aufgabe 8
MOSFET (6 Punkte)

Es ist die Schaltung nach Abb. 8.8 für die folgenden Vorgaben zu diskutieren:

8.1 Die Baugruppe mit den MOSFET M_1 und M_2 hat die Bezeichnung: **CMOS-Inverter.** •

8.2 Die Gate-Source-Spannung des MOSFET M_1 beträgt: $U_{GS} = -5\,\text{V.}$ •

8.3 Wie gleicht der Schaltkreis-Hersteller die niedrigere Beweglichkeit μ_p des PMOSFET gegenüber μ_n des NMOSFET aus, um betragsmäßig gleiche Drain-Ströme zu erzielen?

Antwort
Durch entsprechende Erhöhung der Kanalweite W des PMOSFET, denn es ist $I_D \sim \mu \cdot W/L$. ••

8.4 Die Ausgangsspannung der Schaltung ist: $U_A = 2\,\text{V.}$ ••

Abb. 8.7 FET-Schaltstufe

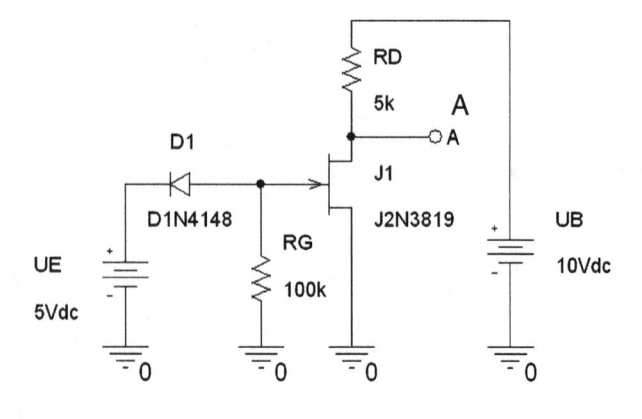

8 Prüfungsklausur Elektronik

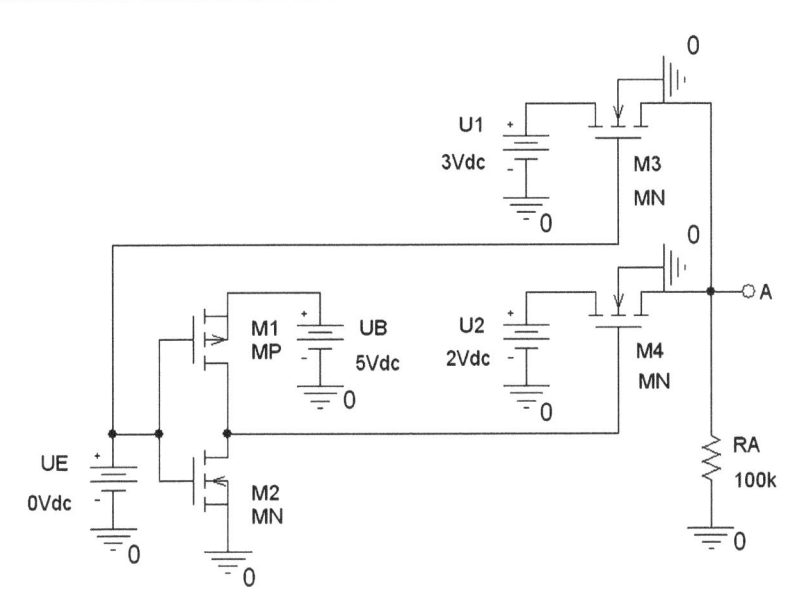

Abb. 8.8 MOSFET-Schaltung

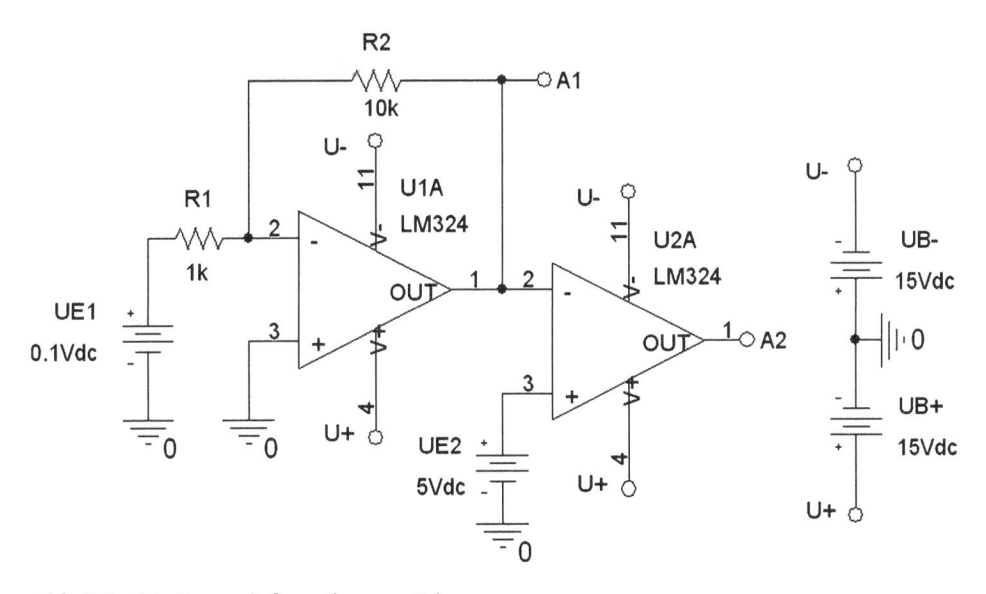

Abb. 8.9 Schaltung mit Operationsverstärker

Aufgabe 9
Operationsverstärker [OP] (4 Punkte)

Für die Schaltung nach Abb. 8.9 sind die folgenden Fragen zu beantworten:
Die Schaltung mit dem OP$_{U1A}$ hat die Bezeichnung:**invertierender Verstärker.** •
Die Schaltung mit dem OP$_{U2A}$ hat die Bezeichnung:**invertierender Komparator.** •

Abb. 8.10 Operationsverstärker

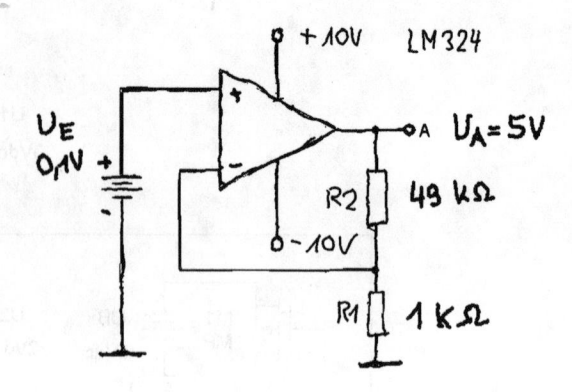

```
           +10V   LM324
    UE
    0,1V +    [OP]────●A  UA=5V
              -        R2  49 kΩ
           -10V
                       R1  1 kΩ
```

Die Ausgangsspannung am Knoten A₁ beträgt: $U_{A1} = -R_2/R_1 \cdot U_E = -1$ V. •
Die Ausgangsspannung am Knoten A₂ beträgt: $U_{A2} = U_{S+} \approx 14{,}5$ V. •

Aufgabe 10
Nicht invertierender Verstärker (6 Punkte)

Zu skizzieren ist die OP-Schaltung zu den folgenden Angaben:
Eingangsspannung $U_E = 0{,}1$ V, Ausgangsspannung $U_A = 5$ V, Ströme $I_{R1} = I_{R2} = 0{,}1$ mA (Abb. 8.10).

Lösung

$$R_1 = U_E / I_{R1} = 0{,}1\text{V} / 0{,}1\text{mA} = 1\text{k}\Omega. \bullet\bullet$$

$$v_u = U_A / U_E = 1 + R_2 / R_1 = 50 \rightarrow R_2 = (v_u - 1) \cdot R_1 = 49\,\text{k}\Omega. \bullet\bullet$$

Aufgabe 11

11.1	Ein *idealer* Operationsverstärker hat die Kenngrößen:	
	Differenzverstärkung:	$v_D = \infty$ •
	Transitfrequenz:	$f_T = \infty$ •
	Slew Rate:	$S_R = \infty$ •
	Gleichtaktverstärkung:	$v_{Gl} = 0$ •
11.2	Bei welcher Frequenz f erreicht ein Operationsverstärker mit $f_T = 1$ MHz den Wert der Differenzverstärkung $v_D = 40$ dB?	

Lösung

$$v_D = 100 \bullet$$
$$f = f_T / v_D = 1\text{MHz} / 100 = 10\text{kHZ} \bullet$$

Sensoren 9

Zusammenfassung

Das abschließende Kapitel befasst sich mit Sensoren. Die gestellten Fragen beziehen sich auf die Modellierung und Anwendung von Temperatur- und Feuchtesensoren sowie von optischen und Folien-Kraftsensoren. Demonstriert wird der Einsatz von US-Transmitter und -Receiver in einer Abstands-Warnschaltung mit piezoelektrischem Summer-Signal. Basierend auf den Eigenschaften akustischer Oberflächenwellen folgen Berechnungen zur Temperaturabhängigkeit einer Verzögerungsleitung auf einem Lithiumniobat-Substrat. Neu aufgenommen wurden pyroelektrische Sensoren mit Fragen und Antworten zur thermischen Ersatzschaltung und Betrachtungen zu piezoelektrischen Schallgebern als Summer und Kraftaufnehmer.

9.1 Temperatursensoren

9.1.1 NTC-Sensoren

In Gl. 9.1 wird die Temperaturabhängigkeit des NTC-Sensors mit dem Nennwiderstand R_N, der Nenntemperatur $T_N = 25\,°C$ und der Materialkonstanten B (in Kelvin) beschrieben, siehe Tab. 9.1. Die starke Widerstandsabnahme beruht auf der thermisch bedingten Ladungsträgergeneration.

$$R_T = R_N \cdot \exp\left[B \cdot \left(\frac{1}{T} - \frac{1}{T_N}\right)\right] \qquad (9.1)$$

Tab. 9.1 Kenndaten von NTC-Sensoren bei 25 °C nach [1]

	M87_10	M87_100
R_N in kΩ	10	100
B in K	3474	3988

Frage 9.1
Ein NTC-Sensor hat die Werte: $R_N = 500$ kΩ bei $T_N = 25$ °C und $R_T = 110{,}348$ kΩ bei 60 °C.

- Wie viel Kelvin beträgt die Materialkonstante B?
- Wie hoch ist der Temperaturkoeffizient dieses Sensors bei 60 °C?

Antwort
Aus der Umstellung von Gl. 9.1 folgt die Konstante B mit Gl. 9.2.

$$B = \frac{\ln(R_T/R_N)}{1/T - 1/T_N} \qquad (9.2)$$

Man erhält $B = 4284$ K. Zusammen mit $R_N = 500$ kΩ wird damit der Sensor M87_500 beschrieben.

Der Temperaturkoeffizient von R_T geht aus Gl. 9.3 hervor.

$$TK_{RT} = \frac{1}{R_T} \cdot \frac{dR_T}{dT} = -\frac{B}{T^2} \qquad (9.3)$$

Bei 60 °C ist $TK_{RT} = -0{,}0386$ K^{-1}.

Frage 9.2
Wie können die NTC-Kennlinien mit PSPICE analysiert werden?

Antwort
Einem Widerstand R aus der Analog-Bibliothek wird anstelle des Standardwertes von 1 kΩ die in geschweifte Klammern gesetzte Gl. 9.1 eingegeben. Der Widerstand wird an eine Gleichspannungsquelle angeschlossen, siehe Abb. 9.1. Auszuführen ist eine Gleichspannungs-Analyse.

Analyse
- PSpice, Edit Simulation Profile
- Simulation Settings – Abb. 9.1: Analysis
- Analysis type: DC Sweep
- Options. Primary Sweep
- Sweep variable: Global Parameter

9.1 Temperatursensoren

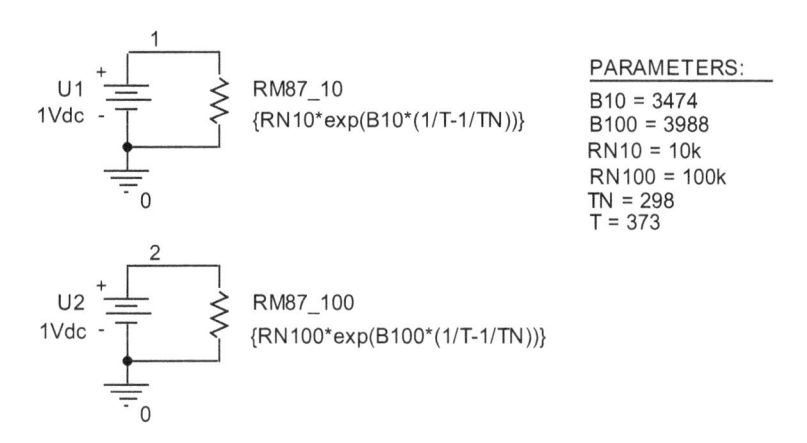

PARAMETERS:
B10 = 3474
B100 = 3988
RN10 = 10k
RN100 = 100k
TN = 298
T = 373

Abb. 9.1 Schaltungen zur Simulation der NTC-Kennlinien

- Parameter Name: T
- Sweep type: Logarithmic
- Start value: 223
- End value: 423
- Points/Decade: 1 k
- Plot, Axis Settings, Axis variable: T-273
- Übernehmen: OK
- PSpice, run

Das Analyse-Ergebnis nach Abb. 9.1 zeigt die nicht linearen Kennlinien der beiden NTC-Sensoren. Die Werte für den Nennwiderstand R_N nach Tab. 9.1 werden erreicht (Abb. 9.2).

Frage 9.3
Zu betrachten ist die Schaltung nach Abb. 9.3.

- Welche Grundschaltung liegt vor?
- Welche LED leuchtet, wenn der NTC-Sensor bei 60 °C betrieben wird?

Antwort
Die Grundschaltung ist ein Komparator ohne Hysterese mit unipolarer Stromversorgung.

Bei 60 °C leuchtet Diode D_1, weil der NTC-Widerstand $R_2 < 100$ kΩ bei $T > 298$ K ist. (entspricht $T > 25$ °C). Mit $U(P) < U(N)$ gelangt die Ausgangsspannung $U(A)$ auf die Höhe der negativen Sättigungsspannung von nahezu null Volt. Der Umschaltpunkt für die Ausgangsspannung ist der Schnittpunkt von $U(P)$ mit $U(N)$.

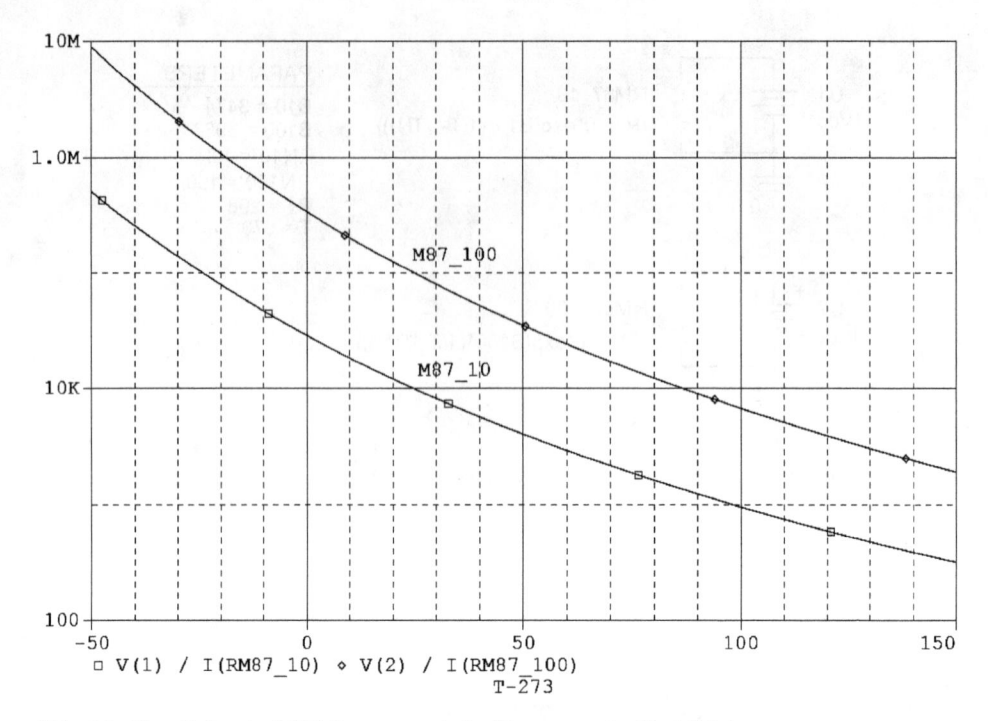

Abb. 9.2 Kennlinien der NTC-Sensoren mit der Temperatur in Grad Celsius

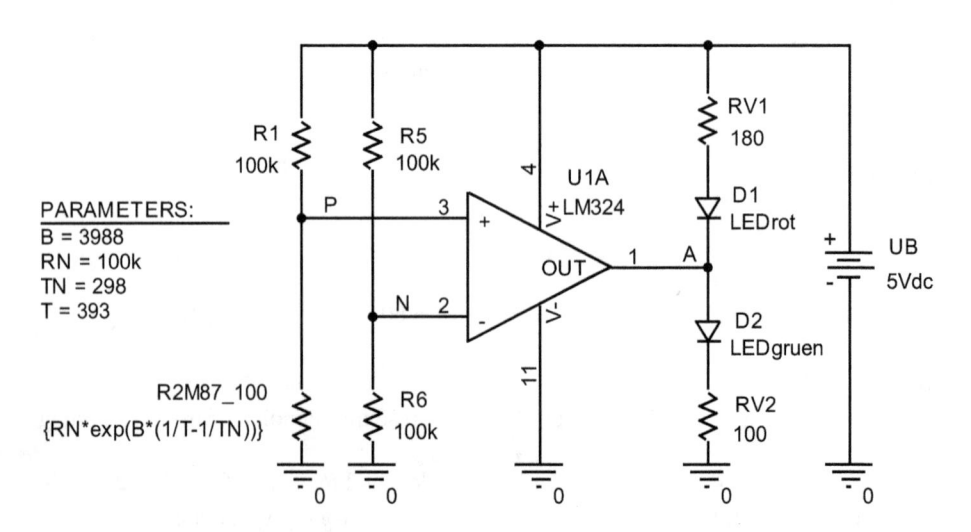

Abb. 9.3 Schaltung mit NTC-Sensor

9.1 Temperatursensoren

Analyse
- PSpice, Edit Simulation Profile
- Simulation Settings – Abb. 9.3: Analysis
- Analysis type: DC Sweep
- Options. Primary Sweep
- Sweep variable: Global Parameter
- Parameter Name: T
- Sweep type: Linear
- Start value: 243
- End value: 363
- Points/Decade: 1
- Plot, Axis Settings, Axis variable: T-273
- Übernehmen: OK
- PSpice, run

Die LED sind wie folgt zu modellieren (Abb. 9.4):

.model LEDrot D (IS=1.2E-20 N=1.46 RS=2.4 EG=1.95)
.model LEDgruen D (IS=9.8E-29 N=1.12 RS=24.4 EG=2.2)

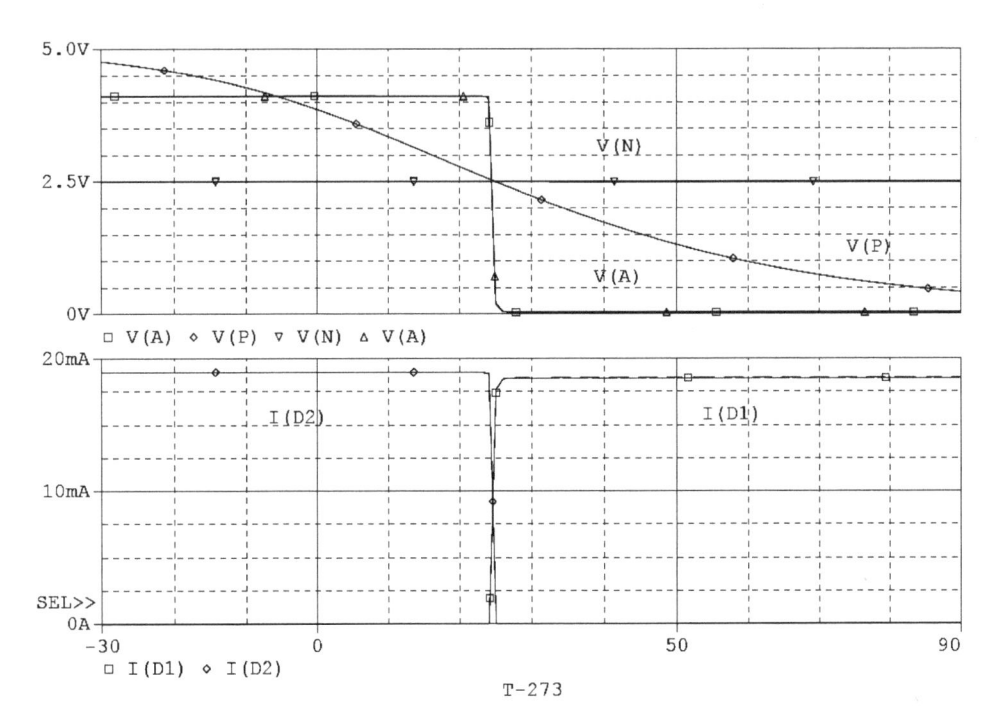

Abb. 9.4 Umschaltvorgänge bei der Temperatur von 25 °C

9.1.2 PTC-Sensoren

Frage 9.4
Zu den PTC-Sensoren zählt der Silizium-Temperatur-Sensor KTY11_6, dessen Widerstandszunahme bei steigender Temperatur darauf beruht, dass die Ladungsträger-Beweglichkeit abnimmt. Ein weiterer Vertreter der PTC-Sensoren ist der Platin-Temperatur-Sensor Pt100, dessen positiver Temperatur-Koeffizient auf das Abbremsen der Elektronen in Folge thermischer Schwingungen zurück zu führen ist. Die Temperaturabhängigkeit der PTC-Sensoren wird mit Gl. 9.4 beschrieben.

$$R_T = R_{25} \cdot \left[1 + TC_1 \cdot (\text{Temp} - \text{Tnom}) + TC_2 \cdot (\text{Temp} - \text{Tnom})^2 \right] \quad (9.4)$$

Die Kenndaten zeigt Tab. 9.2.

Frage 9.5
- Welche Analyseart ist bei PSPICE anzuwenden?
- Welche Widerstandsart ist beim Programm PSPICE auszuwählen, um die Parameter von Tab. 9.2 eingeben zu können?
- Wie lauten die Modellierungsanweisungen für die Widerstände?

Antwort
Bei DC Sweep ist die Analyse Temperature zu verwenden.

Auszuwählen ist ein Widerstand Rbreak aus der Break-Bibliothek.
Die Modellierung ist wie folgt vorzunehmen:

.model KTY11_6 RES R=1 (TC1=7.88 m TC2=19.37 u Tnom=25)
.model Pt100 RES R=1 (TC1=3.908 m TC2=−0.5082 u Tnom=0)

Die Schaltungen zur Darstellung der Kennlinien zeigt Abb. 9.5.

Analyse
- PSpice, Edit Simulation Profile
- Simulation Settings – Abb. 9.5: Analysis

Tab. 9.2 Kenndaten von PTC-Sensoren

	KTY11_6 [2]	Pt100
R_{25} in °C	25	–
R_0 in °C	–	0
TC_1 in K^{-1}	$7{,}88 \cdot 10^{-3}$	$3{,}908 \cdot 10^{-3}$
TC_2 in K^{-2}	$1{,}937 \cdot 10^{-5}$	$-5{,}802 \cdot 10^{-7}$
T_{nom}	25	0

9.1 Temperatursensoren

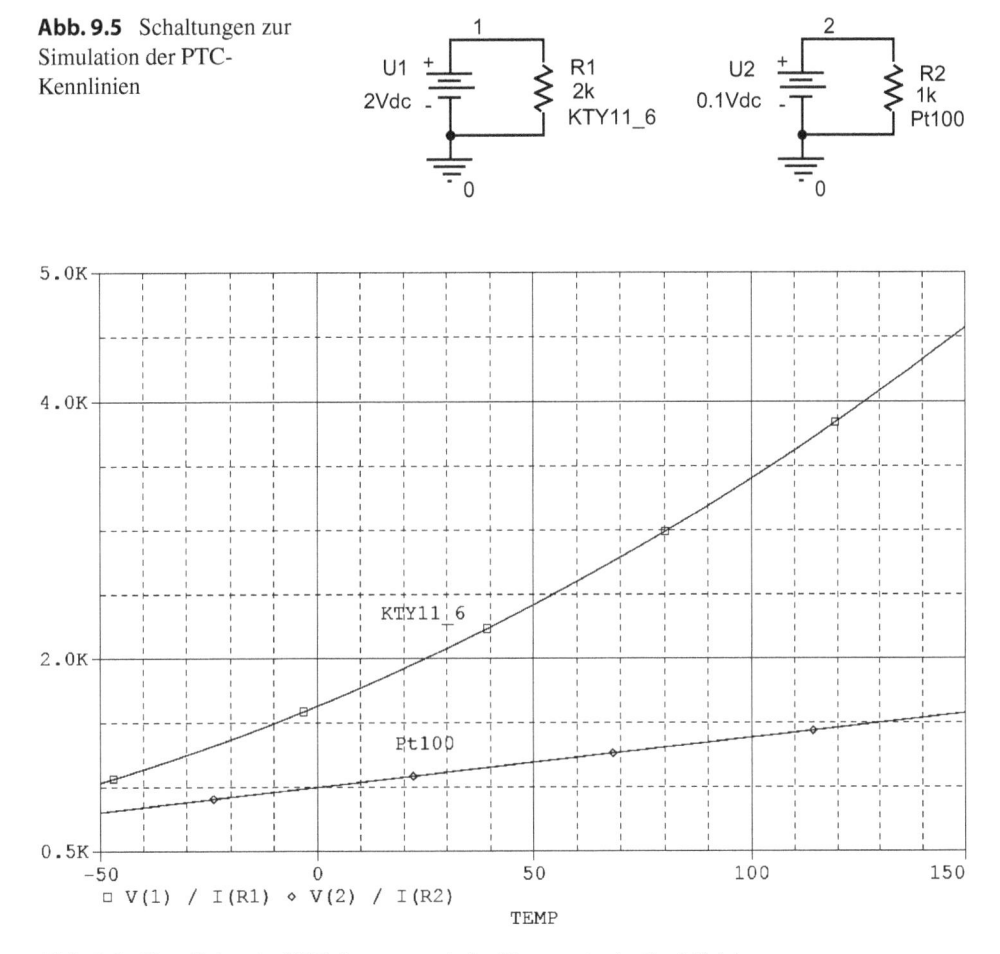

Abb. 9.5 Schaltungen zur Simulation der PTC-Kennlinien

Abb. 9.6 Kennlinien der PTC-Sensoren mit der Temperatur in Grad Celsius

- Analysis type: DC Sweep
- Options. Primary Sweep
- Sweep variable: Temperature
- Sweep type: Linear
- Start value: −50
- End value: 150
- Increment: 1
- Übernehmen: OK
- PSpice, run

In Abb. 9.6 wird der weitgehend lineare Widerstandsanstieg des Sensors Pt100 sichtbar. Dagegen ist die Temperaturabhängigkeit des Sensors KTY11_6 stärker ausgeprägt.

9.1.3 Bipolarer Transistor als Temperatursensor

Frage 9.6

Die Abb. 9.7 zeigt eine Schaltung mit zwei bipolaren Transistoren, die als Temperatursensoren dienen. Der Schaltungsausgang A kann als eine Referenzspannung in der Höhe von 1,2 V genutzt werden. Über dem Ausgang TEMP lässt sich eine linear mit der Temperatur ansteigende Spannung mit einem Anstieg von ungefähr 2 mV/°C abgreifen [3–5].

- Welche Beziehung gilt für die Ausgangsspannung?
- Wie hoch wird der Quotient der Kollektorströme I_{C2}/I_{C1}?
- In welcher Weise hängt die Spannung über dem Widerstand R_3 von den U_{BE}-Spannungen ab?
- Welche Beziehung besteht zwischen den Kollektorströmen und den U_{BE}-Spannungen?
- Wie gelangt man aus der Abhängigkeit $I_{C2}/I_{C1} = f(U_{BE2}/U_{BE1})$ zur Spannungsdifferenz ΔU_{BE}?
- Inwiefern ist ΔU_{BE} eine temperaturabhängige Größe?
- Wie hoch ist die Spannung U_{TEMP} bei $T = 300$ K?
- Welchen Wert erreicht die Ausgangsspannung bei 27 °C?

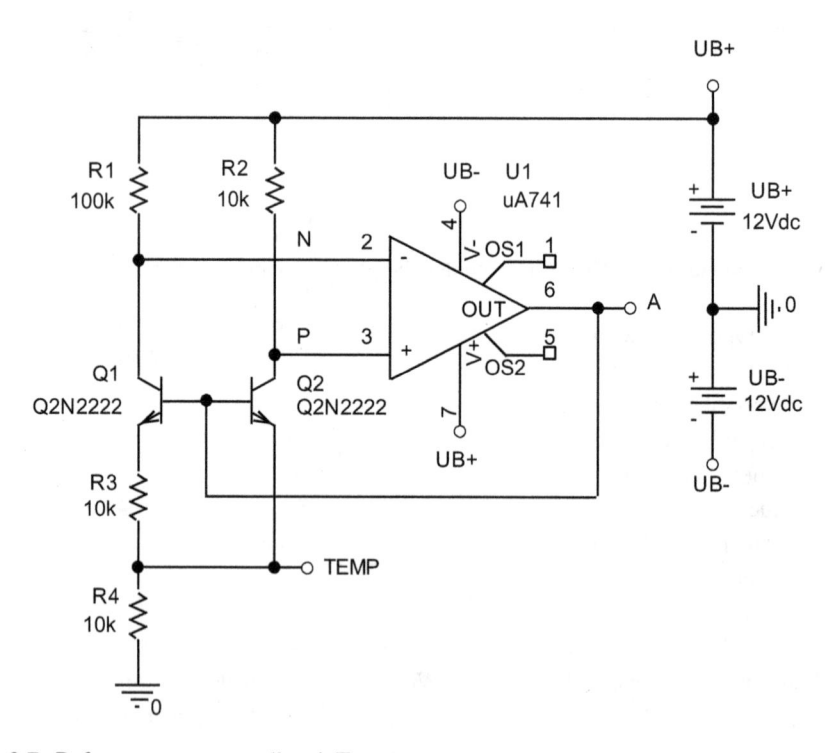

Abb. 9.7 Referenzspannungsquelle mit Temperaturausgang

Antwort

Für die Ausgangsspannung gilt Gl. 9.5.

$$U_A = U_{BE2} + U_{R4} \qquad (9.5)$$

Mit der Differenz-Eingangsspannung $U_D = U_P - U_N = 0$ folgt der Strom-Quotient nach Gl. 9.6. Im Beispiel ist $I_{C2}/I_{C1} = 10$.

$$\frac{I_{C2}}{I_{C1}} = \frac{R_1}{R_2} \qquad (9.6)$$

Die Spannung U_{R3} erhält man mit Gl. 9.7.

$$U_{R3} = U_{BE2} - U_{BE1} = \Delta U_{BE} \qquad (9.7)$$

Die Kollektorströme hängen nach Gl. 9.8 von den U_{BE}-Spannungen ab.

$$I_{C1,2} = I_S \cdot \exp(U_{BE1,2} / U_T) \qquad (9.8)$$

Die Gl. 9.9 beschreibt den Zusammenhang von I_{C2}/I_{C1} mit U_{BE2}/U_{BE1}.

$$\frac{I_{C2}}{I_{C1}} = \frac{I_S \cdot \exp(U_{BE2}/U_T)}{I_S \cdot \exp(U_{BE1}/U_T)} = \frac{R_1}{R_2} \qquad (9.9)$$

Aus der Differentiation der Gl. 9.9 folgt ΔU_{BE} nach Gl. 9.10.

$$\Delta U_{BE} = U_T \cdot \ln(10) \qquad (9.10)$$

Die Abhängigkeit der Spannung-Differenz ΔU_{BE} von der absoluten Temperatur T geht aus Gl. 9.11 hervor.

$$\Delta U_{BE} = \frac{k}{e} \cdot \ln(10) \cdot T \qquad (9.11)$$

Mit der Boltzmann-Konstante $k = 1{,}3806 \cdot 10^{-23}$ Ws/K sowie der Elementarladung $e = 1{,}6022 \cdot 10^{-19}$ As erhält man schließlich $\Delta U_{BE} = 198{,}41$ µV/K $\cdot T$ mit der Temperatur in Kelvin. Näherungsweise gilt Gl. 9.12.

$$\Delta U_{BE} = 200 \left[\frac{\mu V}{K}\right] \cdot T \qquad (9.12)$$

Die Spannung U_{TEMP} geht aus dem Spannungsabfall der Ströme I_{C1} und I_{C2} am Widerstand R_4 hervor, siehe Gl. 9.13.

$$U_{\text{TEMP}} = (I_{C1} + 10 \cdot I_{C1}) \cdot R_4 = 11 \cdot \frac{\Delta U_{BE}}{R_3} \cdot R_4 = 11 \cdot U_T \cdot \ln(10) \cdot \frac{R_4}{R_3} \quad (9.13)$$

Dabei ist U_T die Temperaturspannung nach Gl. 9.14.

$$U_T = \frac{k \cdot T}{e} \quad (9.14)$$

Bei $T = 300$ K (entsprechend 27 °C) ist $U_T = 25{,}85$ mV. Damit wird $U_{\text{TEMP}} = 0{,}6547$ V. Das Analyse-Ergebnis nach Abb. 9.8 liefert $U_{\text{TEMP}} = 0{,}6638$ V bei 27 °C.

Die Ausgangsspannung wird mit Gl. 9.15 berechnet.

$$U_A = U_{BE2} + U_{\text{TEMP}} = U_T \cdot \ln\left(\frac{I_{C2}}{I_S}\right) + U_{\text{TEMP}} \quad (9.15)$$

Dabei ist für I_{C2} die Gl. 9.16 anzusetzen und den Sättigungsstrom des Transistors Q2N222 erhält man zu $I_S = 14{,}34$ fA über Edit, PSPICE Model.

$$I_{C2} = 10 \cdot I_{C1} = 10 \cdot \frac{U_T \cdot \ln(10)}{R_3} \quad (9.16)$$

Man erhält $I_{C2} = 59{,}52$ µA und damit $U_A = 0{,}5725$ V $+ 0{,}6547$ V $\approx 1{,}2$ V.

Das Analyse-Ergebnis nach Abb. 9.8 liefert bei 27 °C die Werte: $I_{C1} = 5{,}916$ µA, $I_{C2} = 59{,}881$ µA und $U_A = 1{,}23$ V.

Analyse
- PSpice, Edit Simulation Profile
- Simulation Settings – Abb. 9.7: Analysis
- Analysis type: DC Sweep
- Options. Primary Sweep
- Sweep variable: Temperature
- Sweep type: Linear
- Start value: −40
- End value: 60
- Increment: 0.1
- Übernehmen: OK
- PSpice, run

9.2 Feuchtesensoren

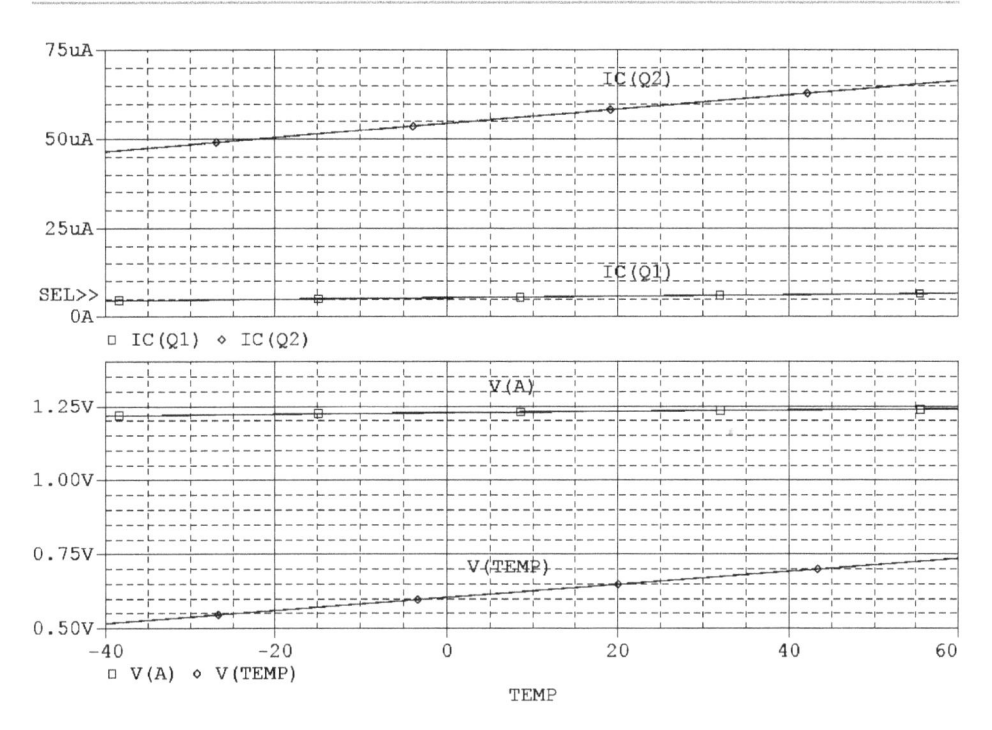

Abb. 9.8 Spannungen und Ströme als Funktion der Temperatur

9.2 Feuchtesensoren

Analysiert werden kapazitive Polymer-Feuchtesensoren. Die Abb. 9.9 zeigt den Aufbau dieser Sensoren. Auf einem Keramik-Substrat befinden sich interdigital verknüpfte Elektroden, die von einer Polymer-Schicht umgeben sind. Die relative Dielektrizitätskonstante ε_r dieser Schicht steigt mit zunehmender Feuchte an, womit die Sensorkapazität erhöht wird, siehe Gl. 9.17.

$$C = \frac{\varepsilon_0 \cdot A}{d} \cdot \varepsilon_r \tag{9.17}$$

Mit ε_0 wird die relative Dielektrizitätskonstante für Vakuum bezeichnet, mit A die Fläche und d ist der Elektroden-Abstand.

Die Gl. 9.18 beschreibt die lineare Zunahme der Kapazität C bei wachsender relativer Feuchte F_r.

$$C = C_0 + m \cdot F_r \tag{9.18}$$

Die Anfangskapazität C_0 gilt für $F_r = 0$ und m ist die Steigung der Kennlinie $C = f(F_r)$.
Der Frequenzbereich für diese Sensoren erstreckt sich von 1 bis 100 kHz.

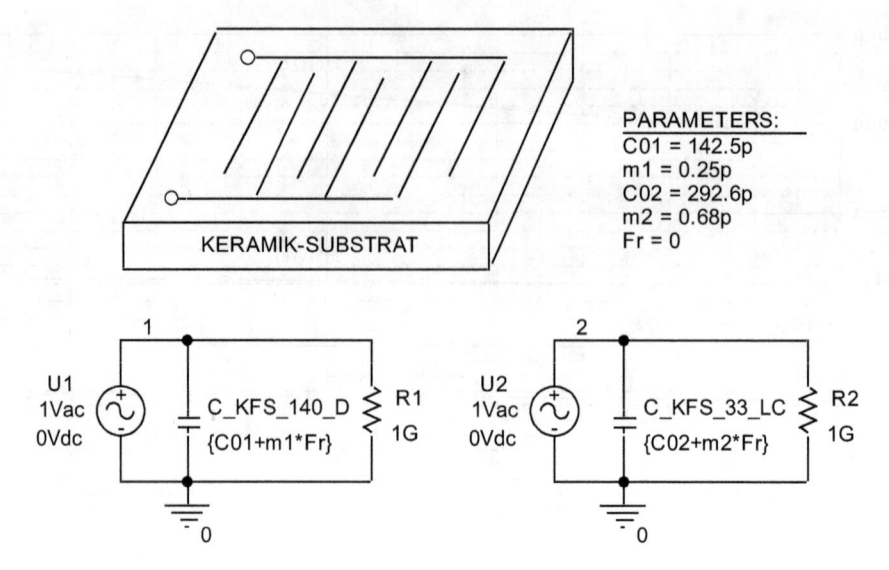

Abb. 9.9 Aufbau und Beschaltung kapazitiver Polymer-Feuchte-Sensoren

Tab. 9.3 Kenndaten von kapazitiven Polymer-Feuchtesensoren [6, 7]

	KFS140_D	KFS33_LC
C in pF bei $F_r = 30\,\%$	150 ± 50	–
C in pF bei $F_r = 55\,\%$	–	330 ± 20
C_0 in pF	142,5	292,6
m in pF/%Fr	0,25	0,68

In Tab. 9.3 sind die Kenndaten von zwei Feuchtesensoren für die Temperatur von 23 °C zusammengestellt.

Frage 9.7
Welche Analyseart ist auszuwählen, um die Kapazitätskennlinien $C = f(F_r)$ für $F_r = 0$ bis 100 % zu darzustellen?

Antwort
Es ist die Frequenzbereichsanalyse AC Sweep anzuwenden. Hierfür gilt die nachfolgende Analyse-Anweisung.

Analyse
- PSpice, Edit Simulation Profile
- Simulation Settings – Abb. 9.9: Analysis
- Analysis type: Logarithmic: Decade
- Start Frequency: 10 k
- End Frequency: 10 k

9.2 Feuchtesensoren

- Points/Decade: 1
- Options: Parametric Sweep
- Sweep variable: Global Parameter
- Parameter Name: Fr
- Sweep type: Linear
- Start value: 0
- End value: 100
- Increment: 1
- Übernehmen: OK
- PSpice, run

Das Analyse-Ergebnis nach Abb. 9.10 zeigt die unterschiedlichen Größenordnungen und Steigungen der Kapazitätskennlinien der beiden Feuchtesensoren. Der Variationsbereich der Kapazitäten ist insgesamt relativ gering.

Frage 9.8

Der Colpitts-Oszillator nach Abb. 9.11 enthält den Feuchtesensor KFS_33_LC. Wie hoch wird die Schwingfrequenz bei der relativen Feuchtigkeit $F_r = 100\ \%$?

Antwort

Die Schwingfrequenz folgt aus Gl. 9.19.

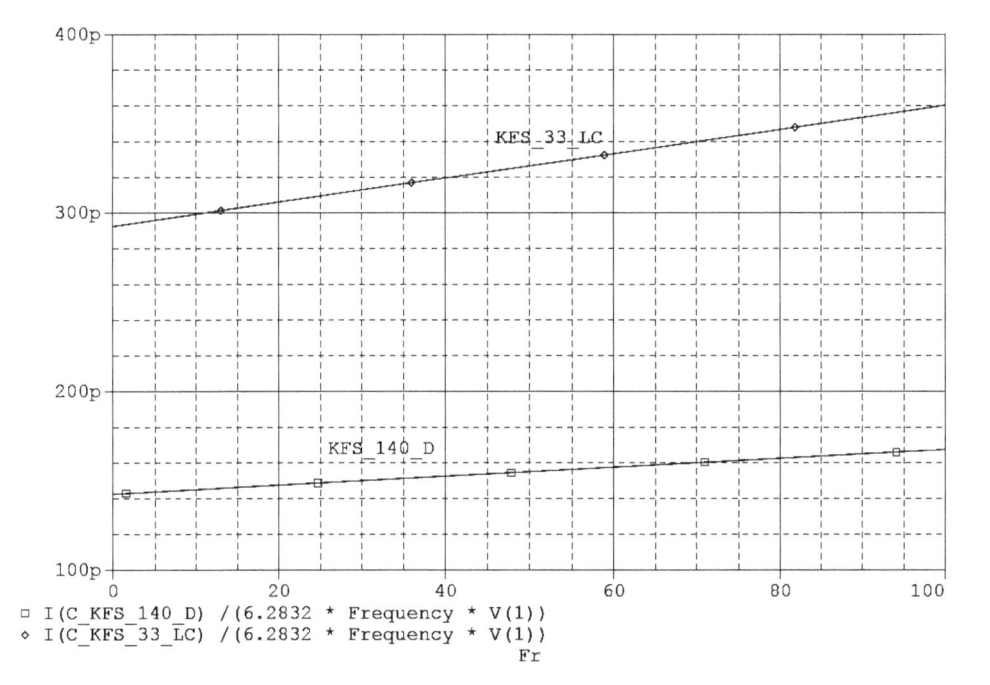

Abb. 9.10 Kennlinien kapazitiver Polymer-Feuchtesensoren

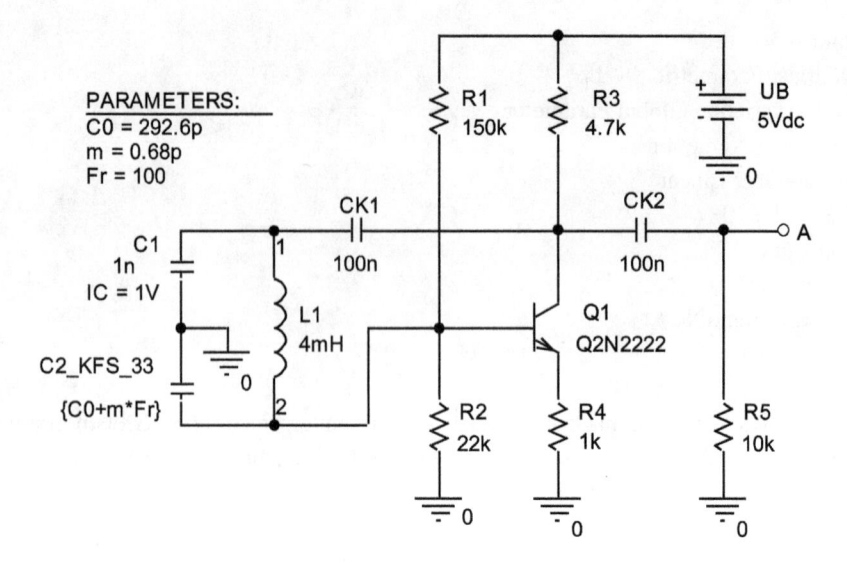

Abb. 9.11 Colpitts-Oszillator mit Feuchtesensor KFS_33_LC

$$f_0 = \frac{1}{2 \cdot \pi \cdot \sqrt{L \cdot C}} \tag{9.19}$$

Für die Gesamtkapazität C ist Gl. 9.20 heranzuziehen.

$$C = \frac{C_1 \cdot C_2}{C_1 + C_2} \tag{9.20}$$

Die Berechnung für $F_r = 100$ % liefert $C_2 = 360{,}60$ pF, $C = 265{,}03$ pF und $f_0 = 154{,}58$ kHz. Für $F_r = 0$ % erhält man $f_0 = 167{,}38$ kHz.

Die Analyse ist für $F_r = 0$ und 100 % auszuführen.

Analyse
- PSpice, Edit Simulation Profile
- Simulation Settings – Abb. 9.11
- Analysis type: Time Domain (Transient)
- Options: General Settings
- Run to time: 100 us
- Start saving data after: 0
- Transient Options
- Maximum step size: 0.01 us
- Options: Parametric sweep
- Sweep variable: Global Parameter
- Parameter Name: Fr

9.2 Feuchtesensoren

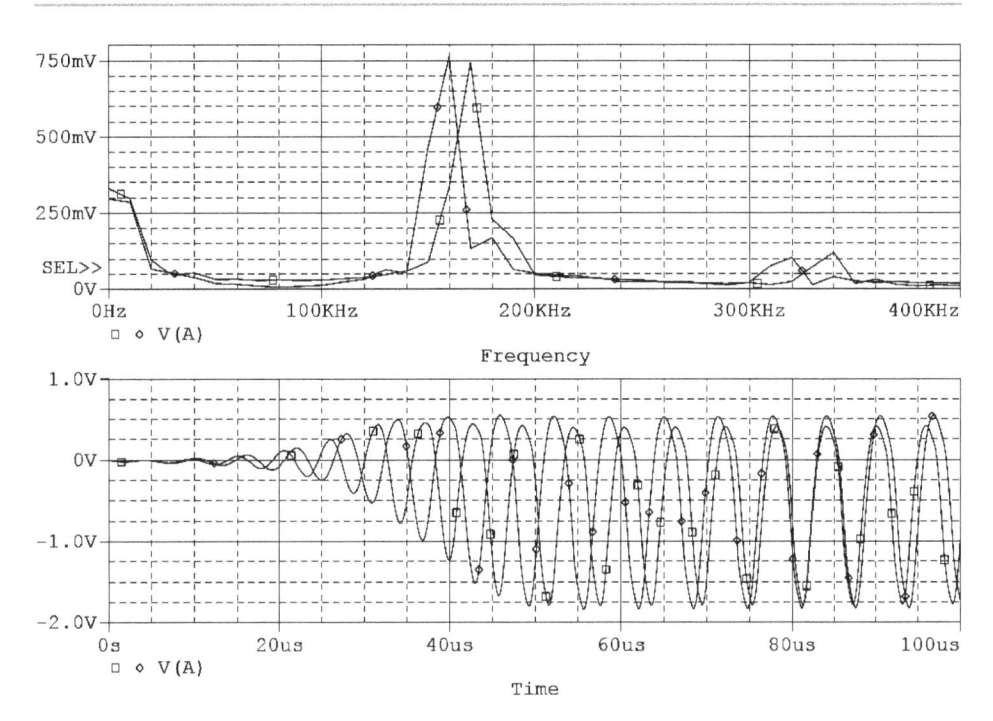

Abb. 9.12 Schwingungsverlauf bei null und einhundert Prozent relativer Feuchte

- Sweep type: Value list: 0, 100
- Übernehmen: OK
- PSpice, run

Das Analyse-Ergebnis von Abb. 9.12 weist den geringen Unterschied von zehn Kilohertz in den Schwingfrequenzen bei $F_r = 0\,\%$ gegenüber $F_r = 100\,\%$ aus.

Frage 9.9
In Abb. 9.13 ist der Feuchtesensor KFS_140_D ein Element des astabilen Multivibrators. In welcher Weise kann der unterschiedliche Grad der Feuchte erfasst werden?

Antwort
Mit zunehmender relativer Feuchte F_r steigt die Sensorkapazität C und damit die Periodendauer T an, womit die Pulsfrequenz $f_p = 1/T$ absinkt. Für $R_1 = R_2$ erhält man die Periodendauer mit Gl. 9.21.

$$T = 2 \cdot R \cdot C \cdot \ln(3) \tag{9.21}$$

Für $F_r = 0\,\%$ ist $C = C_0$ und $T = 64{,}29\,\mu s$ und bei $F_r = 100\,\%$ ist $C = 360{,}6\,pF$ und $T = 79{,}73\,\mu s$.

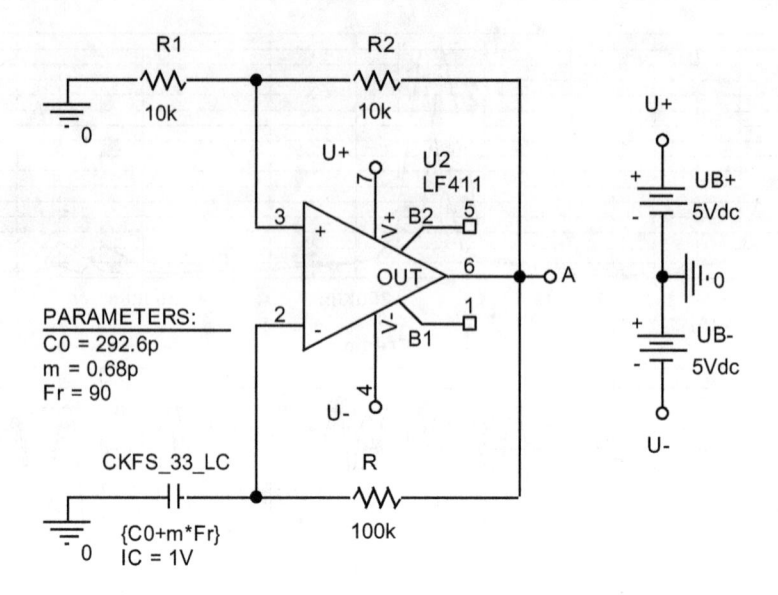

Abb. 9.13 Astabiler Multivibrator mit Feuchtesensor KFS_33_LC

Die Analyse für die Rechteck-Ausgangsspannung bei $F_r = 0$ und 100 % lautet:

Analyse
- PSpice, Edit Simulation Profile
- Simulation Settings – Abb. 9.13
- Analysis type: Time Domain (Transient)
- Options: General Settings
- Run to time: 100 us
- Start saving data after: 0
- Transient Options
- Maximum step size: 0.01 us
- Options: Parametric sweep
- Sweep variable: Global Parameter
- Parameter Name: Fr
- Sweep type: Value list: 0 100
- Übernehmen: OK
- PSpice, run

Die Analyse-Ergebnisse nach Abb. 9.14 und 9.15 bestätigen die Vorhersagen nach Gl. 9.21.

9.2 Feuchtesensoren

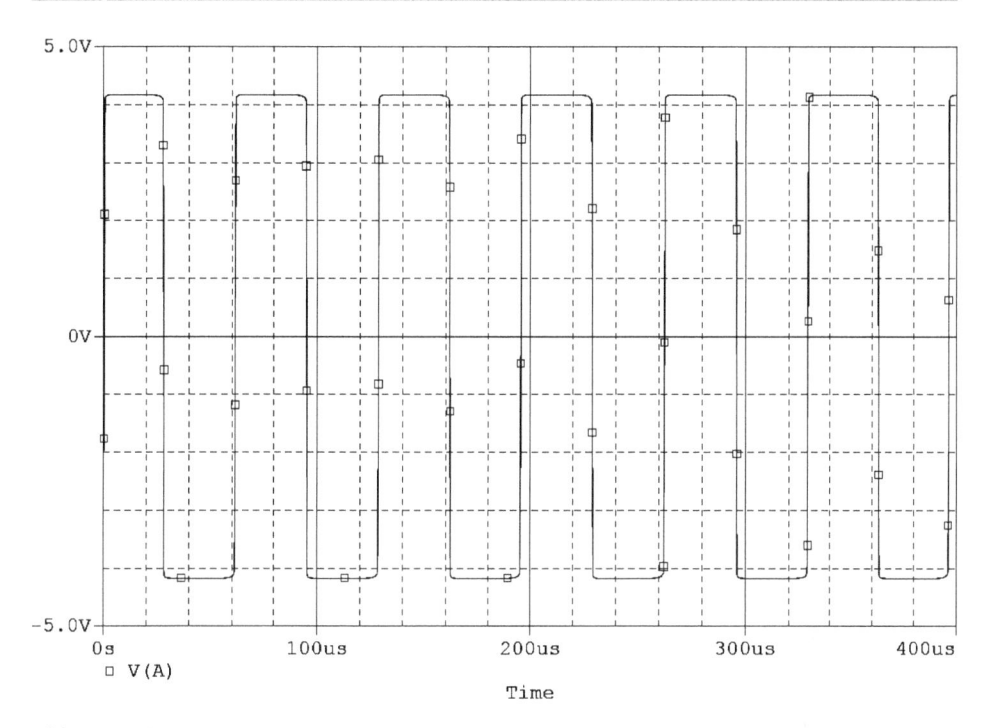

Abb. 9.14 Schwingungsverlauf bei null Prozent relativer Feuchte

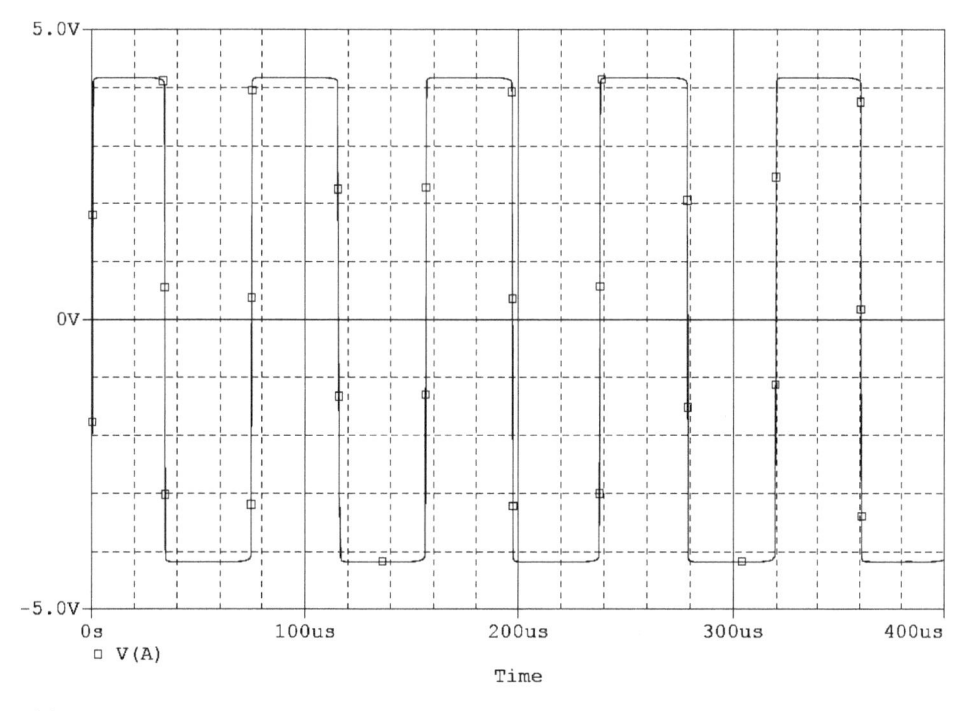

Abb. 9.15 Schwingungsverlauf bei einhundert Prozent relativer Feuchte

9.3 Optische Sensoren

9.3.1 Fotowiderstand

Fotowiderstände bestehen aus einem Halbleitermaterial wie Cadmium-Sulfid. Bei zunehmender Beleuchtungsstärke E_v werden verstärkt Elektronen freigesetzt, womit der Widerstand R_p gemäß Gl. 9.22 stark absinkt. Der Parameter E_{v10} entspricht einer Beleuchtungsstärke $E_v = 10$ lx.

$$R_p = R_{10} \cdot \left(\frac{E_v}{E_{v10}} \right)^{-\gamma} \tag{9.22}$$

Für den Fotowiderstand A 9060_12 von Perkin-Elmer Optoelectronics [8] ist $R_{10} = 18{,}4$ kΩ. Die Schaltung zur Darstellung der Kennlinie $R_p = f(E_v)$ für diesen Fotowiderstand zeigt Abb. 9.16.

Frage 9.10
Welche Analyse ist zur Simulation der Kennlinie zu verwenden?

Antwort
Zu verwenden ist die Analyse DC Sweep mit der Beleuchtungsstärke als globalem Parameter.

Die Analyse ist im Bereich $\Delta E_v = 3$ bis 1000 lx auszuführen.

Analyse
- PSpice, Edit Simulation Profile
- Simulation Settings – Abb. 9.16
- Analysis type: DC Sweep
- Options: Primary Sweep
- Sweep variable: Global Parameter
- Parameter Name: Ev
- Sweep type: Logarithmic: Decade

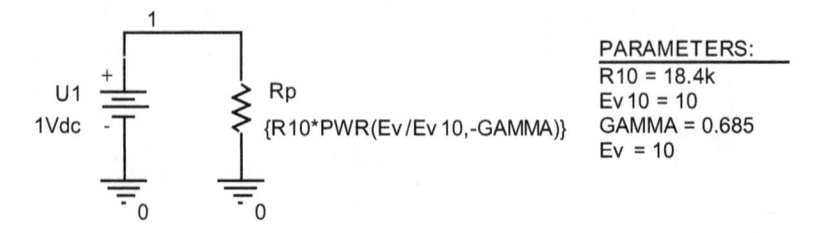

Abb. 9.16 Schaltung zur Kennlinien-Simulation

9.3 Optische Sensoren

- Start value: 3
- End value: 1 k
- Points/Decade: 1 k
- PSpice, run

Aus Abb. 9.17 geht die steile Widerstandsabnahme bei höherer Beleuchtungsstärke hervor.

In Abb. 9.18 wird der Fotowiderstand in einer Komparator-Schaltung eingesetzt.

Frage 9.11

Ab welcher Höhe der Beleuchtungsstärke E_v wird die LED D_1 aktiv, wenn E_v ausgehend von vierhundert Lux verringert wird?

Antwort

Der eingestellte Wert $R_2 = 2{,}36\ \text{k}\Omega$ entspricht dem Wert des Fotowiderstandes bei $E_v = 200\ \text{lx}$ siehe Gl. 9.22 und Abb. 9.17. Bei $E_v > 200\ \text{lx}$ wird $R_1 < R_2$. Damit geht der Ausgang des Komparators gegen null und der entstehende Potentialunterschied aktiviert die LED.

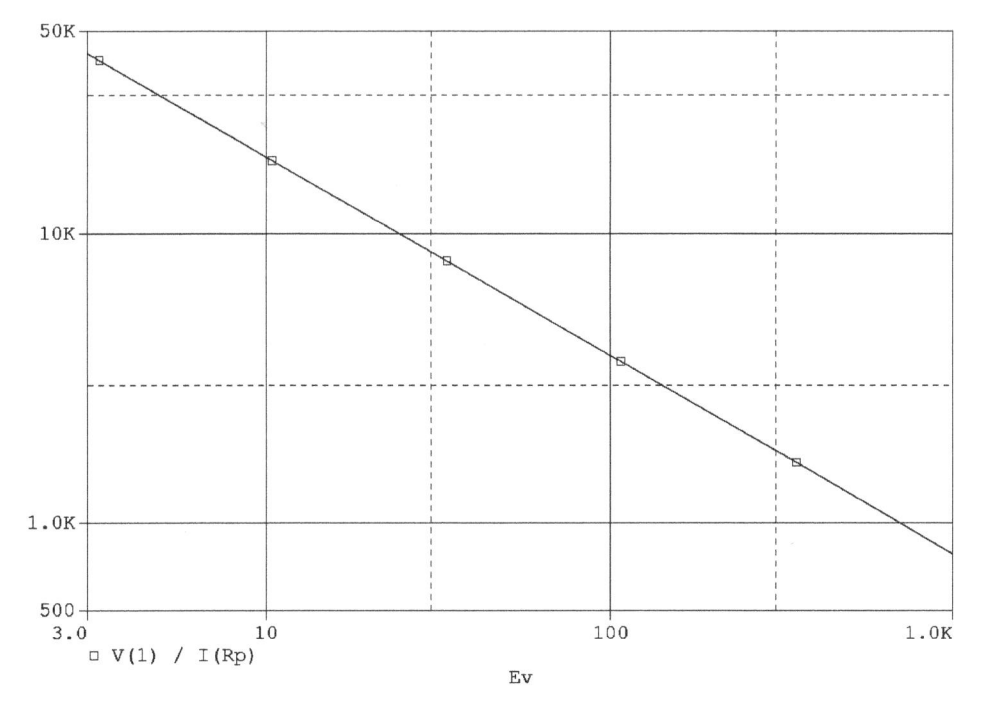

Abb. 9.17 Abhängigkeit des Fotowiderstandes von der Beleuchtungsstärke

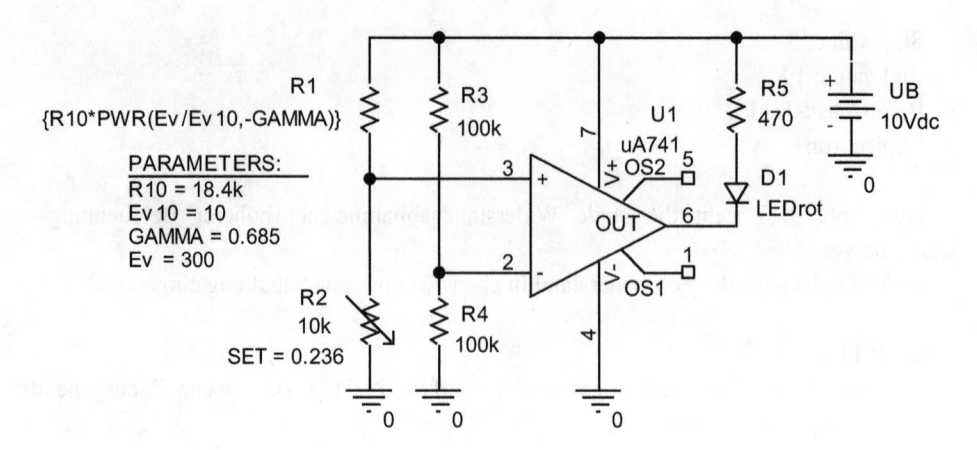

Abb. 9.18 Komparator-Schaltung mit Fotowiderstand A 9060

Analyse
- PSpice, Edit Simulation Profile
- Simulation Settings – Abb. 9.18
- Analysis type: DC Sweep
- Options: Primary Sweep
- Sweep variable: Global Parameter
- Parameter Name: Ev
- Sweep type: Linear
- Start value: 1
- End value: 400
- Increment: 0.1
- Plot, Axis Settings
- User defined: 400 to 1
- PSpice, run

Aus Abb. 9.19 geht hervor, dass die LED leuchtet, sofern $E_v < 200$ lx wird.

9.3.2 Lichtschranke

Die Schaltung nach Abb. 9.20 zeigt eine Lichtschranke mit einem Fototransistor BP103 am Eingang E. Am Ausgang A ist ein akustischer Indikator mit einem piezoelektrischen Summer EPZ-27MS44F [9] angeschlossen. Der Fototransistor wird über einen Transistor QBreakN aus der Break-Bibliothek wie folgt modelliert:

.model BP103 NPN IS=10f BF=350 VAF=300.

9.3 Optische Sensoren

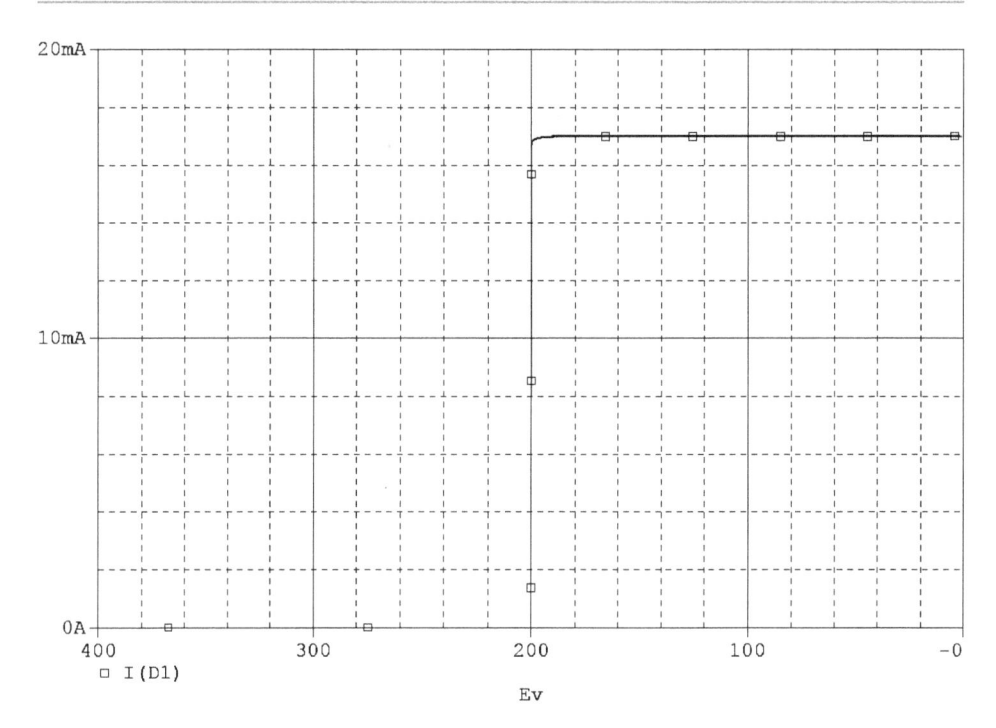

Abb. 9.19 Einschalten der LED bei abnehmender Beleuchtungsstärke

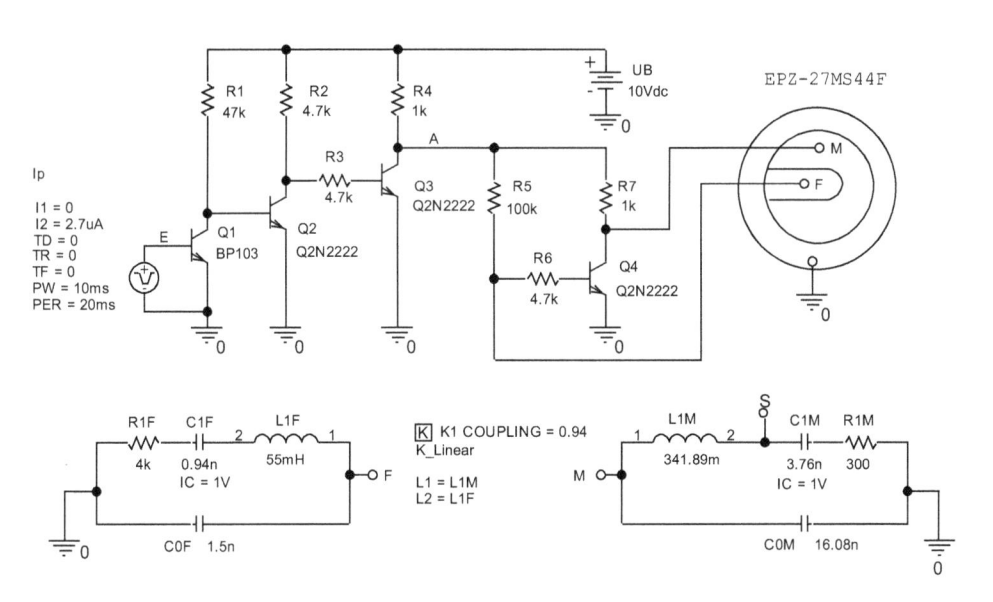

Abb. 9.20 Lichtschranke mit Fototransistor und Summer

Der Summer enthält eine spezielle, lötbare Keramik-Scheibe mit dem Hauptsegment und der Elektrode M (Main) sowie dem isoliert angeordneten Rückkopplungssegment mit der Elektrode F (Feedback). Die unter der Keramik-Scheibe befindliche Metallscheibe bildet den Masseanschluss G (Ground). Dieser Summer mit den drei Elektroden benötigt zu seiner Ansteuerung keinen Rechteck- oder Sinusgenerator, sondern es erfolgt in Verbindung mit einem aktiven Bauelement (Transistor Q_4) eine Selbstansteuerung (self drive). Die Schaltung dieses Summers wird mit Schwingkreisen für das Haupt- und Rückkopplungssegment realisiert, deren Induktivitäten über K_Linear aus der Analog-Bibliothek gekoppelt sind [8].

Frage 9.12
Wie wird der Lichteinfall auf den Fototransistor simuliert?

Antwort
Der Lichteinfall wird über einen Stromfluss in die Basis des Transistors Q_1 simuliert. Im Beispiel wird eine Puls-Stromquelle IPULSE aus der Source-Bibliothek verwendet. Der Strom $I_2 = 2{,}7$ µA entspricht einer Beleuchtungsstärke $E_v = 1$ klx [7].

Frage 9.13
In welchem Zeitabschnitt tritt der Summer in Aktion?

Antwort
Im Abschnitt $\Delta t = 10$ bis 20 ms ist die Spannung $V(E)$ auf Minimum, die Transistoren Q_1 und Q_3 sind ausgeschaltet. Die hohe Spannung am Knoten A ermöglicht die Selbstansteuerung für den Summer. Die Analyse im Intervall $\Delta t = 0$ bis 30 ms erbringt anschließend den Nachweis.

Analyse
- PSpice, Edit Simulation Profile
- Simulation Settings – Abb. 9.20
- Analysis type: Time Domain (Transient)
- Run to time: 30 ms
- Start saving data after: 0
- Maximum step size: 1 us
- Übernehmen: OK
- PSpice, run

In Abb. 9.21 werden die Summer-Schwingungen im mittleren Zeitabschnitt dargestellt.
Die Abb. 9.22 zeigt einen Ausschnitt für die Schwingungen und den Nachweis der Schwingfrequenz mit $f_0 \approx 4$ kHz.

9.3 Optische Sensoren

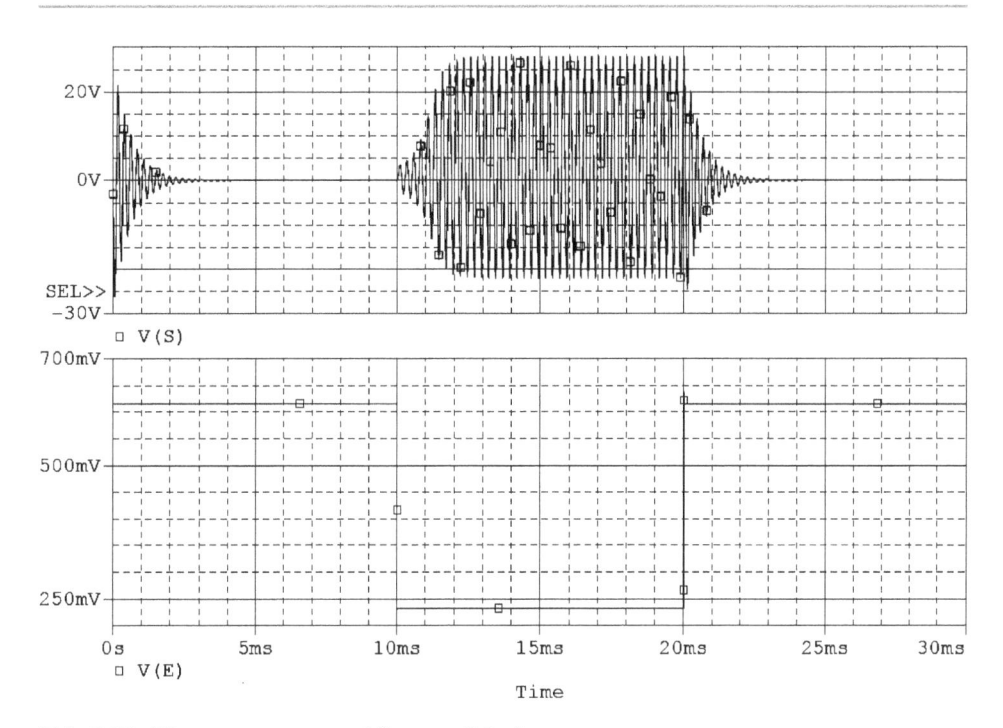

Abb. 9.21 Eingangsspannung und Summer-Schwingungen

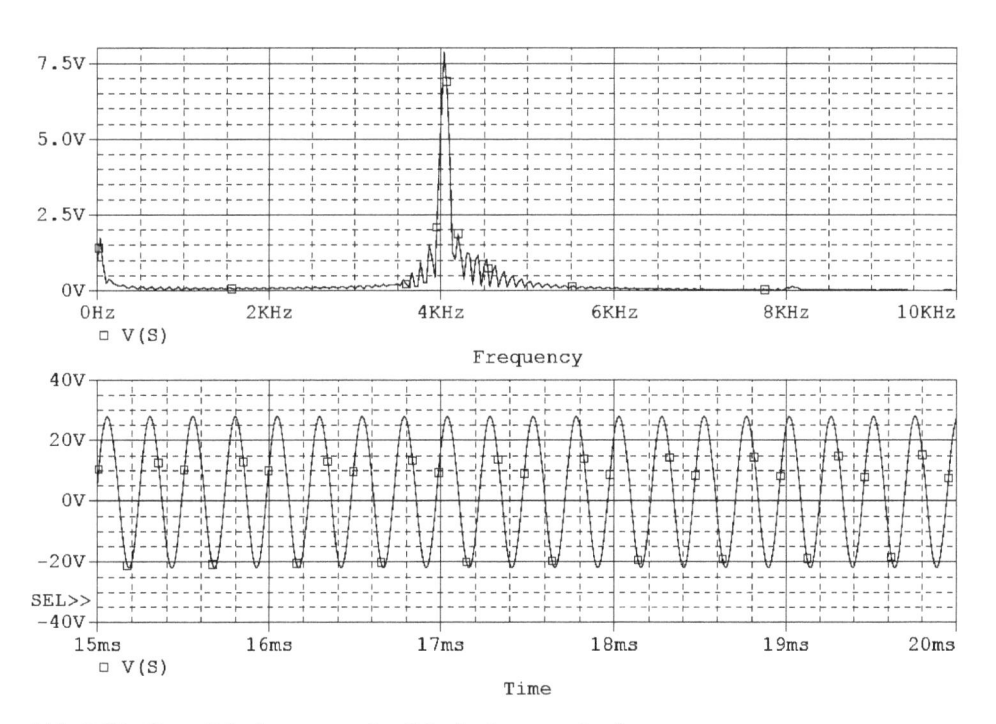

Abb. 9.22 Sinus-Schwingungen nebst Schwingfrequenz des Summers

9.4 Folien-Kraftsensor

9.4.1 Kennlinie

Folien-Kraftsensoren (Force Sensing Resistor, FSR) enthalten eine Polymer-Schicht, die auf eine Trägerfolie aufgedruckt ist. Eine darüber aufgebrachte doppelseitig klebende Folie dient als Abstandshalter für eine interdigitale Elektrodenanordnung [10], siehe Abb. 9.23. Bei größer werdender Kraftausübung auf die Sensoroberfläche verringert sich der elektrische Widerstand. Der Folien-Kraftsensor wird bei kurzzeitiger Kraftausübung (Tippen) als Schalter verwendet. Die Sensorkennlinie für die Baureihe FSR 400 kann mit Gl. 9.23 beschrieben werden.

$$R = (c \cdot m)^{-n} \qquad (9.23)$$

Um die Temperaturparameter eingeben zu können, ist ein Widerstand aus der Break-Bibliothek aufzurufen und wie folgt zu modellieren:

.model FSR RES R=1 TC1=−8 m Tnom=27.

Frage 9.14
In welchem Zusammenhang steht die einwirkende Masse m mit der Gewichtskraft F_G?

Antwort
Der Zusammenhang wird über die Erdbeschleunigung g mit Gl. 9.24 hergestellt.

$$F_G = m \cdot g \qquad (9.24)$$

Bei $m = 1$ kg wird $F_G = 1$ kg $\cdot$ 9,81 m/s² = 9,81 N.

Analyse
- PSpice, Edit Simulation Profile
- Simulation Settings – Abb. 9.23: Analysis

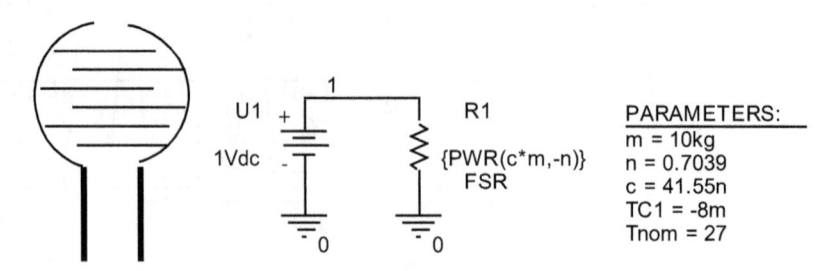

Abb. 9.23 Aufbau des Folien-Kraftsensors nebst Schaltung zur Kennlinie

9.4 Folien-Kraftsensor

- Analysis type: DC Sweep
- Options: Primary Sweep
- Sweep variable: Global Parameter
- Parameter Name: m
- Sweep type: Logarithmic
- Start value: 30
- End value: 10k
- Points/Decade: 1 k
- Options: Parametric sweep
- Sweep variable: Temperature
- Sweep type: value list: 27 60
- Übernehmen: OK
- PSpice, run

In Abb. 9.24 wird die starke Verringerung des Sensorwiderstandes mit zunehmender Massebelastung sichtbar. Der negative Temperaturkoeffizient wirkt sich beachtlich aus.

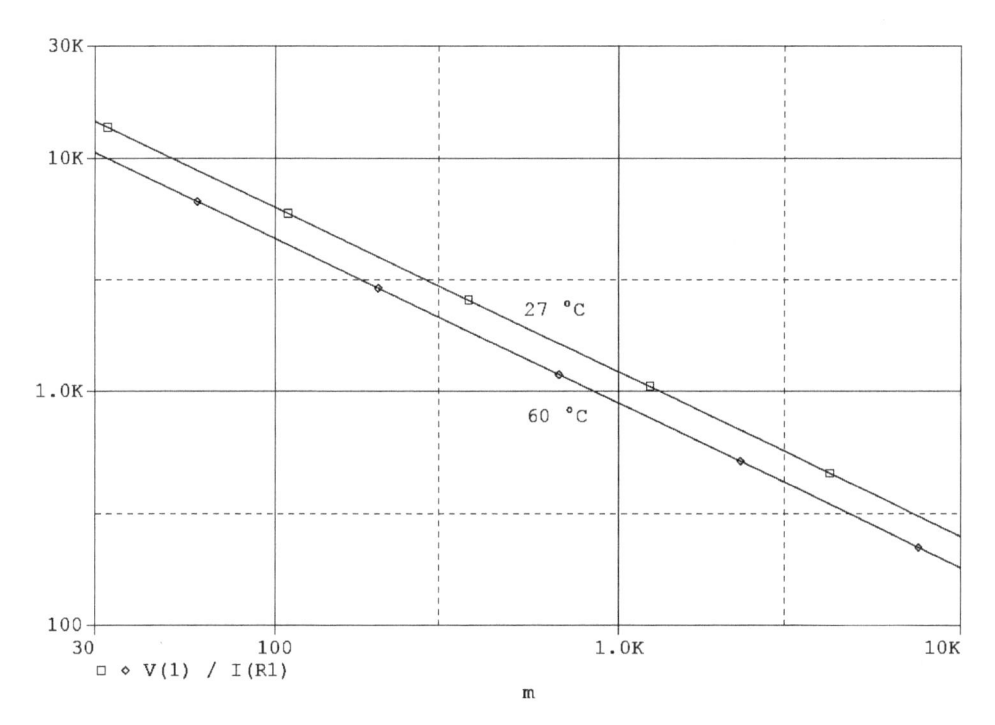

Abb. 9.24 Kennlinie von Folien-Kraftsensoren bei zwei Temperaturen

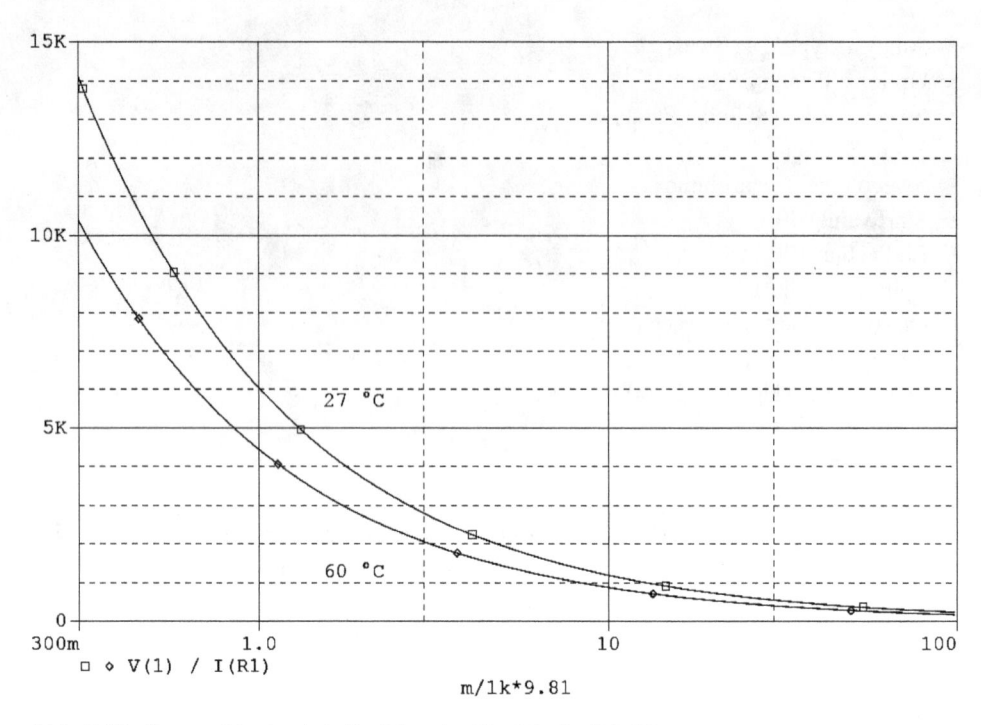

Abb. 9.25 Sensorwiderstand als Funktion der Gewichtskraft in Newton

Mit einer Umrechnung gemäß Gl. 9.24 zeigt Abb. 9.25 die Abhängigkeit des Sensorwiderstandes bei linear geteilter Ordinate von der Gewichtskraft F_G in der Einheit Newton. Die Umrechnung der Abszisse von der Masse m auf F_G erfolgt über:

- Plot, Axis Settings, Axis Variable, Trace Expression: m/1k*9.81.

9.4.2 Anwendungsbeispiel

Die Auswirkung einer kurzzeitigen Massebelastung des Folien-Kraftsensors kann mit der Schaltung nach Abb. 9.26 demonstriert werden, bei welcher der Operationsverstärker als ein Impedanzwandler eingesetzt wird.

Frage 9.15
Welche Eigenschaften hat die Grundschaltung nach Abb. 9.26?

9.4 Folien-Kraftsensor

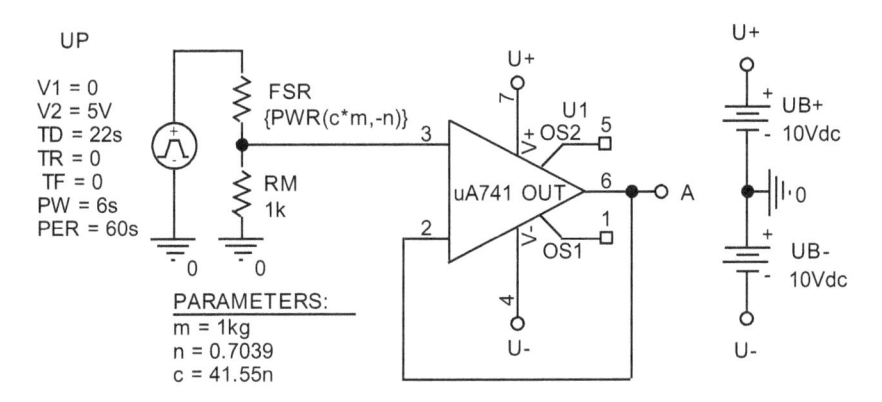

Abb. 9.26 Ausgangsspannung als Funktion der einwirkenden Masse

Antwort
Gezeigt wird ein Spannungsfolger. Diese Schaltung weist einen sehr hohen Eingangswiderstand auf, so dass der Spannungsteiler nicht belastet wird. Der Ausgangswiderstand ist sehr gering und die Spannungsverstärkung beträgt $v_u = 1$.

In der nachfolgenden Untersuchung soll über eine Zeitspanne $\Delta t = 6$ s eine Masse zum einen mit $m = 50$ g und zum anderen mit $m = 1$ kg auf die Oberfläche des Folien-Kraftsensors einwirken. Die dazu gehörigen Gewichtskräfte sind $F_G = 0{,}4905$ N und 9,81 N.

Analyse
- PSpice, Edit Simulation Profile
- Simulation Settings – Abb. 9.26
- Analysis type: Time Domain (Transient)
- Options: Primary Sweep
- Run to time: 50 s
- Start saving data after: 0
- Maximum step size: 0.01 s
- Options: Parametric Sweep
- Sweep variable: Global Parameter
- Parameter Name: m
- Sweep type: Value list: 50 1 kg
- Übernehmen: OK
- PSpice, run

Die Abb. 9.27 zeigt die Reaktion der Ausgangsspannung auf die ausgeübten unterschiedlichen Kräfte.

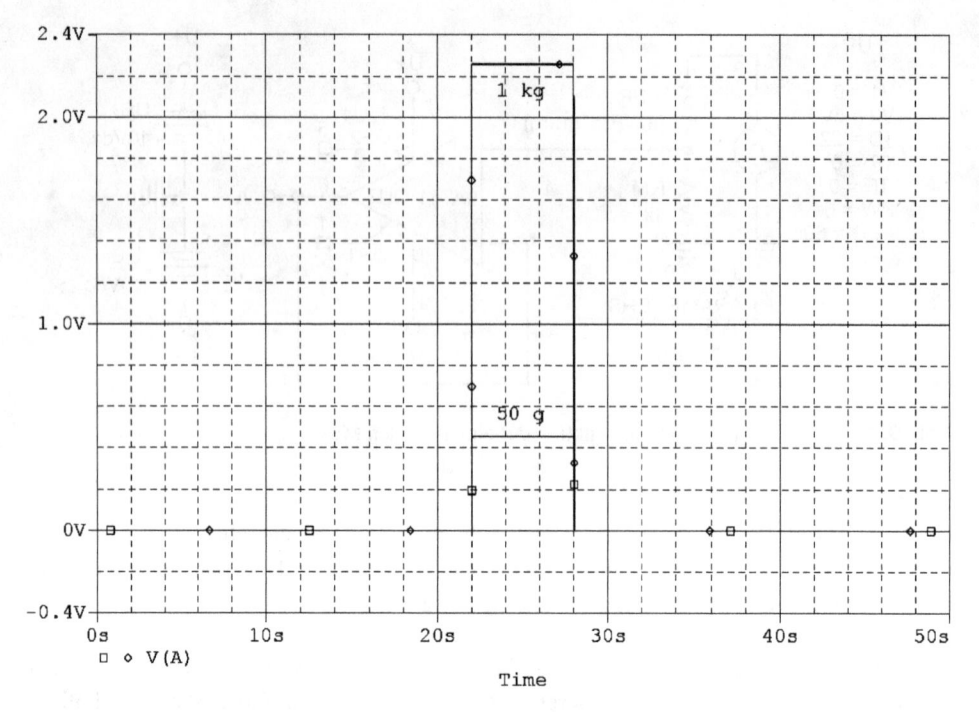

Abb. 9.27 Ausgangsspannung bei verschiedener Masse-Einwirkung

9.5 Ultraschallwandler

Ultraschallwandler werden in der medizinischen Diagnostik und Therapie, in der Materialprüfung, in Reinigungsvorgängen sowie in Ortungs- und Abstandsmessungen eingesetzt. Im Folgenden werden Ultraschallwandler für die Betriebsfrequenz $f = 40$ kHz betrachtet.

9.5.1 Ersatzschaltung

Die Analysen beziehen sich auf den US-Sender (Transmitter) 400ST160 und den US-Empfänger (Receiver) 400SR160 des Unternehmens Pro-Wave Electronics Corporation [11].

Aus den Kennlinien des Datenblatts gehen die Werte von Tab. 9.4 hervor.

Mit den Werten von Tab. 9.4 können die Ersatzelemente der Schwingkreise der Wandler mit den Gl. 9.25 bis 9.28 wie folgt berechnet werden:

$$\frac{1}{R_1} = \frac{1}{|Z|_{min}} \cdot \cos\Theta \qquad (9.25)$$

9.5 Ultraschallwandler

Tab. 9.4 Kennwerte von Ultraschallwandlern nach Unterlagen von [11]

	Transmitter 400ST160	Receiver 400SR160
Kapazität C bei $f = 1$ kHz	2400 pF	2400 pF
Serien-Resonanzfrequenz f_s	40,15 kHz	38,40 kHz
Parallel-Resonanzfrequenz f_p	41,30 kHz	40,50 kHz
Betrag der Impedanz Z bei $f = f_s$	620 Ω	395 Ω
Phasenwinkel Θ von Z bei $f = f_s$	−28°	−28°

Tab. 9.5 Ersatzelemente von Ultraschallwandlern der Serie 400ST/SR160

US-Wandler	Transmitter 400ST160	Receiver 400SR160
Serieninduktivität L_1	119 mH	71 mH
Serienkapazität C_1	132 pF	242 pF
Serienwiderstand R_1	702 Ω	447 Ω
Parallelkapazität C_0	2268 pF	2158 pF

$$C_1 = \left[\left(\frac{f_p}{f_s}\right)^2 - 1\right] \cdot C_0 \quad (9.26)$$

$$C = C_1 + C_0 \quad (9.27)$$

$$\frac{1}{L_1} = C_1 \cdot (2 \cdot \pi \cdot f_s)^2 \quad (9.28)$$

Die Ergebnisse der Berechnung zeigt Tab. 9.5.

Die Abb. 9.28 zeigt Schaltungen, mit denen die Frequenzabhängigkeit der Impedanz von US-Transmitter und -Receiver nach Betrag und Phase analysiert werden kann. Die Analyse ist im Bereich $\Delta f = 35$ bis 45 kHz vorzunehmen.

Frage 9.16
Wie hoch ist die Kreisgüte der beiden Wandler?

Antwort
Die Kreisgüte Q_K folgt aus Gl. 9.29.

$$Q_K = \frac{1}{R_1} \cdot \sqrt{\frac{L_1}{C_1}} \quad (9.29)$$

Man erhält $Q_{KT} = 42{,}77$ für den US-Transmitter und $Q_{KR} = 37{,}81$ für den US-Receiver.

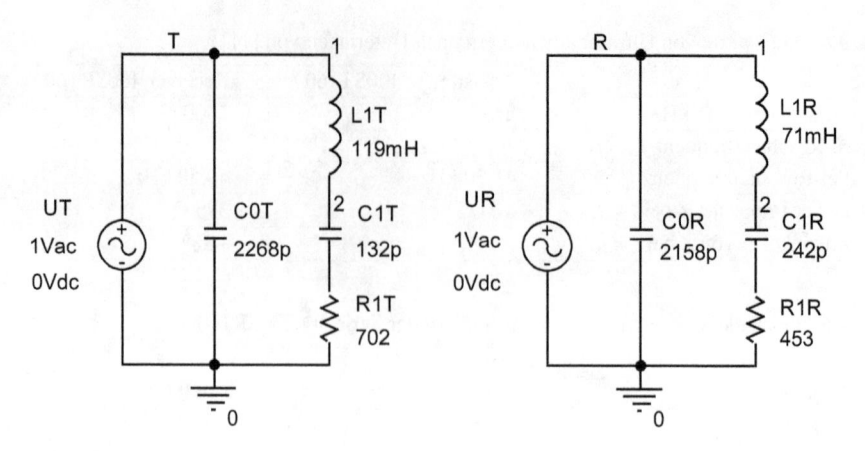

Abb. 9.28 Schaltungen zur Analyse der Frequenzabhängigkeit der Impedanz

Analyse
- PSpice, Edit Simulation Profile
- Simulation Settings – Abb. 9.28: Analysis
- Analysis type: AC Sweep/Noise
- Options: General Settings
- AC Sweep type: Linear
- Start Frequency: 35 kHz
- End Frequency: 45 kHz
- Total points: 1 k
- Übernehmen: OK
- PSpice, run

Die analysierten Kennlinien nach Abb. 9.29 zeigen eine gute Übereinstimmung mit den Kennlinien des Datenblatts.

9.5.2 Ultraschallwandler als Abstandssensor

Die Schaltung nach Abb. 9.30 dient als Abstandswarner für einen Abstand $A \approx 30$ cm zwischen einer Reflektor-Wand und den beiden US-Wandlern vom Typ 400ST/SR160 [11]. Bei $A < 30$ cm ertönt ein Signal des Summers EPZ-27MS44F [9]. Sobald der Transmitter durch einen Geräusch-Impuls zu Schwingungen angeregt wird, setzt eine akustische Rückkopplung mit dem Receiver ein.

Frage 9.17
Wie wird die Schwingungsanregung simuliert?

9.5 Ultraschallwandler

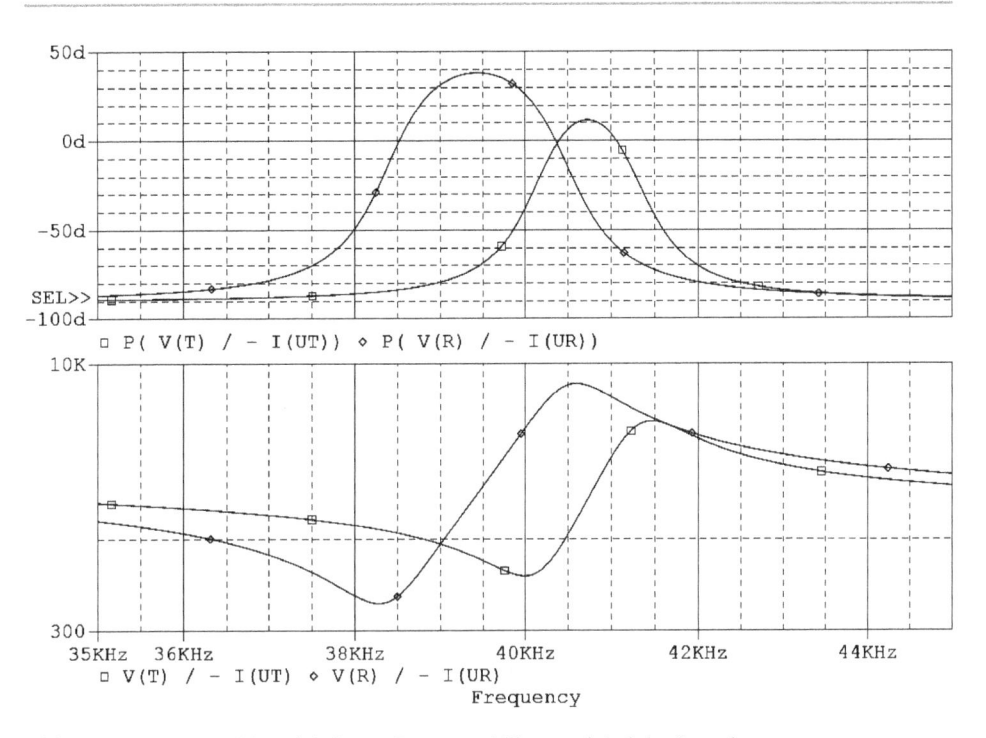

Abb. 9.29 Frequenzabhängigkeit von Betrag und Phasenwinkel der Impedanz

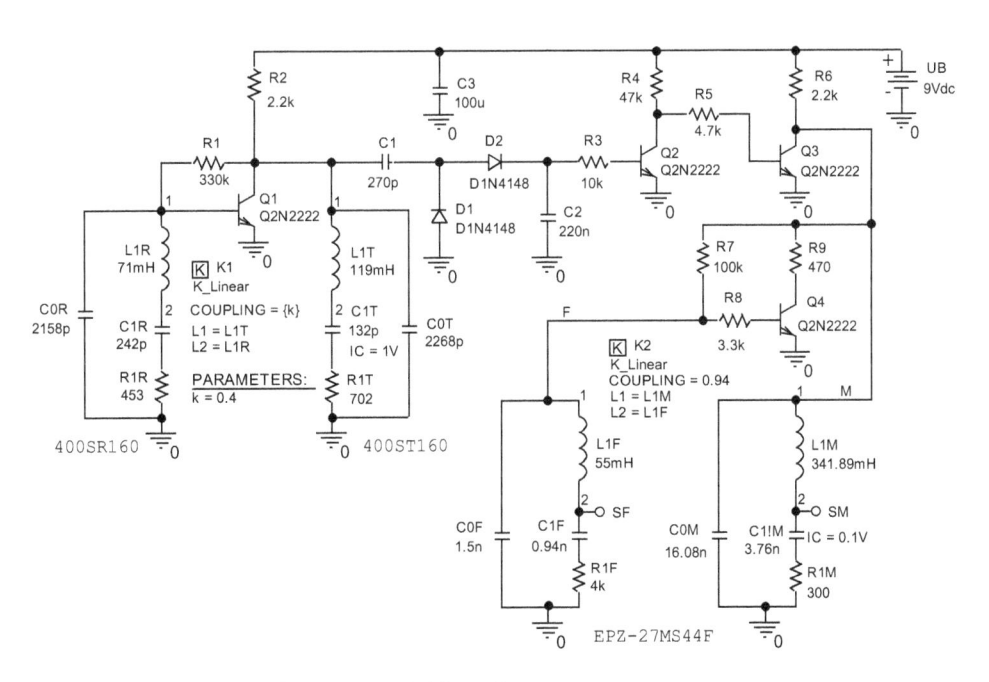

Abb. 9.30 Einsatz von US-Wandlern als Abstandssensoren

Antwort
Die Anregung erfolgt durch das Setzen der Anfangsbedingung IC = 1 V bei der Kapazität C_{1T}.

Frage 9.18
Wie werden die empfangenen Schwingungen verstärkt und gleichgerichtet?

Antwort
Der Transistor Q_1 verstärkt die Schwingungen, die mit der Dioden-Kombination D_1 und D_2 gleichgerichtet werden.

Frage 9.19
Welchen Verlauf zeigen die Kollektorströme der Transistoren?

Antwort
Bei genügend starker Kopplung mit $k > 0{,}062$ verstärkt Transistor Q_1 die an der Basis anstehenden Schwingungen, Transistor Q_2 verstärkt die gleichgerichteten Ströme, Transistor Q_3 ist ausgeschaltet. Die hohe Spannung über dem Kollektor von Q_3 bildet die Betriebsspannung für den selbst ansteuernden piezoelektrischen Summer EPZ-27MS44F. Am Kollektor von Transistor Q_4 stehen Puls-Ströme an.

Frage 9.20
Wie entstehen die Schwingungen am Summer?

Antwort
Das zwischen Kollektor und Masse liegende Hauptsegment M (Main) des Summers wird in seiner Ersatzschaltung durch die Anfangsbedingung IC = 0,1 V angeregt. Mit der Anweisung K_Linear erfolgt eine induktive Kopplung mit dem kleineren Rückkopplungssegment F (Feedback). In Verbindung des Segments F mit dem Transistor Q_4 nach [12] wird die Schwingbedingung für Verstärkung und Phase erfüllt.

Analyse
- PSpice, Edit Simulation Profile
- Simulation Settings – Abb. 9.30
- Analysis type: Time Domain (Transient)
- Run to time: 8 ms
- Start saving data after: 0
- Maximum step size: 10 us
- Übernehmen: OK
- PSpice, run

Die Abb. 9.31 zeigt die Schwingungen der Segmente M und F des Summers, die sich in der Amplitude unterscheiden. Dier Schwingfrequenz liegt bei $f_0 = 4$ kHz. Bei

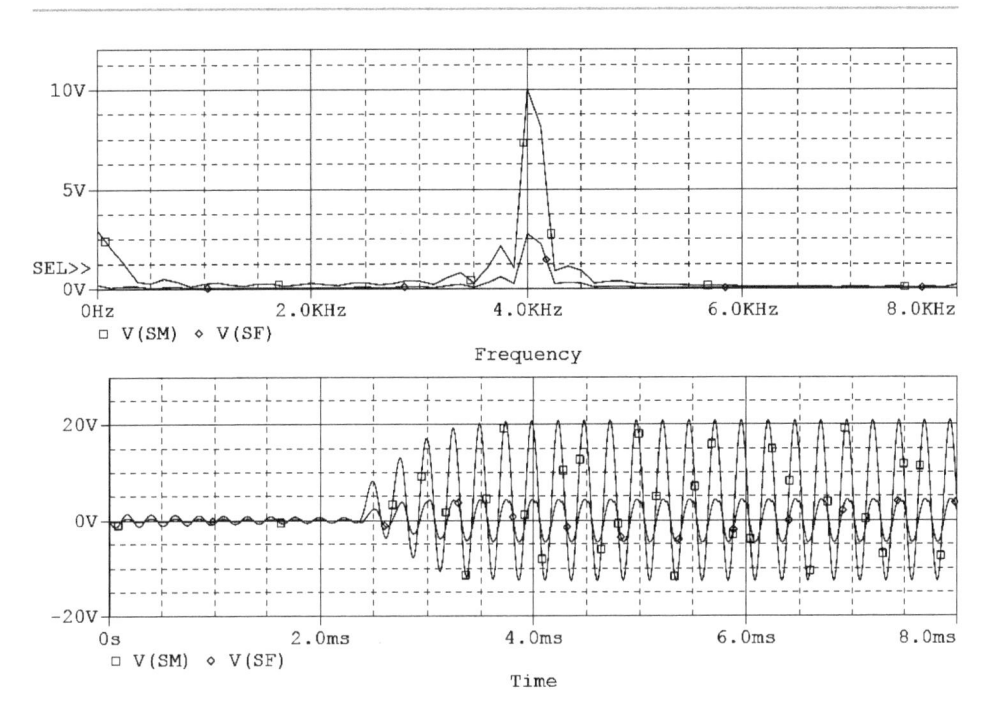

Abb. 9.31 Schwingungsverlauf und Schwingfrequenz des Summers

einem Koppelfaktor $k < 0{,}063$ setzen die Schwingungen aus. Eine andere Art der Kopplung zwischen US-Transmitter und -Receiver mittels einer spannungsgesteuerten Spannungsquelle EPOLY ist in [7] beschrieben. Eine vereinfachte Version der Ersatzschaltung des selbstansteuernden Summers erhält man mit einer Aufteilung der Induktivität $L_{1M} = L_1 + L_2$ nach dem Prinzip des Hartley-Oszillators. Im Beispiel kann an den Abgriff von $L_1 = 286{,}89$ mH und $L_2 = 55$ mH ein Kondensator $C \approx 2$ nF an die Widerstandskombination von R_7 und R_8 geführt werden. Der Schwingkreis mit den Elementen L_{1F}, C_{1F}, R_{1F} und C_{0F} und die induktive Kopplung mit dem Baustein K_K$_2$ entfallen dann.

9.6 Akustische Oberflächenwellen-Bauelemente

Akustische Oberflächenwellen (AOW, Surface Acoustic Waves, SAW) können sich als Rayleigh-Wellen an der Oberfläche piezoelektrischer Substrate wie Quarz oder Lithiumniobat ausbreiten. Die AOW-Bauelemente dienen als Bandpassfilter, als Resonator für Oszillatoren sowie zur Übertragung von Funkdaten. Der Frequenzbereich umfasst $\Delta f \approx$ 30 MHz bis 3 GHz.

9.6.1 Struktureller Aufbau

Die Abb. 9.32 zeigt die prinzipielle Darstellung einer AOW-Verzögerungsleitung. Auf dem Substrat sind zwei Wandler in der Form eines Interdigital-Transducers (IDT) aufgebracht. Wird an den Wandler IDT_1 eine Wechselspannung angelegt, dann kommt es zu Verzerrungen des darunter befindlichen Kristallgitters. Die somit erzeugten Oberflächenwellen werden vom Wandler IDT_2 aufgenommen und in ein elektrisches Signal zurück gewandelt. Die an beiden Seiten des Substrats auftretenden Reflexionen werden durch Absorber eingedämmt. Die Wellenlänge λ des Signals wird von der Fingerbreite b_f bestimmt. Für den Fall, dass die Fingerbreite b_f genau so groß wie der Fingerabstand a_f ist, gilt Gl. 9.30. In Abb. 9.32 ist W die Überlappungsweite.

$$\lambda = 2 \cdot (a_f + b_f) \tag{9.30}$$

Die Mittenfrequenz f_0 geht aus dem Quotienten von Ausbreitungsgeschwindigkeit v_0 und der Wellenlänge λ gemäß Gl. 9.31 hervor.

$$f_0 = \frac{v_0}{\lambda} \tag{9.31}$$

Weil die Ausbreitungsgeschwindigkeit der AOW viel geringer als die der elektromagnetischen Wellen ist, lassen sich für AOW-Bauelemente nach Gl. 9.32 große Verzögerungszeiten t_v erzielen. Dabei wird mit der Länge l der Abstand zwischen der Mitte von IDT_1 und IDT_2 bezeichnet.

$$t_v = \frac{l}{v} \tag{9.32}$$

AOW-Verzögerungsleitungen mit einem Substrat, für das die Ausbreitungsgeschwindigkeit v_0 der AOW stark temperaturabhängig ist, können als Temperatursensoren genutzt werden. Weitere Sensoranwendungen ergeben sich dadurch, dass die Reaktionen einer

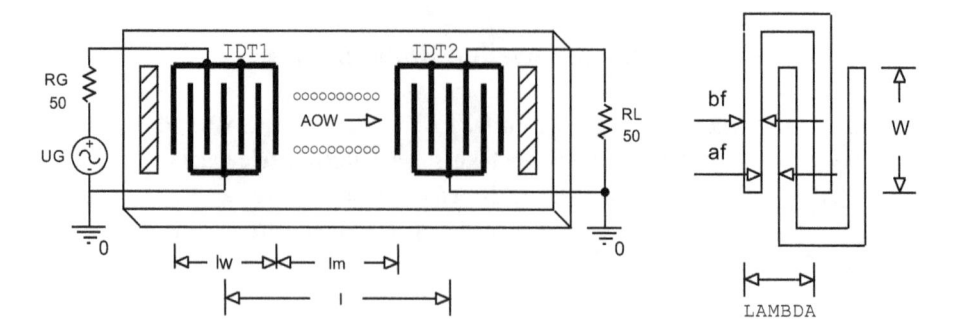

Abb. 9.32 Aufbau einer AOW-Verzögerungsleitung

9.6 Akustische Oberflächenwellen-Bauelemente

Tab. 9.6 Kennwerte von AOW-Substraten bei 25 °C [13–16]

Material	Schnitt	v_0 in m/s	k^2 in %	C_f in pF/m	TC in 10^{-6}/°C
Quarz	ST	3158	0,16	50,3	0
Lithiumniobat	YZ	3488	4,5	460	−94
Lithiumniobat	X 128°	4000	5,6	500	−72

chemischen Schicht zwischen den Wandlern ausgewertet werden. In Tab. 9.6 sind Materialparameter von AOW-Substraten wie Ausbreitungsgeschwindigkeit v_0, Kopplungsfaktor k^2, längenbezogene Fingerkapazität C_f und der Temperaturkoeffizient TC der Frequenz zusammengestellt.

9.6.2 Dimensionierung einer Verzögerungsleitung

In einem Beispiel werden für die Verzögerungsleitung bei 25 °C vorgegeben: die Mittenfrequenz $f_0 = 109$ MHz und die Nullpunktbandbreite $B_n = 5{,}45$ MHz.

Die Fingerbreite b_f aus Abb. 9.32 erhält man über Gl. 9.33. Der Fingerabstand a_f wird oft in gleicher Höhe dimensioniert.

$$b_f = \frac{\lambda}{4} \tag{9.33}$$

Die Anzahl der Fingerpaare N_p geht aus Gl. 9.34 hervor.

$$N_p = \frac{2 \cdot f_0}{B_n} \tag{9.34}$$

Die Länge eines Wandlers l_w folgt aus Gl. 9.35 mit

$$l_w = 2 \cdot N_p \cdot (a_f + b_f) \tag{9.35}$$

Frage 9.21
Welche Werte erreichen λ, a_f, b_f, N_p und l_w?

Antwort
Die Berechnung ergibt $\lambda = 32$ μm, $a_f = b_f = 8$ μm, $N_p = 20$ und $l_w = 0{,}64$ mm.

Wird die mittlere Länge zwischen den beiden IDT mit $l_m = 100 \cdot \lambda = 3{,}20$ mm gewählt, dann erhält man die Mitten-Länge zwischen den beiden IDT mit $l = l_w + l_m = 3{,}84$ mm und daraus folgt mit Gl. 9.32 die Verzögerungszeit mit $t_v = 1{,}10$ μs. Für die Überlappungsweite aus Abb. 9.32 gelte $W = 65 \cdot \lambda = 2{,}08$ mm.

Tab. 9.7 Kenngrößen der Verzögerungsleitung

Kenngröße	Wert	Kenngröße	Wert
Mittenfrequenz f_0	109 MHz	Verzögerungszeit t_v	1,10 µs
Bandbreite B_n	10,90 MHz	Fingerabstand a_f	8 µm
Wellenlänge λ	32 µm	Fingerbreite b_f	8 µm
Fingerpaare N_p	20	Wandler-Länge l_w	0,64 mm
Überlappung W	2,08 mm	Mittlere Länge l_m	3,20 mm
Gesamtkapazität C_T	19,14 pF	IDT-Abstandslänge l	3,84 mm

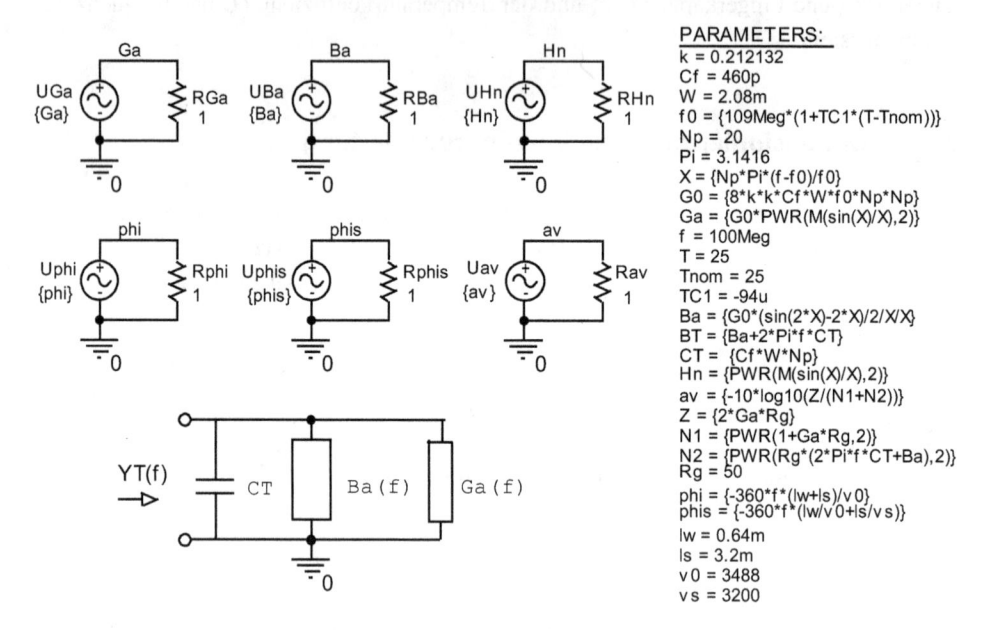

Abb. 9.33 Schaltungen zur Frequenzanalyse

Die Gesamtkapazität C_T der Verzögerungsleitung geht aus Gl. 9.36 hervor.

$$C_T = C_f \cdot W \cdot N_p \tag{9.36}$$

Man erhält $C_T = 19{,}14$ pF. In Tab. 9.7 sind die obigen Kenngrößen zusammengestellt.

9.6.3 Simulation frequenzabhängiger Größen

Frequenzabhängige Größen der Verzögerungsleitung wie die Übertragungsfunktion $H(f)$ oder die Einfüge-Dämpfung a_v werden mit dem Impulsantwort-Modell von Mason berechnet [17, 18], siehe Abb. 9.33 und die nachfolgenden Gleichungen. Die Admittanz $Y_a(f)$ dieses Modells beschreibt Gl. 9.37. Die Admittanz umfasst die akustische Konduktanz

9.6 Akustische Oberflächenwellen-Bauelemente

$G_a(f)$ nach Gl. 9.38 und die akustische Suszeptanz $B_a(f)$, nach Gl. 9.39 sowie den Leitwert $\omega \cdot C_T$.

$$Y_T(f) = G_a(f) + j\left(B_a(f) + \omega \cdot C_T\right) \tag{9.37}$$

$$G_a(f) = G_0 \cdot \left|\frac{\sin(X)}{X}\right|^2 \tag{9.38}$$

$$B_a(f) = G_0 \cdot \frac{\sin(2 \cdot X) - 2 \cdot X}{2 \cdot X^2} \tag{9.39}$$

Die Größe G_0 nach Gl. 9.40 entspricht der maximalen Konduktanz und mit Gl. 9.41 wird die normierte Verstimmung X berechnet.

$$G_0 = 8 \cdot k^2 \cdot C_f \cdot W \cdot N_p^2 \cdot f_0 \tag{9.40}$$

$$X = N_p \cdot \pi \cdot \frac{(f - f_0)}{f_0} \tag{9.41}$$

Frage 9.22
Wie hoch ist der Imaginär-Teil von $Y_T(f)$ bei $f = f_0 = 109$ MHz?

Antwort
Bei $f = f_0$ ist $X = 0$ und $B_a(f) = 0$. Damit ist $\text{Im}\{Y_T(f)\} = 2 \cdot \pi \cdot f_0 \cdot C_T = 13{,}11$ mS.

Die Frequenz-Funktion für eine Verzögerungsleitung aus zwei (identischen) IDT gemäß $H_T(f) = |H_T(f)| \cdot \exp(-j\varphi)$ wird nach [19] mit Gl. 9.42 beschrieben. Dabei ist Z_r die Wellen-Impedanz und D die Verzögerungslänge zwischen den beiden IDT.

$$H_T(f) = 4 \cdot k^2 \cdot C_f \cdot f_0 \cdot N_p^2 \cdot W \cdot Z_r \cdot \left(\frac{\sin(X)}{X}\right)^2 \cdot \exp\left(-j\left(\frac{N_p + D}{f_0}\right)\right) \tag{9.42}$$

Für den normierten Betrag der Frequenz-Funktion gilt näherungsweise die Gl. 9.43.

$$|H_n(f)| = \left|\frac{H_1(f) \cdot H_2(f)}{H_1(f_0) \cdot H_2(f_0)}\right| = \left|\frac{\sin(X)}{X}\right|^2 \tag{9.43}$$

Beschreibt man den Phasenwinkel φ mit Gl. 9.44 und wird der mittlere Abschnitt zwischen den beiden IDT mit seiner Länge l_m einer chemischen Einwirkung ausgesetzt, dann gilt für die nunmehr sensitive Strecke mit der Länge l_s (anstelle von l_m) eine möglicherweise verringerte akustische Ausbreitungsgeschwindigkeit v_s. Der sensitiv beeinflusste Phasenwinkel φ_s lässt sich mit Gl. 9.45 erfassen.

$$\varphi = -360° \cdot f \cdot \frac{l}{v_0} \quad (9.44)$$

$$\varphi_s = -360° \cdot f \cdot \left(\frac{l_w}{v_0} + \frac{l_s}{v_s}\right) \quad (9.45)$$

Die Einfüge-Dämpfung a_v (Insertion Loss, *IL*) wird von der akustischen Admittanz $Y_a(f)$, von der Kapazität C_T und vom Lastwiderstand R_g bestimmt, siehe Gl. 9.46.

$$a_v = 10 \cdot \log\left[\frac{2 \cdot G_a(f) \cdot R_g}{\left(1+G_a(f) \cdot R_g\right)^2 + \left[R_g \cdot \left(2 \cdot \pi \cdot f \cdot C_T + B_a(f)\right)\right]^2}\right] \quad (9.46)$$

Die Temperaturabhängigkeit der Mittenfrequenz kann mit dem Temperaturkoeffizienten TC_1 nach Gl. 9.47 mit dem Wert aus Tab. 9.6 berücksichtigt werden.

$$TC_1 = \frac{1}{f_0} \cdot \frac{\Delta f_0}{\Delta T} \quad (9.47)$$

Frage 9.23
Die Mittenfrequenz f_0 = 109 MHz gilt für T = 25 °C. Wie groß wird der Wert von f_0 bei T = 250 °C?

Antwort
Die Mittenfrequenz sinkt ab auf f_{0T} = 106,69 MHz bei T = 250 °C.

Mit den in Abb. 9.33 angegebenen Schaltungen wird die Frequenzabhängigkeit der normierten Übertragungsfunktion des Phasenwinkels und der Einfüge-Dämpfung im Frequenzbereich Δf = 80 bis 140 MHz analysiert. Hierzu wird die Frequenz f als globaler Parameter in die Analyse DC Sweep eingeführt.

Analyse
- PSpice, Edit Simulation Profile
- Simulation Settings – Abb. 9.33
- Analysis type: DC Sweep

9.6 Akustische Oberflächenwellen-Bauelemente

- Sweep variable: Global Parameter
- Parameter Name: f
- Sweep type: Linear
- Start value: 80 Meg
- End value: 140 Meg
- Increment: 3 k
- Options: Parametric Sweep
- Sweep variable: Global Parameter
- Parameter Name: T
- Sweep type. Value list: 25 250
- Übernehmen: OK
- PSpice, run

Mit der Analyse der Admittanzen wird mit Abb. 9.34 bestätigt, dass die Suszeptanz bei der Mittenfrequenz den Wert null hat und die Konduktanz den Maximalwert $G_0(f) = 15{,}02$ mS annimmt. Der gesamte Imaginärteil $B_T(f)$ wird von der Suszeptanz $B_a(f)$ und dem Leitwert $\omega \cdot C_T$ gebildet.

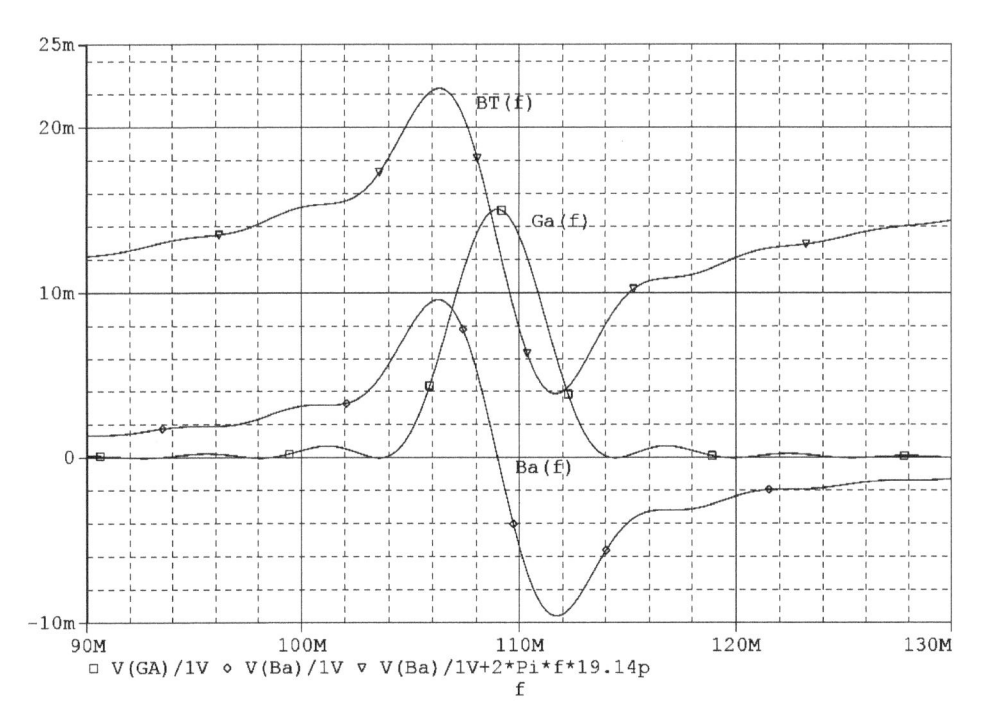

Abb. 9.34 Frequenzgang von akustischer Admittanz und gesamten Imaginärteil

Frage 9.24
Die Abb. 9.35 zeigt die Frequenzabhängigkeit der normierten Übertragungsfunktion der Verzögerungsleitung bei zwei Temperaturen. Welchen Wert erreicht die Funktion H_n bei der Mittenfrequenz und der Temperatur $T = 25\,°C$?

Antwort
Bei $f = f_0 = 109$ MHz ist $H_n = 1$.

Bei höherer Temperatur wird das Maximum bei einer tieferen Frequenz erreicht. Auf Grund des negativen Temperaturkoeffizienten erhält man $f_{0T} = 106{,}69$ MHz bei $T = 250\,°C$.

Als Analyseergebnis erhält man mit Abb. 9.36 bei der Mittenfrequenz $f = f_0 = 109$ MHz den Phasenwinkel ohne Beschichtung mit $\varphi = -43{,}2 \cdot 10^3\,°C$. Die sensitiv bedingte Ausbreitungsgeschwindigkeit $v_s = 3200$ m/s $< v_0$ entspricht einem Annahmewert.

Frage 9.25
Wie viel Radiant beträgt der Phasenwinkel?

Antwort
$\Phi = -43{,}2 \cdot 10^3\,°C = -43{,}2 \cdot 10^3 \cdot \pi/180$ rad $= -754$ rad.

Gemäß Abb. 9.37 erreicht die Einfüge-Dämpfung bei $T = 25\,°C$ für $f = f_0$ den Wert $a_v = 3{,}67$ dB. Für $250\,°C$ wird der gleiche Wert bei $f = f_{0T} = 106{,}69$ MHz ausgewiesen.

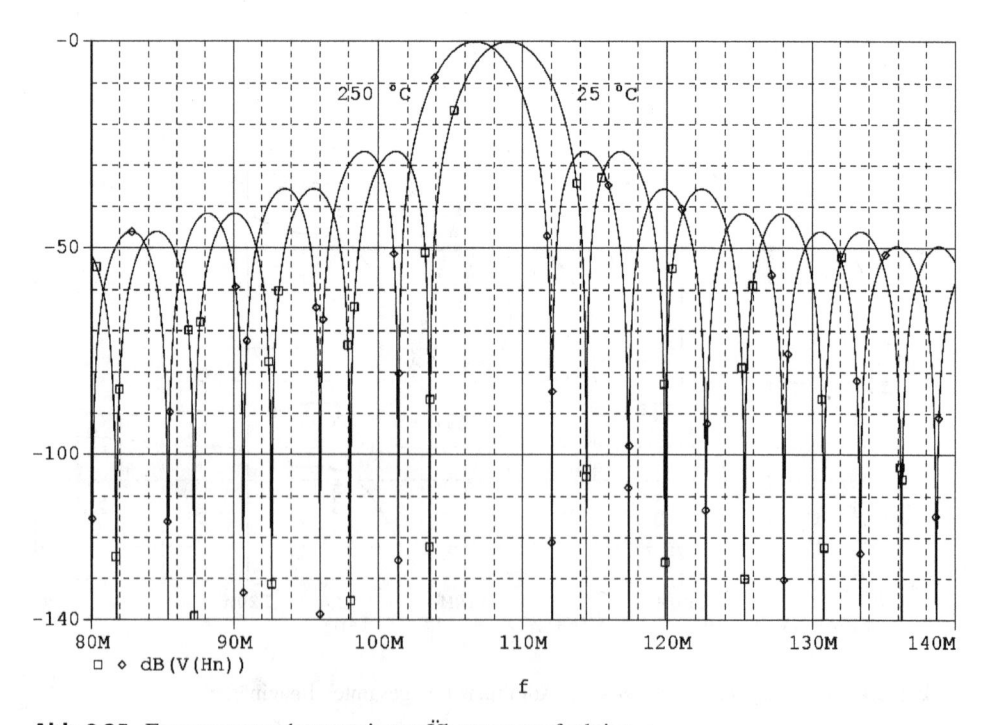

Abb. 9.35 Frequenzgang der normierten Übertragungsfunktion

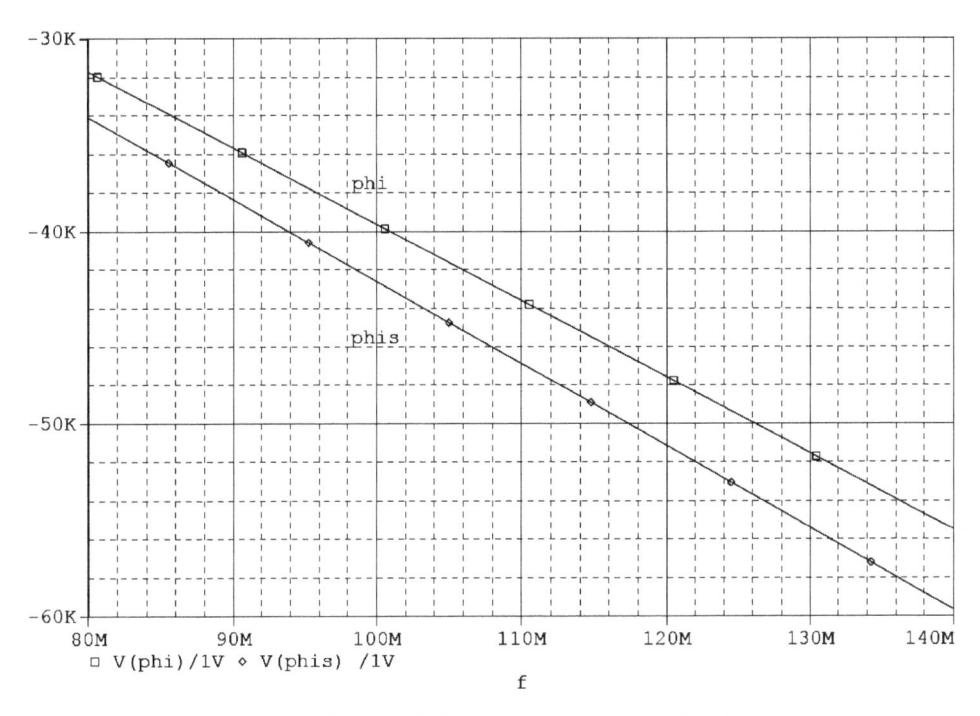

9.6 Akustische Oberflächenwellen-Bauelemente

Abb. 9.36 Frequenzgang der Phasenwinkel ohne und mit sensitiver Beschichtung

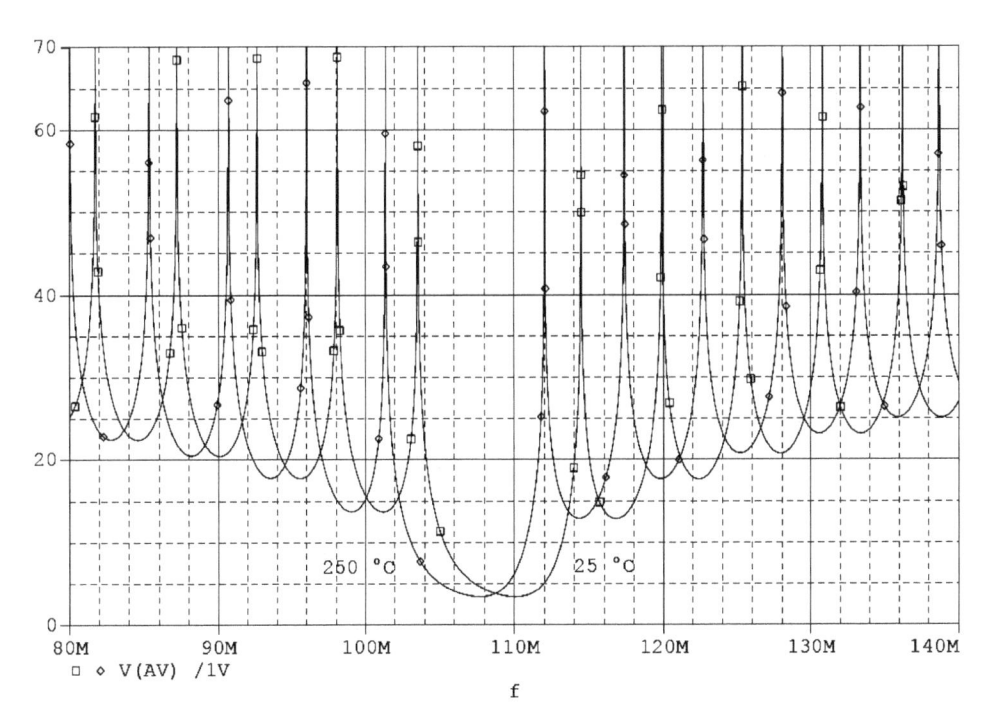

Abb. 9.37 Frequenzgang der Einfüge-Dämpfung bei zwei Temperaturen

9.7 Pyroelektrische Sensoren

Pyroelektrische Sensoren eignen sich zur berührungslosen Temperaturmessung, zur Infrarot-Gasanalyse und als Bewegungsmelder zur Erfassung von Personen. Ausgehend vom Datenblatt eines pyroelektrischen Sensortyps werden nachfolgend thermische und elektrische Ersatzschaltungen mit diesem Sensor auf der Basis des Programms PSPICE analysiert.

9.7.1 Thermische Ersatzschaltung bei sprungförmiger Strahlungsleistung

Wird ein pyroelektrisches Material wie Lithiumtantalat einem zeitlich veränderlichen Strahlungsfluss $\Phi(t)$ ausgesetzt, dann führen die daraus hervorgehenden Temperaturänderungen ΔT zu Ladungsänderungen ΔQ an der Front- und Rückelektrode des Sensorelements, siehe Abb. 9.38. Diese Ladungsänderungen nach Gl. 9.48 benötigen zu ihrer Auswertung eine hohe Verstärkung.

$$\Delta Q = p \cdot A \cdot \Delta T \tag{9.48}$$

Dabei ist p der pyroelektrische Koeffizient und A die Oberfläche des Sensorelements. In Tab. 9.8 sind diejenigen Kenngrößen zusammengestellt, mit denen der thermische Widerstand R_T und die thermische Kapazität C_T berechnet werden können.

Die Wärmekapazität H_p geht mit Gl. 9.49 aus dem Produkt von volumenspezifischer Wärmekapazität c'_p, der Dicke d_p des Sensorelements und dessen Fläche A hervor [20–23].

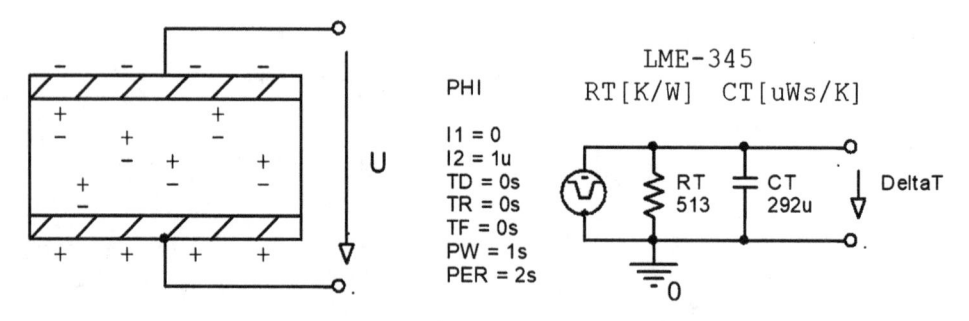

Abb. 9.38 Sensorelement und thermische Ersatzschaltung eines pyroelektrischen Detektors

Tab. 9.8 Lithiumtantalat-Parameter und Sensor-Daten nach [20–23]

$p = 17$ nAscm^{-2} K^{-1}	$A = 2 \times 2$ mm^2
$\varepsilon_r = 43$	$d_p = 25$ µm
$c'_p = 2{,}9$ Wscm^{-3} K^{-1}	$G_T = 1{,}95$ mWK^{-1}
$H_p = 0{,}29$ mWsK^{-1}	$\tau_T = 150$ ms

9.7 Pyroelektrische Sensoren

$$H_p = c'_p \cdot d_p \cdot A \qquad (9.49)$$

Die Abmessungen von A und d_p entsprechen denen des pyroelektrischen Sensors LME-345 aus dem Unternehmen INFRATEC.

Die thermische Zeitkonstante τ_T folgt nach [20–23] aus dem Quotienten von Wärmekapazität H_p und thermischem Leitwert G_T gemäß Gl. 9.50.

$$\tau_T = H_p / G_T \qquad (9.50)$$

Somit erhält man $R_T = 1/G_T = 513$ K/W und $C_T = 292$ µWs/K, siehe Abb. 9.38.

Frage 9.26
Welchen Wert erreicht die Ladungsänderung ΔQ in der Schaltung nach Abb. 9.38 für einen Strahlungsfluss $\Phi(t) = 1$ µW bei der Zeit $t = 1$ s?

Antwort
Mit Gl. 9.51 erhält man $\Delta T = 512{,}35$ µK und aus Gl. 9.48 folgt $\Delta Q = 3{,}48 \cdot 10^{-13}$ As $= 348$ fC.

Frage 9.27
Warum bleiben die Ladungen auf der Ober- und Unterseite des LiTaO$_3$-Kristalls nicht erhalten?

Antwort
Die Ladungen werden auf Grund von Wärmeabgabe an die Umgebung und wegen des Stromes durch die elektrischen Widerstände abgebaut.

Für eine sprungförmige Strahlungsleistung ergibt sich die Temperaturänderung ΔT mit Gl. 9.51 nach [24].

$$\Delta T = \Phi \cdot R_T \cdot \left[1 - exp(-t/\tau_T)\right] \qquad (9.51)$$

Die Ableitung der Temperaturdifferenz nach der Zeit gemäß Gl. 9.52 folgt aus der Differentiation von Gl. 9.51.

$$d(\Delta T)/dt = \Phi \cdot R_T \cdot 1/\tau_T \cdot exp(-t/\tau_T), \qquad (9.52)$$

Für die Schaltung nach Abb. 9.38 ist die Temperaturdifferenz ΔT über den Zeitbereich $\Delta t = 0$ bis 6 s zu analysieren. Ferner ist die Differentiation d $(\Delta T/dt)$ über diesen Bereich darzustellen.

Frage 9.28
Welche Analyseart ist auf die Schaltung nach Abb. 9.23 anzuwenden?

Antwort

Anzuwenden ist die Zeitbereichs-Analyse *Transient*. Die aufrufbaren Strompulse sind hier als Pulse des Strahlungsflusses zu werten. Die als Spannung simulierbare Ausgangsgröße entspricht der Temperaturänderung ΔT der Grundeinheit Kelvin. Die in der Pulsquelle eingetragene Größe $I_2 = 1u$ gilt für die Strahlungsleistung $\Phi = 1\ \mu W$.

Analyse

PSpice, Edit Simulation Profile
Simulation Settings – Abb. 9.38
Analysis type: Time Domain (Transient)
Run to time: 6 s
Start saving data after: 0 s
Maximum step size: 1 ms
Übernehmen: OK
PSpice, run

Im Analyseergebnis von Abb. 9.39 erscheint die Temperaturänderung ΔT in der Einheit von Mikro-Kelvin. Mit den zuvor angegebenen Analyseschritten gelangt man zur Abb. 9.40. Bei $t = 0$ ist $d(\Delta T/dt) = 3{,}42\ mK/s$.

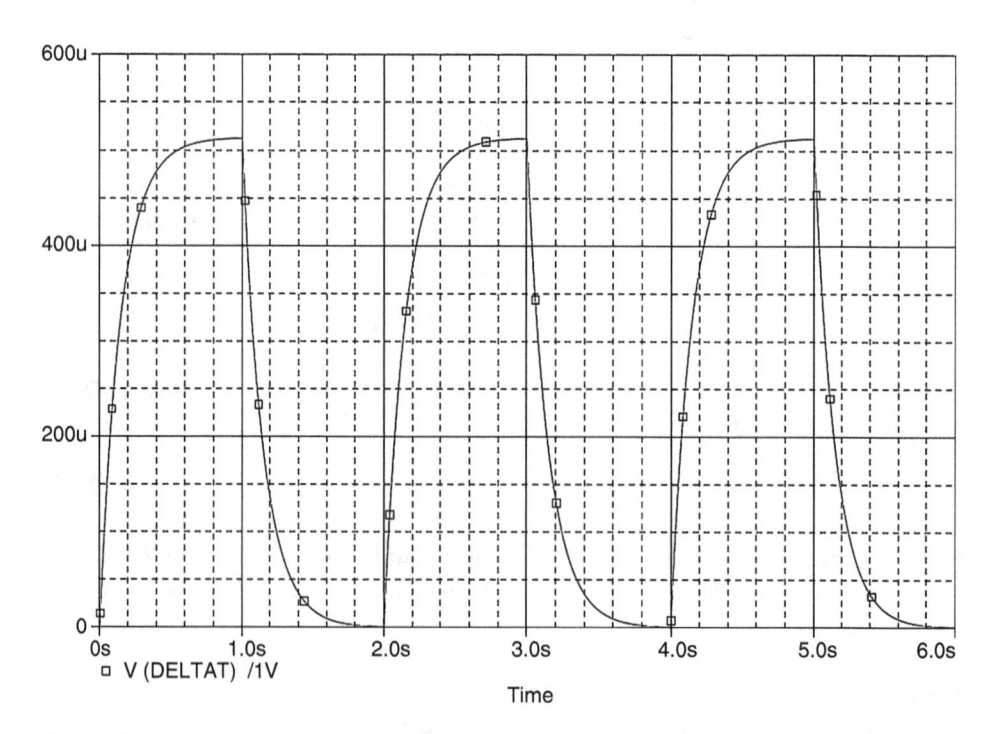

Abb. 9.39 Zeitabhängigkeit der Temperaturdifferenz am Ausgang der thermischen Ersatzschaltung

9.7 Pyroelektrische Sensoren

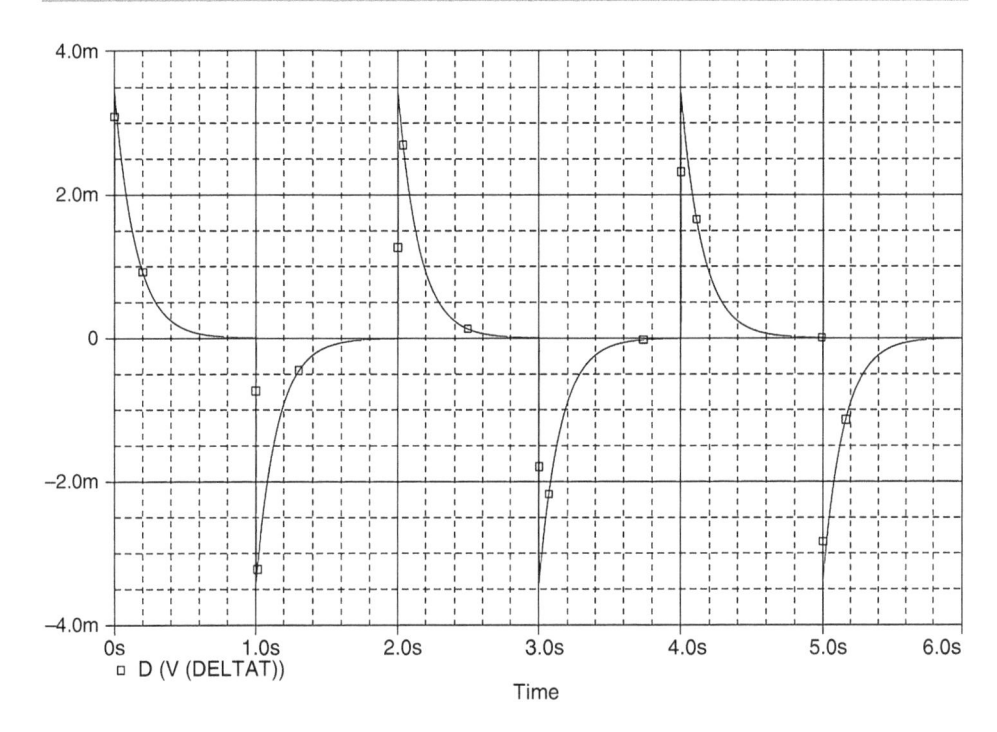

Abb. 9.40 Differentiation der Temperaturdifferenz nach der Zeit

Frage 9.29
Welcher Wert von $d(\Delta t)/dt$ stellt sich bei $t = 2$ s ein?

Antwort
Mit Gl. 9.52 erhält man $d(\Delta t)/dt \approx 0$ mK/s bei $t = 2$ s.

9.7.2 Schaltung im Strommodus bei sprungförmigem Strahlungsfluss

Die Schaltung nach Abb. 9.41 zeigt am Beispiel des Sensors LME-345 die Kopplung der thermischen Ersatzschaltung mittels einer spannungsgesteuerten Stromquelle GPOLY zu einem Strom-Spannungswandler (Transimpedanz-Verstärker) in CMOS-Technologie. Bei *VALUE* kann (in geschweifte Klammern gesetzt) die Gleichung für den Ausgangsstrom nach Gl. 9.53 eingegeben werden. Leider kann die mathematische Ableitung d(V(DeltaT))/dt bei *VALUE* nicht eingetragen werden. Es lassen sich zunächst nur V(*DeltaT*) sowie der pyroelektrische Koeffizient p und die sensitive Fläche eingeben. Die Differentiation ist erst nachfolgend über Trace, Add Trace mit der SPICE-Anweisung „D(…)" ausführbar.

Frage 9.30
Welchen Wert erreicht der pyroelektrische Strom bei der Zeit $t = 0$?

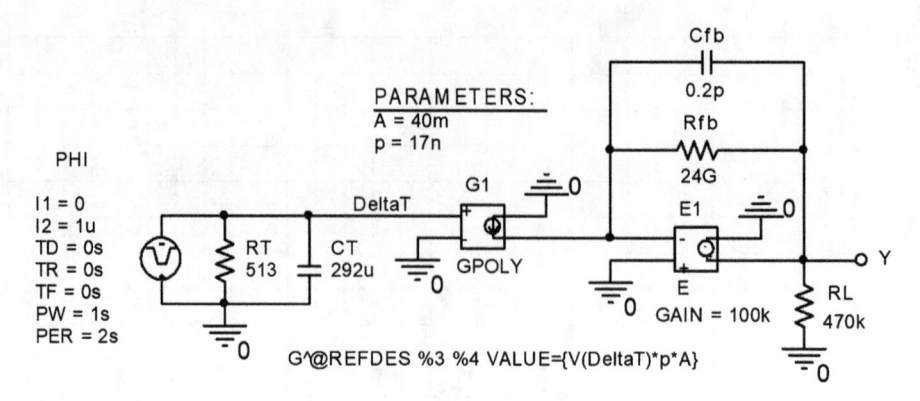

Abb. 9.41 Schaltung im Strommodus bei sprungförmigem Strahlungsfluss

Antwort

Bei $t = 0$ folgt aus den Gl. 9.52 und 9.53 der Wert $i(t) = 17$ nAs/(cm$^2 \cdot$ K) $\cdot$ 0,04 cm$^2 \cdot$ 3,42 mK/s = 2,326 pA.

Die Möglichkeit der Parameter-Eingabe ist bei der einfachen G-Quelle nicht gegeben. Als Operationsverstärker wird in der Schaltung nach Abb. 9.41 dessen idealisierte Ausführung in Form der spannungsgesteuerten Spannungsquelle E verwendet. Der pyroelektrische Strom nach Gl. 9.53 ist proportional zur zeitlichen Temperaturänderung, siehe Gl. 9.52.

$$i(t) = p \cdot A \cdot d(\Delta T) / dt \qquad (9.53)$$

Die Ausgangsspannung $u_y(t)$ kann mit Gl. 9.54 berechnet werden. Dabei ist die thermische Zeitkonstante $\tau_T = R_T \cdot C_T = 150$ ms eine Größe des pyroelektrischen Stromes und die elektrische Zeitkonstante $\tau_{Ei} = R_{fb} \cdot C_{fb} = 4,8$ ms beeinflusst das Verstärkungsverhalten im Strommodus.

$$u_y(t) = -i(t) \cdot R_{fb} \cdot \left[1 - \exp(-t \cdot (1/\tau_{Ei}))\right] \qquad (9.54)$$

Mit der Schaltung nach Abb. 9.41 sind für die Frequenz $f_p = 0,5$ Hz zu analysieren: der pyroelektrische Strom $i(t)$ und die Ausgangsspannung $U_Y(t)$.

Anzuwenden ist wiederum die Zeitbereichs-Analyse der Schaltung von Abb. 9.38.

Die Ableitung des pyroelektrischen Stroms nach der Zeit t zeigt Abb. 9.42. Die Spitzenwerte erreichen $i(t) = +/-2,32$ pA. In Abb. 9.43 wird der Einfluss des Transimpedanz-Verstärkers bei der Zeitabhängigkeit der Ausgangsspannung bezüglich Polarität und Amplitude sichtbar.

9.7 Pyroelektrische Sensoren

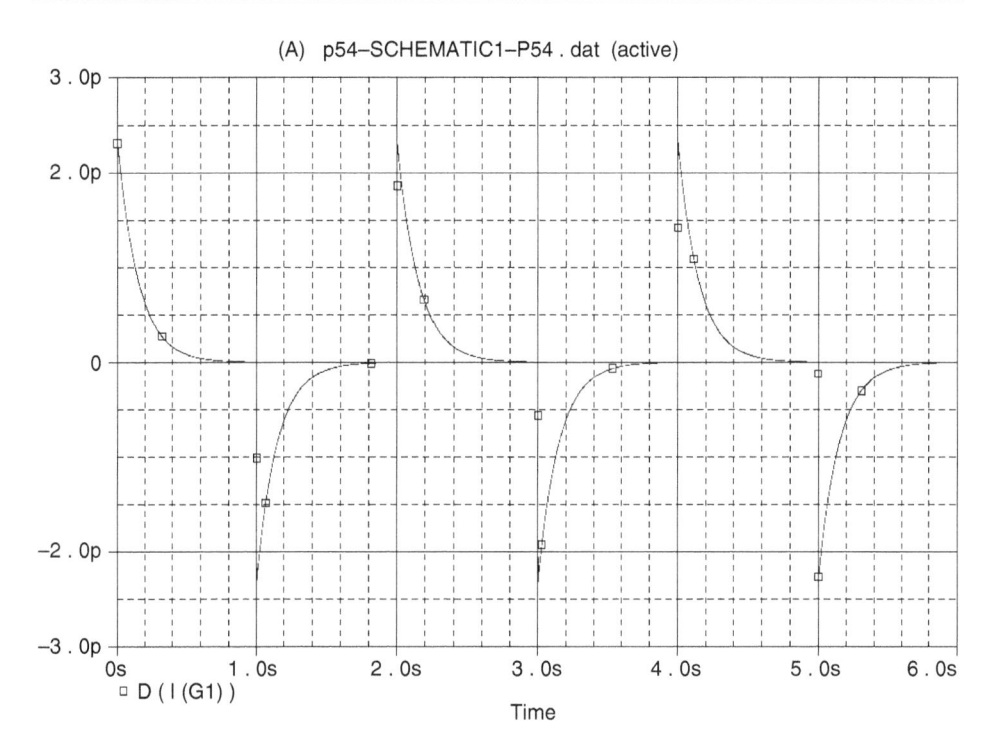

Abb. 9.42 Zeitverlauf des pyroelektrischen Stromes

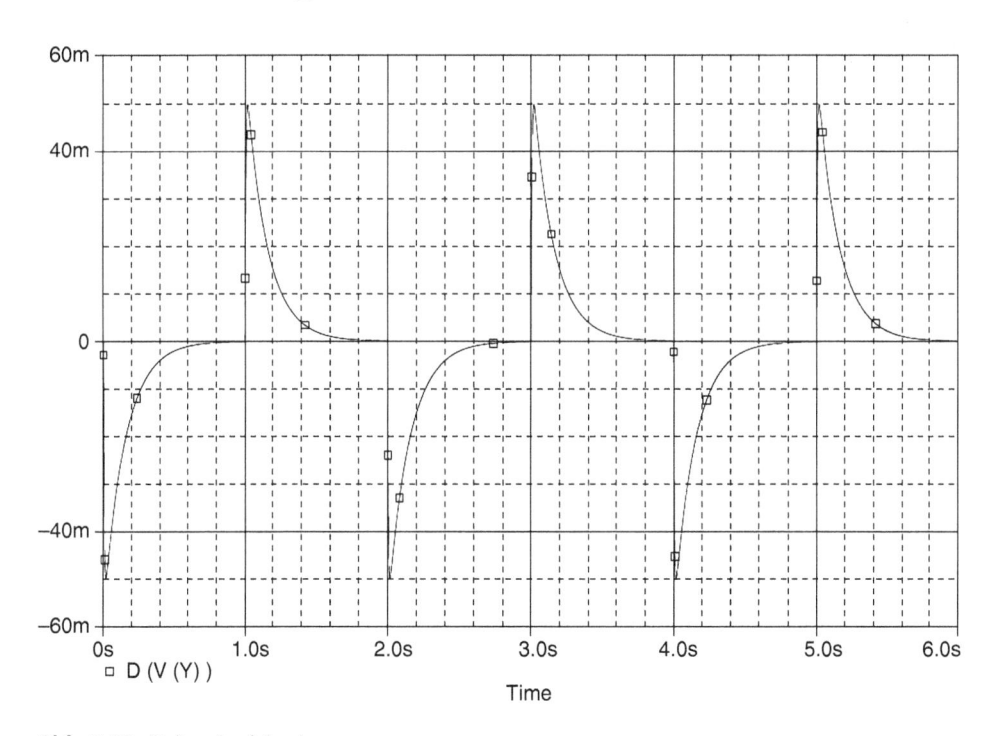

Abb. 9.43 Zeitverlauf der Ausgangsspannung

Frage 9.31

Gegeben ist eine G-Quelle. Welche Dimension hat der Parameter *GAIN* als verknüpfende Größe zwischen Eingangsspannung und Ausgangsstrom?

Antwort

Der Steuerfaktor *GAIN* hat bei der G-Quelle die Dimension eines Leitwertes.

9.7.3 Pyroelektrischer Detektor mit antiparallel geschalteten Kristallen

Die Abb. 9.44 zeigt die prinzipielle Schaltung des pyroelektrischen Detektors mit zwei antiparallel geschalteten LiTaO$_3$-Kristallen und einem nachfolgenden Transimpedanz-Verstärker. Die vollständige Schaltung zeigt die prinzipielle Anwendung dieses Dualsensors

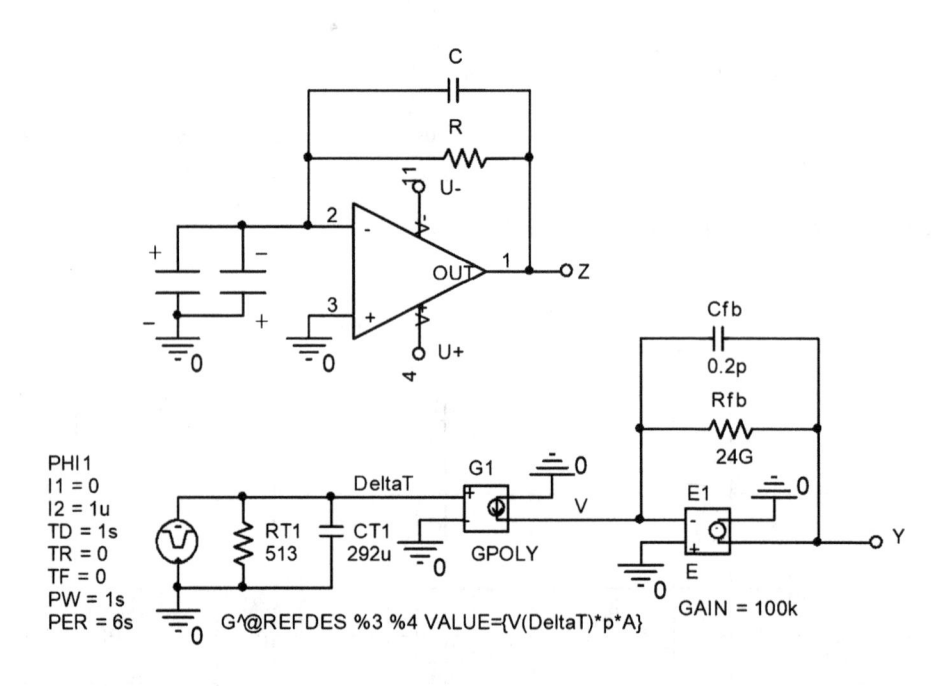

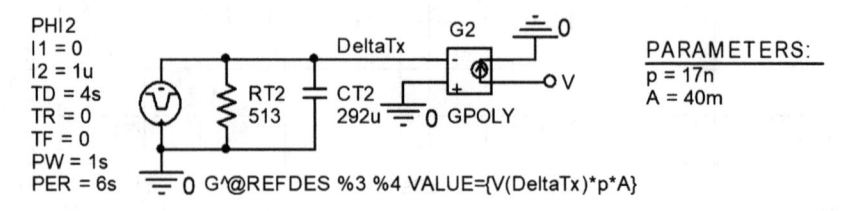

Abb. 9.44 Prinzipielle Schaltung eines pyroelektrischen Dualsensors als Bewegungsmelder

9.7 Pyroelektrische Sensoren

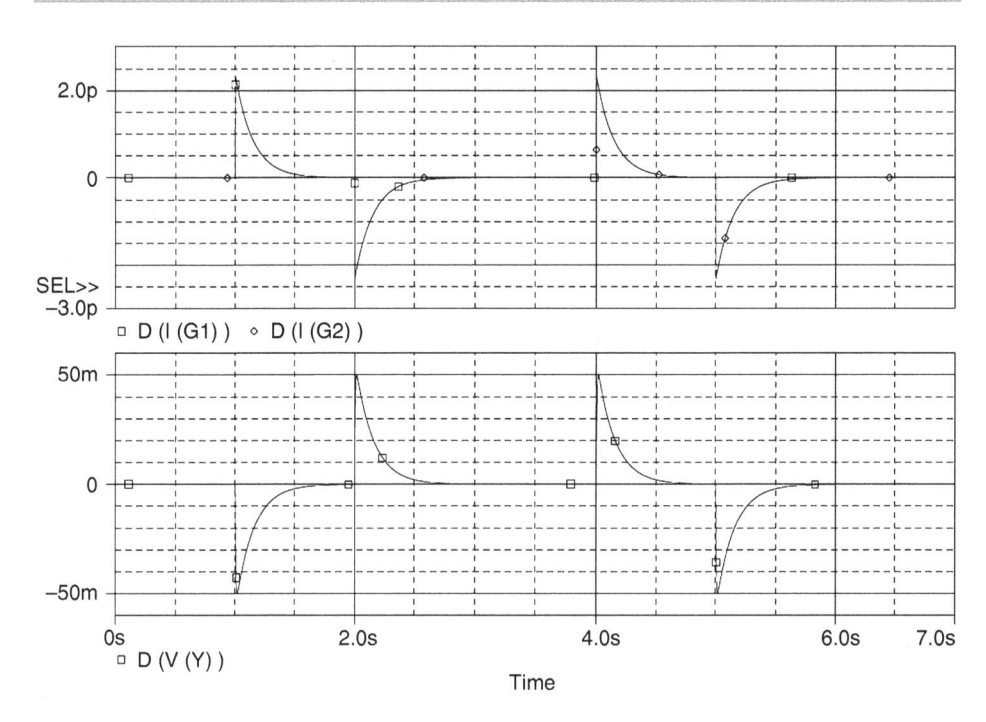

Abb. 9.45 Pyroelektrische Strompulse und resultierende Ausgangsspannungssignale

als Bewegungsmelder. Begibt sich eine Person in den Einflussbereich von Kristall 1, dann wird der pyroelektrische Strom aus der Quelle G_1 (invertiert) in die Ausgangsspannung umgeformt. Gerät diese Person anschließend in den Bereich von Kristall 2, dann geschieht das mit einem Vorzeichenwechsel über die Quelle G_2. Es wird die Verbindung V wirksam. Die zeitliche Abfolge wird über die Werte der Verzögerungszeiten T_D bei den Pulsquellen simuliert. Vorübergehende Wärmeänderungen verursachen die Impulse des Strahlungsflusses $\Phi(t)$ und lösen die Ausgangsignale aus. Die Abb. 9.45 zeigt die unterschiedliche Polarität der Signale 1 und 2. Zu erkennen ist ferner die Inversion des Polarisationsstromes gegenüber den Ausgangssignalen. Die Analyse-Schritte entsprechen denjenigen für die Schaltung von Abb. 9.38 bei $\Delta t = 0$ bis 7 s.

Frage 9.32
Welche Anforderungen sollte ein moderner Operationsverstärker erfüllen?

Antwort
Zu erfüllen sind: niedriger Eingangsvorspannungsstrom (< 2 nA), niedrige Offset-Spannung (< 60 µV), hohe Leerlauf-Spannungsverstärkung (120 dB), große Bandbreite (10 MHz), hohe Slew Rate (2,3 V/µs), niedriges Eingangsspannungsrauschen (2,8 nV/$\sqrt{Hz}$), siehe OPA 227, AD8675 und OPA1177.

9.7.4 Sinusförmige Modulation des Strahlungsflusses

Für sinusförmigen Strahlungsfluss mit der Frequenz ω erhält man ΔT mit Gl. 9.55 nach [24] zu:

$$\Delta T = \frac{\Phi \cdot R_T}{\sqrt{1+\left(\omega \cdot \tau_T\right)^2}} \tag{9.55}$$

Der Betrag des pyroelektrischen Stromes folgt aus Gl. 9.56.

$$I = \Delta T \cdot p \cdot A \cdot 2 \cdot \pi \cdot f \tag{9.56}$$

In der Schaltung nach Abb. 9.46 entspricht die Größe „1u" der Strahlungsleistung $\Phi = 1$ µW. Die angeschlossene spannungsgesteuerte Stromquelle GPOLY mit ihren unter *VALUE* eingetragenen Parametern dient zur nachfolgenden Analyse des pyroelektrischen Stromes. Die Größe *Frequency* kann nur nachträglich über Trace, Add Trace als Faktor zum Strom $I(G_1)$ eingegeben werden. In dieser Schaltung ist $I(G_1)^*$ ein frequenzbezogener Strom. Der pyroelektrische Strom ist $I = I(G_1)^* \cdot Frequency$.

Frage 9.33
Mit welcher Analyse kann man ΔT als Funktion der Frequenz simulieren?

Antwort
Zu verwenden ist die Frequenzbereichs-Analyse AC Sweep.

Analyse
PSpice, Edit Simulation Profile
Simulation Settings – Abb. 9.46
Analysis type: AC Sweep/Noise
AC Sweep type: Logarithmic/Decade
Start Frequency: 1 mHz
End Frequency: 1 kHz
Points/Decade: 100

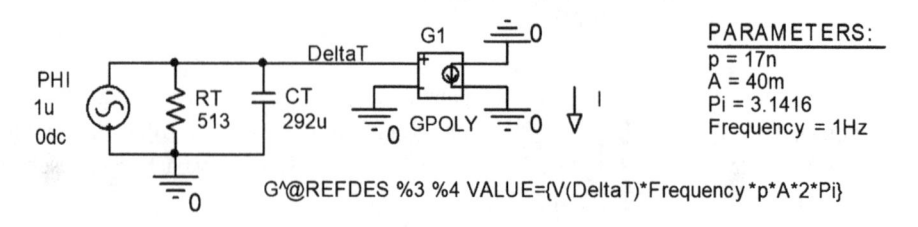

Abb. 9.46 Thermische Ersatzschaltung für sinusförmige Modulation des Strahlungsflusses

9.7 Pyroelektrische Sensoren

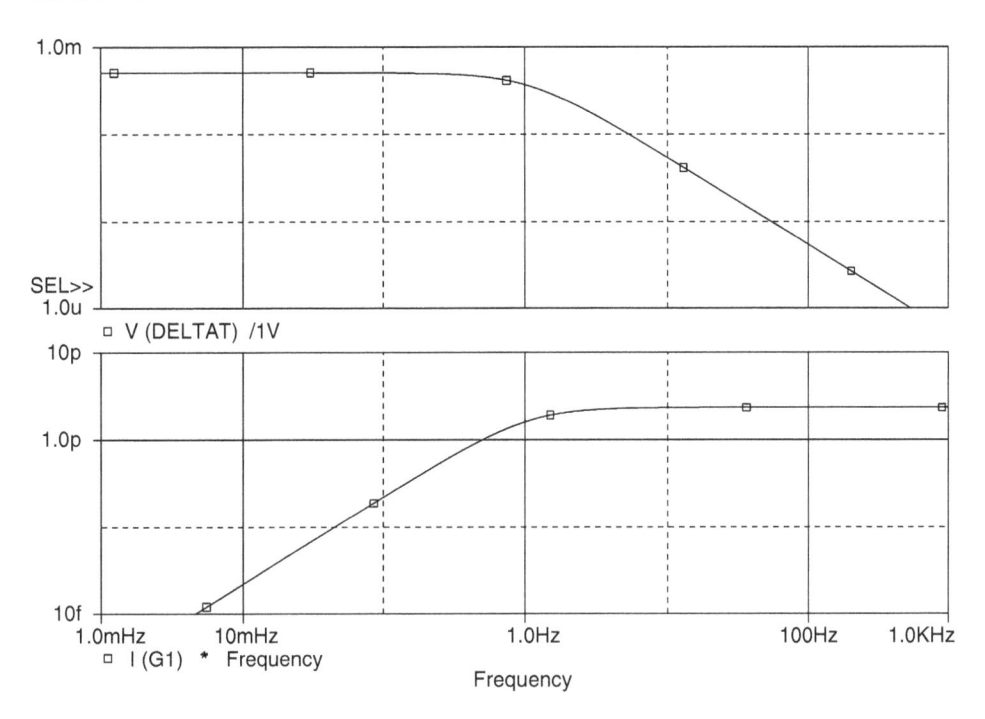

Abb. 9.47 Frequenzgang der Temperaturänderung und des pyroelektrischen Stromes

Trace, Add Trace: Frequency
Übernehmen: OK

Das Analyseergebnis nach Abb. 9.47 zeigt, dass die Temperaturänderung ΔT bei hohen Frequenzen proportional mit $1/f$ abnimmt. Bei der Frequenz $f\tau_T = 1/(2 \cdot \pi \cdot \tau_T) = 1{,}061$ Hz beträgt $\Delta T = 363$ µK.

Die Frequenzabhängigkeit des pyroelektrischen Stromes I ist für die Schaltung nach Abb. 9.46 mit den zuvor angegebenen Schritten zu analysieren.

In Abb. 9.47 wird das Absinken dieses Stromes in Richtung niedriger Frequenzen von der thermischen Zeitkonstante τ_T bestimmt. Mit Gl. 9.57 erreicht der Strom bei der Frequenz $f_{TT} = 1{,}061$ Hz den Wert $I = 1{,}64$ pA und im konstant verlaufenden Bereich bei $f = 30$ Hz ist $I = 2{,}33$ pA.

9.7.5 Erweiterung mit Verstärker und Bandpass

In Abb. 9.48 erscheint zunächst eine Schaltung, bei der das pyroelektrische Element mit den thermischen Größen und der G-POLY-Quelle in einem kreisförmigen Schaltsymbol zusammengefasst ist. Die erweiterte Schaltung zeigt die thermische Ersatzschaltung, den CMOS-Transimpedanz-Verstärker und einen Bandpass. Die Operationsverstärker werden

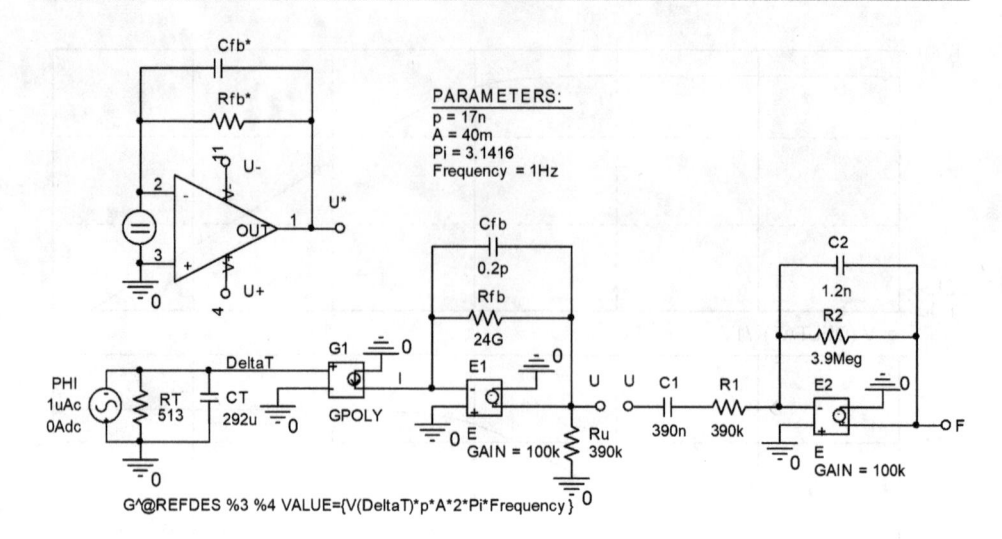

Abb. 9.48 Pyroelektrisches Element nebst Verstärker im Strommodus und Bandpass-Filter

wiederum idealisiert über PSPICE durch spannungsgesteuerte Spannungsquellen mit der Verstärkung $GAIN = 10^5 = 100$ k dargestellt. Die Beschaltung mit den Rückkopplungselementen R_{fb} und C_{fb} entspricht den Angaben für den Sensor LME-345 von INFRATEC [25].

Der aus der thermischen Ersatzschaltung hervorgehende pyroelektrische Strom I wird über den Transimpedanz-Verstärker in die Ausgangsspannung U_a gemäß Gl. 9.57 mit dem Strom I nach Gl.9.56 umgewandelt. Die thermische Zeitkonstante $\tau_T = R_T \cdot C_T$ bewirkt den Spannungsabfall bei den tieferen Frequenzen und die elektrische Zeitkonstante $\tau_{Ei} = R_{fb} \cdot C_{fb}$. erzeugt ein Abfallen des Stromes in Richtung der höheren Frequenzen.

$$U_u = I \cdot \frac{R_{fb}}{\sqrt{1+\left(\omega \cdot \tau_{Ei}\right)^2}} \qquad (9.57)$$

Bei f_{max} erreicht die Ausgangsspannung die maximale Amplitude, siehe Gl. 9.58 nach [23].

$$f_{max} = \frac{1}{2 \cdot \pi \cdot \sqrt{\tau_T \cdot \tau_{Ei}}} \qquad (9.58)$$

Für den Bandpass erster Ordnung erhält man die Übertragungsfunktion mit Gl. 9.59.

$$A_u(\omega) = -\frac{R_2}{R_1} \cdot \frac{j(f/f_2)}{\left(1+j(f/f_1)\right)\cdot\left(1+j(f/f_2)\right)} \qquad (9.59)$$

Die Verstärkung von 20 dB ergibt sich aus dem Quotienten R_2/R_1. Für $C_1 = 390$ nF erhält man $f_1 = 1/(2 \cdot \pi \cdot R_1 \cdot C_1) = 1{,}05$ Hz und für $C_2 = 1{,}2$ nF folgt $f_2 = 1/(2 \cdot \pi \cdot R_2 \cdot C_2) = 34$ Hz.

9.7 Pyroelektrische Sensoren

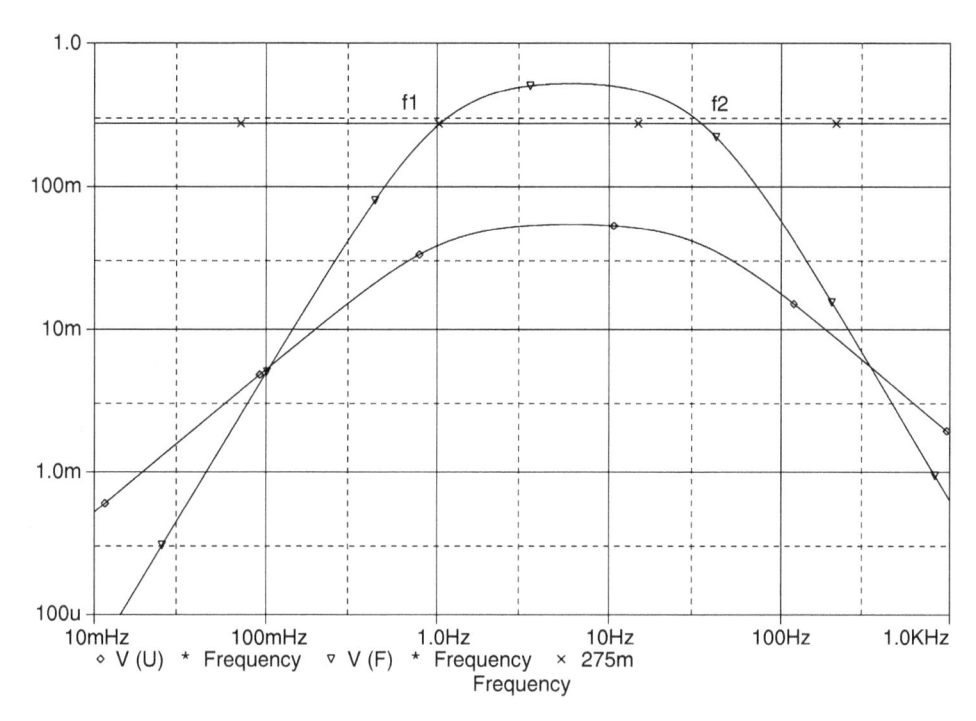

Abb. 9.49 Frequenzgang der Ausgangsspannungen U_U und U_F

Die Spannungsempfindlichkeit S_u (Responsivity R_v) ist der Quotient aus der Spannung U_u und dem Strahlungsfluss Φ, siehe Gl. 9.60.

$$S_u = U_u/\Phi \qquad (9.60)$$

In der Schaltung nach Abb. 9.49 ist die Größe U eine frequenzbezogene Spannung. Für die Ausgangsspannung gilt $U_u = V(U)*Frequency$.

Frage 9.34
Inwiefern beeinflusst der pyroelektrische Koeffizient p die Spannungsempfindlichkeit S_u?

Antwort
Je größer der pyroelektrische Koeffizient ist, desto größer sind der pyroelektrische Strom sowie die Ausgangsspannung der Schaltung und damit die Empfindlichkeit S_u. Ein Vergleich zeigt: Lithiumtantalat: $p = 17$ nC/cm²/K, siehe Tab. 9.8, Bariumtitanat: $p = 40$ nC/cm²/K und PVDF: $p = 4$ nC/cm2/K.

Frage 9.35
Bei welcher Frequenz wird die maximale Spannung U_u erzielt? Welcher Wert der Spannungsempfindlichkeit S_u folgt daraus?

Antwort

Mit $\tau_T = 150$ ms und $\tau_{Ei} = 4,8$ ms wird $f_{max} = 5,93$ Hz. Man erhält den Betrag der Spannung mit $U_u = 54,94$ mV und die Spannungsempfindlichkeit zu $S_u = 5,494 \cdot 10^4$ V/W für $\Phi = 1$ µW.

Die Analyse entspricht derjenigen für die Schaltung nach Abb. 9.46.

Frage 9.36

Welchen Wert erreicht der pyroelektrische Strom I bei $\Phi = 1$ µW und $f_{max} = 5,93$ Hz?

Antwort

Es wird $I = 2,29$ pA mit Gl. 9.56.

9.7.6 Schaltung mit Stromverstärker

Die Schaltung nach Abb. 9.50 zeigt die Einspeisung des pyroelektrischen Stromes in einen invertierenden Stromverstärker. Für einen angelegten Gleichstrom I_1 an die Schaltung mit drei Widerständen ergäbe sich nach [26] der Laststrom $I(R_3)$ mit Gl. 9.61.

$$I(R_3) = -\frac{R_2}{R_1} \cdot I_1 \qquad (9.61)$$

Die Analyse der angegebenen Schaltung mit dem aus der thermischen Ersatzschaltung hervorgehenden Polarisationsstrom liefert bei $R_1 = 390$ kΩ den gleichen Verlauf der frequenzabhängigen Ausgangsspannung $U_A(f)$ wie $U_U(f)$ in Abb. 9.49. In der Analyse wird ferner eine Variation des Widerstandes R_1 vorgenommen. Das Ergebnis erscheint in Abb. 9.51.

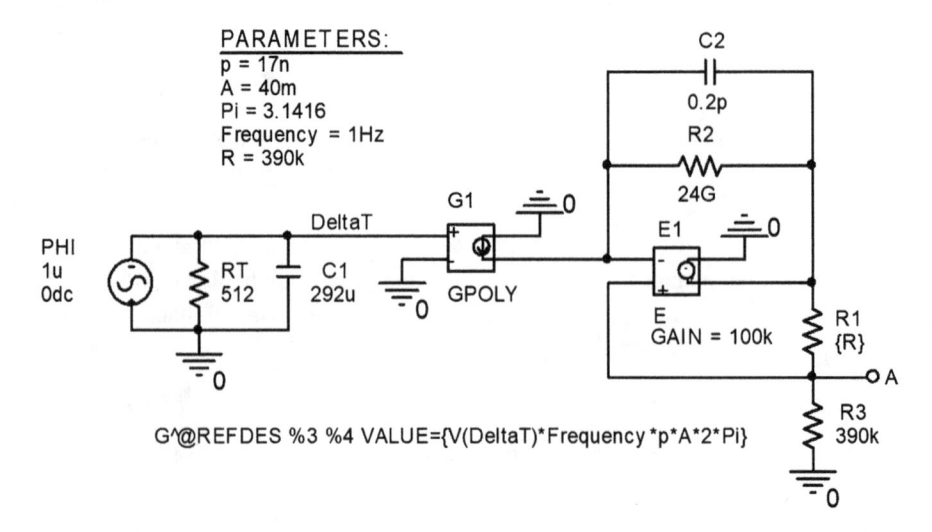

Abb. 9.50 Thermische Ersatzschaltung mit nachgeschaltetem Stromverstärker

9.7 Pyroelektrische Sensoren

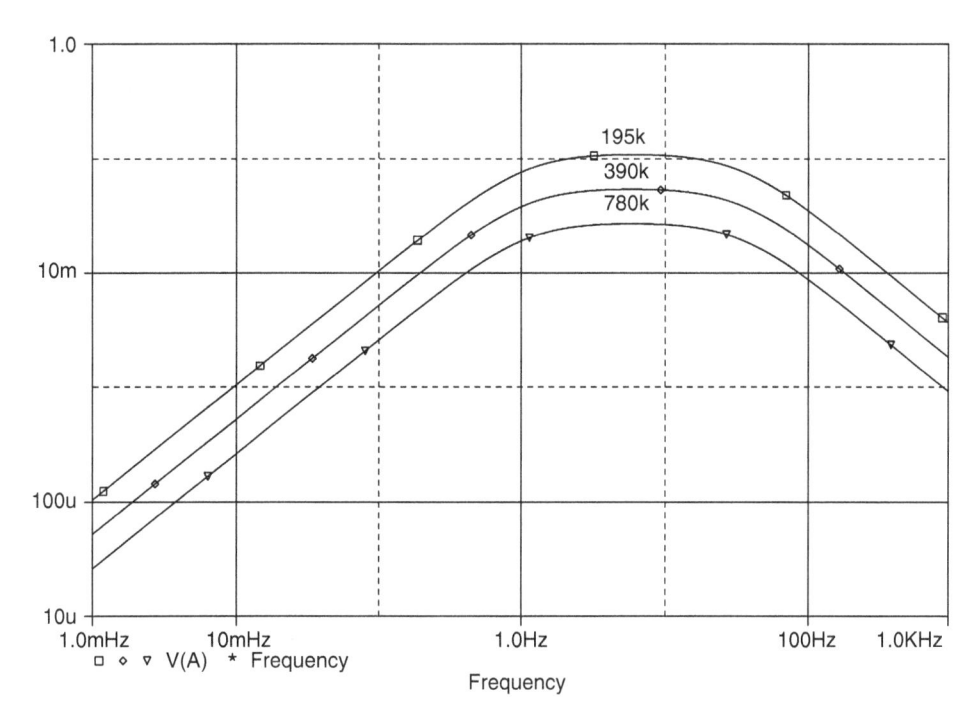

Abb. 9.51 Frequenzabhängigkeit der Ausgangsspannung bei Variation des Widerstandes R_1

Das Maximum der Ausgangsspannung für $R_1 = 390$ kΩ erscheint bei der Frequenz $f_{max} = 5{,}93$ Hz mit $U_A = 54{,}94$ mV. Bei dieser Frequenz beträgt der Stromquotient $I(R_3)/I(G_1) = 138{,}85$ nA$/2{,}29$ pA $= 6{,}06 \cdot 10^4$, siehe Abb. 9.52. Ausgangsspannung U_A und Laststrom I_{R3} weisen im Frequenzverlauf wegen des Einflusses der Zeitkonstanten τ_T und τ_{Ei} ein Maximum auf, während der pyroelektrische Strom I_{G1} diesbezüglich nur von der Konstante τ_T abhängt. Da im unteren Frequenzbereich die gleiche Zeitkonstante τ_T für den Eingangs- und Laststrom wirksam ist, bleibt der Stromquotient in diesem Bereich frequenzunabhängig, siehe Abb. 9.53.

Analyse
PSpice, Edit Simulation Profile
Simulation Settings – Abb. 9.50
Analysis type: AC Sweep/Noise
AC Sweep type: Logarithmic/Decade
Start Frequency: 1 mHz
End Frequency: 1 kHz
Points/Decade: 100
Options: Parametric Sweep
Sweep variable: Global Parameter
Parameter Name: R

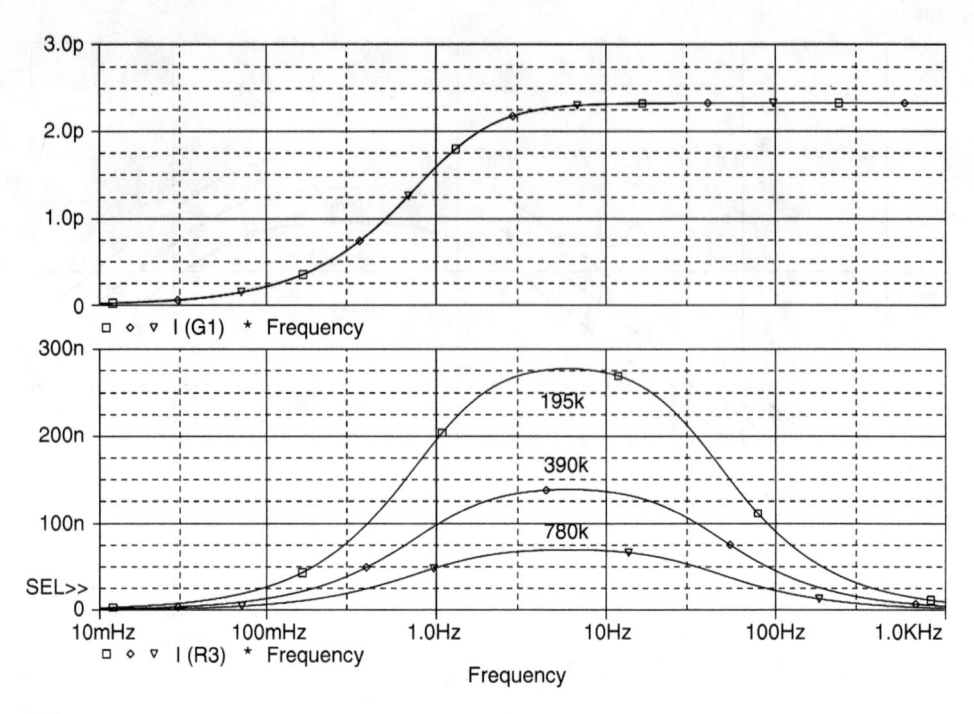

Abb. 9.52 Frequenzverläufe des pyroelektrischen Stromes und der Lastströme

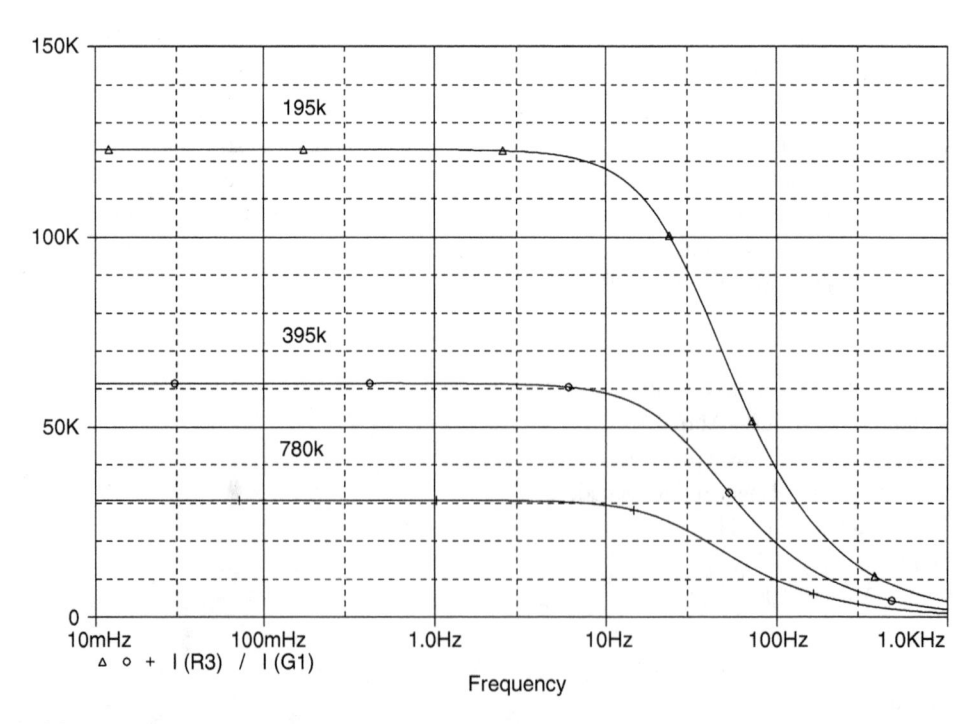

Abb. 9.53 Frequenzabhängigkeit des Stromquotienten bei Variation des Widerstandes R_1

9.7 Pyroelektrische Sensoren

Sweep type: Value List: 195 k 390 k 780 k
Trace, Add Trace: Frequency
Übernehmen: OK
Pspice, run

9.7.7 Detektivität

Ein wichtiger Parameter zur Beurteilung der Eigenschaften pyroelektrischer Sensoren ist die spezifische Detektivität D^*. Diese Größe ist proportional zum Quotienten aus Spannungsempfindlichkeit S_u und spektraler Rauschspannung u_R und bezieht ferner die aktive Sensorfläche über $\sqrt{A}$ ein, siehe Gl. 9.62.

$$D^* = \frac{\sqrt{A}}{u_R} \cdot S_u \qquad (9.62)$$

Aus dem Datenblatt des Sensors LME-345 nach [25] erhält man $A = 0{,}04$ cm², $u_R = 20$ µV/$\sqrt{Hz}$ bei $f = 10$ Hz, $BW = 1$ Hz und $U_a = 53{,}21$ mV bei $f = 10$ Hz über Abb. 9.58. Es ist $S_u = U_a/\Phi = 53{,}21$ mV/1 µW = 53210 V/W und somit $D^* = 5{,}3 \cdot 10^8$ cm$\sqrt{Hz}$/W.

9.7.8 Schaltung zur Frequenzabhängigkeit im Spannungsmodus

Abb. 9.54 zeigt eine Schaltung für den Spannungsmodus. Als Verstärker dient ein Spannungsfolger in der Ausführung mit einem CMOS-Operationsverstärker nach [22, 23]. Dieser OP wird hier idealisiert über eine spannungsgesteuerte Spannungsquelle E dargestellt. Die Ausgangsspannung folgt aus Gl. 9.63 nach [22, 23]. Der Strom I geht aus Gl. 9.56 hervor.

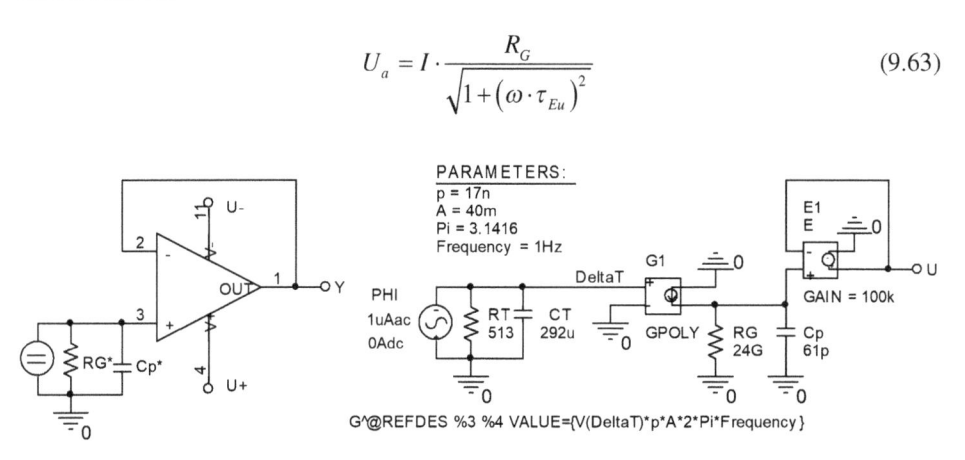

$$U_a = I \cdot \frac{R_G}{\sqrt{1 + \left(\omega \cdot \tau_{Eu}\right)^2}} \qquad (9.63)$$

Abb. 9.54 Schaltung zur Frequenzabhängigkeit der Ausgangsspannung im Spannungsmodus

Dabei ist $\tau_{Eu} = R_G \cdot C_p$ die Zeitkonstante für den Spannungsmodus mit der pyroelektrischen Kapazität C_p nach Gl. 9.64.

$$C_p = \frac{\varepsilon_0 \cdot \varepsilon_r \cdot A}{d_p} \qquad (9.64)$$

Mit $\varepsilon_0 = 8{,}85 \cdot 10^{-12}$, $\varepsilon_r = 43$ für LiTaO$_3$, $A = 4 \cdot 10^{-6}$ m^2 und $d_p = 25 \cdot 10^{-6}$ m wird $C_p \approx 61$ pF.

Analyse
PSpice, Edit Simulation Profile
Simulation Settings – Abb. 9.54
Analysis type: AC Sweep/Noise
AC Sweep type: Logarithmic/Decade
Start Frequency: 1 mHz
End Frequency: 1 kHz
Points/Decade: 100
Trace, Add Trace: Frequency
Übernehmen: OK

Frage 9.37
Warum sind die Werte der frequenzabhängigen Ausgangsspannung im Spannungsmodus bei mittleren und höheren Frequenzen niedriger als diejenigen der Ausgangsspannung im Strommodus?

Antwort
Die Kapazität für den Strommodus ist $C_{fb} = 0{,}2$ pF und für den Spannungsmodus gilt $C_p = 61$ pF. Damit ist die Zeitkonstante $\tau_{Ei} = R_{fb} \cdot C_{fb} = 1{,}464$ s viel größer als $\tau_{Eu} = R_G \cdot C_p = 4{,}8$ ms. Diese Unterschiede wirken sich in den Gl. 9.57 und 9.63 aus. Im unteren Frequenzbereich ist für beide Moden die thermische Ersatzschaltung maßgeblich.

Die Analyse zur Frequenzabhängigkeit der Ausgangsspannung im Spannungsmodus nach Abb. 9.55 weist im mittleren und oberen Frequenzbereich bedeutend niedrigere Werte auf als die Ausgangsspannung im Strommodus nach Abb. 9.49.

Frage 9.38
Welche Eigenschaften weist ein Spannungsfolger auf?

Antwort
Der Spannungsfolger entspricht dem Sonderfall des nicht invertierenden Operationsverstärkers mit $R_1 = 0$ und $R_2 \to \infty$. Ausgangs- und Eingangsspannung sind gleich groß, die Spannungsverstärkung beträgt $v_u = 1$. Wegen des sehr geringen Eingangsstromes ist der Eingangswiderstand sehr hoch während der Ausgangswiderstand gering ist (Impedanzwandler).

9.7 Pyroelektrische Sensoren

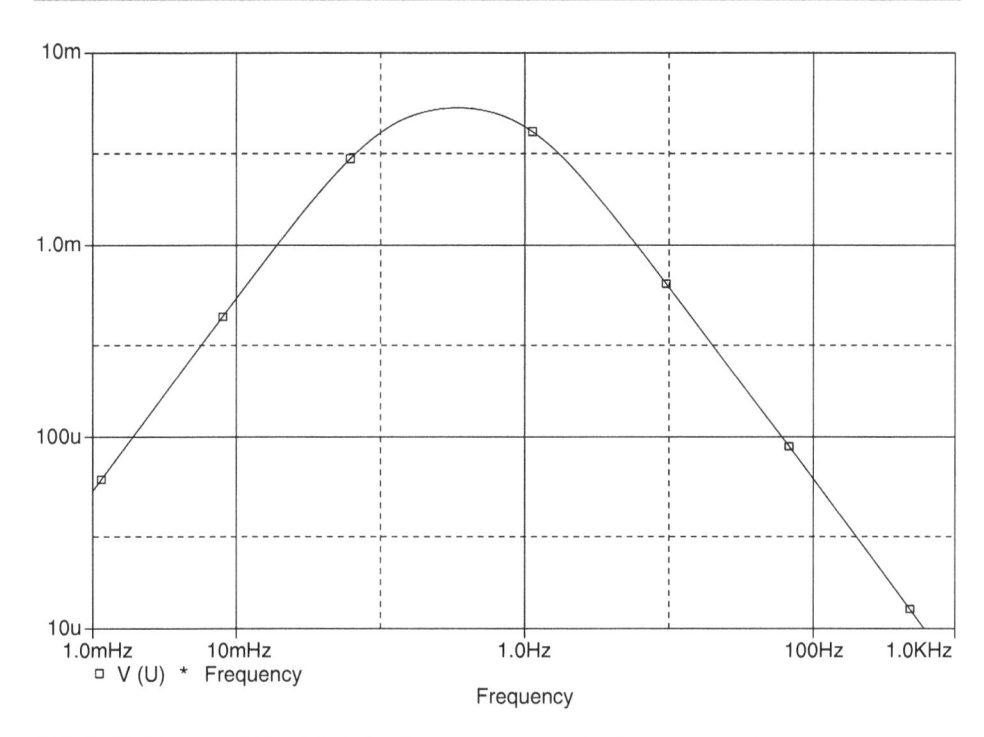

Abb. 9.55 Frequenzabhängigkeit der Ausgangsspannung im Spannungsmodus

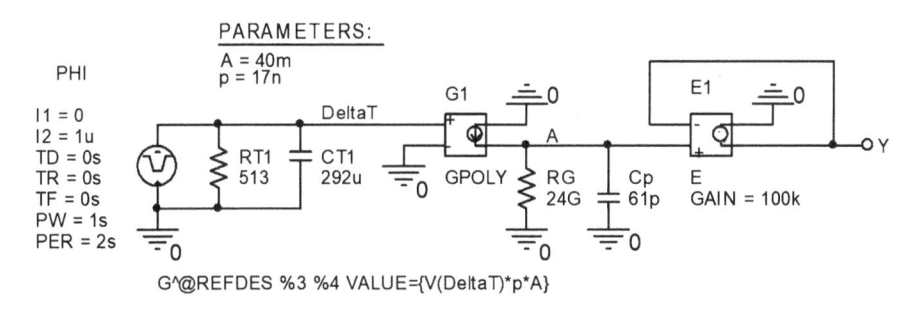

Abb. 9.56 Schaltung zur Zeitabhängigkeit der Ausgangsspannung

9.7.9 Schaltung im Spannungsmodus bei sprungförmigem Strahlungsfluss

Die Schaltung nach Abb. 9.56 wird zur Analyse der Zeitabhängigkeit der Ausgangsspannung bei sprungförmigem Strahlungsfluss verwendet. Zur Ausblendung von Einschwingvorgängen startet die Analyse erst bei $t = 10$ s. Die Modulationsfrequenz beträgt $f_M = 1$ Hz. Mit $PW = 0{,}25$ s und $PER = 0{,}5$ s wird $f_M = 2$ Hz.

Als Vorverstärker dient wiederum ein Operationsverstärker in der Ausführung des Spannungsfolgers. Die Mehrzahl der angebotenen pyroelektrischen Detektoren verwendet für diese Funktion einen speziellen Sperrschicht-Feldeffekttransistor.

Analyse
PSpice, Edit Simulation Profile
Simulation Settings – Abb. 9.56
Analysis type: Time Domain (Transient)
Run to time: 15 s
Start saving data after: 10 s
Maximum step size: 1 ms
Übernahme: OK
PSpice, run

Die Analyseergebnisse für die Frequenzen f_M = 0,5 und 2 Hz erscheinen in Abb. 9.57 und 9.58.

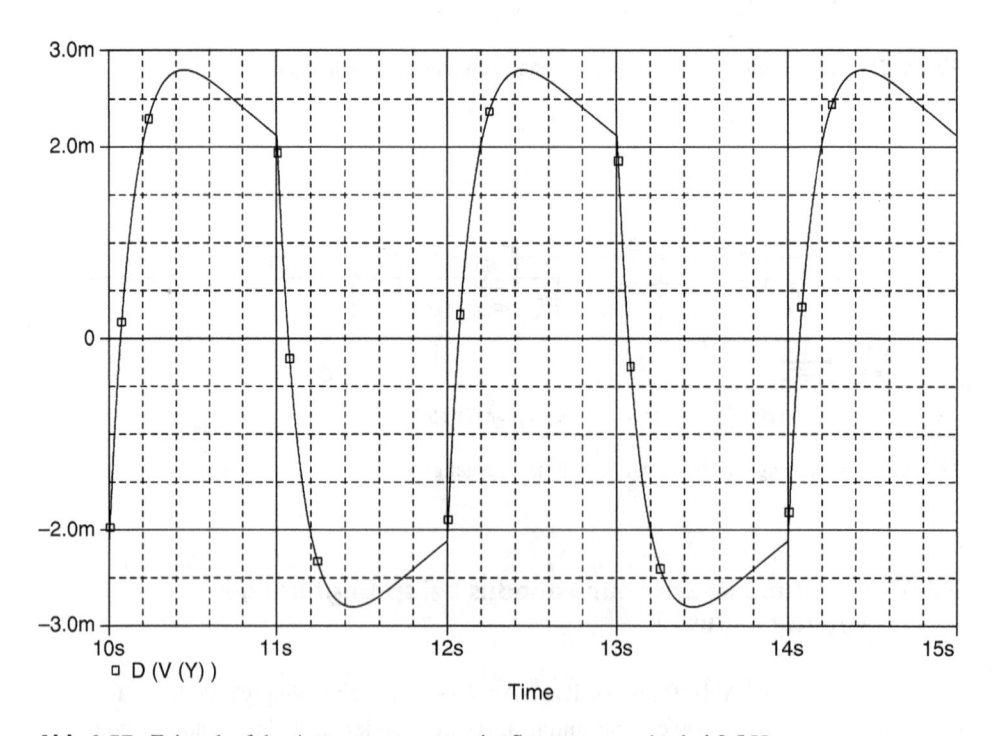

Abb. 9.57 Zeitverlauf der Ausgangsspannung im Spannungsmodus bei 0,5 Hz

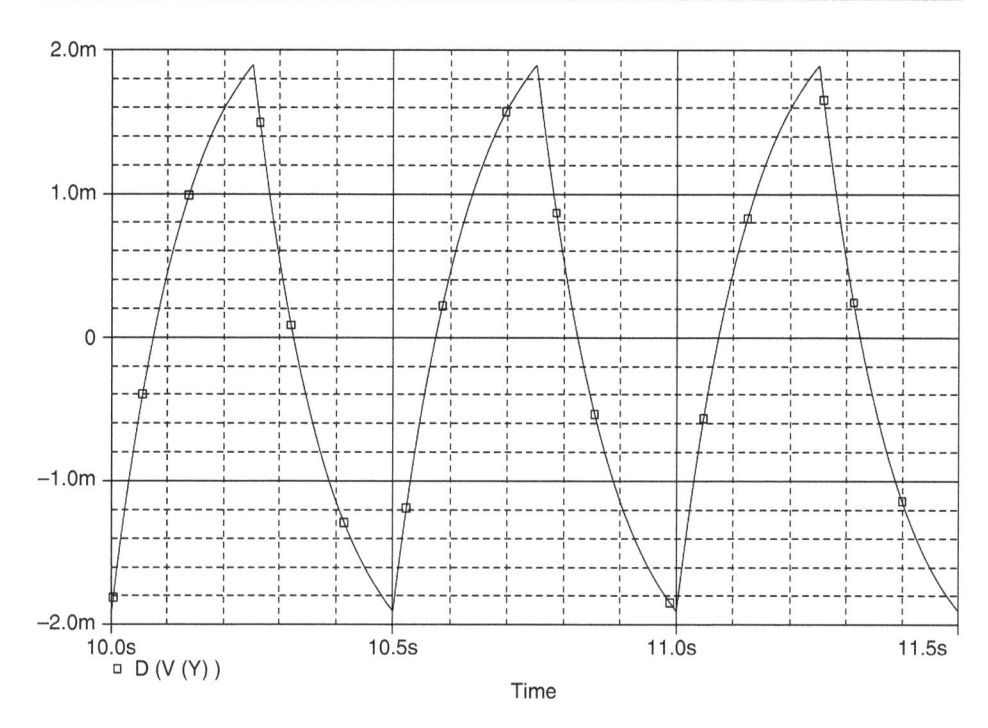

Abb. 9.58 Zeitverlauf der Ausgangsspannung im Spannungsmodus bei 2 Hz

9.8 Piezoelektrische Schallgeber

Piezoelektrische Schallgeber (Summer) funktionieren auf der Basis des reziproken piezoelektrischen Effekts. Sie bestehen aus einer PZT-Keramikscheibe, die auf einer Messingscheibe aufgebracht ist. Wird eine derartige Anordnung mit einer Wechselspannung betrieben, dann überträgt die Keramik die Schwingungen auf die Metallscheibe womit Töne im Kilohertz-Bereich erzeugt werden können.

Summer mit zwei Elektroden benötigen eine externe Generatoransteuerung und Summer mit drei Elektroden setzen ihre dritte Elektrode zur Rückkopplung ein. Sie sind somit zu einer Selbstansteuerung in der Lage.

9.8.1 Summer für externe Ansteuerung

Aus Datenblättern der Fa. EKULIT sind in Tab. 9.9 Kenndaten von Summern zusammengestellt.

In [28, 29] wird das Verfahren zur Ermittlung der Ersatzelemente aus Messungen für verschiedene Summertypen vorgestellt. Die Abb. 9.54 zeigt die Ersatzschaltung mit den Elementen L_1, C_1, R_1 und C_0 für den Summer EPZ27-MS 44W. Die voran gestellte

Tab. 9.9 Kenndaten von piezoelektrischen Summern der Fa. EKULIT [27]

Parameter	Einheit	EPZ-27-MS44W	EPZ-35 MS29W	EPZ-20MS64
Frequenz f_s	kHz	4,4	2,9	6,4
Widerstand R_1	Ω	200	200	400
Kapazität C	nF	21	26	35

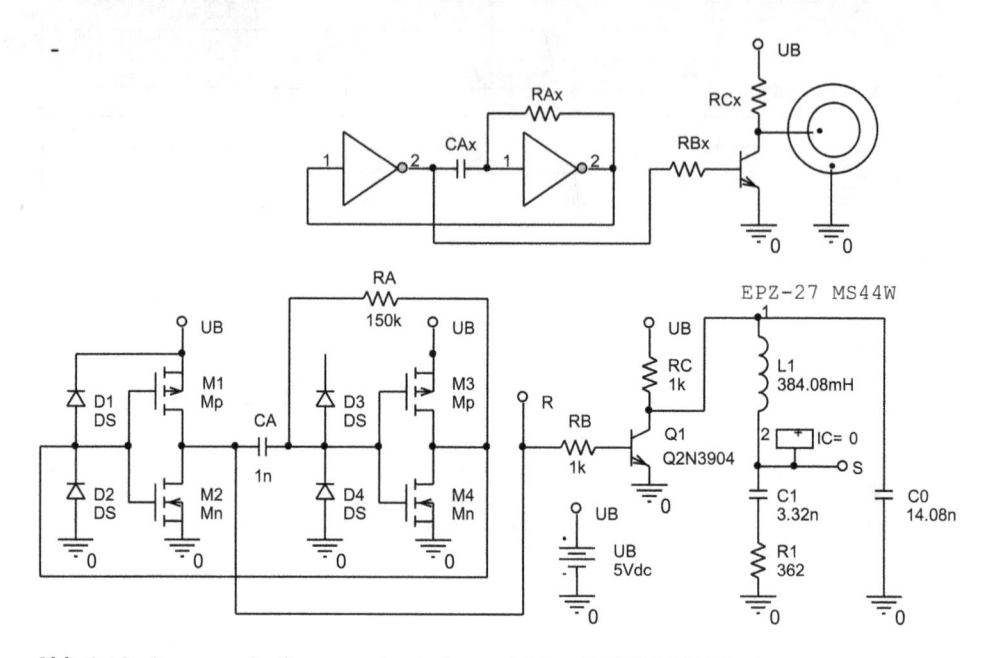

Abb. 9.59 Anregung des Summers durch einen astabilen CMOS-Multivibrator

prinzipielle Schaltung enthält die beiden CMOS-Inverter mit dem RC-Glied, die bipolare Verstärkerstufe und die Summer-Scheiben. Mit dem astabilen CMOS-Multivibrator wird die externe Ansteuerung realisiert.

Frage 9.39
Welche Bauelemente bestimmen die Frequenz des Multivibrators?

Antwort
Die Pulsfrequenz wird von der Zeitkonstante $\tau_A = R_A \cdot C_A$ bestimmt. Nach [30] ist $f_p = 1/(2{,}2 \cdot \tau_A) = 3{,}03$ kHz. Dieser Wert reicht aus, um den Summer auf seine Resonanzfrequenz $f_s = 4{,}4$ kHz anzuregen.

Die Schaltung von Abb. 9.59 ist für den Zeitbereich $\Delta t = 0$ bis 4 ms zu analysieren. Die vorgesehene Anfangsbedingung IC = 0 sorgt für die Abkürzung des Einschwingvorgangs.

9.8 Piezoelektrische Schallgeber

Analyse
PSpice, Edit Simulation Profile
Simulation Settings – Abb. 9.59
Analysis type: Time Domain (Transient)
Run to time: 4 ms
Start saving data after: 0
Maximum step size: 1 us
Plot, Add Plot to Window
Plot, Axis Settings, Fourier, OK
Frequency = 0 to 8 kHz
Übernahme: OK
PSpice, run

Die Abb. 9.60 zeigt, dass die Schwingungsanregung erfolgreich war. Die Fourier-Analyse erbrachte den Nachweis von f_s = 4,4 kHz.

Frage 9.40
Wie wird die Serien-Resonanzfrequenz des Summers berechnet?

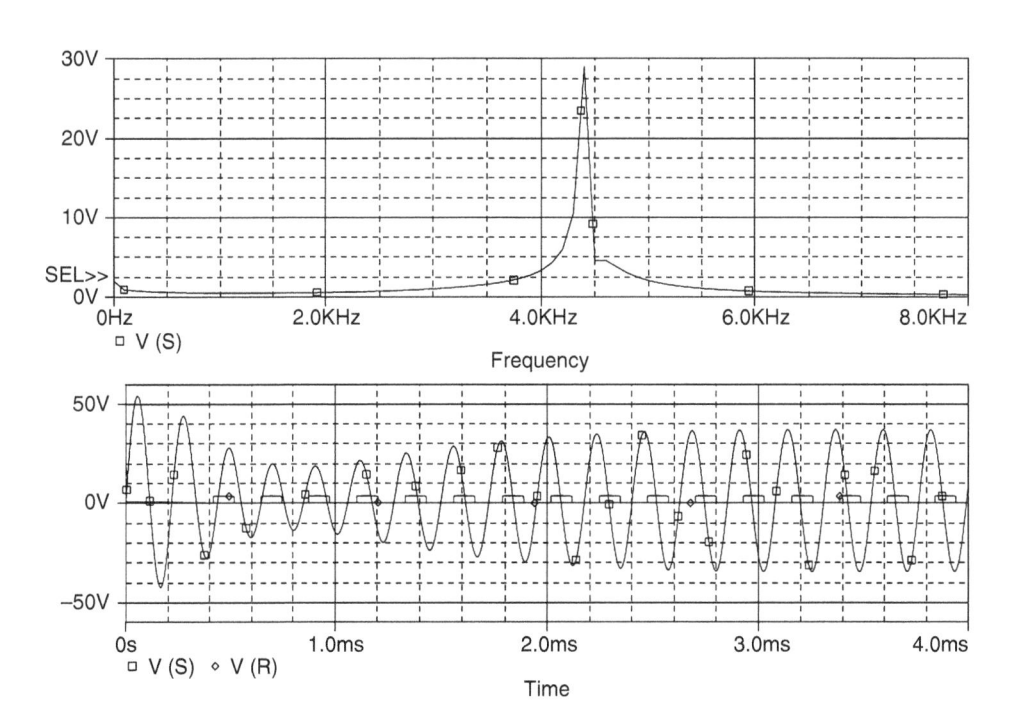

Abb. 9.60 Schwingungen des Multivibrators und des Summers nebst Resonanzfrequenz

Antwort
Aus Gl. 9.65. folgt f_s = 4,46 kHz.

$$f_s = \frac{1}{2 \cdot \pi \cdot \sqrt{L_1 \cdot C_1}}, \quad (9.65)$$

Frage 9.41
Wie wird die die Admittanz Y der Summer-Ersatzschaltung nach Abb. 9.59 berechnet?

Antwort
Für die Admittanz gilt Gl. 9.66

$$Y = j\omega \cdot C_0 + \frac{1}{R_1 + j(\omega \cdot L_1 - 1/(\omega \cdot C_1))}, \quad (9.66)$$

Der Widerstand R_1 geht aus Gl. 9.67 hervor

$$R_1 = \frac{1}{R(Y)} = \frac{1}{|Y| \cdot \cos\varphi} = \frac{|Z|}{\cos\varphi}, \quad (9.67)$$

Aus der Frequenzabhängigkeit des Betrages von Z ergeben sich zwei Resonanzfrequenzen: die Serien-Resonanzfrequenz f_s und die Parallel-Resonanzfrequenz f_p. Die Kapazitäten C_1 und C_0 folgen aus den Gl. 9.68 und 9.69. Dabei ist C die bei f = 1 kHz messbare Gesamtkapazität, siehe Tab. 9.9.

$$\frac{C_1}{C_0} = \left(\frac{f_p}{f_s}\right)^2 - 1, \quad (9.68)$$

$$C = C_1 + C_0, \quad (9.69)$$

Frage 9.42
Am Summer EPZ 27-MS44 wurden gemessen: C = 17,4 nF, f_s = 4,457 kHz und f_p = 4,954 kHz. Ferner wurde bei $f = f_s$ = 4,457 kHz der Betrag $|Z|$ = 328 Ω bei einem Winkel φ = 25° ermittelt. Welche Werte erreichen C_0, C_1, L_1 und R_1?

Antwort
Aus Gl. 9.68 und 9.69 folgen C_0 = 14,08 nF und C_1 = 3,32 nF. Aus Gl. 9.65 geht L_1 = 384,08 mH hervor und nach Gl. 9.67 beträgt R_1 = 362 Ω.

Frage 9.43
Welche Bedingungen sind zu erfüllen, um den Summ-Ton zu erzeugen?

Antwort
Für den Oszillator muss das Produkt aus komplexem Rückkopplungsfaktor $\underline{K}$ und komplexer Verstärkung $\underline{V}$ der Barkhausen-Gleichung 9.70 genügen.

$$\underline{K} \cdot \underline{V} = K \cdot V \cdot exp\left[j\left(\varphi_K + \varphi_V\right)\right] = 1 \qquad (9.70)$$

Die Amplitudenbedingung erfordert, dass das Produkt der Beträge $K \cdot V \gtrsim 1$ ist. Die Verstärkung wird vom Transistor erbracht. Die Phasenbedingung lautet: $\varphi_K + \varphi_V = 0, 2 \cdot \pi$, $4 \cdot \pi$... Diese Bedingung wird erfüllt, denn der Kollektor-Ausgang ist gegenüber dem Basis-Eingang um 180° phasenverschoben.

9.8.2 Selbstansteuernde Summer

Die Tab. 9.10 zeigt die aus Datenblättern hervorgehenden Kenndaten von selbstansteuernden Summertypen.

Mit Abb. 9.61 wird eine Testschaltung nach [32] mit einem selbstansteuernden Summer vorgestellt. Die Ersatzschaltung des Summers entstammt den Angaben aus [28]. Die Analyseschritte sind so auszuführen wie bei der Schaltung nach Abb. 9.59. Das Analyseergebnis zeigt, dass die Schwingungen am Knoten SM bei gleicher Resonanzfrequenz eine höhere Amplitude aufweisen als diejenigen am Knoten SF.

Frage 9.44
Wie wirkt sich der Einbau einer Spule L_C anstelle eines Widerstandes aus? (siehe Abb. 9.61).

Antwort
Der kapazitiv wirkende Summer kommt in Resonanz mit der Spule, womit der Schallpegel vergrößert wird.

Tab. 9.10 Hersteller-Angaben zu den Kenndaten selbstansteuernder Summer

Parameter	Einheit	EPZ-27MS44F [27]	EPZ-35MS29F [27]	KPG132 [31]
Frequenz	kHz	4,4	2,9	3,0+/- 0,5
Impedanz	Ω	300	250	
Kapazität C_0	nF	21	36	
Kapazität C_f	nF	2,3	4,4	

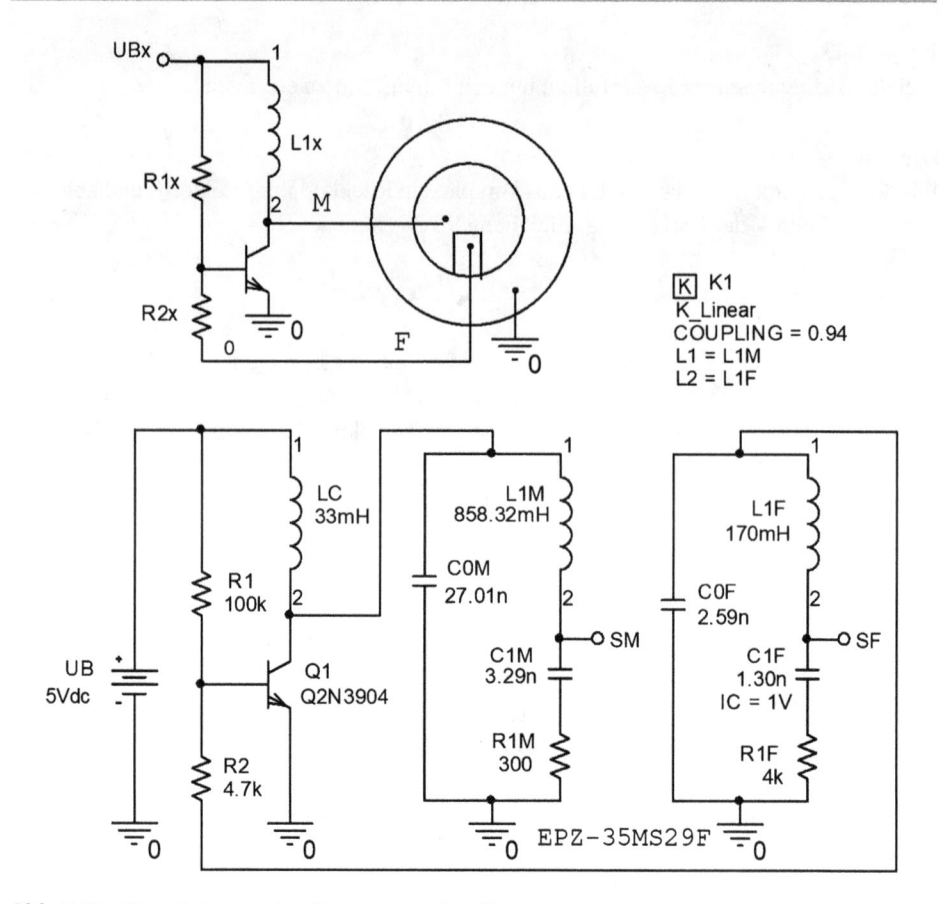

Abb. 9.61 Testschaltung mit selbstansteuerndem Summer

Nachfolgend werden drei Schaltungsvarianten im Vergleich zur Schaltung nach Abb. 9.61 vorgestellt. Es geht dabei um eine Vereinfachung der Ersatzschaltung für selbstansteuernde Summer (Abb. 9.62 und 9.63).

In der ersten Variante wird der Schaltung zur Rückkopplung vereinfacht. Der ursprüngliche Wert der Induktivität L_{1M} wird um die Höhe von L_{1F} verringert. Die induktive Kopplung mit K_Linear bleibt bestehen. Diese Schaltung ähnelt wegen der induktiven Kopplung dem Meißner-Oszillator. Die Kapazität C_F sorgt für die Verbindung zum Schaltungseingang. Aus den Abb. 9.64 und 9.65 geht hervor, dass Schwingungen am Knoten S erzeugt werden und die Frequenz in der Nähe von 3 kHz liegt.

Die zweite Variante nutzt eine Anzapfung der Induktivität L_{1M} nach dem Prinzip des Hartley-Oszillators (induktive Dreipunktschaltung). Der ursprüngliche Wert von L_{1M} wird wieder um den Wert von L_{1F} herabgesetzt. Es gilt somit $L_{1MF} = L_{1M} - L_{1F}$. Die Schwingungshöhen und der Wert der Resonanzfrequenz nach den Abb. 9.64 und 9.65 entsprechen weitgehend den Ergebnissen der Testschaltung. Auch in dieser Schaltung ist die Kapazität C_{Fx} erforderlich. Diese Variante erscheint als eine günstige Vereinfachung

9.8 Piezoelektrische Schallgeber

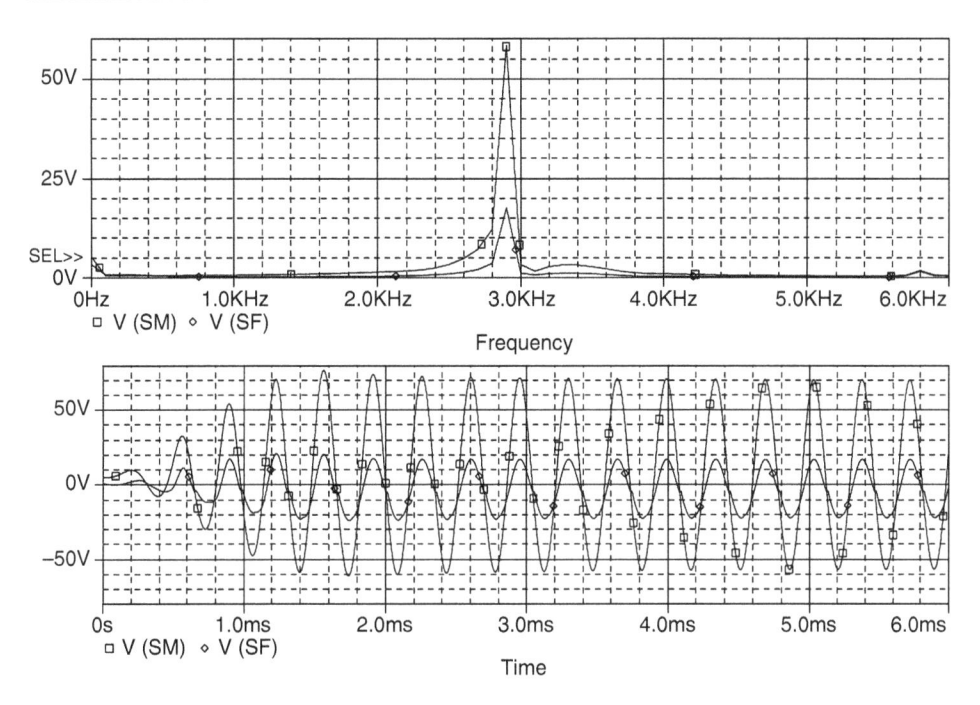

Abb. 9.62 Schwingungen und Resonanzfrequenzen an Haupt- und Rückkopplungselektrode

der Ersatzschaltung, weil für die Simulation die lineare Kopplung mit K_Linear entfällt. In Tab. 9.11 sind die Elemente-Werte von drei selbststeuernden Summertypen für dieses vereinfachte Modell zusammengestellt. Diese Werte gehen aus der Auswertung von Messungen hervor, siehe [28, 29].

Die dritte Variante sieht eine Anzapfung der Kapazität C_{1M} wie beim Colpitts-Oszillator vor (kapazitive Dreipunktschaltung). Für die Kapazität der Reihenschaltung gilt $C_{1M} = C_1 \cdot C_2/(C_1 + C_2) = 3{,}29$ nF. Ferner ist $C_{1M}/C_{1F} = 3{,}29$ nF/$2{,}59$ nF $= 1{,}27$. Die Schwingungen setzen verzögert ein, aber sie bleiben anschließend stabil. Die Frequenz liegt bei 3,3 kHz. Der hochohmige Widerstand R_G wurde eingefügt, um ein Floating aufzuheben. Wiederum ist eine Kapazität C_{Fy} erforderlich.

Frage 9.45
Welchen Wert erreicht die Güte Q des Summers EPZ-35MS29F?

Antwort
Näherungsweise gilt für die Berechnung die Gl. 9.71.

$$Q = \frac{1}{\omega_{s1} \cdot C_1 \cdot R_1}, \quad (9.71)$$

erhält $Q = 53{,}84$.

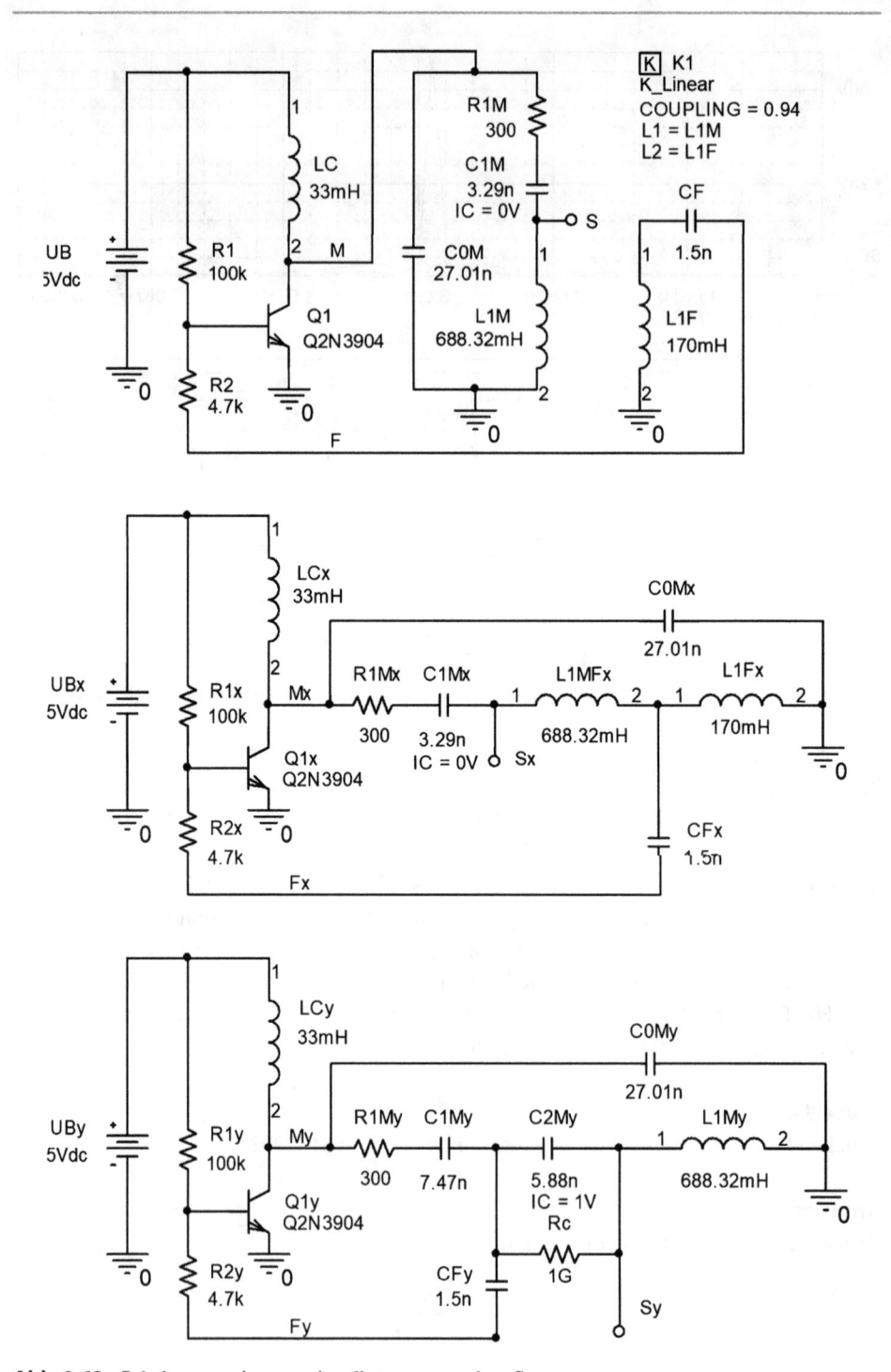

Abb. 9.63 Schaltungsvarianten mit selbstansteuerndem Summer

9.8 Piezoelektrische Schallgeber

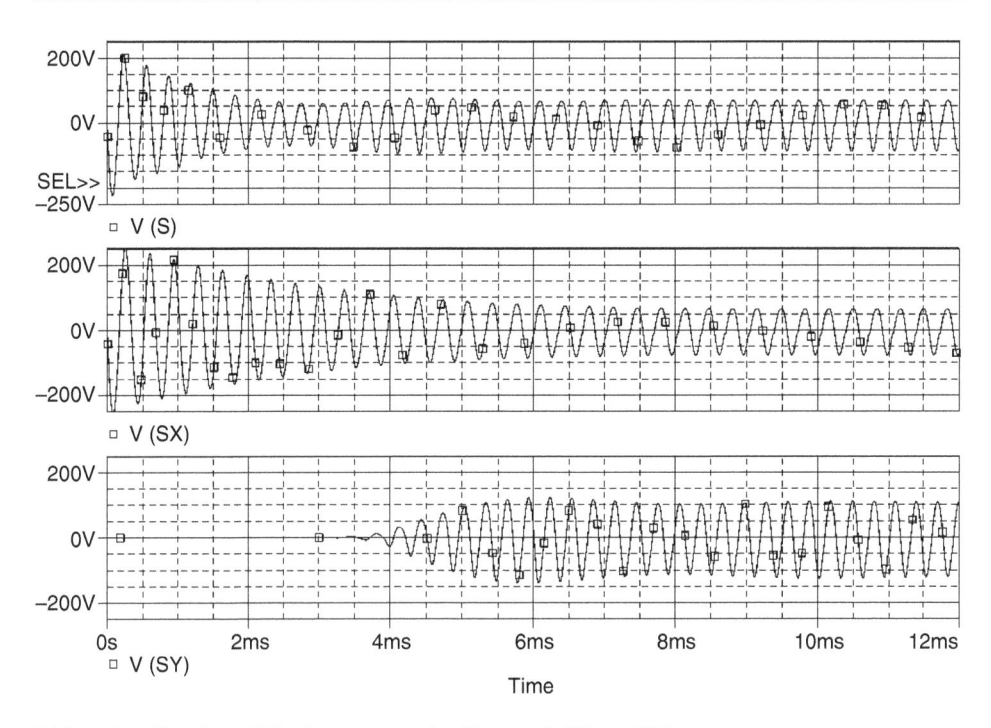

Abb. 9.64 Simulierte Schwingungen an den Knoten S, SX und SY

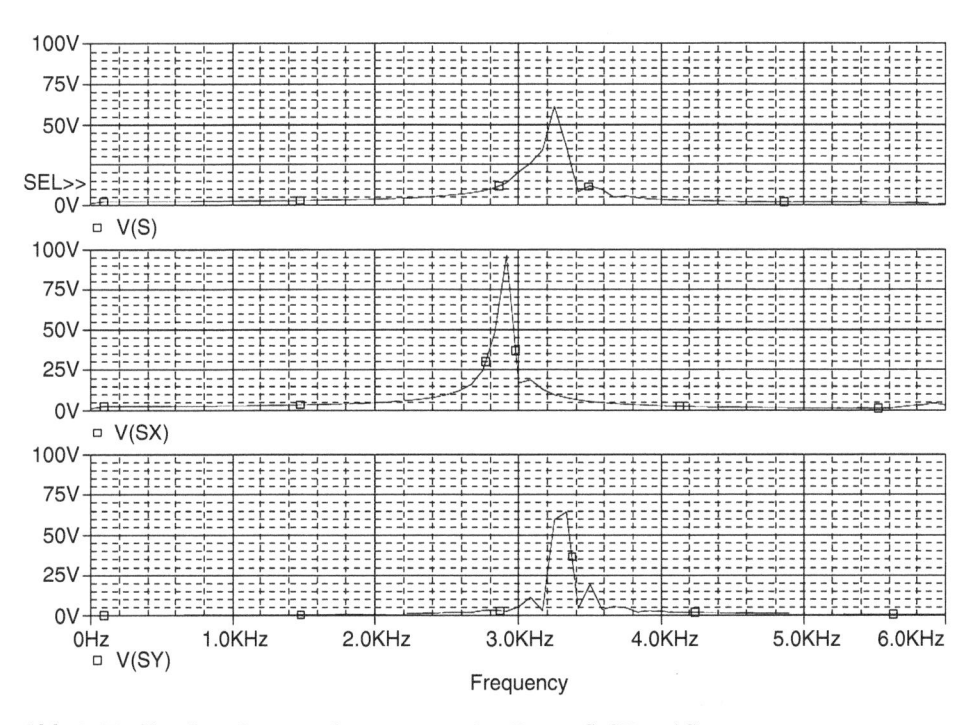

Abb. 9.65 Simulierte Resonanzfrequenzen an den Knoten S, SX und S

Tab. 9.11 Elemente-Werte des vereinfachten Summer-Modells mit Induktivitätsanzapfung

	Einheit	EPZ-27MS44F [27]	EPZ-35MS29F [27]	KPEG132 [31]
R_{1M}	Ω	300	300	540
C_{1M}	nF	3,76	3,29	1,75
L_{1MF}	mH	286,89	688,32	1004
L_{1F}	mH	55	170	320
C_{0M}	nF	16,08	27,01	15,63
C_F	nF	1,5	1,5	1,5

Schalldruck

Ein Schalldruck $p_0 = 20$ µPa entspricht dem Schwellwert, den das menschliche Ohr wahrnehmen kann. Er wird als Bezugsgröße zum Schalldruckpegel L_p (Sound Pressure Level SPL) nach Gl. 9.72 verwendet.

$$L_p = 20 \cdot \log_{10} \frac{p}{p_0}, \tag{9.72}$$

Dabei ist p der gemessene Druck. Der Schalldruckpegel wird in Dezibel angegeben. Demzufolge ist $L_p = 0$ dB für $p = p_0$. Das Summerelement (Keramikscheibe auf Metallscheibe) wird oftmals in ein Kunststoffgehäuse mit definierter Schallöffnung (Helmholtz-Kammer) eingesetzt. Dadurch wird die Lautstärke beträchtlich erhöht.

Das Datenblatt des Summers KPEG132 von Kingstate [31] weist die folgende Angabe zum Schalldruckpegel auf: $L_p = SPL > 83$ dB bei dem Messabstand $d_0 = 30$ cm und der Spannung $U_{DC} = 12$ V.

Die Abhängigkeit des Schalldruckpegels vom aktuellen Abstand d_a wird in [33] mit Gl. 9.73 angegeben.

$$L_p = L_p\left(bei\, d_0\right) - 20 \cdot \log_{10} \cdot \left(\frac{d_a}{d_0}\right), \tag{9.73}$$

Aus Gl. 9.74 nach [33] folgt die Abhängigkeit des Schalldruckpegels von der Spannung.

$$L_p = L_p\left(bei\, U_0\right) - 20 \cdot \log_{10} \cdot \left(\frac{U_0}{U_a}\right), \tag{9.74}$$

Für $L_p = 86$ dB bei $d_0 = 30$ cm, $U = 12$ V folgt $L_p = 75,54$ dB bei $d_a = 100$ cm, $U = 12$ V.

Für $L_p = 75$ dB bei $U_0 = 3$ V, $d_0 = 30$ cm folgt $L_p = 90,56$ dB bei $U_a = 18$ V, $d_0 = 30$ cm.

9.8.3 Piezoelektrischer Kraftaufnehmer

Die Abb. 9.66 zeigt eine PZT-Keramik-Scheibe, auf die eine Kraft F ausgeübt wird. Infolge der Stauchung (Längseffekt) bilden sich auf den Oberflächen negative und positive Ladungen aus. Die Ladung Q wird mit Gl. 9.75 beschrieben.

9.8 Piezoelektrische Schallgeber

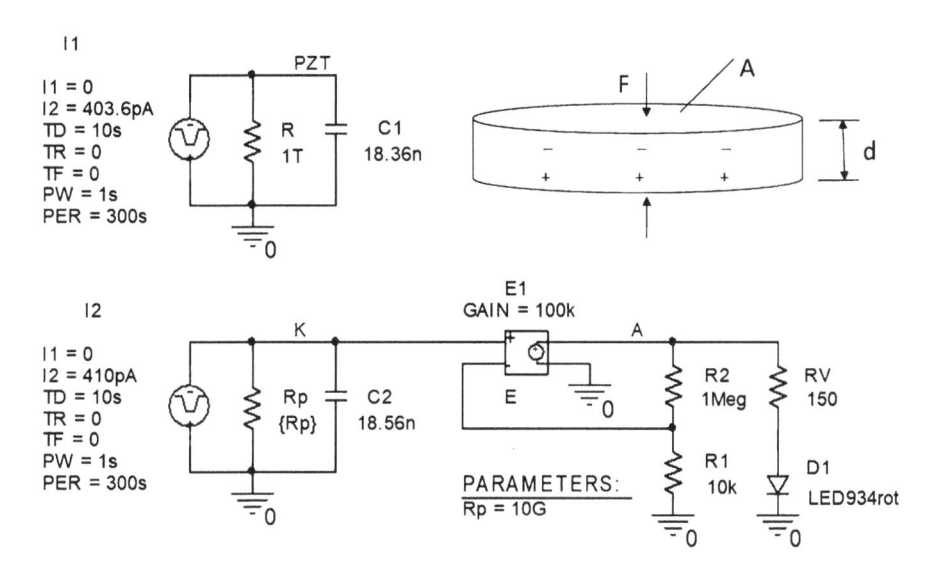

Abb. 9.66 Krafteinwirkung auf die PZT-Scheibe und Ersatzschaltungen

$$Q = -d_{33} \cdot F = -d_{33} \cdot A \cdot p, \tag{9.75}$$

Dabei ist d_{33} der piezoelektrische Ladungskoeffizient, A die Oberfläche und p der Druck. Der elektrische Strom i wird mit Gl. 9.76 erfasst.

$$i = \frac{dQ}{dt} = -d_{33} \cdot \frac{dF}{dt}, \tag{9.76}$$

Mit dem piezoelektrischen Spannungskoeffizient g_{33} erhält man die erzeugte elektrische Spannung u gemäß Gl. 9.77 nach [34].

$$u = -g_{33} \cdot d \cdot \frac{F}{A} = -g_{33} \cdot d \cdot \frac{F}{D^2 \cdot \pi / 4}, \tag{9.77}$$

Mit d wird die Scheibendicke und mit D der Scheibendurchmesser beschrieben. Für g_{33} gilt Gl. 9.78. Dabei ist ε_{33} die Permittivität.

$$g_{33} = d_{33} / \varepsilon_{33}, \tag{9.78}$$

In Tab. 9.12 sind PZT-Werkstoffparameter nach [35] und Abmessungen der Keramik-Scheibe zusammengestellt.

Mit den Daten aus Tab. 9.12 erhält man mit Gl. 9.79 die Spannung $u = -22{,}20$ mV.

In der Ersatzschaltung von Abb. 9.66 erscheint der Innenwiderstand R. Nach Angaben von [36] liegt die Höhe dieses Widerstandes für ein Schall-Piezoelement bei Raum-

Tab. 9.12 Parameter und Abmessungen einer PZT-Keramik-Scheibe [35]

Größe	Einheit	Wert
d_{33}	10^{-12} C/N	360
g_{33}	10^{-3} Vm/N	27,9
F	N	1
$\varepsilon_{33}/\varepsilon_0$		1650
ε_0	C/Vm	$8{,}854 \cdot 10^{-12}$
d	mm	0,25
D	mm	20

temperatur im Bereich $\Delta R = 10^{12}$ bis 10^{14} Ω. Diese Angabe bezieht sich auf PZT-Keramik. Die Kapazität C folgt aus Gl. 9.79.

$$C = \frac{\varepsilon_0 \cdot \varepsilon_r \cdot D^2 \cdot \pi / 4}{d}, \tag{9.79}$$

Die Berechnung liefert $C = 18{,}36$ nF.

Die Spannung u fällt exponentiell mit der Zeitkonstante $\tau = R \cdot C$ ab, siehe Gl. 9.80.

$$u = \frac{Q}{C} \cdot exp(-t/\tau), \tag{9.80}$$

Die erzeugte elektrische Spannung kann mit einer Elektrometerschaltung verstärkt werden.

In Abb. 9.66 werden zwei Ersatzschaltungen gegenübergestellt. Mit der jeweiligen Stromhöhe von I_2 wird der gleiche Spannungswert $u_{PZT} = u_K = u = 22{,}20$ mV erreicht. In der PZT-Schaltung erfolgt der langsame Ladungsabbau mit der Zeitkonstante $\tau_{PZT} = 18360$ s. In der zweiten Schaltung wird der bedeutsame Einfluss eines Koaxial-Kabels mit dem Isolationswiderstand $R_K = 10$ GΩ und der Kapazität $C_K = 200$ pF nach [37] berücksichtigt. Die Zeitkonstante beträgt $\tau_K = 185{,}60$ s. Für die Parallelschaltung von R mit R_K gilt näherungsweise $R_p \approx R_k$. Mit einer Parametervariation wurde außerdem ein Isolationswiderstand $R_K = 1$ GΩ aufgenommen. Ferner ist $C_p = C + C_k$.

An anderer Stelle wird der Isolationswiderstand des Kabels mit $R_K = 100$ MΩ und die Kabelkapazität mit $C_K = 5$ pF angegeben [38].

Nachfolgend wird die Zeitabhängigkeit der Ausgangsspannungen, der Eingangsströme und des LED-Stroms analysiert.

Analyse
PSpice, Edit Simulation Profile
Simulation Settings – Abb. 9.66
Analysis type: Time Domain (Transient)
Run to time: 120 s

9.8 Piezoelektrische Schallgeber

Start saving data after: 0 s
Maximum step size: 10 ms
Options: Parametric Sweep
Sweep variable: Global Parameter
Parameter Name: value List: 1G, 10G
Übernahme: OK
PSpice, run

Frage 9.34
Welche Werte erreichen die Ladung Q und der Druck p mit den Daten von Tab. 9.12?

Antwort
$Q = -1\text{pAs}, p = -3183 \text{ N/m}^2$.

Als Analyseergebnis erscheinen in Abb. 9.67 die Strompulse der Quellen I_1 und I_2. Man erkennt, dass der jeweilige Isolationswiderstand in Verbindung mit der Kapazität des Koaxialkabels einen bedeutend schnelleren Abbau der Ladungen bewirkt.

Die Spannungen werden mit dem Elektrometerverstärker im Beispiel um das 101-fache verstärkt.

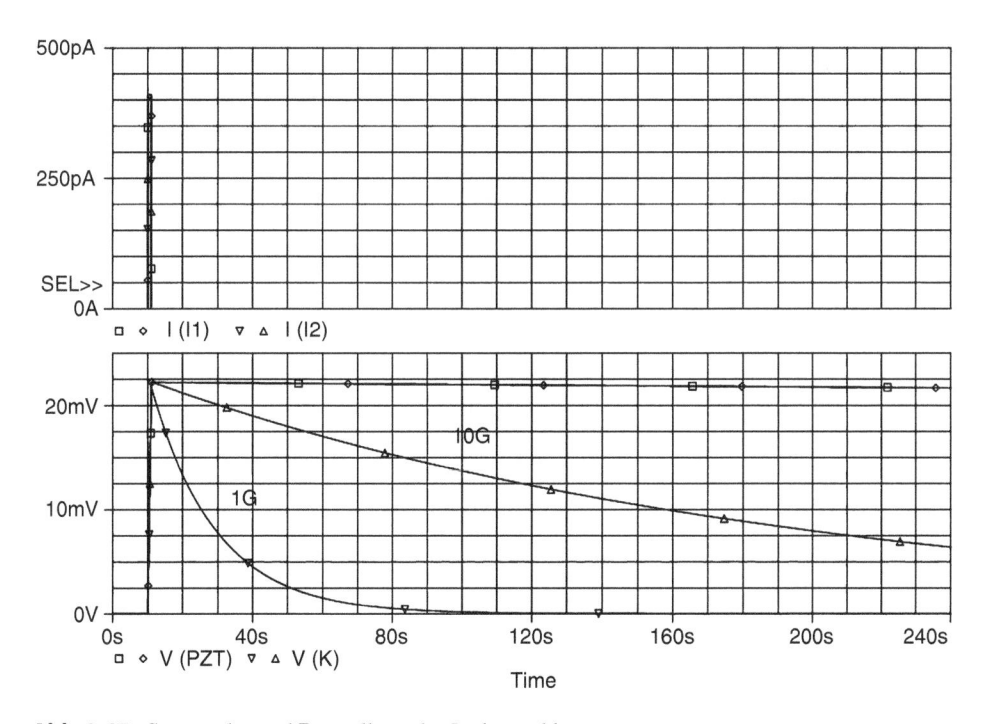

Abb. 9.67 Strompulse und Darstellung des Ladungsabbaus

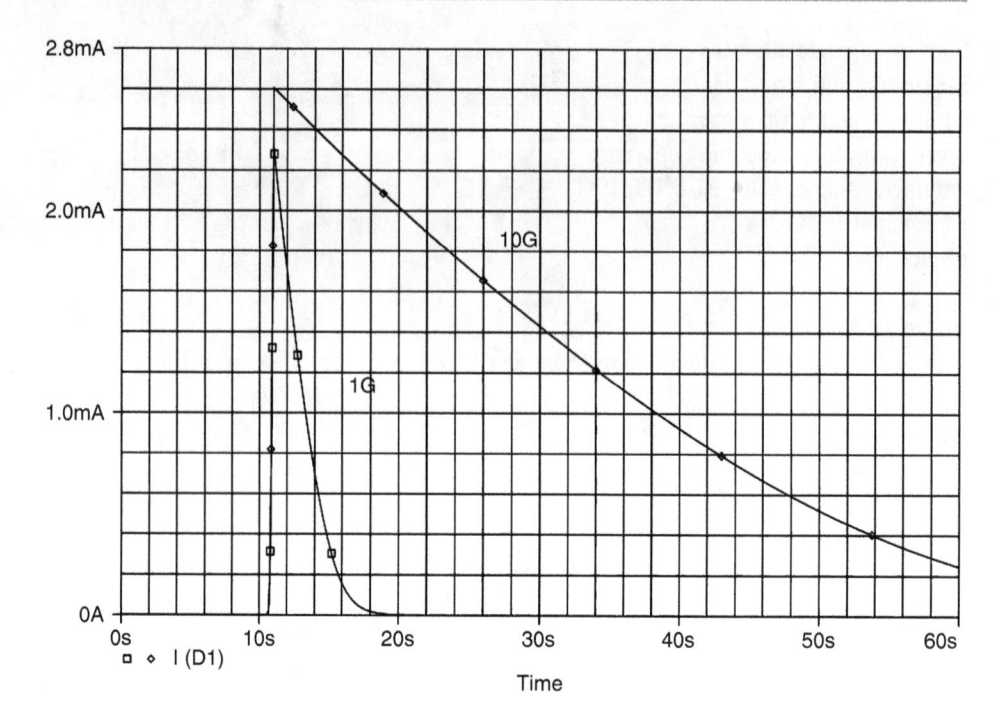

Abb. 9.68 Zeitabhängigkeit des LED-Stromes mit einer Variation des Parallelwiderstandes

Die LED vom Typ L-934LID des Unternehmens Kingbright weist beim der Durchlassstrom $I_F = 2$ mA die Lichtstärke $I_v = 3$ mcd auf [39]. Die LED kann wie folgt modelliert werden:

.model L934rot D IS=18.19f N=2.789 RS=0.358

Die LED wird zunächst leuchten und mit zunehmendem Ladungsabbau erlöschen, siehe Abb. 9.68.

Je niedriger der Parallelwiderstand R_p ist, desto früher wird die LED inaktiv.

Keramische piezoelektrische Schallgeber können auch als Schwingungssensoren verwendet werden [40]. Das geschieht in Verbindung mit einem CMOS-Operationsverstärker als Impedanzwandler bei einem Eingangswiderstand $R_e = 10$ MΩ.

Literatur

1. Siemens-Matsushita: Datenblatt des NTC-Sensors M87_10
2. Infineon: Datenblatt des NTC-Sensors KTY11_6
3. Kainka, B.: Handbuch der analogen Elektronik. Franzis, Poing (2000)
4. Schanz, G.W.: Sensoren – Fühler der Messtechnik. Hüthig, Heidelberg (2003)
5. Schmidt, W.D.: Sensorschaltungstechnik. Vogel, Würzburg (1997)

Literatur

6. Hygrosens: Datenblätter der Feuchtesensoren KFS140-D und KFS33-LC (2006)
7. Baumann, P.: Ausgewählte Sensorschaltungen. Springer Vieweg, Wiesbaden (2017)
8. Perkin-Elmer Optoelectronics: Datenblatt Fotowiderstand A9060 (2003)
9. EKULIT: Datenblatt Piezoelement EPZ-27MS44F (2015)
10. Interlink Electronics: Datenblatt FSR 402, Ausgabe 9 (2000)
11. Pro- Wave- Electronics Corp: Datenblatt US-Wandler 400 ST/SR160 (2015)
12. Murata: Piezoelectric Sounder Self Drive Type. Datenblatt PKM25-6A0 (2014)
13. Fischerauer, G.: Resonatoren und Verzögerungsleitungen. 10. DEGA-/DPG-Workshop (2003)
14. Nihon Dempa Kogyo Co, L.T.D.: SAW device. Application note (2015)
15. Boston Piezo-Optics Inc: Material characteristics (2017)
16. Malik, A.F., et al.: Acoustic Wavelength Effects on the Propagation of SAW on Piezo-Crystal, RSM (2013)
17. Hartmann, C.S., Bell, D.T., Rosenfeld, R.C.: Impulse model design of acoustic surface wave filters. IEEE Trans. Microw. Theory Tech. **21**, 162–175 (1973)
18. Wilson, W., Atkinson, G.: Frequency domain modeling of SAW devices for aerospace sensors. Sensors & Transducers Journal, Special Issue, 42–50, October (2007)
19. Wilson, W., Atkinson, G.: Comparison of Transmission Line Methods for Surface Acoustic Wave Modeling. NASA Gov/Search (2018)
20. DIAS Infrared GmbH: Pyroelektrische Infrarotsensoren, Firmenschrift (2006)
21. Technische Universität Dresden: Eigenschaften pyroelektrischer Sensoren. Dresden (2014)
22. InfraTec: Detector Basics, Firmenschrift
23. Infratec GmbH: Application of Fast Response Dual-Colour Pyroelectric Detectors with Integrated Op Amp in a Low Power NDIR Gas Monitor, Firmenschrift, Dresden
24. Elbel, T.: Mikrosensorik. Vieweg, Braunschweig/Wiesbaden (1996)
25. Infratec GmbH: Datenblatt des pyroelektrischen Detektors LME-345, Dresden
26. Franco, S.: Design with Operational Amplifiers and Analog Integrated Circuits. McGraw-Hill Book Company, International Edition, Singapore (1988)
27. EKULIT: Datenblätter zu piezoelektrischen Schallwandlern Ostfildern/Nellingen (2014)
28. Baumann, P.: Ausgewählte Sensorschaltungen. Springer Vieweg, Wiesbaden (2019)
29. Baumann, P.: Parameterextraktion bei Halbleiterbauelementen. Springer Vieweg, Wiesbaden, (2019)
30. Lancaster, D.: Das CMOS-Kochbuch. IWT, Vaterstetten (1994)
31. Kingstate Electronics Corp.: Datenblatt zum Summer KPEG132 (2017)
32. https://www.circuitsdiy.com/simple-piezo-buzzer-circuit-diagram/, Zugegriffen am 27.01.2017
33. Piezoelectric Sound Components-Home – Murata P15E-8.pdf Oct.26, (2012)
34. Weber, M.: Beschleunigungsaufnehmer. Metra Mess- und Frequenztechnik, Radebeul (2021)
35. PI Ceramic GmbH: Datenblatt, Werkstoffdaten
36. https://de.f3lix-tutorial.com/piezo materials: Piezo-Material/Accelerometer Tutorial
37. Niebuhr, J., Lindner, G.: Physikalische Messtechnik mit Sensoren. Oldenbourg Industrieverlag, München (2011)
38. Schiessle, E.: Industriesensorik. Vogel Buchverlag, Würzburg (2010)
39. Kingbright: Datenblatt der LED L-934LID, (2004)
40. Kainka, B.: Handbuch der analogen Elektronik. Franzis Verlag GmbH, Poing (2000)

Stichwortverzeichnis

A
Abschnür-Bereich 114, 135
Abschnür-Grenzlinie 120
Abschnür-Spannung 112
Abtast-Halte-Schaltung 188
Addierer 199
Admittanz 278
Akzeptordichte 6
Analogschalter 149
Arbeitspunktanalyse 80, 122
Ausgangsleitwert 66, 116
Ausgangswiderstand 159, 172

B
Bahnwiderstand 4
Bandpass 265
Begrenzer-Schaltung 35
Beleuchtungsstärke 42, 46
Bestrahlungsstärke 184
Beweglichkeit 3, 32, 61, 131, 212
Bewegungsmelder 263

C
Chopper-Betrieb 124
CMOS-Inverter 143, 276
CMOS-Multivibrator 276
Colpitts-Oszillator 281

D
Darlington-Transistor 69
Darlington-Verstärker 70
Daten-Multiplexers 155
Differentiation 257

Differenzverstärker 79
Differenzverstärkung 159, 164
Diffusionskapazität 6, 17
Diffusionsspannung 5
Donatordichte 6
Drain-Source-Sättigungsstrom 112
Drain-Strom 129
Drehzahlerfassung 107
Dualsensor 262
Durchbruchspannung 28
Durchlasskennlinie 8
Durchlassspannung 13
Durchlassstrom 13
Durchlasswiderstand 188

E
Early-Effekt 74
Eigenleitungsdichte 1, 9
Eingangswiderstand 159, 170
Einschalt-Widerstand 115
elektrische Zeitkonstante 260
Elektrometerschaltung 286
Emissionskoeffizient 13, 40, 60, 207
Emitterfolger 70
Emitterstrom 60
Empfangstransistor 99
Ersatzschaltung 275, 279
externe Generatoransteuerung 275

F
Fensterkomparator 181
Fotodiode 42
Fotoempfindlichkeit 45

Fotostrom 185
Fototransistor 100
Fourier-Analyse 68, 197, 277
Frequenz 267, 269
Frequenzabhängigkeit 265, 272, 278
Frequenzverläufe 270

G
Gabelkoppler 107
Gate-Kondensator 130
Gleichrichterdiode 28
Gleichtaktkennlinie 167
Gleichtaktunterdrückung 159, 164
Gleichtaktverstärkung 83, 165
G-POLY-Quelle 265
Großsignalmodell 20, 64
Güte 281

H
Haltestrom 50
Hartley-Oszillator 280
Hochpasskette 196

I
Impedanz-Wandler 174
induktiven Kopplung 280
Integration 201
Inverter 138
Inverter-Verhalten 146
Isolationswiderstand 286

K
Kanal 129
Kanallänge 131
Kanalweite 131, 133, 137
Kapazität 278
Kapazitätsdiode 36, 209
Kippfrequenz 146
Kleinsignalmodell 20
Klirrfaktor 65, 69
Koaxialkabel 286
Kollektorstrom 59
Komparator 177
Komparator-Schaltung 107
Konstantstromquelle 73, 77, 118, 136

Kraft 284
Kurzschlussstrom 42

L
Ladung 284
Ladungsabbau 286
Ladungsänderung 257
Ladungskoeffizient 285
Lastleitwert 66, 122
Lasttransistor 139
Lastwiderstand 75, 119
Lautstärke 284
Leerlaufspannung 42
Leistungs-MOSFET 141
Leitfähigkeit 4
Linearbereich 117
Lithiumtantalat 256
Logarithmierer 203

M
Massenwirkungsgesetz 1, 8
Meißner-Oszillator 280
Modellparameter 142, 147, 149
Modulationsfrequenz 273
MOSFET 134, 212
Multivibrator 191

N
NF-Spannungsverstärkung 122
NF-Verstärker 135
N-Kanal-Anreicherungs-MOSFET 129
n-Kanal-Sperrschicht-FET 111
Normalbetrieb 60
npn-Transistor 2, 59
Nullkippspannung 49

O
Operationsverstärker 159, 214, 260, 263, 274
Optokoppler 99
Oszillator 279
Oszillatorschaltung 87

P
Phasenanschnittsteuerung 53
Phasendrehung 197

Phasenwinkel 173
piezoelektrische Ladungskoeffizient 285
Piezoelektrische Schallgeber 275
Piezoelektrischer Kraftaufnehmer 284
pin-Diode 2
Pulsfrequenz 124, 276
Pyroelektrische Sensoren 256
Pyroelektrischer Detektor 262
PZT-Keramikscheibe 275, 284
PZT-Werkstoffparameter 285

R
Raumladung 5
Rauschspannung 271
RC-Phasenschieber-Oszillator 196
Resonanzfrequenz 38, 276, 279
Rückkopplung 280
Rückkopplungselektrode 281

S
Sättigungsspannung 94, 177, 211
Sättigungsstrom 28, 60, 207
Schalldruckpegel 284
Schallpegel 279
Schaltdiode 9
Schalttransistor 139
Schaltverhalten 92
Scheibendicke 285
Scheibendurchmesser 285
Schleifenverstärkung 89
Schleusenspannung 26, 36, 40
Schmitt-Trigger 192
Schottky-Diode 40
Schwellspannung 131
Schwellwertschalter 194
Schwingfrequenz 87, 89, 147, 197
Schwingungen 277
Selbstansteuernde Summer 279
Selbstansteuerung 275
Sendediode 99
Serienwiderstand 8, 12
Slew Rate 159, 174
Spannungsempfindlichkeit 267, 268
Spannungsfolger 174
Spannungskoeffizient 285
Spannungsmodus 271, 272
Spannungsstabilisierung 30

Spannungsverdopplung 24
Spannungsverstärkung 66, 71, 83, 136, 170, 272
Speicherzeit 92, 103, 211
Sperrerholungszeit 21, 40
Sperrschicht 111
Sperrschichtdicke 7, 32
Sperrschicht-FET 212
Sperrschichtkapazität 7, 16, 28
Sperrspannung 8
Sperrwiderstand 188
spezifische Detektivität 271
Steilheit 66, 82, 114, 122
Strahlungsfluss 257
Strahlungsleistung 264
Strommodus 259, 272
Stromquelle 185
Strom-Spannungs-Umformer 184
Stromspiegel 83
Stromübertagungsverhältnis 100
Stromverstärker 268
Stromverstärkung 62, 70, 91
Summer 275, 278

T
Temperatur 3, 8, 11
Temperaturänderung 265
Temperaturspannung 9, 64
thermische Ersatzschaltung 265
thermische Zeitkonstante 260
Thermoelement 85
Thermospannung 84
Thyristor 49
Transimpedanz Verstärker 259
Transimpedanzwandler 183
Transitfrequenz 159
Transitzeit 7, 28
Transkonduktanz 113, 131
Trigger-Schwelle 191

U
Übersteuerung 91, 211
Übersteuerungsfaktor 91, 211
Übertragungsfunktion 266
Übertragungsgatter 149, 152
Übertragungskennlinie 92, 111, 144, 160

V
Verlustfaktor 37
Verlustleistung 33
Verlustleistungshyperbel 33, 94

W
Wärmekapazität 256

Z
Z-Diode 30
Z-Kennlinie 33
Z-Spannung 74
Zündwiderstand 53, 55
Z-Widerstand 30